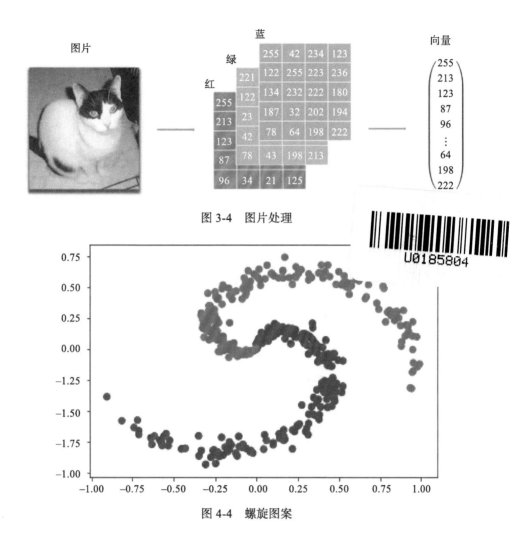

图 3-4　图片处理

图 4-4　螺旋图案

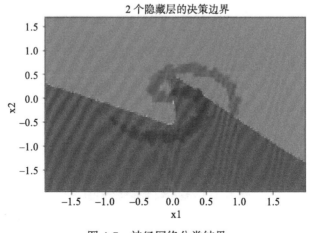

2 个隐藏层的决策边界

图 4-7　神经网络分类结果

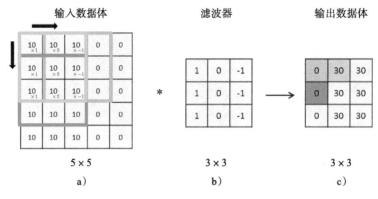

图 6-2 二维卷积操作

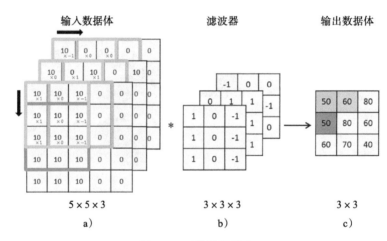

图 6-3 三维卷积操作

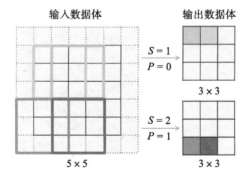

图 6-4 输出数据体尺寸计算

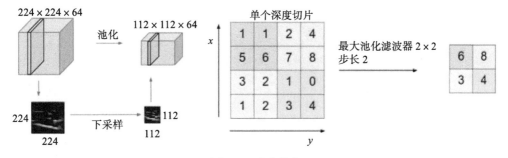

图 6-6 池化操作

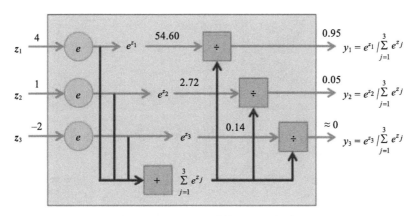

图 6-7 Softmax 计算过程示意图

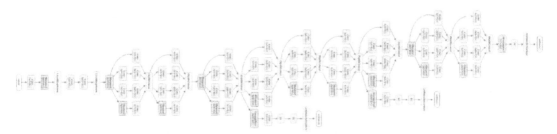

图 6-13 GoogLeNet 整体网络结构

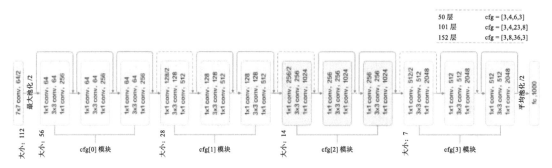

图 6-16　基于 ImageNet 的 ResNet 模型

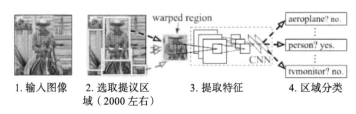

1. 输入图像　　2. 选取提议区
　　　　　　　　域（2000 左右）　　3. 提取特征　　4. 区域分类

图 10-3　R-CNN 目标检测器

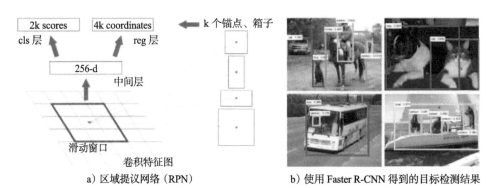

a）区域提议网络（RPN）　　　　b）使用 Faster R-CNN 得到的目标检测结果

图　10-9

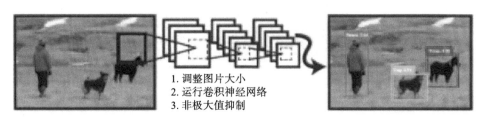

图 10-12　YOLO 目标检测系统

图 10-18　Faster R-CNN 预测可视化结果

图 10-20　YOLOv3 预测可视化结果

imputA

fakeB

图 11-9　CycleGAN 训练结果

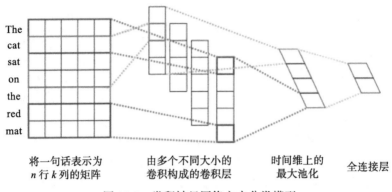

将一句话表示为　　　　由多个不同大小的　　　时间维上的　　　全连接层
n 行 k 列的矩阵　　　卷积构成的卷积层　　　最大池化

图 15-2　卷积神经网络文本分类模型

智能系统与技术丛书

Deep Learning by PaddlePaddle

飞桨PaddlePaddle 深度学习实战

刘祥龙 杨晴虹 胡晓光 于佃海 白浩杰 编著

深度学习技术及应用国家工程实验室
百度技术学院 组编

机械工业出版社
CHINA MACHINE PRESS

图书在版编目（CIP）数据

飞桨 PaddlePaddle 深度学习实战 / 刘祥龙等编著；深度学习技术及应用国家工程实验室，百度技术学院组编 . —北京：机械工业出版社，2020.8（2025.1 重印）
（智能系统与技术丛书）

ISBN 978-7-111-66236-5

I. 飞… II. ①刘… ②深… ③百… III. 机器学习 IV. TP181

中国版本图书馆 CIP 数据核字（2020）第 141346 号

飞桨 PaddlePaddle 深度学习实战

出版发行：机械工业出版社（北京市西城区百万庄大街 22 号 邮政编码：100037）
责任编辑：李 艺　　　　　　　　　　　责任校对：李秋荣
印　　刷：北京建宏印刷有限公司　　　版　　次：2025 年 1 月第 1 版第 6 次印刷
开　　本：186mm×240mm　1/16　　　印　　张：24　　　插　　页：4
书　　号：ISBN 978-7-111-66236-5　　　定　　价：99.00 元

客服电话：（010）88361066　68326294

纵观人类历史上已经发生的三次工业革命，我们会发现虽然驱动力各有不同，但其发展都遵循一定的规律。工业革命的开端都始于先进科学技术的产生，这些先进科技将巨大的自然力和自然科学注入工业生产中，极大提升了社会生产力，进而带来生产关系的变革，最终改变了整个人类社会的发展面貌。回顾前三次工业革命，其核心技术都具有通用性，即从一个行业中产生，然后逐渐渗透到各行各业。在这个过程中，核心技术呈现标准化、自动化和模块化的工业大生产特征，当工业革命达到高潮时，驱动它的核心技术即进入工业大生产阶段。

历史走到今天，我们正处在第四次工业革命的开端，以深度学习技术为代表的人工智能是这一轮科技革命和产业变革的重要驱动力量。深度学习技术与驱动前三次工业革命的机械技术、电气技术和信息技术一样，是通用性技术，具备标准化、自动化和模块化的工业大生产特征。

随着深度学习技术的逐步成熟，支持深度学习开发的基础工具——深度学习框架应运而生。当前深度学习框架已经成为研究者和开发者从事人工智能研究、开发人工智能应用的必备工具，极大解放了深度学习技术研发的生产力。深度学习框架在人工智能技术体系中处于核心位置，向下对接芯片指令集，向上承接各种应用，支持深度学习模型的开发、训练和部署，产生大量的深度学习模型，支持构建活跃的人工智能技术生态。因此，深度学习框架是"智能时代的操作系统"。

从国内外的科技发展，尤其是软件行业的发展来看，开源开放是一个非常重要的潮流。开源的意义在于既可以让全世界的开发者共享人类智力创造的最新成果，也可以更快地推动产业成熟。深度学习作为当前人工智能最重要、最前沿的技术方向，开源开放已是行业共识。基于此，以百度多年的深度学习技术研究和产业应用为基础的飞桨（PaddlePaddle）于 2016 年正式开源，这也是中国首个开源开放、技术领先、功能完备的产业级深度学习平台。截至 2020 年 8 月，飞桨已经凝聚了 210 万开发者，创造了近 30 万模型，是国内最领先、开发者规模最大、功能最完备的开源开放深度学习平台。一直以来，飞桨致力于降低人工智能技术开发及应用门槛，大力推动人工智能进入工业大生产，助力产业智能化转型升级。这些是广大开发者和飞桨共同努力创造的成果，得益于技术的成熟、更得益于平台的强大和生态的欣欣向荣。

产业智能化发展的过程中，行业需要既懂应用场景、又懂人工智能技术的复合型人才。作为人工智能平台型公司，百度在致力于前瞻技术研究和核心技术突破的同时，在 AI 人才培养方面也从未停止脚步。任重而道远，我们将全力以赴，构建共生共赢的技术生态，为产业智能化源源不断地输送高质量的 AI 人才。

本书是百度和学界联手打造的理论与实践相结合的教材，凝结了作者的智慧和开发者的贡献。我期待本书读者在学习人工智能技术的同时，也积极参与到人工智能的产业实践中来。在产业智能化浪潮兴起、人工智能基础设施建设快速推进之际，与我们携手并进，一起发展深度学习和人工智能技术及产业生态，加速产业智能化进程。

王海峰，百度集团首席技术官，深度学习技术及应用国家工程实验室主任

为何写作本书

众所周知，深度学习已经成为新一轮人工智能浪潮的重要驱动力量。从大数据到云计算，数据资源的积累、计算性能的提升为以深度学习为代表的新一代人工智能的快速发展和广泛应用奠定了基础。人工智能已经成为当下科技革命和产业变革的重要驱动力，将在人类社会经济和生活中产生广泛而深远的影响。把握人工智能的发展机遇，构筑先发优势，抢占科技制高点，将关乎人类社会发展和国家前途命运。

为把握人工智能发展的重大战略机遇，很多国家纷纷制定了人工智能发展战略和规划，人工智能技术竞争趋于白热化，甚至上升到了国家体系对抗博弈的高度。在这场竞争中，我国有着诸多优势。制度和政策优势有利于人工智能技术创新和产业生态的顶层规划和统筹推进，互联网、物联网等信息技术的普及使得各个行业积累了大量的数据资源和用户群体。在人工智能人才方面，我国还具有人才储备基数大、层次丰富、后备力量充足的优势。但我们也要清醒地看到我国在人工智能领域的差距和挑战，诸如基础理论方法、高端核心器件、开源开放平台、领军顶尖人才等方面的短板显著。尤其要建设人工智能强国，我们还需要在数据、算法、芯片和平台等方面形成一系列引领性技术、标准和开源生态，以确保人工智能核心要素的自主可控，规范技术和行业应用，保障人工智能健康发展。

深度学习平台作为人工智能时代的"操作系统"，其自主可控的重要性不言而喻。然而，无论是学术界驱动的代表性深度学习框架 Theano（2010，蒙特利尔大学）、Caffe（2013，加州大学伯克利分校），还是由企业主导的深度学习框架 TensorFlow（2015，谷歌）、PyTorch（2017，脸书），鲜有中国主导的平台。面对愈演愈烈的国际竞争态势，为了全面提升我国人工智能科技实力，发展和推广类似 PaddlePaddle（飞桨）这样自主可控的深度学习开源平台势在必行。本书编写的初衷就是为推动我国人工智能教育，以及人工智能技术的自主可控贡献一份力量。

本书主要特点

本书在编写过程中始终遵循"内容全面、由浅入深、注重实践"的原则。书中较为全面地覆盖了学习深度学习技术所必须具备的基础知识以及主要核心技术，包括相关的数学基础、Python 编程基础、机器学习基础以及正向 / 反向传播算法、卷积神经网络、循环神经网络等，尽量做到读懂一本书即可实现从"零基础"到"全精通"。相关内容的章节安排充分考虑了读者的特点和认知规律，在知识架构和案例穿插的设计上确保循序渐进、由浅入深。本书的另外一个重要特点是提供了大量深度学习实战案例，覆盖当前计算机视觉、自然语言处理、个性化推荐等领域主流的应用和典型的算法，每章都单独配以飞桨代码实现，详细解析实操过程，一步步引导读者开展实践练习，深入掌握相关知识。

本书阅读对象

本书结合国内自主可控的产业级深度学习开源平台飞桨，以通俗易懂的方式向读者介绍深度学习的数学基础、主流模型以及目标识别、机器翻译、个性化推荐等深度学习应用，适合各类读者阅读。本书比较全面地覆盖了深度学习的基础知识和核心算法，可作为初学者了解深度学习的基础教材；同时，书中详细介绍了大量深度学习应用案例及算法实现，可作为高校人工智能专业学生、研究人员以及技术人员（包括开源框架开发者、算法研究者和工程师、应用开发工程师等）深入掌握深度学习技术和飞桨平台开发的参考书。

如何阅读本书

本书一共 15 章，主要分为三个部分。读者只需要按照章节顺序学习，即可掌握相关知识。

第一部分为数学与编程基础篇（第 1 ~ 2 章），首先介绍了学习深度学习需要掌握的基础知识，包括数学基础和 Python 编程基础，其后概述了深度学习发展历史、应用场景，详解了飞桨平台的构成和入门使用。

第二部分为深度学习基础篇（第 3 ~ 9 章），重点介绍了神经网络以及深度网络的主流模型，包括多层感知机、卷积神经网络、循环神经网络等，同时详细讲解了深度学习常用的注意力机制和算法优化策略。

第三部分为飞桨实践篇（第 10 ~ 15 章），分别结合计算机视觉、自然语言处理、个性化推荐等领域中深度学习的主要应用，介绍目前比较经典的深度学习模型以及飞桨实现，帮助读者从入门到精通。

致谢

首先感谢飞桨社区的开发者和生态用户，正是因为你们的热忱和积极贡献，才使得飞桨框架不断演进，成为"智能时代的操作系统"。

感谢百度技术委员会理事长陈尚义先生对本书的推动和支持，也感谢百度深度学习平台部高级总监马艳军对本书技术内容的指导和审阅。

感谢百度工程师周湘阳、邓凯鹏、郭晟、蒋佳军、周波、陈泽裕、吕梦思、孙高峰、刘毅冰、董大祥、党青青提供书中的实战案例与相关代码。

参与本书编写的人员除封面署名作者外还有蒋晓琳、马婧、白世豪、王硕、郜廷权、王立民、武东锟、崔程、王思吉、殷晓婷、马宇晴、李俊、高一杰、胡晟、王嘉凯、沈一凡、雷开宇、石泽宏、曾维佳、孙俊康、彭锦、韩明宇、孙昭等。

刘祥龙

目 录 *Contents*

第一部分 Part 1

数学与编程基础篇

- 第 1 章　数学基础与 Python 库
- 第 2 章　深度学习概论与飞桨入门

Chapter 1 第 1 章

数学基础与 Python 库

本章将主要介绍读者在学习深度学习之前需要掌握的一些数学知识和 Python 编程知识。由于书中编写的代码都是基于 Python 实现的，因此本章将在 1.1 节中介绍 Python 语言和开发者选择 Python 的原因；1.2 节将介绍学习深度学习所需具备的数学基础知识；最后 1.3 节将介绍深度学习算法开发中最为常用的两个 Python 基础库——NumPy 库和 Matplotlib 库。

学完本章，希望读者能够掌握以下知识点：

1）深度学习涉及的数学基础知识，如线性代数和微积分等；

2）NumPy 库和 Matplotlib 库的基本应用；

3）数学推导、算法设计与编程实现的综合能力。

1.1 Python 是进行人工智能编程的主要语言

当前，无论是工业界还是学术界，进行人工智能（AI）编程的主流语言都是 Python。Python 于 1989 年由荷兰人吉多·范罗苏姆（Guido van Rossum）发明，从发明之日起就由社区维护并不断壮大。

Python 是一门解释型高级语言，其设计简洁而优雅，专注于缩短开发周期，对开发者友好，让开发者尽力避免考虑底层细节，把更多宝贵的精力投入到功能开发本身上来，因此开发效率高。Python 官方对 Python 的评价是："Python 追求的是找到最好的解决方案，相比而言，其他语言追求的是多种解决方案。"由于 Python 非常容易扩展，在各个领域的开发者不断贡献代码的情况下，逐渐形成了多种多样的库，特别是人工智能开发常常用到的 NumPy、SciPy、Matplotlib 等库。

开发者除了可以调用 Python 语言编写的库，还能通过各种方式轻松地调用其他语言编写的模块。一种常见的方式是：底层复杂且对效率要求高的模块用 C/C++ 实现，顶层调用的 API 用 Python 语言封装，从而通过简单的语法实现顶层逻辑。因为这样的特性，Python 又被称为"胶水语言"。这种特性的好处显而易见，一方面开发者可以更专注于思考问题的逻辑，而不是把时间都用在编程上；另一方面由于大量使用 C/C++ 与它配合，使得采用 Python 开发的程序运行起来非常快。尤其对于人工智能的研发人员，这种方式非常理想。因此，现在主流的深度学习框架都直接用 Python 语言或者提供了 Python 接口。由百度发起的深度学习框架飞桨的开发语言同样采用了 Python。

> **注意**　由于历史原因，Python 分为两个版本：2.x 和 3.x，目前飞桨对两个版本均支持。由于 Python 官方已经宣布于 2020 年停止对 Python2.x 的支持，因此本书中用到的例子都是在 Python 3.7 版本上运行和测试通过的，建议读者也使用 3.x 版本。

Python 是一种很优美的编程语言。希望读者在编写 Python 程序的时候也能注重把代码写得优雅，具备较好的易读性和可维护性。事实上，Python 的作者对于代码的优雅有明确的建议，在 python console 下输入"import this"，就能看到被称为"The Zen of Python"（Python 之禅）的要求。

1.2　数学基础

机器学习及深度学习的发展是建立在数学基础之上的。本节将主要介绍在机器学习和深度学习算法中广泛使用的线性代数和微积分的基础知识。由于本书的主题是深度学习及飞桨框架使用，所以数学部分只简明扼要地介绍与主题紧密相关的内容。如果读者已经熟悉相关知识，可以跳过本节。

1.2.1　线性代数基础

从线性回归、线性判别、支持向量机、主成分分析等经典的机器学习模型，到卷积神经网络等深度学习模型，线性代数无处不在。可以说，线性代数是机器学习及深度学习重要的数学基础知识。下面分别介绍最常用的向量、矩阵等基本概念及常用运算。

1. 向量

在线性代数中，最基本的概念是标量（Scalar）。标量就是一个实数。比标量更常用的一个概念是向量（Vector）。向量就是 n 个实数组成的有序数组，称为 n 维向量。如果没有特别说明，一个 n 维向量一般表示一个列向量，如式（1-1）所示。向量符号一般用黑体小写字母 a、b、c 来表示。这个有序数组中的每个元素都有对应的下标，第一个元素的下标是 1，第二个是 2，以此类推。通常用 a_1 表示第一个元素，a_2 表示第二个元素，a_i 表示第 i 个元素。

数组中的每一个元素被称为一个分量。多个向量可以组成一个矩阵。

$$a = \begin{bmatrix} a_1 \\ a_2 \\ \vdots \\ a_n \end{bmatrix} \qquad (1\text{-}1)$$

2. 矩阵

矩阵（Matrix）是线性代数中应用非常广泛的一个概念。矩阵比向量更加复杂，向量是一个一维的概念，而矩阵是一个二维的概念。一个矩阵的直观认识如式（1-2）所示。式中的矩阵由 $m \times n$ 个元素组成，这些元素被组织成 m 行 n 列。本书中矩阵使用黑体大写字母 A、B、C 表示。矩阵中每个元素使用 a_{ij} 的形式表示，如第一行第一列的元素为 a_{11}。

$$A = \begin{bmatrix} a_{11} & a_{12} & \cdots & a_{1n} \\ a_{21} & a_{22} & \cdots & a_{2n} \\ \vdots & \vdots & \vdots & \vdots \\ a_{m1} & a_{m2} & \cdots & a_{mn} \end{bmatrix} \qquad (1\text{-}2)$$

特别地，一个向量也可视为大小为 $m \times 1$ 的矩阵，如式（1-3）所示，既是一个 $m \times 1$ 矩阵，又是一个 m 维向量。

$$\begin{bmatrix} a_{11} \\ a_{21} \\ \vdots \\ a_{m1} \end{bmatrix} \qquad (1\text{-}3)$$

单位矩阵（Identity Matrix）是一种特殊的矩阵，其主对角线（Leading Diagonal，连接矩阵左上角和右下角的连线）上的元素为 1，其余元素为 0。n 阶单位矩阵 I_n 是一个 $n \times n$ 的方形矩阵，可以记为 $I_n = \mathrm{diag}(1, 1, \cdots, 1)$。

3. 向量的运算

在机器学习及深度学习中，向量不仅用来存储数据，还会参与运算。常用的向量运算主要有两种，一种是向量的加减法，另一种是向量的点积（内积），这两种运算都需要参与运算的向量长度相同。

向量的加减法比较容易理解。其运算规则是对应位置的元素求和或者求差。例如，向量 $a=[a_1, a_2, \cdots, a_n]$ 和向量 $b = [b_1, b_2, \cdots, b_n]$ 都是 n 维向量，求和就是生成向量 $c = [c_1, c_2, \cdots, c_n]$，$c$ 中的每一个元素都是由 a 和 b 对应位置的元素求和得到：$c_i = a_i + b_i$。

向量的点积相对复杂一些。假设存在两个长度相同且都为 n 的向量 $a = [a_1, a_2, \cdots, a_n]$ 和 $b = [b_1, b_2, \cdots, b_n]$，它们的点积结果为一个标量 c。c 的值为向量 a 和向量 b 对应位置的元素的乘积求和：$c = a_1 \times b_1 + a_2 \times b_2 + \cdots + a_n \times b_n$。向量点积记作 $c = ab$ 或 $c = a \cdot b$。点积

使用公式表示即 $c = \sum_{i}^{n} a_i b_i$ 。通过对公式的观察会发现点积符合交换律，即 $\boldsymbol{ab} = \boldsymbol{ba}$。

4. 矩阵的运算

相比于普通的算术运算，矩阵运算更加复杂。最常见的矩阵运算主要有加、减、乘、转置。矩阵的加减运算是相对简单的运算。加减运算要求输入的两个矩阵的规模相同（两个矩阵都为 m 行 n 列），运算结果为同样规模的矩阵。其规则就是对应位置元素的加和减。例如，假设 $\boldsymbol{A}$ 和 $\boldsymbol{B}$ 都是 m 行 n 列的矩阵，则 $\boldsymbol{A}$ 和 $\boldsymbol{B}$ 的加和减如式（1-4）所示：

$$(\boldsymbol{A} + \boldsymbol{B})_{ij} = A_{ij} + B_{ij} \quad (\boldsymbol{A} - \boldsymbol{B})_{ij} = A_{ij} - B_{ij} \tag{1-4}$$

矩阵的乘法是矩阵运算中最重要的操作之一。矩阵的乘法有两种，一种是点积（Dot Product），另一种是元素乘（Element-wise Product）。下面分别介绍。

点积运算是一个常用的矩阵操作。两个矩阵 $\boldsymbol{A}$ 和 $\boldsymbol{B}$ 经过点积运算产生矩阵 $\boldsymbol{C}$。点积运算的前提条件就是矩阵 $\boldsymbol{A}$ 的列数必须与矩阵 $\boldsymbol{B}$ 的行数相等。如果矩阵 $\boldsymbol{A}$ 的形状是 $m \times n$，矩阵 $\boldsymbol{B}$ 的形状是 $n \times p$，那么矩阵 $\boldsymbol{C}$ 的形状就是 $m \times p$。点积运算可以书写为 $\boldsymbol{C} = \boldsymbol{A} \cdot \boldsymbol{B}$，更常用的写法是 $\boldsymbol{C} = \boldsymbol{AB}$。点积运算的规则稍复杂，$\boldsymbol{A}$ 中的第 i 行点积 $\boldsymbol{B}$ 中的第 j 列得到一个标量，这个标量就是 $\boldsymbol{C}$ 中的第 i 行第 j 个元素。例如，$\boldsymbol{A}$ 的第一行点积 $\boldsymbol{B}$ 的第一列得到 $\boldsymbol{C}$ 中的一个元素 C_{11}；$\boldsymbol{A}$ 的第三行点积 $\boldsymbol{B}$ 的第二列得到 $\boldsymbol{C}$ 的一个元素 C_{32}。其公式表示如下：

$$C_{ij} = (\boldsymbol{AB})_{ij} = \sum_{k=1}^{n} A_{ik} B_{kj} \tag{1-5}$$

> **注意** 点积运算不满足交换律，即 $\boldsymbol{AB} \neq \boldsymbol{BA}$。甚至很多时候 $\boldsymbol{AB}$ 可以计算，但是 $\boldsymbol{BA}$ 不存在，因为点积必须符合行数和列数的对应关系。

元素乘是机器学习和深度学习经常使用的另一个运算。元素乘又称元素积、元素对应乘积。元素乘的运算条件更加严格，要求参与运算的两个矩阵的规模相同（都为 $m \times n$ 矩阵）。两个 $m \times n$ 矩阵 $\boldsymbol{A}$ 和 $\boldsymbol{B}$，经过元素乘后其运算结果为 $\boldsymbol{C}$，一般记为 $\boldsymbol{C} = \boldsymbol{A} \odot \boldsymbol{B}$。点积运算结果也是一个矩阵，只不过运算规则更加简单，只需要对应位置的元素相乘即可。元素乘的公式为 $C_{ij} = A_{ij} \odot B_{ij}$。例如，一个 2×3 规模的元素乘的运算过程如式（1-6）所示：

$$\begin{bmatrix} a_{11} & a_{12} & a_{13} \\ a_{21} & a_{22} & a_{23} \end{bmatrix} \odot \begin{bmatrix} b_{11} & b_{12} & b_{13} \\ b_{21} & b_{22} & b_{23} \end{bmatrix} = \begin{bmatrix} a_{11}b_{11} & a_{12}b_{12} & a_{13}b_{13} \\ a_{21}b_{21} & a_{22}b_{22} & a_{23}b_{23} \end{bmatrix} = \begin{bmatrix} c_{11} & c_{12} & c_{13} \\ c_{21} & c_{22} & c_{23} \end{bmatrix} \tag{1-6}$$

矩阵的转置（Transpose）也是常见的矩阵运算。转置就是将原来的行元素变成列元素。假设矩阵 $\boldsymbol{A}$ 是 $m \times n$ 矩阵，经过转置后的矩阵变为 $n \times m$，记作 $\boldsymbol{A}^{\mathrm{T}}$。从公式的角度看 $A^{\mathrm{T}}_{ij} = A_{ji}$。式（1-7）给出一个具体的例子。

$$\boldsymbol{A} = \begin{bmatrix} a_{11} & a_{12} & a_{13} \\ a_{21} & a_{22} & a_{23} \end{bmatrix} \xrightarrow{\text{转置运算}} (\boldsymbol{A}^{\mathrm{T}}) = \begin{bmatrix} a_{11} & a_{21} \\ a_{12} & a_{22} \\ a_{13} & a_{23} \end{bmatrix} \tag{1-7}$$

> **注意** 矩阵的操作将在介绍 NumPy 库时介绍,详见代码清单 1-4。

除了数学概念上的运算外,深度学习中还常常会用到向量化(Vectorization)的概念。向量化是指将原本需要高复杂度的计算过程转化为低复杂度的向量乘积的过程。深度学习过程常常面临大量的向量和矩阵运算,如果采用传统的计算方法,那么这些运算将消耗大量时间,而向量化可以有效降低其计算时间。

> **注意** 这一概念将在 NumPy 部分直观展现,详见代码清单 1-8。

假如通过编程计算两个向量 **a** 和 **b** 的点积。一种实现方法是把向量视为多个元素的有序数组,对 **a** 和 **b** 中的每一个分量做一次乘积运算,最后将乘积结果求和,即 $c = \sum_{i=0}^{n} a_i b_i$。而另一种更加高效的实现方式是把向量视作一个整体,直接调用 Python 库函数完成两个向量的乘积。从数学角度看两种实现的复杂度是相同的,但实际上 Python 库内部对向量操作做了算法甚至硬件级别的优化,运算更加高效。所以,向量化是深度学习提速的一大法宝。

5. 向量的范数

在机器学习中衡量一个向量大小的时候会用到范数(Norm)的概念。范数可以理解为一个将向量映射到非负实数的函数。通俗来讲,范数表示的是向量的"长度"。范数的定义如式(1-8)所示:

$$\|\boldsymbol{x}\|_p = \left(\sum_i |x_i|^p \right)^{\frac{1}{p}} \tag{1-8}$$

观察范数的定义很容易发现,范数事实上与 p 的取值是有关系的,所以范数的数学符号是 L_p。

在机器学习和深度学习领域最常用到的两个范数是 L_1 范数和 L_2 范数。对于绝大多数读者来说,最熟悉的就是 $p = 2$ 的情况。L_2 范数也被称为欧几里得范数,它表示从原点出发到向量 $\boldsymbol{x}$ 确定的点的欧几里得距离。向量的 L_2 范数也被称作向量的模。L_2 在机器学习和深度学习中出现十分频繁,为了计算和使用方便,常常会对 L_2 范数做平方运算。平方 L_2 范数对每一个 $\boldsymbol{x}$ 的导数只取决于对应的元素,而 L_2 范数对每个元素的导数却与整个向量相关。但是,平方 L_2 范数的一个缺点是它在原点附近增长得十分缓慢。在某些机器学习和深度学习应用中,区分值为零和非零但值很小的元素是很重要的。在这些情况下,转而使用在各个位置斜率相同,同时保持简单的数学形式的函数:L_1 范数。当机器学习和深度学习问题中零和非零元素之间的差异非常重要时,通常会使用 L_1 范数。L_1 范数即向量中各个元素绝对值的和。每当 $\boldsymbol{x}$ 中某个元素从 0 增加 ε,对应的 L_1 范数也会增加 ε。

L_p 范数用来度量向量的大小,相应的度量矩阵的大小可以使用 Frobenius 范数。其类似

于 L_2 范数，可以将其理解为 L_2 范数在矩阵上的推广。如式（1-9）所示：

$$\|A\|_F = \left(\sum_{i,j} |A_{ij}|^2\right)^{\frac{1}{2}} \tag{1-9}$$

1.2.2　微积分基础

机器学习和深度学习除了需要线性代数的基础知识，还需要一定的微积分基础知识。在机器学习和深度学习计算过程中，反向传播算法（第 5 章着重讲述）需要用到偏导数求解的知识，而梯度下降算法（第 3 章着重讲述）需要理解梯度的概念。

1. 导数

首先介绍导数的相关知识。导数（Derivative）的直观理解是反映瞬时变化率的量。如图 1-1 所示，考虑一个实际问题，纵坐标是车辆位移，横坐标是时间，如何知道 t_1 时刻车辆的瞬时速度呢？

获得瞬时速度的核心思想是用平均速度去逼近瞬时速度。这里可以考虑 t_1 和 t_2，t_1 在前 t_2 在后，它们之间有一定的时间间隔，这个时间间隔为 Δt。在这段时间间隔内产生的位移为 Δs。那么该时间内的平均速度为 $\Delta s/\Delta t$。Δt 不断缩小，也就是 t_2 不断靠近 t_1，当 t_2 与 t_1 无限接近几乎重合时，便可以视作 t_1 点的瞬时速率（如图 1-1 所示）。

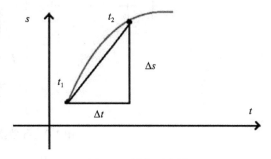

图 1-1　斜率示意图

导数是从瞬时速度的概念中类比抽象出来的。将瞬时速率拓展到更一般的情形，在更广的函数范围内，根据这种无限逼近的思路，知道任意变量在一点处的变化率（斜率），函数在这一点处的斜率就是导数。在高等数学中更为严谨的定义为：对于定义域和值域都是实域的函数 $y = f(x)$，若 $f(x)$ 在点 x_0 的某个邻域 Δx 内，极限

$$f'(x_0) = \lim_{\Delta x \to 0} \frac{f(x_0 + \Delta x) - f(x_0)}{\Delta x} \tag{1-10}$$

存在，则称函数 $y = f(x)$ 在 x_0 处可导，且导数为 $f'(x_0)$。

图 1-2 所示是函数 $y = 4x$ 的曲线，当 $x = 3$ 时，$y = 12$，而当 x 坐标轴向右移动很小的一段距离 0.001 时，$x = 3.001$，$y = 12.004$。

这时，定义 x 发生的变化为 dx，dx=0.001，定义 y 发生的变化为 dy，dy=0.004，读者便能计算得到这一小段变化形成的图中三角形的斜率（Slope）为 4，此时的斜率便是 y=4x 在 x=3 处的导数值 $f'(3)$=Slope=4。当然，这里的 0.001 只是说明 x 的变化很小而已，实际

上 dx 是一个无限趋近于 0 的值，远比 0.001 要小。类似地，计算 x=5 时的导数，也能用上述方法，当 x=5，y=20，当 x=5.001，y=20.004，从而 dy=0.004，dx=0.001。函数 y=f(x)=4x 在 x=5 处的导数为 f'(5)=Slope=dy/dx=4。同样，其他形状的曲线的任意一点的导数，也能用类似的方法计算得到。此外，读者也许会发现，直线的导数在任意一点都相同，为一个确定的值。

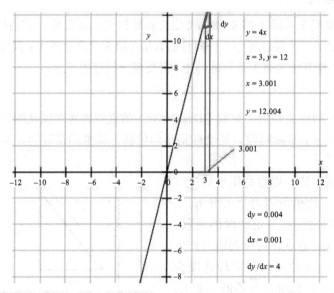

图 1-2　导数推导计算示意图

上面描述的是在某一点的导数概念，接下来将这个概念推广开来。若函数 f(x) 在其定义域内包含的每一个点都可导，那么也可以说函数 f(x) 在这个区间内可导。这样定义函数 f'(x) 为函数 f(x) 的导函数，通常也称为导数。函数 f(x) 的导数 f'(x) 也可以记作 $\nabla_x f(x)$，$\dfrac{\mathrm{d}f(x)}{\mathrm{d}x}$ 或 $\dfrac{\mathrm{d}}{\mathrm{d}x}f(x)$，以上便是函数与变量的导数的基本知识。

2. 偏导数

一个多变量的函数的偏导数（Partial Derivative）就是它关于其中一个变量的导数而保持其他变量恒定（相对于全导数，在全导数中所有变量都允许变化）。简单理解，偏导数就是对多元函数求其中一个未知数的导数，如在含 x 和 y 的函数中对 x 求导，此时是将另一个未知数 y 看成是常数，相当于对未知数 x 求导，如式（1-11）、（1-12）所示：

$$f(x, y) = ax^2 + by^2 + cxy \qquad (1\text{-}11)$$

$$\frac{\partial f(x, y)}{\partial x} = 2ax + cy \qquad (1\text{-}12)$$

此时称为函数关于 x 的偏导数，同理，函数关于 y 的偏导数如式（1-13）所示：

$$\frac{\partial f(x, y)}{\partial y} = 2by + cx \qquad (1\text{-}13)$$

拓展到更为多元的情况下，一个含有多个未知数的函数 f'，对于其中任意一个变量 p 求偏导时，只将 p 视为未知量，其余未知数视为常量（注意只是"视为"）。

特别地，当函数 f 中本身只含有一个未知数 x 时，f 关于 x 的导数也就是 f 关于 x 的偏导数，如式（1-14）所示：

$$\frac{\mathrm{d}f(x)}{\mathrm{d}x} = \frac{\partial f(x)}{\partial x} \qquad (1\text{-}14)$$

读者可以参考图 1-3 所示的例子，J 是一个关于 a 和 b 的函数，$J=f(a, b)=3a + 2b$：

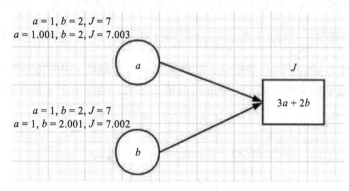

$a = 1, b = 2, J = 7$
$a = 1.001, b = 2, J = 7.003$

$a = 1, b = 2, J = 7$
$a = 1, b = 2.001, J = 7.002$

图 1-3　偏导数推导计算示意图

当 a 不变、b 发生变化时，假定 b 在点（1，2）处发生变化，$a=1$，$b=2$，此时 $J=7$。而当 b 增加 0.001 时，$a=1$，$b=2.001$，此时 $J=7.002$。类比于前一小节推导导数时的方法，偏导数也能用相似的方法推导得到，在点（1，2）处求 J 关于 b 的偏导数，由于 a 不发生变化，所以可以求得 J 对 b 的偏导数。用类似的方法，读者也能求得在点（1，2）处，J 对 a 的偏导数。

3. 向量的导数

之前介绍的函数都是关于一个标量的函数，如 $f(x)=x$，在这样的函数中变量本身是一个数。但是在机器学习和深度学习中，有时候还需要对向量求导，下面介绍向量的求导方法。

（1）标量对向量求导

首先介绍维度的概念。对于向量而言，向量的维度是一个向量中分量的个数。对于函数而言，其中是数值型变量，这样由数值型变量构成的函数也被称为标量的函数。现有向量 $\boldsymbol{x}$，这样函数 $f(\boldsymbol{x})$ 关于向量 $\boldsymbol{x}$ 的导数仍然是 p 维向量，导数向量中第 i 个元素的值为 $\frac{\partial f(\boldsymbol{x})}{\partial x_i}$ $(i = 1, 2, \cdots, p)$。也即函数对向量求导数，其结果为函数对向量的各个分量求偏导数。

更为严谨的数学定义为，对于一个 p 维向量 $\boldsymbol{x} \in \mathbf{R}^p$，关于标量的函数 $y = f(\boldsymbol{x}) = f(x_1, x_2, \cdots, x_p) \in \mathbf{R}$，则 y 关于 $\boldsymbol{x}$ 的导数如式（1-15）所示：

$$\frac{\partial f(\boldsymbol{x})}{\partial \boldsymbol{x}} = \begin{bmatrix} \dfrac{\partial f(\boldsymbol{x})}{\partial x_1} \\ \vdots \\ \dfrac{\partial f(\boldsymbol{x})}{\partial x_p} \end{bmatrix} \in \mathbf{R}^p \tag{1-15}$$

（2）向量对向量求导

当函数中是关于向量的函数，函数 f 本身就可以表示成 q 维向量，现有向量 $\boldsymbol{x} = [x_1, \cdots, x_p]^T$，$p$ 与 q 不相同时，函数 f 对于向量 $\boldsymbol{x}$ 求导，所得到的结果是一个 $p \times q$ 矩阵，其中，第 i 行第 j 列的元素为 $\dfrac{\partial f_j}{\partial x_i}$（$i = 1, 2, 3, \cdots, p$，$j = 1, 2, 3, \cdots, q$）。也即由标量的函数构成的函数 f 对向量 $\boldsymbol{x}$ 求导，其结果为一个矩阵，矩阵的第 n 行为函数 f 中的每一个函数，对其求偏导。更为严谨的数学定义为，对于一个 p 维向量 $\boldsymbol{x} \in \mathbf{R}^p$，则 f 关于 $\boldsymbol{x}$ 的导数为：

$$\frac{\partial f(\boldsymbol{x})}{\partial \boldsymbol{x}} = \begin{bmatrix} \dfrac{\partial f_1}{\partial x_1} & \cdots & \dfrac{\partial f_q}{\partial x_1} \\ \vdots & \vdots & \vdots \\ \dfrac{\partial f_1}{\partial x_p} & \cdots & \dfrac{\partial f_q}{\partial x_p} \end{bmatrix} \in \boldsymbol{R}^{p \times q} \tag{1-16}$$

4. 导数法则

（1）加减法则（Addition Rule）

两个函数的和（或差）的导数，等于两个函数分别对自变量求导的和（或差）。设 $y = f(x)$ 并且 $z = g(x)$，则两者的和的函数对于同一个变量求导的结果，将会是两个函数对于变量分别求导后求和的结果。

$$\frac{\partial(y + z)}{\partial x} = \frac{\partial y}{\partial x} + \frac{\partial z}{\partial x} \tag{1-17}$$

加减法则常常被用于简化求导过程。在一些情形下，往往函数本身是很复杂的，直接求导将会有很高的复杂度，这时利用加减法则，将函数分成两个或者多个独立的简单函数，再分别求导和求和，原本复杂的问题就变得简单了。

在深度学习和机器学习中，加减法则常常用于计算两个直接相连的神经元之间的相互影响。例如，神经网络后一层节点为 x，它同时受到前一层的神经元 y 和 z 的影响，影响关系为 $x = y + z$，那么当 y 和 z 同时变化时，若要计算 x 所发生的变化，便可通过式（1-17）计算得到。

（2）乘法法则（Product Rule）

学习完导数的加减法则，读者也许会推测乘法法则是否与之相类似，即两个函数乘积的导数等于两个函数分别求导的乘积，答案是否定的。这里以矩阵乘法为例，若 $x \in \mathbf{R}^p$，$y = f(x) \in \mathbf{R}^q$，$z = g(x) \in \mathbf{R}^q$，乘积的求导过程将如式（1-18）所示：

$$\frac{\partial y^{\mathrm{T}} z}{\partial x} = \frac{\partial y}{\partial x} z + \frac{\partial z}{\partial x} y \tag{1-18}$$

乘法法则乍看之下比较抽象，这里用一个实际的例子来说明。如果 y 的转置代表函数中的系数矩阵，z 是自变量矩阵，二者同时对于 x 求偏导数，所得到的结果将会变成两个部分，一个部分是自变量的矩阵，另一个部分是系数的矩阵。机器学习乘法法则也常常用于计算两个直接相连的神经元之间的相互影响，当后一层神经元 C 是由前一层神经元 A 和 B 通过乘法关系得到的，则可以利用乘法法则计算 A 和 B 变化时对 C 的影响。

（3）链式法则（Chain Rule）

链式法则作为在机器学习和深度学习中最为常用的法则，其重要性毋庸置疑，但链式法则本身不好理解，这里我们以一个函数输入输出流为例来阐释链式法则。

观察以下一组函数，这组函数的输入值是 $x = (x_1, x_2)$。第一个函数 f_1 是一个求和过程，第二个函数 f_2 是一个求积过程：

$$\begin{aligned} F_1 &= f_1(x_1, x_2) = x_1 + x_2 \\ F_2 &= f_2(x_1, x_2) = x_1 x_2 \\ y &= g(f_1, f_2) = \ln(f_1) + \mathrm{e}^{f_2} \end{aligned} \tag{1-19}$$

把这两个函数值作为输入送给第三个函数 g，函数 g 就是一个关于 x_1, x_2 的复合函数，其最终的输出值用 y 表示。由输入 x 逐步计算得到结果 y 的过程如图 1-4 所示。

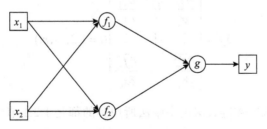

图 1-4　复合函数计算图

如果由变量到函数是一个正向传递的过程，那么求导便是一个反向的过程（如图 1-5 所示）。

如果要求得函数 g 对 x_1 的偏导数，观察图 1-5，可以发现其由 g 节点到 x_1 节点共有两条路径，每条路径由两条有向边组成。每条路径可以看作其经过的边的值的乘积，而两个路径求和就恰巧得到了函数 g 对 x_1 的偏导数。当我们把函数 g 看作关于 x_1, x_2 的复合函数时，分别求得 g 对 x_1 和 x_2 的偏导数可以得到式（1-20）所示的结果，这便是复合函数求导的链式法则。

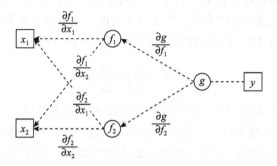

图 1-5 复合函数求导计算图

$$\frac{\partial g}{\partial x_1} = \frac{\partial g}{\partial f_1}\frac{\partial f_1}{\partial x_1} + \frac{\partial g}{\partial f_2}\frac{\partial f_2}{\partial x_1}$$

$$\frac{\partial g}{\partial x_2} = \frac{\partial g}{\partial f_1}\frac{\partial f_1}{\partial x_2} + \frac{\partial g}{\partial f_2}\frac{\partial f_2}{\partial x_2} \tag{1-20}$$

特别地，当 f_1 与 f_2 均为向量函数时，此时链式法则将会发生调整，如式（1-21）所示：

$$\frac{\partial \overline{g}}{\partial x_1} = \mathrm{J}\overline{f_1}\frac{\partial \overline{f_1}}{\partial x_1} + \mathrm{J}\overline{f_2}\frac{\partial \overline{f_2}}{\partial x_1} \qquad \frac{\partial \overline{g}}{\partial x_2} = \mathrm{J}\overline{f_1}\frac{\partial \overline{f_1}}{\partial x_2} + \mathrm{J}\overline{f_2}\frac{\partial \overline{f_2}}{\partial x_2} \tag{1-21}$$

向量求导的链式法则与标量函数的链式法则很相似，只不过求导过程变成了求 Jacobi 矩阵，Jacobi 矩阵定义如式（1-22）所示：

$$\mathrm{J}\overline{f_i} = \begin{bmatrix} \frac{\partial \overline{f_1}}{\partial x_1} & \cdots & \frac{\partial \overline{f_1}}{\partial x_n} \\ \vdots & \vdots & \vdots \\ \frac{\partial \overline{f_m}}{\partial x_1} & \cdots & \frac{\partial \overline{f_m}}{\partial x_n} \end{bmatrix} (i=1,2,\cdots,m) \tag{1-22}$$

需要注意的是，偏导数链式法则中乘法所用到的都是 1.2.1 节中提到的元素乘，符号为 ⊙。

链式法则作为深度学习中最为常用的一条求导法则，常常用于利用反向传播算法进行神经网络的训练工作，我们将在后续章节详细学习。

5. 常见的向量和矩阵的导数

这里提供一些常见的向量及矩阵的导数知识，读者在推导神经网络中的导数计算时会用到这些知识。向量对于其本身的导数为单位向量，这一点与标量的计算相类似。当一个数或者一个向量对其本身求导，所得到的结果将是 1 或者单位向量。反映到深度学习神经网络中神经元的相互影响上，便可以理解为一个神经元如果受到自身变化的影响，那么其自身变化多少，影响的大小就有多少：

$$\frac{\partial X}{\partial X} = I \tag{1-23}$$

向量 w 和 x 的乘积，设其为 z，那么 z 对于 w 求偏导数，其结果为 x 的转置：

$$z = wx$$
$$\frac{\partial z}{\partial w} = x^{\mathrm{T}} \tag{1-24}$$

拓展到矩阵，矩阵 W 和矩阵 X 的乘积设其为矩阵 Z，那么 Z 对于 W 求偏导数，其结果为 X 的转置：

$$Z = WX$$
$$\frac{\partial Z}{\partial W} = X^{\mathrm{T}} \tag{1-25}$$

上述规则说明，依照系数向量（或矩阵）反推输入向量（或矩阵），即倘若在神经网络中我们知道了神经元的输出结果和系数向量（或矩阵），我们便能反推得到输入，从而进行验证或其他操作。

矩阵 A 与向量 x 的乘积对 x 求偏导数，其结果为矩阵 A 的转置 A^{T}。这个规则常常用于求解具有 Ax 关系的神经元之间的相互连接，也即后一个神经元如果收到前一个神经元 x 的影响是 Ax，那么当直接相连的前一个神经元增加（或减少）一个单位时，后一个神经元将相应地增加（或减少）A^{T} 个单位：

$$\frac{\partial AX}{\partial X} = A^{\mathrm{T}} \tag{1-26}$$

向量 x 的转置与矩阵 A 的乘积对向量 x 求偏导数，其结果为矩阵 A 本身。这个规则常常用于求解具有 $x^{\mathrm{T}}A$ 关系的神经元之间的相互连接，也即后一个神经元如果收到前一个神经元 x 的影响是 $X^{\mathrm{T}}A$，那么当直接相连的前一个神经元增加（或减少）一个单位时，后一个神经元将相应地增加（或减少）A 个单位。

$$\frac{\partial x^{\mathrm{T}}A}{\partial x} = A \tag{1-27}$$

6. 梯度

之前讨论的导数基本上是直接考量函数变化率，梯度（Gradient）则从另一个角度考量函数变化最快的方向。在机器学习和深度学习中梯度下降法用以求解损失函数的最小值。梯度的本意是一个向量，该向量表示某一函数在某一点处的方向导数沿着向量方向取得最大值，即函数在该点处沿着该方向（梯度的方向）变化最快，变化率最大（为该梯度的模）。

在机器学习中，考虑二元函数的情形。设函数 $z = f(x, y)$ 在平面区域 D 内具有一阶连续偏导数，则对于每一点 $P(x, y) \in D$，都可以定出一个向量 $\dfrac{\partial f}{\partial x}i + \dfrac{\partial f}{\partial y}j$，这个向量称为函数 $z=f(x, y)$ 在点 $P(x, y)$ 的梯度，记作 **grad** $f(x, y)$。如图 1-6 所示，折线方向便是梯度方向。

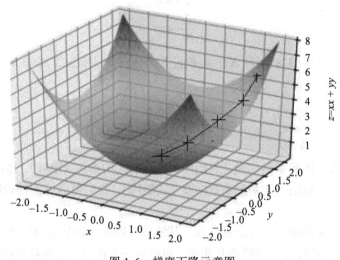

图 1-6　梯度下降示意图

倘若图 1-6 中的曲面表示的是损失函数，那么梯度下降方向便是损失函数中损失减少最快的方向。使用梯度可以找到到达最小损失较快的方向，设定一个恰当的初始值和探测步长，就能在最快的速度下找到需要的最小损失值。梯度作为探测损失函数中最小损失的一个"指南针"，避免了寻找一个最小损失值时低效率的枚举情况发生，这对于机器学习和深度学习模型的优化求解具有很重要的意义。

1.3　Python 库的操作

Python 作为机器学习和深度学习最主流的编程语言，在具体实现中提供了哪些主要库函数呢？具体代码实现时会用到哪些操作呢？这里介绍两个在深度学习中最为常用的库函数——NumPy 和 Matplotlib。

1.3.1　NumPy 操作

NumPy(Numerical Python extension) 是一个第三方的 Python 包，用于科学计算。这个库的前身是 1995 年就开始开发的一个用于数组运算的库。经过了长时间的发展，它基本上成为绝大部分 Python 科学计算的基础包，当然也包括所有提供 Python 接口的深度学习框架。

1. 基本模块

（1）array 模块

数组（Array）是 NumPy 中最基础的数据结构。其最关键的属性是维度和元素类型，在 NumPy 中，可以非常方便地创建各种不同类型的多维数组，并且执行一些基本操作。在深度学习中，如果神经元之间的连接关系涉及的参数是数组，便可利用 array 模块进行设定，如代码清单 1-1 所示。

代码清单 1-1　array 的基本操作

```
import numpy as np

a = [1, 2, 3, 4]        # a 是 python 中的 list 类型
b = np.array(a)         # 数组化之后 b 的类型变为 array
type(b)                 # b 的类型 <type 'numpy.ndarray'>

b.shape                 # shape 参数表示 array 的大小，这里是 4
b.argmax()              # 调用 arg max() 函数可以求得 array 中的最大值的索引，这里是 3
b.max()                 # 调用 max() 函数可以求得 array 中的最大值，这里是 4
b.mean()                # 调用 mean() 函数可以求得 array 中的平均值，这里是 2.5
```

注意到在导入 NumPy 的时候，代码中将 np 作为 NumPy 的别名。这是一种习惯性的用法，后面的章节中也默认这么使用。在机器学习中常用到的矩阵的转置操作可以首先通过 matrix 构建矩阵，再用 transpose 函数来实现转置，如代码清单 1-2 所示。

代码清单 1-2　NumPy 中实现矩阵转置

```
import numpy as np
x=np.array(np.arange(12).reshape((3,4)))
'''
[[ 0  1  2  3]
 [ 4  5  6  7]
 [ 8  9 10 11]]
'''
t = x.transpose()
'''
[[ 0  4  8]
 [ 1  5  9]
 [ 2  6 10]
 [ 3  7 11]]
'''
```

对于一维的 array，array 支持所有 Python 列表（List）支持的下标操作方法，所以在此没有特别列出，如代码清单 1-3 所示。

代码清单 1-3　NumPy 基础数学运算

```
import numpy as np
```

```
# 绝对值，1
a = np.abs(-1)

# sin 函数，1.0
b = np.sin(np.pi/2)

# tanh 逆函数，0.50000107157840523
c = np.arctanh(0.462118)

# e 为底的指数函数，20.085536923187668
d = np.exp(3)

# 2 的 3 次方，8
f = np.power(2, 3)

# 点积，1*3+2*4=11
g = np.dot([1, 2], [3, 4])

# 开方，5
h = np.sqrt(25)

# 求和，10
l = np.sum([1, 2, 3, 4])

# 平均值，5.5
m = np.mean([4, 5, 6, 7])

# 标准差，0.96824583655185426
p = np.std([1, 2, 3, 2, 1, 3, 2, 0])
```

（2）random 模块

NumPy 中的随机模块包含了与随机数产生和统计分布相关的基本函数。Python 本身也有随机模块 random，不过 NumPy 的 random 功能更丰富，随机模块一般会用于深度学习中一些随机数的生成、seed 的生成以及初始值的设定，具体的用法请看代码清单 1-4。

代码清单 1-4　random 模块相关操作

```
import numpy as np

# 设置随机数种子
np.random.seed(42)

# 产生一个 1x3, [0,1) 之间的浮点型随机数
# array([[ 0.37454012,  0.95071431,  0.73199394]])
# 后面的例子就不在注释中给出具体结果了
np.random.rand(1, 3)

# 产生一个 [0,1] 之间的浮点型随机数
np.random.random()

# 从 a 中有放回地随机采样 7 个
a = np.array([1, 2, 3, 4, 5, 6, 7])
np.random.choice(a, 7)
```

```
# 从 a 中无放回地随机采样 7 个
np.random.choice(a, 7, replace=False)

# 对 a 进行乱序并返回一个新的 array
b = np.random.permutation(a)

# 生成一个长度为 9 的随机 bytes 序列并作为 str 返回
# '\x96\x9d\xd1?\xe6\x18\xbb\x9a\xec'
np.random.bytes(9)
```

随机模块可以很方便地做一些快速模拟去验证结论，在神经网络中也能够做一些快速的网络构造。如考虑一个非常违反直觉的概率题：一个选手去参加一个 TV 秀，有三扇门，其中一扇门后有奖品，这扇门只有主持人知道。选手先随机选一扇门，但并不打开，主持人看到后，会打开其余两扇门中没有奖品的一扇门。然后主持人问选手：是否要改变一开始的选择？

这个问题的答案是应该改变一开始的选择。在第一次选择的时候，选错的概率是 2/3，选对的概率是 1/3。第一次选择之后，主持人相当于帮忙剔除了一个错误答案，所以如果一开始选的是错的，这时候换掉就对了；而如果一开始就选对了，则这时候换掉就错了。根据以上分析，一开始选错的概率就是换掉之后选对的概率（2/3），这个概率大于一开始就选对的概率（1/3），所以应该换。虽然道理上是这样的，但是通过推理仍不明白怎么办？没关系，用随机模拟就可以轻松得到答案。

> **注意**　这一部分请读者作为练习自行完成。

2. 广播机制

对于 array，默认执行对位运算。涉及多个 array 的对位运算需要 array 的维度一致，如果一个 array 的维度与另一个 array 的维度不一致，则在没有对齐的维度上分别执行对位运算，这种机制称为广播（Broadcasting），具体通过代码清单 1-5 理解。

代码清单 1-5　广播机制的理解

```
import numpy as np

a = np.array([
    [1, 2, 3],
    [4, 5, 6]
])

b = np.array([
    [1, 2, 3],
    [1, 2, 3]
])

'''
维度一样的 array，对位计算
```

```
array([[2, 4, 6],
       [5, 7, 9]])
'''
a + b

c = np.array([
    [1, 2, 3],
    [4, 5, 6],
    [7, 8, 9],
    [10, 11, 12]
])
d = np.array([2, 2, 2])

'''
广播机制让计算的表达式保持简洁
d 和 c 的每一行分别进行运算
array([[ 3,  4,  5],
       [ 6,  7,  8],
       [ 9, 10, 11],
       [12, 13, 14]])
'''
c + d
```

3. 向量化

读者在 1.2.1 节已经初步了解到，向量化在深度学习中的应用十分广泛，它是提升计算效率的主要手段之一，对于在机器学习中缩短每次训练的时间具有重要意义，当可用工作时间不变的情况下，更短的单次训练时间可以让程序员有更多的测试机会，进而更快、更好地调整神经网络的结构和参数。代码清单 1-6 ~ 1-8 通过一个矩阵相乘的例子展示了向量化对于代码计算速度的提升效果。

在代码清单 1-6 中首先导入了 numpy 和 time 库，它们分别被用于数学计算和统计运行时间。然后准备数据，这里初始化两个 1000000 维的随机向量 v1 和 v2，v 作为计算结果初始化为零。

代码清单 1-6　导入库和数据初始化

```
import numpy as np
import time
# 初始化两个 1000000 维的随机向量 v1,v2 用于矩阵相乘计算
v1 = np.random.rand(1000000)
v2 = np.random.rand(1000000)
v = 0
```

在代码清单 1-7 中，设置变量 tic 和 toc 分别为计算开始和结束时间。在非向量化版本中，两个向量相乘的计算过程使用 for 循环实现。

代码清单 1-7　矩阵相乘（非向量化版本）

```
# 矩阵相乘 - 非向量化版本
tic = time.time()
```

```
for i in range(1000000):
    v += v1[i] * v2[i]
toc = time.time()
print(" 非向量化 - 计算时间: " + str((toc - tic)*1000)+"ms"+"\n")
```

在代码清单 1-8 中，同样使用变量 tic 和 toc 记录计算开始和结束时间。向量化版本使用 NumPy 库的 numpy.dot() 计算矩阵相乘。

代码清单 1-8　矩阵相乘（向量化版本）

```
# 矩阵相乘 - 向量化版本
tic = time.time()
v = np.dot(v1, v2)
toc = time.time()
print(" 向量化 - 计算时间: " + str((toc - tic)*1000)+"ms")
```

为了保证计算结果相同，我们输出了二者的计算结果，确保计算无误。最后的输出结果为"非向量化 - 计算时间为 578.0208ms，向量化 - 计算时间为 1.1038ms"。可以观察到效率提升效果十分显著。非向量化版本计算时间约为向量化版本计算时间的 500 倍。可见向量化对于计算速度的提升非常显著，尤其在长时间的深度学习训练中，向量化可以帮助开发者节省更多时间。

1.3.2　Matplotlib 操作

Matplotlib 是 Python 中最常用的可视化工具之一，可以非常方便地创建 2D 图表和一些基本的 3D 图表。Matplotlib 最早是为了可视化癫痫病人的脑皮层电图相关的信号而研发的，因为在函数的设计上参考了 MATLAB，所以叫作 Matplotlib [⊖]。Matplotlib 首次发表于 2007 年，在开源社区的推动下，其在基于 Python 的各个科学计算领域都得到了广泛应用。

 安装 Matplotlib 的方式与 NumPy 很像，可以直接通过 UNIX/Linux 的软件管理工具，比如在 Ubuntu 16.04 LTS 下输入：

```
>> sudo apt install python-matplotlib
```

或者通过 pip 安装：

```
>> pip install matplotlib
```

Windows 下也可以通过 pip 安装，或是到官网下载（http://matplotlib.org/）。

1. 图表展示

Matplotlib 非常强大，不过在深度学习中常用的其实只有很基础的一些功能。这里以机器学习中的梯度下降法来展示其图表功能。首先假设现在需要求解目标函数 func(x) = $x * x$ 的极小值，由于 func 是一个凸函数，因此它唯一的极小值同时也是它的最小值，其一阶导

⊖ Matplotlib 的原作者 John D. Hunter 博士是一名神经生物学家，2012 年因癌症不幸去世，感谢他创建了这样一个伟大的库。

函数为 dfunc(x) = 2 * x，如代码清单 1-9 所示。

代码清单 1-9　创建目标函数及目标函数求导函数

```python
import numpy as np
import matplotlib.pyplot as plt

# 目标函数:y=x^2
def func(x):
    return np.square(x)


# 目标函数一阶导数也即偏导数:dy/dx=2*x
def dfunc(x):
    return 2 * x
```

接下来编写梯度下降法功能函数 gradient_descent()，如代码清单 1-10 所示。

代码清单 1-10　梯度下降法功能函数实现

```python
def gradient_descent(x_start, func_deri, epochs, learning_rate):
    """
    梯度下降法。给定起始点与目标函数的一阶导函数,求在epochs次迭代中x的更新值
    args:
        x_start: x 的起始点
        func_deri: 目标函数的一阶导函数
        epochs: 迭代周期
        learning_rate: 学习率
    return:
        xs 在每次迭代后的位置 (包括起始点),长度为epochs+1
    """
    theta_x = np.zeros(epochs + 1)
    temp_x = x_start
    theta_x[0] = temp_x
    for i in range(epochs):
        deri_x = func_deri(temp_x)
        # v表示x要改变的幅度
        delta = - deri_x * learing_rate
        temp_x = temp_x + delta
        theta_x[i+1] = temp_x
    return theta_x
```

在 mat_plot() 函数中，具体用 Matplotlib 实现了梯度下降法搜索最优解的过程，如代码清单 1-11 所示。

代码清单 1-11　利用 Matplotlib 实现图像绘制

```python
def mat_plot():
    # 利用matplotlib绘制图像
    line_x = np.linspace(-5, 5, 100)
    line_y = func(line_x)

    x_start = -5
    epochs = 5
```

```
        lr = 0.3
        x = gradient_descent(x_start, dfunc, epochs, lr=lr)

        color = 'r'
        # plot 实现绘制的主功能
        plt.plot(line_x, line_y, c='b')
        plt.plot(x, func(x), c=color, label='lr={}'.format(lr))
        plt.scatter(x, func(x), c=color, )
        # legend 函数显示图例
        plt.legend()
        # show 函数显示
        plt.show()
    mat_plot()
```

　　这个例子中展示了如何利用梯度下降法寻找 x^2 的极小值，起始检索点为 $x=-5$，学习率为 0.3，最终绘制的图像如图 1-7 所示，图中红线为检索过程（这里图 1-7 中用虚线表示，便于区分），点为每次更新的 x 值所在的点。利用 Matplotlib 还能绘制多种其他类型的图像，具体实现请参考 Matplotlib 官方文档（网址：http://matplotlib.org/）。

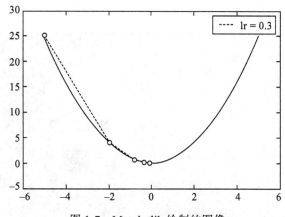

图 1-7　Matplotlib 绘制的图像

2. 图像显示

　　Matplotlib 也支持图像的存取和显示，并且与 OpenCV 一类的接口相比，在可视化方面比一般的二维矩阵要方便很多，在机器学习中使用也更加灵活，具体实例如代码清单 1-12 所示。

代码清单 1-12　利用 Matlibplot 实现图像的显示

```
import matplotlib.pyplot as plt

# 读取一张小白狗的照片并显示
plt.figure('A Little White Dog')
little_dog_img = plt.imread('little_white_dog.jpg')
plt.imshow(little_dog_img)
```

```
# Z 是小白狗的照片，img0 就是 Z，img1 是 Z 做了简单的变换
Z = plt.imread('little_white_dog.jpg')
Z = rgb2gray(Z)
img0 = Z
img1 = 1 - Z

# cmap 指定为 'gray' 用来显示灰度图
fig = plt.figure('Auto Normalized Visualization')
ax0 = fig.add_subplot(121)
ax0.imshow(img0, cmap='gray')
ax1 = fig.add_subplot(122)
ax1.imshow(img1, cmap='gray')
plt.show()
```

这段代码中首先读取一个本地图片并显示，如图 1-8 所示。然后将读取的原图灰度化，经过两次灰度像素变换，形成了两张形状类似但取值范围不同的图案。显示的时候 imshow 会自动进行归一化，把最亮的值显示为纯白，最暗的值显示为纯黑，如图 1-9 所示。这是一种非常方便的设定，尤其是查看深度学习中某个卷积层的响应图时。

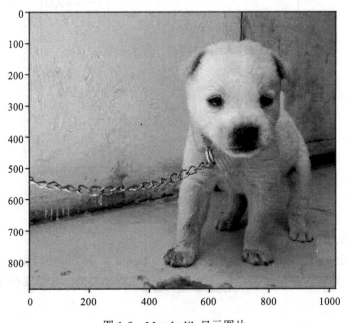

图 1-8　Matplotlib 显示图片

图 1-9　Matplotlib 显示图像处理后的结果

> 注意　这里只讲到了最基本和常用的图表以及最简单的例子，更多有趣又精美的例子可以在 Matplotlib 的官网找到：Thumbnail gallery - Matplotlib 1.5.3 documentation（http://matplotlib.org/gallery.html）。

1.4　本章小结

本章开篇介绍了本书用来进行深度学习的语言——Python，Python 以其简单、方便和支持较多库的特点，成为多数深度学习开发者主要使用的语言。希望读者能够在课余夯实基础，提高对 Python 的熟练掌握程度。同时，没有规矩，不成方圆，在开发之余，也要牢记"Python 之禅"的要求，开发出简单可依赖的漂亮代码。

在本章的中段，回顾了深度学习中需要的一些基础数学知识，偏导数、梯度、链式法则等内容尤其需要读者予以重视，这为后续章节的一些细致的数学推导奠定了基础。

本章最后介绍了 Python 中与机器学习和深度学习相关的基础模块——NumPy 和 Matplotlib。NumPy 部分重点介绍了 array 和 random 的用法，在之后的章节中初始化参数和计算时会频繁使用它们。同时，广播机制作为一个重要的机制，需要读者予以重视。对于 NumPy 中向量化的思想，由于其计算速度上的优势，编者希望读者在平时的学习工作中能够尽量利用向量化来处理计算问题。Matplotlib 作为计算结果可视化和图像处理的基础，需要读者阅读和多加练习，做到熟练操作。

本章的参考代码见 https://github.com/PaddleToturial-v2/DeepLearningAndPaddleTutorial-v2 下 lesson1 子目录下。

Chapter 2 | 第 2 章

深度学习概论与飞桨入门

人类在经历了蒸汽革命、电气革命和信息技术革命后，终于迎来了一场空前的智能革命。百度、谷歌、微软、阿里巴巴等国内外大公司纷纷宣布将人工智能作为下一步发展的战略重心。人工智能、机器学习、深度学习这几个关键词一时间占据了媒体报道的大量版块。面对繁杂的概念，初学者们无法在短时间内正确区分这其中的关系，本章针对这一问题，向读者介绍深度学习领域的重要知识。首先，用通俗的语言为读者解释了人工智能、机器学习和深度学习的概念与关系。其次，以时间为线索，介绍深度学习的发展历程：从深度学习的前身——神经网络开始叙述，了解神经网络领域如何历经三起三落最终迎来了深度学习的蓬勃发展；接着阐述了深度学习如何以其强大的能力和灵活性被应用到各种场景中，并介绍了几个常见的模型及其应用领域；本章还带领读者以线性回归为例回顾机器学习知识，介绍了常见的深度学习框架，并以飞桨框架为例介绍了它的基本使用方法。最后，用飞桨框架实现了简单的线性回归模型。

学完本章，希望读者能够掌握以下知识点：

1）人工智能、机器学习和深度学习的关系；

2）深度学习崛起的 3 个理由；

3）常见的深度学习网络模型：CNN、RNN、FC；

4）机器学习基本概念：假设函数、损失函数、优化算法；

5）如何安装和使用飞桨；

6）如何运行第一个房价预测程序。

2.1　人工智能、机器学习和深度学习

在介绍具体概念之前，先从一张图开始。图 2-1 表示了人工智能、机器学习和深度学习三者可以被简单描述为嵌套关系：人工智能是最早出现的，范围也最广；随后出现的是机器学习；最内侧是深度学习，也是当今人工智能大爆炸的核心驱动力。

图 2-1　人工智能、机器学习和深度学习的关系

人工智能、机器学习和深度学习的依次出现伴随着问题的反复发生和解决。20 世纪 50 年代人工智能首次被提出，那时初露头角的人工智能令各行各业兴奋不已，人们纷纷认为找到了一条万能的道路。紧接着人工智能开始酝酿其第一次浪潮，人工智能实验室在全球各地扎根。而人们过于乐观的态度以及当时人工智能技术不可避免的局限性，使得大众逐渐对这一领域失去了热情。1973 年《莱特希尔报告》推出后，人工智能被普遍认为是没有出路的。经历了 10 年的沉寂，到了 20 世纪 80 年代，以专家系统为代表的机器学习开始兴起，人工智能进入了第二个发展阶段。随后人们意识到人工智能的问题不是硬件的问题，而是软件以及算法层面的挑战没有实现突破。正在人们遭遇算法瓶颈时，硬件也出现了危机。随着 1987 年基于通用计算的 Lisp 机器在商业上的失败，机器学习也逐渐进入低迷期。到了 20 世纪 90 年代后期，由于计算机计算能力的不断提高，人工智能卷土重来。2006 年研究人员发现了成功训练深层神经网络的方法，并将这一方法定义为深度学习。2012 年深度学习被应用到图像识别领域，大大突破了之前的算法，将最好的结果一下子推到了接近突破人类最佳表现的边缘。此后，深度学习凭借其出色表现，在各大领域掀起浪潮，引起了整个科研界和工业界的狂热追求。

简单来说，机器学习是实现人工智能的方法，深度学习是实现机器学习的技术之一。也可以说，机器学习是人工智能的子集，而深度学习是机器学习的子集。接下来我们不禁要问这三者具体包含了什么，它们的区别与联系是什么？这就需要进行更深入的学习。

2.1.1　人工智能

1956 年，在美国的达特茅斯学院，John McCarthy（图灵奖得主）、Marvin Minsky（人工智能与认知学专家、图灵奖得主）、Claude Shannon（信息论之父）、Allen Newell（计算机科学家）、Herbert Simon（诺贝尔经济学奖得主）等科学家聚在一起，正式提出了人工智能（Artificial Intelligence，AI）的概念。

如今，经过不断地修订与讨论，可以认为：人工智能是计算机科学的一个分支，是一门研究机器智能的学科，即用人工的方法和技术来研制智能机器或智能系统，以此来模仿、延伸和扩展人的智能。人工智能的主要任务是建立智能信息处理理论，使计算机系统拥有

近似于人类的智能行为。它是当前科学技术中正在迅速发展，且新思想、新观点、新理论、新技术不断涌现的一门学科，也是一门涉及数学、计算机科学、控制论、信息论、心理学、哲学等的交叉学科和边缘学科。它是计算机科学的一个重要分支和计算机应用的一个广阔的新领域。

2.1.2 机器学习

卡内基梅隆大学的 Tom Michael Mitchell 教授在 1997 年出版的书籍《机器学习》（Machine Learning）中对机器学习做了非常专业的定义，这个定义在学术界被多次引用："如果一个程序可以在任务 T 上，随着经验 E 的增加，效果 P 也可以随之增加，则称这个程序可以从经验中学习。"以下棋为例：设计出的程序可以随着对弈盘数的增加，不断修正自己的下棋策略，使得获胜率不断提高，就认为这个程序可以在经验中学习。

总的来说，机器学习是一种"训练"算法的方式，目的是使机器能够向算法传送大量的数据，并允许算法进行自我调整和改进，而不是利用具有特定指令的编码软件例程来完成指定的任务。它要在大数据中寻找一些"模式"，然后在没有过多的人为参与的情况下，用这些模式来预测结果，而这些模式在普通的统计分析中是看不到的。机器学习的传统算法包括决策树学习、推导逻辑规划、聚类、分类、回归、贝叶斯网络和神经网络等。

传统机器学习最关键的问题是必须依赖给定数据的表示，而实际上，在大部分任务中我们很难知道应该提取哪些特征。例如我们想要在一堆动物的图片中辨认出猫，试图通过判断胡须、耳朵、尾巴等元素的存在与否来辨认，但如果照片中存在很多遮挡物，或是猫的姿势改变了等，都会影响机器识别。找不到一个合理的方法提取数据，这就使问题变得棘手。

深度学习采用深层网络结构，具备了强大的特征学习能力，从而解决了机器学习的核心问题。

2.1.3 深度学习

深度学习作为目前机器学习领域最受关注的分支，是用于实现人工智能的关键技术。相比于传统的机器学习，深度学习不再需要人工的方式提取特征，而是自动从简单特征中提取、组合更复杂的特征，从数据中学习到复杂的特征表达形式并使用这些组合特征解决问题。

早期的深度学习受到了神经科学的启发，深度学习可以理解为传统神经网络（神经网络相关内容将在 2.2 节中介绍）的拓展，如图 2-2 所示。二者的相同之处在于，深度学习采用了与神经网络相似的分层结构：系统是一个包括输入层、隐藏层、输出层的多层网络。

通过以上描述可以简单理解，深度学习是基于多层神经网络的、以海量数据为输入的规则自学习的方法。然而为什么一定是深度？深层神经网络相比浅层好在哪里？

深度学习在重复利用中间层计算单元的情况下，大大减少了参数的设定。深度学习通过学习一种深层非线性网络结构，只需依赖简单的网络结构即可实现复杂函数的逼近，并展现了强大的从大量无标注样本集中学习数据集本质特征的能力。深度学习可以获得更好的方法来表示数据的特征，同时由于模型的层次深、表达能力强，因此有能力处理大规模数据。对于图像、语音这种直接特征不明显（需要手工设计且很多特征没有直观的物理含义）的问题，深度模型能够在大规模训练数据上取得更好的效果。

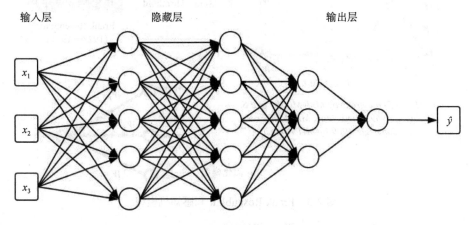

图 2-2 深层神经网络

值得注意的是，深度学习不是万能的，像很多其他方法一样，它需要结合特定领域的先验知识，需要结合其他方法才能得到最好的结果。此外，类似于神经网络，深度学习的另一局限性是可解释性不强，像个"黑箱子"一样难以解释为什么能取得好的效果，以及不知如何针对性地改进，而这有可能成为它前进过程中的阻碍。

2.2 深度学习的发展历程

通过历史背景了解深度学习是最为简单的方式，谈到深度学习的历史就不得不追溯到神经网络技术。在深度学习崛起之前，神经网络曾几经波折，经历了两次低谷，这两次低谷也将神经网络的发展分为三个不同的阶段。本节将由历史长河中的神经网络引入，介绍深度学习的发展历程。

2.2.1 神经网络的第一次高潮

神经网络的第一次高潮是由感知机带来的。1957 年，Frank Rosenblatt 提出了感知机的概念，后者成为日后发展神经网络和支持向量机（Support Vector Machine，SVM）的基础。感知机是一种用算法构造的"分类器"，也是一种线性分类模型，原理是通过不断试错以期寻找一个合适的超平面把数据分开。1958 年，Rosenblatt 在《纽约时报》上发表文章 *Electronic 'Brain' Teaches Itself.*，正式把该算法取名为"感知器"，如图 2-3 所示。

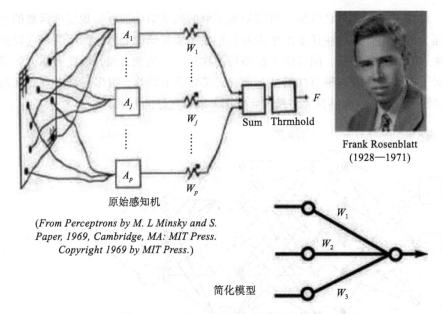

Frank Rosenblatt
(1928—1971)

原始感知机

(*From Perceptrons by M. L Minsky and S.*
Paper, 1969, Cambridge, MA: MIT Press.
Copyright 1969 by MIT Press.)

简化模型

图 2-3　Frank Rosenblatt 和感知机模型

在提出感知机之后，Rosenblatt 对其非常有自信。他乐观地预测，感知机最终可以"学习、做决定、翻译语言"。各大投资机构也纷纷给他资助，美国海军曾出资支持他并期待感知机可以"自己走、说话、看、读、自我复制，甚至拥有自我意识"。这可以认为是神经网络研究的起源与第一次高潮。

2.2.2　神经网络的第一次寒冬

虽然单层感知机简单且优雅，但它显然能力有限，仅能分类线性问题，对于异或问题束手无策。什么是线性问题呢？简单来说，就是用一条直线将图形分割成两类。比如逻辑"或"和逻辑"与"问题，我们可以用一条直线来分割"0""1"，如图 2-4 所示。

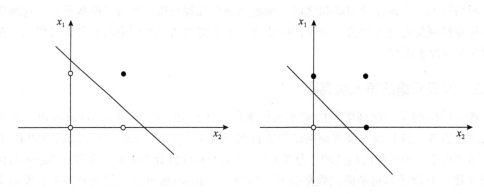

图 2-4　逻辑"与"和逻辑"或"的二维样本分类图

1969 年，Marvin Minsky 在 *Perceptrons* 一书中仔细分析了以感知机为代表的单层神经网络系统的功能及局限，证明感知机不能解决简单的"异或"（如图 2-5 所示）等线性不可分问题，并直接地指出"大部分关于感知机的研究都是没有科学价值的"。此时距离感知机大热已过去十年，而人们过高的期待与感知机的能力并不相符，单层感知机在这次打击中彻底失去了人们的追捧。

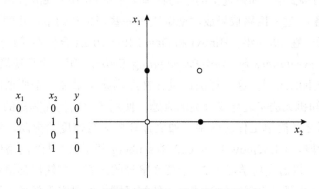

图 2-5　逻辑"异或"的非线性不可分

既然明确了单层感知机的问题在于无法解决非线性问题，人们试图通过增加隐藏层创造多层感知机，多层感知机结构如图 2-6 所示，可以看出多层感知机的结构图与神经网络非常相似，它就是最简单的前馈神经网络。

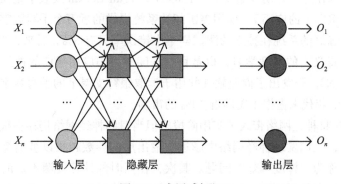

图 2-6　多层感知机

对于多层感知机的研究表明，随着隐藏层的层数增多，区域可以形成任意的形状，因此可以解决任何复杂的分类问题。实际上，苏联数学家 Kolmogorov 指出：双隐藏层感知器就足以解决任何复杂的分类问题。虽然多层感知机确实是非常理想的分类器，但是问题也随之而来：隐藏层的权值怎么训练？对于各隐藏层的节点来说，它们并不存在期望输出，所以也无法通过感知机的学习规则来训练多层感知机，人们一直未能找到可靠的学习算法来解决这一问题。Marvin Minsky 对感知机的大肆批评和感知机无法突破的瓶颈，使人工神经网络的发展进入了第一个低谷。

2.2.3 神经网络的第二次高潮

反向传播算法（BP 算法）的提出真正解决了感知机的局限性，再一次将神经网络带向高潮。当神经网络进入第一次低谷的时候，Geoffrey Hinton 刚刚获得了心理学的学士学位，准备攻读研究生。凭借着对脑科学的着迷，他将人工智能作为自己的研究方向，并决定继续攻读博士学位。1982 年，加州理工的生物物理学家 John Hopfield 提出了一种反馈型神经网络（Hopfile 网络），这一网络成果成功地解决了一些识别和约束优化的问题，振奋了神经网络领域的研究者。在 1986 年，Hinton 和 David Rumelhart 合作在《自然》杂志上发表了论文 *Learning Representations by Back-Propagating Errors*，第一次系统简洁地阐述了 BP 算法在神经网络模型上的应用。这一算法通过在神经网络中增加一个所谓的隐藏层（Hidden Layer），解决了感知机无法实现异或分类的难题。使用了反向传播算法的神经网络，大大提高了诸如形状识别之类简单工作的效率。加之计算机运行速度的提高，使一层以上的神经网络进入了实用阶段。T.J.Sejnowski 和 C.R.Rcsenberg 基于 BP 神经网络做了一个英语课文阅读学习机的实验，机器成功学习了 26 个英文字母的发音，并输出到语音合成装置，有力地证明了 BP 神经网络具备很强的学习能力，使神经网络的研究重新得到社会的关注。

2.2.4 神经网络的第二次寒冬

神经网络的第二次高潮期持续了很长时间，在此期间研究人员不断寻找 BP 网络的应用场景，深度学习也在这一时期开始萌芽。1989 年，Yann LeCun 发表了论文《反向传播算法在手写邮政编码识别上的应用》。他用美国邮政系统提供的近万个手写数字的样本来训练神经网络系统，训练好的系统在独立的测试样本中错误率只有 5%。后来，他基于 BP 算法提出了第一个真正意义上的深度学习，也是目前深度学习中应用最广的神经网络结构——卷积神经网络（CNN），开发出了商业软件并用于读取银行支票上的手写数字，这个支票识别系统在 20 世纪 90 年代末占据了美国近 20% 的市场。

虽然 BP 算法将神经网络带入了实用阶段，但当时的神经网络仍存在很多缺陷。首先是浅层的限制问题，人们发现神经网络中越远离输出层的参数越难以被训练，且层数越多问题越明显，这被称为"梯度爆炸"问题。其次，在当时的计算资源不足的情况下，数据集都很小，无法满足训练深层网络的要求。正当神经网络的发展速度逐渐放缓时，传统的机器学习算法取得了突破性进展。在贝尔实验室里，Yann LeCun 的同事 Vladimir Vapnik 一直致力于研究支持向量机（SVM）算法。这种分类算法除了可以进行基本的线性分类外，在数据样本线性不可分的情况下，还可以使用一种"核机制"的非线性映射算法，将线性不可分的样本转化到高维特征空间中，使其样本可分。1998 年，这一算法在手写邮政编码的问题上将错误率降到低于 0.8%，远远超过了同期神经网络算法的表现，迅速成为研究的主流。较之于 SVM 算法，神经网络的理论基础不清晰等缺点更加凸显，因此，神经网络进入了第二次寒冬。

2.2.5　深度学习的来临

纵使神经网络又一次进入寒冬，社会对这一领域也仿佛彻底失去了耐心，投资公司将视线纷纷转移到其他领域，甚至与神经网络相关的文章屡屡被拒，但 Hinton 等人依然没有放弃。直至 2006 年，Hinton 发表了一篇突破性文章 *A Fast Learning Algorithm for Deep Belief Nets*，在这篇论文中，Hinton 介绍了一种成功训练多层神经网络的办法，他将这种神经网络称为深度信念网络。深度信念网络一经推出，立刻在效果上打败了 SVM 算法，这使许多研究者重新将目光转回到神经网络。这篇论文中对深度信念网络的提出以及模型训练方法的改进打破了 BP 神经网络发展的瓶颈。Hinton 提出了两个观点：①多层人工神经网络模型有很强的特征学习能力，深度学习模型得到的特征数据相对原始数据有更本质的代表性，这将大大提高分类识别的能力；②对于深度神经网络很难通过训练达到最优的问题，可以采用逐层训练的方法解决，将上层训练好的结果作为下层训练过程中的初始化参数。由此，神经网络实现了最新的一次突破——深度学习，从目前的研究成果来看，只要数据足够大、隐藏层足够深，即便不加预处理，深度学习也可以取得较好的成果，反映了大数据与深度学习相辅相成的内在关系。

2.2.6　深度学习崛起的时代背景

深度学习的诞生伴随着更优化的算法、更高性能的计算能力（GPU）和更大数据集的时代背景，使得它一出现就引起了巨大的轰动。首先提到的就是算法的优化，以 Hinton 在 2006 年提出了深度信念网络并成功训练了多层神经网络为起点，后来的研究人员在这一领域不断开拓创新，提出了越来越优秀的模型，并把它应用到各个场景，具体的应用实例将在 2.3 节展开介绍。深度学习崛起的另一条件是强大计算能力的出现，以前提到高性能计算人们能想到的都是 CPU 集群，现在进行深度学习研究使用的都是 GPU，使用 GPU 集群可以将原来一个月才能训练出的网络加速到几个小时完成，时间上的大幅缩短使得研究人员训练了大量的网络。除了硬件飞速发展为其提供了条件外，深度学习还得到了充分的燃料：大数据。相较传统的神经网络，尽管在算法上我们确实简化了深度架构的训练，但最重要的进展是我们有了成功训练这些算法所需的资源。可以说人工智能只有在数据的驱动下才能实现深度学习，不断迭代模型，变得越来越智能。因此想要持续发展深度学习技术，算法、硬件和大数据缺一不可，切不可顾此失彼。

2.3　深度学习的应用场景

在这一股 AI 热潮下，深度学习极大地促进了机器学习的发展，受到了世界各国相关领域研究人员和高科技公司的重视，图像、语音和自然语言处理是三个深度学习算法应用最广泛的研究领域，在 AI 被提出半个世纪之后，人们终于看到了进入应用阶段的曙光。如今，深度学习在很多领域都有出色的表现，本节我们主要介绍图像、语音、自然语言处理和个性化推荐场景下的应用，但我们应该知道深度学习涉及的领域远不止这些。

2.3.1 图像与视觉

深度学习最早尝试的领域是图像与视觉处理。前文曾经提到，Yann LeCun 和他的同事在 1989 年提出了第一个深度学习模型——卷积神经网络（CNN），它在识别手写邮政编码上的应用上有出色的表现。然而当时的 CNN 只适用于小尺度的图像，一旦像素数很大就无法取得理想结果。这使得 CNN 未能在机器视觉领域得到足够重视。2012 年 10 月，Hinton 教授和他的学生采用了更深层的卷积神经网络，将 ImageNet 图像分类的错误率大幅下降到 16%。而在此之前，传统的机器学习算法在 ImageNet 数据集上最低的错误率为 26%。这主要是因为 Hinton 教授对算法进行了改进，在网络的训练中引入了权重衰减的概念，有效地减小权重幅度，防止网络过拟合。更关键的是计算机计算能力的提升，以及 GPU 加速技术的发展，使得在训练过程中可以处理更多的训练数据，使网络能够更好地拟合训练数据。到了 2013 年，ImageNet 比赛中排名前 20 的算法都使用了深度学习，而 2013 年之后参赛的基本只有深度学习算法。深度学习终于在图像与视觉领域取得了绝对优势。

近几年，国内各大互联网公司均将相关最新技术成功应用到人脸识别和自然图像识别问题上，并推出相应的产品。现在的深度学习网络模型已经能够理解和识别一般的自然图像。深度学习模型不仅大幅提高了图像识别的精度，同时也避免了消耗大量时间进行人工特征的提取，使得在线运行效率大大提升。基于深度学习的图像识别技术充斥我们的生活，安检时的人脸识别、以图搜图技术，以及现在深受关注的无人驾驶等，使得我们的生活越来越便利，将来这一技术或许可以被应用到更多领域。本书的第 6 章也针对图像与视觉领域做了更加细致的介绍。

2.3.2 语音识别

虽然图像识别是深度学习最先尝试的领域，但语音识别却最先取得了成功。2009 年，深度学习的概念被引入语音识别领域，2011 年，微软研究院的邓力、俞栋和 Hinton 合作发布的产品使用深度学习技术击败了传统的高斯混合模型（Gaussian Mixture Model，GMM），取得了不错的结果。2012 年，谷歌的语音识别模型已经全部由 GMM 更换成深度学习模型，并成功将谷歌的语音识别错误率降低了 20%，改变幅度超过了过去很多年的总和。这一巨大突破主要是因为高斯混合模型是一种浅层学习网络模型，其建模数据特征维数较小，特征的状态空间分布和特征之间的相关性不能够被充分描述。采用深度神经网络后，可以自动在数据中提取更加复杂且有效的特征，样本数据特征间相关性信息得以充分表示，将连续的特征信息结合以构成高维特征，通过高维特征样本对深度神经网络模型进行训练。

自从发现了深度学习在语音识别方面的出色表现，各大公司纷纷开始了新产品的研发。苹果公司 Siri 系统的语音输入功能支持包括中文在内的 20 多种语言。微软公司也基于深度学习开发出了同声传译系统，实现了巨大的技术突破。国内的公司也在不停地做着技术突破，2016 年，百度语音识别准确率高达 97%，并被美国权威科技杂志《麻省理工评论》列为 2016 年十大突破技术之一。

2.3.3　自然语言处理

自然语言处理是深度学习在除了语音和图像处理之外的另一个重要的应用领域。起初由于人类语言的复杂度很高，机器很难对语言进行刻画，因此自然语言处理领域取得的成果一直未能与图像和语音识别方向比肩。2016 年是深度学习大潮冲击自然语言处理的一年，经过了一年的努力，深度学习逐渐在自然语言处理领域站稳了脚跟。深度学习在自然语言处理领域的应用主要有情感分析、文本生成、语言翻译、聊天机器人等。上面曾提到同声传译技术取得了巨大突破，这一成就正是依赖于自然语言处理与语音识别的交互作用。微软甚至还推出了可以写诗的程序，通过"阅读"大量的诗集，学会写诗并逐渐形成自己的文风。在不久的将来，以深度学习为基础的自然语言处理一定会为我们带来更大的惊喜。

2.3.4　个性化推荐

个性化推荐可以说是大数据和深度学习的重要产物。当今时代，互联网规模迅速扩大，海量信息"轰炸"你的大脑；电子商务产业不断发展，千万种商品让你应接不暇。面对日益严重的信息超载问题，获取有价值信息的成本大大增加，人们迫切希望能够获取到自己感兴趣的信息和商品，推荐系统应运而生。

传统的推荐类型有基于内容过滤推荐和协同过滤推荐等，然而它们在不同应用场景下都存在一定的局限性。基于内容推荐主要为用户推荐其感兴趣商品的相似商品，缺少用户评价信息的利用，并且不能有效地为新用户推荐。协同过滤推荐计算目标用户与其他用户的相似度，主要预测目标用户对特定商品的喜好程度，可以为用户推荐其未见过的产品，然而对于历史数据稀疏的用户一样难以起到作用。

个性化推荐系统是高级的、智能的信息过滤系统，它的应用范围很广，搜索网页精准的 Feed 流推荐，以及电商平台、音乐网站的推荐都是个性化推荐系统的实际应用案例。推荐系统通过对用户行为和商品属性进行分析、挖掘，发现用户的个性化需求与兴趣特点，将用户可能感兴趣的信息或商品推荐给用户。不同于搜索引擎根据用户需求被动返回信息的运行过程，推荐系统根据用户历史行为主动为用户提供精准的推荐信息。

随着深度学习的逐渐成熟，越来越多的人希望把深度学习引入点击通过率（Click-Through-Rate，CTR）预估领域，通过对 CTR 的预估来衡量推荐效果的好坏。将深度学习技术应用于 CTR 预估，可以为搜索引擎提供更为合理的广告排序机制，从而使得收益最大的广告能够获得更高频次的展示，最终使得广告平台利益最大化。关于 CTR 预估的具体细节内容，将在本书的第 15 章展开介绍。

2.4　常见的深度学习网络结构

深度学习可以应用在各大领域中，根据应用情况的不同，深度神经网络的形态也各不相同。常见的深度学习模型主要有全连接（Fully Connected，FC）网络结构、卷积神经网络（Convolutional Neural Network，CNN）和循环神经网络（Recurrent Neural Network，RNN）。它们均有着自身的特点，在不同的场景中发挥着重要作用。本节将为读者介绍三种模型的基本概念以及它们各自适用的场景。

2.4.1　全连接网络结构

全连接（FC）网络结构是最基本的神经网络 / 深度神经网络层，全连接层的每一个节点都与上一层的所有节点相连。全连接层在早期主要用于对提取的特征进行分类，然而由于全连接层所有的输出与输入都是相连的，一般全连接层的参数是最多的，这需要相当数量的存储和计算空间。参数的冗余问题使单纯的 FC 组成的常规神经网络很少会被应用于较为复杂的场景中。常规神经网络一般用于依赖所有特征的简单场景，比如说本章的房价预测模型和在线广告推荐模型使用的都是相对标准的全连接神经网络。FC 组成的常规神经网络的具体形式如图 2-7 所示。

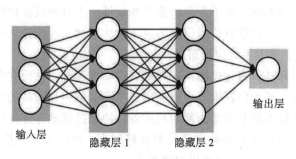

图 2-7　FC 组成的常规神经网络

2.4.2　卷积神经网络

卷积神经网络（CNN）是一种专门用来处理具有类似网格结构的数据的神经网络，如图像数据（可以看作二维的像素网格）。与 FC 不同的地方在于，CNN 的上下层神经元并不都能直接连接，而是通过"卷积核"作为中介，通过"核"的共享大大减少了隐藏层的参数。简单的 CNN 是一系列层，并且每个层都通过一个可微函数将一个量转化为另一个量，这些层主要包括卷积层（Convolutional Layer）、池化层（Pooling Layer）和全连接层（FC Layer）。卷积网络在诸多应用领域都有很好的应用效果，特别是在大型图像处理的场景中表现得格外出色。图 2-8 展示了 CNN 的结构形式，一个神经元以三维排列组成卷积神经网络（宽度、高度和深度），如其中一个层展示的那样，CNN 的每一层都将 3D 的输入量转化成 3D 的输出量。关于卷积神经网络的具体内容会在本书第 6 章展开介绍。

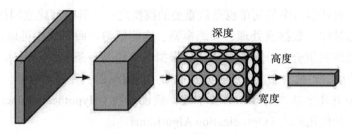

图 2-8　CNN 的结构形式

2.4.3　循环神经网络

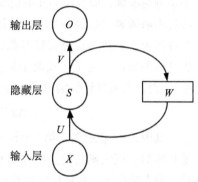

　　循环神经网络（RNN）也是常用的深度学习模型之一（如图 2-9 所示），就像 CNN 是专门用于处理网格化数据（如一个图像）的神经网络，RNN 是一种用于处理序列数据的神经网络。如音频中含有时间成分，因此音频可以被表示为一维时间序列；语言中的单词都是逐个出现的，因此语言的表示方式也是序列数据。RNN 在机器翻译、语音识别等领域中均有非常好的表现。

图 2-9　简单的 RNN 结构

2.5　机器学习回顾

　　在了解了深度学习的概念和历史之后，本节期望以机器学习中最简单的线性回归为例，借用飞桨平台实现这一模型，带领读者回顾机器学习中的若干重要概念，这些概念对于深度学习同样适用。同时希望通过本节的编程练习，让读者接触和体验飞桨深度学习框架，便于之后章节的进一步学习。

　　2.1.2 节中曾介绍过机器学习的定义，本节从构造模型的角度将机器学习理解为：从数据中产生模型的过程。在正式介绍具体算法前，首先给出机器学习的典型过程，如图 2-10 所示。

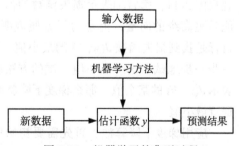

　　输入训练数据，利用特定的机器学习方法建立估计函数。在训练得到函数后，可将测试数据输入该函数，该函数的输出即预测结果，由此可见，经过训练的函数有能力对没"见过"的数据进行正确估计，这就是机器学习的过程。

图 2-10　机器学习的典型过程

2.5.1 线性回归的基本概念

线性回归是机器学习中最简单也是最重要的模型之一，其模型建立同样遵循图 2-10 所示的流程：获取数据、数据预处理、训练模型、应用模型。回归模型可以理解为存在一个点集，用一条曲线去拟合它分布的过程。如果拟合曲线是一条直线，则称为线性回归；如果是一条二次曲线，则称为二次回归。线性回归是最简单的一种回归模型。

线性回归中有几个基本的概念需要掌握：假设函数（Hypothesis Function）、损失函数（Loss Function）和优化算法（Optimization Algorithm）。

假设函数是指用数学的方法描述自变量和因变量之间的关系，它们之间可以是一个线性函数或非线性函数。

损失函数是指用数学的方法衡量假设函数预测结果与真实值之间的误差。这个差距越小预测越准确，而算法的任务就是使这个差距越来越小。对于某个具体样本 $(x^{(i)}, y^{(i)})$，算法通过不断调整参数值 ω 和 b，最终使得预测值和真实值尽可能相似，即 $\hat{y}^{(i)} \approx y^{(i)}$。整个训练的过程可以表述为通过调整参数值 ω 和 b 最小化损失函数。因此，损失函数也是衡量算法优良性的方法。这里涉及两个值：预测值和真实值。预测值是算法给出的值（用来表示概率）。而真实值是训练集中预先包含的，是事先准备好的。形式上，可以表示为：

$$\{(x^{(1)}, y^{(1)}), (x^{(2)}, y^{(2)}), \cdots, (x^{(m)}, y^{(m)})\} \tag{2-1}$$

其中，$x^{(i)}$ 表示属于第 i 个样本的特征向量，$y^{(i)}$ 表示属于第 i 个样本的分类标签，也就是真实值。损失函数的选择需要根据具体问题具体分析，在不同问题场景下采用不同的函数。通常情况下，会将损失函数定义为平方损失函数（Quadratic Loss Function）。在本次线性回归中，使用的是均方差（Mean Squared Error）来衡量，当然还有许多其他方法，如神经网络模型中可以使用交叉熵作为损失函数，在后面的章节会——提到。

在模型训练中优化算法也是至关重要的，它决定了一个模型的精度和运算速度。本章的线性回归实例主要使用了梯度下降法进行优化。梯度下降是深度学习中非常重要的概念，值得庆幸的是它也十分容易理解。损失函数 $J(w, b)$ 可以理解为变量 w 和 b 的函数。观察图 2-11，垂直轴表示损失函数的值，两个水平轴分别表示变量 w 和 b。实际上，w 可能是更高维的向量，但是为了方便说明，在这里假设 w 和 b 都是一个实数。算法的最终目标是找到损失函数 $J(w, b)$ 的最小值。而这个寻找过程就是不断地微调变量 w 和 b 的值，一步一步地试出这个最小值。试的方法就是沿着梯度方向逐步移动。本例中让图中的圆点表示 $J(w, b)$ 的某个值，那么梯度下降就是让圆点沿着曲面下降，直到 $J(w, b)$ 取到最小值或逼近最小值。

应用梯度下降算法，首先需要初始化参数 w 和 b。一般情况下，深度学习模型中的 w 和 b 应该初始化为一个很小的数，逼近 0 但是非 0。因为 $J(w, b)$ 是凸函数，所以无论在曲面上初始化为哪一点，最终都会收敛到同一点或者相近的点。

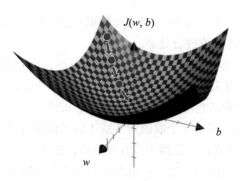

图 2-11　梯度下降示意图

　　一旦初始化 w 和 b 之后，就可以开始迭代过程了。所谓的迭代过程就是从初始点沿着曲面朝着下降最快的方向一步一步地移动，经过多次迭代，最终收敛到全局最优解或者接近全局最优解。

　　为了简化说明，将参数 b 暂时去掉，只考虑参数 w，这时损失函数变为 $J(w)$。整个梯度下降过程可以表示为重复以下步骤：

$$w_i = w_i - \alpha \frac{\partial}{\partial w_i} J(w_i) \tag{2-2}$$

　　即重复对参数 w 进行更新操作，其中，α 表示学习率。学习率也是深度学习中的一个重要概念。学习率可以理解为每次迭代时圆点移动的步长，它决定了梯度下降的速率和稳定性。需要注意的是，在编码的过程中，为了方便书写和实现代码时更标准地命名变量，通常使用 dw 来表示 $\frac{\partial}{\partial w_i} J(w_i)$，其意义不变。这样式（2-2）就可以表示为：

$$w_i := w_i - \alpha d(w_i / w) \tag{2-3}$$

　　通过不断对参数 w 进行迭代更新，最终得到全局最优解或接近全局最优解，使得损失函数 $J(w, b)$ 取得最小值。本章学习过线性回归中的梯度下降后，第 3 章中将讨论在 Logistic 回归中如何使用梯度下降算法。

2.5.2　数据处理

　　用线性回归模型预测目标的第一步是进行数据处理，本章将以预测房价为背景来介绍这一过程。当收集到真实数据后，往往不能直接使用。如本次数据集使用了某地区的房价分布，为了简化模型数据只保留二维，分别是房屋面积与房屋价格。可以看到房屋价格与房屋面积之间存在一种关系，究竟是什么关系，就是本次预测想要得到的结论。可以首先输出数据的前五行看一下，如图 2-12 所示。

	房屋面积	房屋价格
0	98.87	599.0
1	68.74	450.0
2	89.24	440.0
3	129.19	780.0
4	61.64	450.0

图 2-12　房屋价格数据

一般拿到一组数据后，第一个要处理的是数据类型不同的问题。如果各维属性中有离散值和连续值，就必须对离散值进行处理。

离散值虽然也常使用类似 0、1、2 这样的数字表示，但是其含义与连续值是不同的，因为这里的差值没有实际意义。例如，我们用 0、1、2 来分别表示红色、绿色和蓝色的话，我们并不能因此说"蓝色和红色"比"绿色和红色"的距离更远。通常对有 d 个可能取值的离散属性，我们会将它们转为 d 个取值为 0 或 1 的二值属性或者将每个可能取值映射为一个多维向量。不过就这里而言，数据中没有离散值，就不用考虑这个问题了。

接下来就是要对数据进行归一化。一般而言，如果样本有多个属性，那么各维属性的取值范围差异会很大，这就要用到归一化（Normalization）了。归一化是很常见的操作，它的目标是把各维属性的取值范围缩放到取值相近的区间，例如 [-0.5, 0.5]。这里我们使用一种很常见的操作方法：减掉均值，然后除以原取值范围。

虽然在本次房价预测模型中，输入属性只有房屋面积，不存在取值范围差异问题，但由于归一化的各种优点，我们仍选择对其进行归一化操作。

基本上所有的数据在拿到后都必须进行归一化，至少有以下 3 条原因。

1）过大或过小的数值范围会导致计算时的浮点上溢或下溢。

2）不同的数值范围会导致不同属性对模型的重要性不同（至少在训练的初始阶段是这样的），而这个隐含的假设常常是不合理的。这会对优化的过程造成困难，使训练时间大大加长。

3）很多的机器学习技巧 / 模型（如 L1、L2 正则项，向量空间模型）都基于这样的假设：所有的属性取值都差不多是以 0 为均值且取值范围相近的。

将原始数据处理为可用数据后，为了评估模型的好坏，我们将数据分成两份：训练集和测试集。训练集数据用于调整模型的参数，即进行模型的训练，模型在这份数据集上的误差称为训练误差；测试集数据用于测试，模型在这份数据集上的误差称为测试误差。我们训练模型的目的是为了通过从训练数据中找到规律来预测未知的新数据，所以测试误差是更能反映模型表现的指标。分割数据的比例要考虑到两个因素：更多的训练数据会降低参数估计的方差，从而得到更可信的模型；而更多的测试数据会降低测试误差的方差，从而得到更可信的测试误差。我们在这个例子中设置的分割比例为 8∶2。

在更复杂的模型训练过程中，我们往往还会使用一种数据集：验证集。因为复杂的模型中常常还有一些超参数（Hyperparameter）需要调节，所以我们会尝试多种超参数的组合来分别训练多个模型，然后对比它们在验证集上的表现以选择相对最好的一组超参数，最后才使用在这组参数下训练的模型在测试集上评估测试误差。由于本章训练的模型比较简单，我们暂且忽略这个过程。

2.5.3 模型概览

处理好数据后，就可以开始为模型设计假设函数和损失函数了。2.5.1 节中已经为大家介绍了假设函数、损失函数和优化算法的基本概念。下面将在房价预测的例子中进一步学习其设置规则，在房价数据集中，与房屋相关的值共有两个，一个用来描述房屋面积，即模型中的 x_i；另一个为我们要预测的该类房屋价格的中位数，即模型中的 y_i。因此，我们模型的假设函数如式（2-4）所示：

$$\hat{Y} = aX + b \qquad (2-4)$$

其中，$\hat{Y}$ 表示模型的预测结果，用来与真实值 Y 区分。模型要学习的参数即 a 和 b。

建立模型后，我们需要给模型一个优化目标，使得学到的参数能够让预测值 $\hat{Y}$ 尽可能地接近真实值 Y。输入任意一个数据样本的目标值 Y_i 和模型给出的预测值 $\hat{Y}_i$，损失函数输出一个非负的实值，这个实值通常用来反映模型误差的大小。

对于线性回归模型来讲，最常见的损失函数就是均方误差（Mean Squared Error，MSE)，如式（2-5）所示：

$$\text{MSE} = \frac{1}{n} \sum_{i=1}^{n} (\hat{Y}_i - Y_i)^2 \qquad (2-5)$$

即对于一个大小为 n 的测试集，MSE 是 n 个数据预测结果误差平方的均值。

定义好模型结构之后，我们要通过以下几个步骤进行模型训练。

1）初始化参数，其中包括权重 a 和偏置 b，对其进行初始化。

2）从当前值开始计算模型输出值和损失函数。

3）利用梯度下降的方法处理损失函数，在寻找损失函数极小值的过程中依次更新模型中的参数。

4）重复步骤 2 ~ 3，直至网络训练误差达到规定的程度或训练轮次达到设定值。

注意 对于步骤 3，若将损失函数定义为 $J(\omega_i)$，则梯度下降的函数表达式为 $\omega_i := \omega_i - \alpha \dfrac{\partial}{\partial \omega_i} J(\omega_i)$，":=" 是赋值符号，$\alpha$ 是每次迭代的学习率，通过设置学习率可以更改每次下降的步长，使结果收敛。

2.5.4 效果展示

基于某市某地区的房价数据进行模型的训练和预测。图 2-13 所示的散点图展示了使用模型对部分房屋价格进行的预测。其中，每个点的横坐标表示房屋面积，纵坐标表示同一类房屋价格。所以模型预测得越准确，则点离直线越近。可以看出预测结果比较理想，散点基本落在了直线周围。

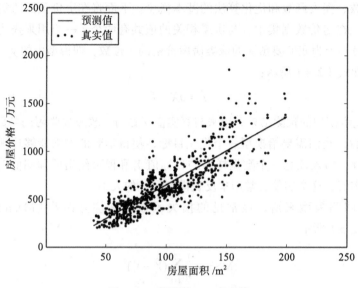

图 2-13 预测值 VS 真实值

2.6 深度学习框架简介

2.6.1 深度学习框架的优势

深度学习凭借着强大的功能和出色的表现吸引了大量程序员前来学习，对于学习者来说除了硬件（GPU）的基础环境外，与开发相关的软件资源也尤为重要。在这一浪潮下各大公司和高校纷纷开源了自己的深度学习框架，这些深度学习框架被应用于计算机视觉、语音识别、自然语言处理等领域，并获得了极好的效果。本节将首先为大家介绍深度学习框架的主要优势。

1. 简化计算图的搭建

计算图（Computation Graph）可以看作一种描述函数的语言。图中的节点代表函数的输入，边代表这个函数的操作。计算图本质上是一个有向无环图，它可以被用于大部分基础表达式建模。

在深度学习框架中包含许多张量和基于张量的各种操作，随着操作种类的增多，多个操作之间的执行关系变得十分复杂。计算图可以更加精确地描述网络中的参数传播过程，自己编写代码来搭建计算图需要程序员学习大量的知识，并且会耗费很多时间，而深度学习框架可以帮助你很容易地搭建计算图。这是人们使用深度学习框架进行开发的一个重要原因。

2. 简化偏导计算

深度学习框架的另一个好处是让求导计算变得更加简便。在深度学习的模型搭建过程中，不可避免地要计算损失函数，这就需要不停地做微分计算。有了深度学习框架，程序员不再需要自己反复编写微分计算的复杂代码。神经网络可以被视为由许多非线性过程组成的复杂函数体，而计算图则以模块化的方式完整表达了这一函数体的内部逻辑关系，因此对这一复杂函数体求模型梯度就变成了在计算图中简单地从输入到输出进行一次完整遍历的过程。相比传统的微分计算，这一方法大大简化了计算过程。自 2012年后，绝大多数的深度学习框架都选择了基于计算图的声明式求解。用计算图求偏导过程如图 2-14 所示。

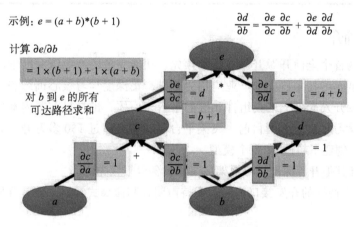

图 2-14　用计算图求偏导

3. 高效运行

深度学习框架的另一个重要的优势是具有灵活的移植性，可以将同一份代码几乎不经过修改地部署到 GPU 或 CPU 上，程序员不必将精力消耗在处理内存转移等问题上。目前对于大规模的深度学习来说，巨大的数据量使得单机很难在有限的时间内完成训练。这就需要使用集群分布式并行计算或使用多卡 GPU 计算，因此使用具有分布式性能的深度学习框架可以使模型训练更加高效。

2.6.2　常见的深度学习框架

目前开源的深度框架有很多，各种框架的侧重点也不尽相同，使用者可以根据自己的需求以及使用习惯进行选择。常见的深度学习框架主要有飞桨、TensorFlow、PyTorch、MXNet、CNTK 等，各框架的名称及开发公司如表 2-1 所示。

表 2-1　常见的深度学习框架表

	飞桨（百度）		TensorFlow（Google）
	PyTorch（Facebook）		MXNet（Amazon）
	CNTK（Microsoft）		

2.6.3　飞桨简介

飞桨是国内首个全面开源开放、技术领先、功能完备的产业级深度学习平台。飞桨以百度多年的深度学习技术研究和产业应用为基础，集深度学习核心训练和预测框架、基础模型库、端到端开发套件、工具组件和服务平台于一体，也是目前国内唯一功能完备、成熟稳定的深度学习平台。截至目前，飞桨平台已经拥有超过 150 多万开发者，有超过 6 万家企业在平台上创建了超过 16 万个模型。

相比国内外其他开源深度学习框架，飞桨具备以下领先优势。

1）飞桨具有便捷的开发接口，同时支持声明式和命令式编程，兼具开发的灵活性和高性能。

2）飞桨支持产业级超大规模深度学习模型的训练，支持千亿特征、万亿参数、数百节点的开源大规模训练，支持大规模参数服务器技术领先的、开源的 TensorFlow 和 PyTorch 等框架。

3）飞桨支持多端多平台的高性能推理部署，兼容其他开源框架训练的模型，还可以轻松部署到不同架构的平台设备上，飞桨的推理速度也是全面领先的，对于国产硬件的支持也超过 TensorFlow 和 PyTorch。

4）飞桨提供覆盖多领域的产业级开源模型库，官方支持 100 多个经过产业实践长期打磨的主流模型，同时开源开放 200 多个预训练模型，其中，机器视觉、自然语言理解、强化学习等多领域模型曾在国际竞赛中夺得 20 多项第一。

飞桨的官网为 http://paddlepaddle.org，代码参考 https://github.com/PaddlePaddle/Paddle。

2.6.4　飞桨安装

飞桨目前支持多种安装形式，分别是 pip 安装、conda 安装、Docker 安装和编译安装，目前飞桨官方尚不支持 Windows 系统通过 Docker 安装，请读者根据自己电脑的配置情况以及使用习惯任选一种方式。推荐使用 Docker 安装、pip 安装或 conda 安装。截至目前，飞桨已发布的最新稳定版本为 1.7.2，下面逐一介绍这三种安装方式。更详细的安装说明请参考官网文档（www.paddlepaddle.org.cn）。

1. pip 安装

与 Docker 安装类似，读者需要在电脑上安装 Python 3.7.x 与 pip 工具。然后运行以下命令开始安装，建议在中国大陆的读者使用清华镜像源：

```
python3 -m pip install paddlepaddle -i https://pypi.tuna.tsinghua.edu.cn/
simple
```

验证部分请参看后面 Docker 安装的相关内容。

2. conda 安装

读者需要安装好 Anaconda 或 miniconda，推荐中国大陆的读者使用清华镜像源安装。在进入需要安装飞桨的环境后，可通过以下命令开始安装：

```
conda install paddlepaddle
```

验证部分请参看后面 Docker 安装的相关内容。

3. Docker 安装

首先需要在自己的电脑上安装 Docker，安装好后，在终端中输入以下命令获取 CPU 版本的飞桨官方镜像：

```
docker pull hub.baidubce.com/paddlepaddle/paddle:1.7.2
```

也可以使用以下命令获取 GPU 版本，注意，使用 GPU 版本需要电脑支持 CUDA10 或 CUDA9，并预先安装 CUDA 和 nvidia-docker，以 CUDA10 为例：

```
nvidia-docker pull hub.baidubce.com/paddlepaddle/paddle:1.7.2-gpu-cuda10.0-
cudnn7
```

在上述命令执行完成后，可以验证飞桨是否安装成功。首先通过以下命令构建并进入 Docker 容器：

```
docker run --name paddle -it -v $PWD:/paddle hub.baidubce.com/paddlepaddle/
paddle:1.7.2 /bin/bash
```

对于 GPU 版本，需要使用 nvidia-docker 进入 Docker 容器：

```
nvidia-docker run --name paddle -it -v $PWD:/paddle hub.baidubce.com/
paddlepaddle/paddle:1.7.2-gpu-cuda10.0-cudnn7 /bin/bash
```

在进入 Docker 容器后，可在终端进入 Python 解释器，然后执行以下程序：

```
import paddle.fluid
paddle.fluid.install_check.run_check()
```

如出现以下结果，则说明飞桨安装成功：

```
Your Paddle Fluid is installed succesfully!
```

2.6.5　AI Studio

除了在本地电脑安装飞桨外，读者也可以使用百度 AI Studio 平台（www.aistudio.baidu.

com）在线学习、开发。AI Studio 是百度推出的基于飞桨的一站式 AI 开发平台，集合了深度学习教程、在线开发环境、强大的算力、经典算法模型和诸多开源数据。通过在线云计算编程环境，可以帮助用户摆脱环境配置等烦琐步骤，也可以解决学习过程中高质量数据集不易获得的问题，随时随地开展深度学习项目。平台主要分为项目、数据集、课程、比赛四大部分。

- ❑ 项目：2000+ 优质公开项目，覆盖 CV、NLP、推荐算法等众多 AI 热门领域，完美支持 Notebook、脚本及图形化任务。
- ❑ 数据集：1000+ 开放数据集，种类多样，支持数据集预览、下载、上传，单次上传容量高达 100G。
- ❑ 课程：视频、项目、文档三位一体，打造沉浸式学习体验；联合名师，匠心打造体系化课程，免费优质课程，带你快速入行人工智能。
- ❑ 比赛：新手练习赛、常规赛、高级算法大赛，比赛持续更新上线，奖金礼品丰厚，更有招聘绿色通道等大奖。

百度 AI Studio 提供一站式 AI 教学解决方案，与 300 余家高校、相关机构展开教育合作，为线上教学提供从教学项目、AI 在线实训环境、教学管理的全流程一站式解决方案。同时，该平台为使用者预置了 Python 语言环境，以及百度 PaddlePaddle 深度学习开发框架，用户可以在其中自行加载 Scikit-Learn 等机器学习库。此外，AI Studio 平台为所有用户提供超强算力资源，配备有 Tesla V100 计算卡，目前所有用户均可免费获取。

2.7 飞桨实现

通过上文的学习，相信读者已经了解了飞桨的安装方式，本节将用飞桨构建波士顿房价预测模型，代码实现过程如下。

1. 库文件

在进行网络配置之前，首先需要加载相应的 Python 库，并进行初始化操作，如代码清单 2-1 所示。

代码清单 2-1　加载包

```
# 加载飞桨、Numpy 和相关类库
import paddle
import paddle.fluid as fluid
import paddle.fluid.dygraph as dygraph
from paddle.fluid.dygraph import Linear
import numpy as np
import os
import random
```

上述代码的说明如下。

- ❑ paddle/fluid：飞桨的主库，目前大部分的实用函数均在 paddle.fluid 包内。
- ❑ dygraph：动态图的类库。

2. 数据预处理

波士顿房价数据集是一个公开的数据集，是由美国人口普查局收集的美国马萨诸塞州波士顿住房价格的有关信息，该数据集较小，只有 506 个案例，统计了 13 种可能影响房价的因素和该类型房屋的均价，期望构建一个基于 13 个因素进行房价预测的模型。该数据集的 14 列数据说明如表 2-2 所示。

表 2-2　波士顿房价数据集说明

序号	属性名	属性含义	类型
1	CRIM	该镇的人均犯罪率	连续值
2	ZN	占地面积超过 25 000 平方英尺的住宅用地比例	连续值
3	INDUS	非零售商业用地比例	连续值
4	CHAS	是否邻近查尔斯河	离散值，1= 邻近；0= 不邻近
5	NOX	一氧化氮浓度	连续值
6	RM	每栋房屋的平均客房数	连续值
7	AGE	1940 年之前建成的自有住房的比例	连续值
8	DIS	到波士顿 5 个就业中心的加权距离	连续值
9	RAD	到径向公路的可达性指数	连续值
10	TAX	全值财产税率	连续值
11	PTRATI	学生与教师的比例	连续值
12	B	B=1000(BK–0.63)^2，其中 BK 为黑人所占人口比例。此处从经济学的角度对数据进行了预处理	连续值
13	LSTAT	低收入人群占比	连续值
14	MEDV	同类房屋价格的中位数	连续值

代码清单 2-2 和代码清单 2-3 展示了数据预处理的全部过程，主要包含五个步骤：数据导入、数据形状变换、数据集划分、数据归一化处理和封装 load_data 函数。数据预处理后，才能被模型调用。

代码清单 2-2　数据预处理

```
def load_data():
    # 从文件导入数据
    datafile = './work/housing.data'
    data = np.fromfile(datafile, sep=' ')

    # 每条数据包括14项，其中前面13项是影响因素，第14项是相应的房屋价格中位数
    feature_names = [ 'CRIM', 'ZN', 'INDUS', 'CHAS', 'NOX', 'RM', 'AGE',
                      'DIS', 'RAD', 'TAX', 'PTRATIO', 'B', 'LSTAT', 'MEDV' ]
    feature_num = len(feature_names)
```

```
# 将原始数据进行 reshape，变成 [N, 14] 这样的形状
data = data.reshape([data.shape[0] // feature_num, feature_num])

# 将原始数据集拆分成训练集和测试集
# 这里使用 80% 的数据做训练，20% 的数据做测试
# 测试集和训练集必须是没有交集的
ratio = 0.8
offset = int(data.shape[0] * ratio)
training_data = data[:offset]

# 计算训练集的最大值、最小值、平均值
maximums, minimums, avgs = training_data.max(axis=0), training_data.
min(axis=0), training_data.sum(axis=0) / training_data.shape[0]

# 记录数据的归一化参数，在预测时对数据做归一化
global max_values
global min_values
global avg_values
max_values = maximums
min_values = minimums
avg_values = avgs

# 对数据进行归一化处理
for i in range(feature_num):
    #print(maximums[i], minimums[i], avgs[i])
    data[:, i] = (data[:, i] - avgs[i]) / (maximums[i] - minimums[i])

# 训练集和测试集的划分比例
training_data = data[:offset]
test_data = data[offset:]
return training_data, test_data
```

代码清单 2-3　查看数据

```
# 获取数据
training_data, test_data = load_data()
x = training_data[:, :-1]
y = training_data[:, -1:]

# 查看数据
print(x[0])
print(y[0])
```

根据上述代码的运行结果，我们可以查看第一个训练样本数据：

```
[-0.02146321   0.03767327 -0.28552309 -0.08663366   0.01289726   0.04634817
0.00795597 -0.00765794 -0.25172191 -0.11881188 -0.29002528   0.0519112
-0.17590923]
[-0.00390539]
```

3. 搭建神经网络

线性回归模型其实就是一个采用线性激活函数（linear activation）的全连接层（fully-connected layer，fc_layer）（如图 2-15 所示），因此在飞桨中利用全连接层模型构造线性回归，

这样，一个全连接层就可以看作一个简单的神经网络。

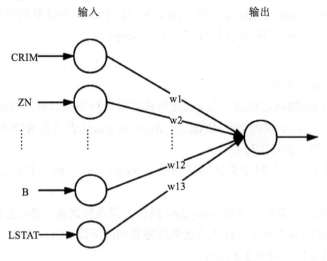

图 2-15　神经网络模型表示线性回归

　　搭建神经网络就像使用积木搭建宝塔一样。在飞桨中，网络层（layer）是积木，而神经网络是要搭建的宝塔。我们使用不同的 layer 进行组合，来搭建神经网络。本例中模型定义的实质是定义线性回归的网络结构，飞桨建议通过创建 Python 类的方式完成模型网络的定义，即定义 __init__ 函数和 forward 函数。

　　forward 函数是框架指定实现前向计算逻辑的函数，程序在调用模型实例时会自动执行 forward 方法。在 forward 函数中使用的网络层需要在 __init__ 函数中声明。实现过程分如下两步。

❏ 定义 init 函数：在类的初始化函数中声明每一层网络的实现函数。在房价预测模型中，只需要定义一层全连接层。

❏ 定义 forward 函数：构建神经网络结构，实现前向计算过程，并返回预测结果，在本任务中返回的是房价预测结果。

配置网络结构的具体代码如代码清单 2-4 所示。

代码清单 2-4　配置网络结构

```
class Regressor(fluid.dygraph.Layer):
    def __init__(self, name_scope):
        super(Regressor, self).__init__(name_scope)
        name_scope = self.full_name()
        # 定义一层全连接层，输出维度是1，激活函数为None，即不使用激活函数
        self.fc = Linear(input_dim=13, output_dim=1, act=None)

    # 网络的前向计算函数
    def forward(self, inputs):
```

```
    x = self.fc(inputs)
    return x
```

在上述代码中，name_scope 变量用于调试模型时追踪多个模型的变量，我们在此忽略即可，飞桨 1.7 及之后版本不强制用户设置 name_scope。

4. 训练配置

训练配置过程包含四步。

1）指定运行训练的机器资源：以 guard 函数指定运行训练的机器资源，表明在 with 作用域下的程序均执行在本机的 CPU 资源上。dygraph.guard 表示在 with 作用域下的程序会以动态图的模式执行（实时执行）。

2）声明模型实例：声明定义好的回归模型 Regressor 实例，并将模型的状态设置为训练。

3）加载训练和测试数据：使用 load_data 函数加载训练数据和测试数据。

4）设置优化算法和学习率：优化算法采用随机梯度下降 SGD，学习率设置为 0.01。

训练配置代码如代码清单 2-5 所示。

代码清单 2-5　初始化

```
# 定义飞桨动态图的工作环境
with fluid.dygraph.guard():
    # 声明定义好的线性回归模型
    model = Regressor("Regressor")
    # 开启模型训练模式
    model.train()
    # 加载数据
    training_data, test_data = load_data()
    print(training_data[10:20])
    # 定义优化算法，这里使用随机梯度下降 -SGD
    # 学习率设置为 0.01
    opt = fluid.optimizer.SGD(learning_rate=0.01, parameter_list=model.
parameters())
```

在飞桨中，模型实例有两种状态：训练状态（.train()）和预测状态（.eval()）。训练时要执行正向计算和反向传播梯度两个过程，而预测时只需要执行正向计算。为模型指定运行状态的原因有两点：部分高级算子（例如 Dropout 和 Batch Normalization，在 9.3.2 节会详细介绍）在两个状态执行的逻辑不同；从性能和存储空间考虑，预测状态时更省内存，性能更好。

在上述代码中可以发现，声明模型、定义优化器等操作都在 with 创建的 fluid.dygraph.guard() 上下文环境中进行，可以理解为 with fluid.dygraph.guard() 创建了飞桨动态图的工作环境，在该环境下完成模型声明、数据转换及模型训练等操作。

5. 模型训练

模型训练过程采用内层循环和外层循环嵌套的方式。

内层循环负责整个数据集的一次遍历，采用分批次方式。假设数据集样本数量为 1000，一个批次（batch）有 10 个样本，则遍历一次数据集的批次数量是 100（1000/10），即内层循环需要执行 100 次。batch 的取值会影响模型训练效果：batch 过大，会增大内存消耗和计算时间，且效果并不会明显提升；batch 过小，每个 batch 的样本数据将没有统计意义。由于房价预测模型的训练数据集较小，我们将 batch 设置为 10。

每次内层循环都需要执行如下四个步骤。

1）数据准备：将一个批次的数据转变成 np.array 和内置格式。

2）前向计算：将一个批次的样本数据灌入网络中，计算输出结果。

3）计算损失函数：以前向计算结果和真实房价作为输入，通过损失函数 square_error_cost 计算出损失函数值（Loss）。

4）反向传播：执行梯度反向传播 backward 函数，即从后到前逐层计算每一层的梯度，并根据设置的优化算法更新参数 opt.minimize。

外层循环定义遍历数据集的次数，通过参数 EPOCH_NUM 设置。具体定义训练过程如代码清单 2-6 所示。

代码清单 2-6　定义训练过程

```python
with dygraph.guard(fluid.CPUPlace()):
    EPOCH_NUM = 10    # 设置外层循环次数
    BATCH_SIZE = 10   # 设置 batch 大小

    # 定义外层循环
    for epoch_id in range(EPOCH_NUM):
        # 在每轮迭代开始之前，将训练数据的顺序随机打乱
        np.random.shuffle(training_data)
        # 将训练数据进行拆分，每个 batch 包含 10 条数据
        mini_batches = [training_data[k:k+BATCH_SIZE] for k in range(0,
len(training_data), BATCH_SIZE)]
        # 定义内层循环
        for iter_id, mini_batch in enumerate(mini_batches):
            # 获得当前批次训练数据
            x = np.array(mini_batch[:, :-1]).astype('float32')
            # 获得当前批次训练标签（真实房价）
            y = np.array(mini_batch[:, -1:]).astype('float32')
            # 将 numpy 数据转为飞桨动态图 variable 形式
            house_features = dygraph.to_variable(x)
            prices = dygraph.to_variable(y)

            # 正向计算
            predicts = model(house_features)

            # 计算损失
            loss = fluid.layers.square_error_cost(predicts, label=prices)
            avg_loss = fluid.layers.mean(loss)
            if iter_id%20==0:
                print("epoch: {}, iter: {}, loss is: {}".format(epoch_id, iter_
id, avg_loss.numpy()))
```

```
                        # 反向传播
                        avg_loss.backward()
                        # 最小化 loss，更新参数
                        opt.minimize(avg_loss)
                        # 清除梯度
                        model.clear_gradients()
                # 保存模型
                fluid.save_dygraph(model.state_dict(), 'LR_model')
```

上述代码运行结果如下，可以发现损失值呈总体下降的趋势。

```
epoch: 0, iter: 0, loss is: [0.19169939]
epoch: 0, iter: 20, loss is: [0.14391404]
epoch: 0, iter: 40, loss is: [0.12920898]
epoch: 1, iter: 0, loss is: [0.06061528]
......
epoch: 8, iter: 40, loss is: [0.03340337]
epoch: 9, iter: 0, loss is: [0.05261706]
epoch: 9, iter: 20, loss is: [0.04158375]
epoch: 9, iter: 40, loss is: [0.00526562]
```

6. 保存并测试模型

首先，我们将模型当前的参数数据 model.state_dict() 保存到文件中（通过参数指定保存的文件名 LR_model），以备预测或校验的程序调用，代码如代码清单 2-7 所示。

代码清单 2-7　保存模型

```
# 定义飞桨动态图工作环境
with fluid.dygraph.guard():
    # 保存模型参数，文件名为 LR_model
    fluid.save_dygraph(model.state_dict(), 'LR_model')
    print("模型保存成功，模型参数保存在 LR_model 中")
```

然后就可以对模型进行测试了，测试过程与在应用场景中使用模型的过程一致，主要可分成如下三个步骤。

1）配置模型预测的机器资源。

2）将训练好的模型参数加载到模型实例中。由两个语句完成，第一句是从文件中读取模型参数；第二句是将参数内容加载到模型。加载完毕后，需要将模型的状态调整为 evaluation（校验）。上文中提到，训练状态的模型需要同时支持正向计算和反向传导梯度，模型的实现较为臃肿，而校验和预测状态的模型只需要支持正向计算，模型的实现更加简单，性能更好。

3）将待预测的样本特征输入模型中，打印输出的预测结果。

通过 load_one_example 函数从数据集中抽一条样本作为测试样本，具体实现代码如代码清单 2-8 所示。

代码清单 2-8　读取测试样本

```
def load_one_example(data_dir):
    f = open(data_dir, 'r')
    datas = f.readlines()
    # 选择倒数第 10 条数据用于测试
    tmp = datas[-10]
    tmp = tmp.strip().split()
    one_data = [float(v) for v in tmp]

    # 对数据进行归一化处理
    for i in range(len(one_data)-1):
        one_data[i] = (one_data[i] - avg_values[i]) / (max_values[i] - min_values[i])

    data = np.reshape(np.array(one_data[:-1]), [1, -1]).astype(np.float32)
    label = one_data[-1]
    return data, label
```

然后开始测试，代码如代码清单 2-9 所示。

代码清单 2-9　测试模型

```
with dygraph.guard():
    # 参数为保存模型参数的文件地址
    model_dict, _ = fluid.load_dygraph('LR_model')
    model.load_dict(model_dict)
    model.eval()

    # 参数为数据集的文件地址
    test_data, label = load_one_example('./work/housing.data')
    # 将数据转为动态图的 variable 格式
    test_data = dygraph.to_variable(test_data)
    results = model(test_data)

    # 对结果做反归一化处理
    results = results * (max_values[-1] - min_values[-1]) + avg_values[-1]
    print("Inference result is {}, the corresponding label is {}".
format(results.numpy(), label))
```

运行上述代码，我们可以比较"模型预测值"和"真实房价"：模型的预测效果与真实房价接近。

```
Inference result is [[15.21949]], the corresponding label is 19.7
```

2.8　飞桨服务平台和工具组件

2.8.1　PaddleHub

PaddleHub 是飞桨生态下的预训练模型管理工具，旨在让飞桨生态下的开发者更便捷地享受到大规模预训练模型的价值。通过 PaddleHub，用户可以便捷地获取飞桨生态下的预训练模型，从而方便地管理模型和使用模型以实现一键预测。此外，利用 PaddleHub Fine-tune API，用户可以基于大规模预训练模型快速实现迁移学习，让预训练模型能更好地服务于用户的特定应用场景。目前 PaddleHub 上的预训练模型涵盖了图像分类、目标检测、词法分析、语义模型、情感分析、语言模型、视频分类、图像生成、图像分割等主流模型。PaddleHub 官方网址：https://www.paddlepaddle.org.cn/hub。

　　PaddleHub 可以通过 pip 工具安装。读者需要正确安装 Python 环境和飞桨，并且 Python 版本为 2.7 或 3.5 以上，飞桨版本为 1.6.1 以上。使用以下命令即可安装 PaddleHub，如代码清单 2-10 所示。

代码清单 2-10　PaddleHub 安装

```
pip install paddlehub
```

1. 命令行工具

　　PaddleHub 借鉴了 Anaconda 和 pip 等包管理工具的设计理念，可以通过命令行工具方便、快捷地完成模型的搜索、下载、安装、升级、预测等功能。具体命令如表 2-3 所示。

表 2-3　PaddleHub 命令行工具

命令	功能说明
install	用于将模型安装到本地
unstall	用于卸载本地模型
show	用于查看本地已安装模型的属性或者指定目录下确定的模型的属性
download	用于下载百度提供的模型
search	通过关键字在服务端检索匹配的模型
list	列出本地已经安装的模型
run	用于执行模型的预测
help	显示帮助信息
version	显示 PaddleHub 版本信息
clear	清空 PaddleHub 在使用过程中产生的缓存数据
autofinetune	用于自动调整 Fine-tune 任务的超参数
config	用于查看和设置 PaddleHub 相关设置

　　关于上述命令更详细的使用方法，请参考 PaddleHub 官方说明：https://github.com/PaddlePaddle/PaddleHub/wiki。

2. Fine-tune API

　　大规模预训练模型通过结合 Fine-tune API，可以在非常短的时间内完成模型的训练，同时使模型具备较好的泛化能力。关于 Fine-tune API 的架构如图 2-16 所示。

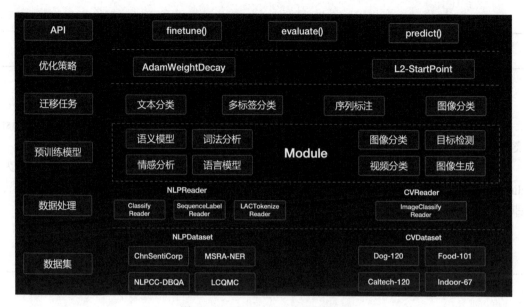

图 2-16　Fine-tune API 的架构图

3. 应用案例

下面使用 PaddleHub 获取 YOLOv3 预训练模型，实现目标检测，其中使用 COCO2017 数据集进行预训练。YOLOv3 是由 Joseph Redmon 和 Ali Farhadi 提出的单阶段检测器，在达到同样精度的标准下，该检测器的推断速度大概是传统目标检测方法的两倍。关于 YOLOv3 的 更 多 详 情 可 参 考 https://github.com/PaddlePaddle/models/tree/release/1.6/PaddleCV/yolov3。

（1）命令行预测示例

首先使用以下命令安装预训练模型，如代码清单 2-11 所示。

代码清单 2-11　PaddleHub 安装预训练模型

```
hub install yolov3_coco2017
```

然后即可使用 PaddleHub 进行预测。预测单张图片时，可通过 --input_path 参数指定待预测图片的路径。当需要预测多张图片时，可将所有待预测图片的路径存储在文本文件中，在命令行中使用 --input_file 参数指定文本文件的路径，具体过程如代码清单 2-12 和 2-13 所示。

代码清单 2-12　使用 PaddleHub 对单张照片预测

```
# 单张照片预测
$ hub run yolov3_coco2017 --input_path "/PATH/TO/IMAGE"
```

代码清单 2-13　使用 PaddleHub 对多张照片预测

```
# 多张照片预测
 $ hub run yolov3_coco2017 --input_file test.txt
```

（2）API

YOLOv3 模型中的目标检测函数为 object_detection(data)，该函数的使用说明如下。

1）参数值：data，dict 类型；key 为图片，str 类型；value 为待检测的图片路径，list 类型。

2）返回值：result，list 类型，其中每个元素为对应输入图片的预测结果。预测结果为 dict 类型，分别有 path、data 等字段。path 字段存放原输入图片路径；data 为检测结果，即检测框的左上角和右下角的顶点坐标。

预测代码示例如代码清单 2-14 所示。

代码清单 2-14　使用 PaddleHub 中 YOLOv3 模型

```
import paddlehub as hub

yolov3 = hub.Module(name="yolov3_coco2017")

test_img_path = "/PATH/TO/IMAGE"

# set input dict
input_dict = {"image": [test_img_path]}

# execute predict and print the result
results = yolov3.object_detection(data=input_dict)
for result in results:
    print(result['path'])
    print(result['data'])
```

2.8.2　X2Paddle

X2Paddle 支持将其他深度学习框架训练得到的模型转换为飞桨模型。目前已实现 TensorFlow、Caffe 和 ONNX 框架下的多个主流 CV 模型，可以在 X2Paddle-Model-Zoo（https://github.com/PaddlePaddle/X2Paddle/blob/develop/x2paddle_model_zoo.md）中查看已经测试过的模型，也可以在 OP-LIST（https://github.com/PaddlePaddle/X2Paddle/blob/develop/op_list.md）中查看目前 X2Paddle 支持的命令列表。如果在使用过程中遇到问题，或者是想要补充，欢迎读者们通过 GitHub 向 X2Paddle 团队反馈，X2Paddle 的官方 GitHub 地址为 https://github.com/PaddlePaddle/X2Paddle。

1. 安装

X2Paddle 目前支持 GitHub 和 pip 方式安装。推荐使用 GitHub 方式安装，可以获得最新版本的 X2Paddle。

（1）GitHub 方式安装

通过 GitHub 方式安装，可以获得最新版本的代码，我们以 0.5 版本为例进行说明，具体安装命令如代码清单 2-15 所示。

代码清单 2-15　GitHub 方式安装 X2Paddle

```
git clone https://github.com/PaddlePaddle/X2Paddle.git
cd X2Paddle
git checkout release-0.5
python setup.py install
```

（2）pip 方式安装

我们将定期更新 pip 源上的 X2Paddle 版本。使用 pip 方式安装命令如代码清单 2-16 所示。

代码清单 2-16　使用 pip 方式安装 X2Paddle

```
pip install x2paddle==0.5.2 --index https://pypi.Python.org/simple/
```

2. 使用方法

X2Paddle 的使用依赖于 Python 环境，需要本地有 Python2.7 以上或 Python3.5 以上版本，并且飞桨版本在 1.6.0 以上。如果是 TensorFlow 模型转换，需要本地 TensorFlow 版本为 1.14.0；如果是 ONNX 模型转换，则需要本地 ONNX 版本为 1.5.0，ONNXRUNTIME 版本为 0.4.0。在准备好环境后，即可方便地使用 X2Paddle 实现模型转换，具体使用方法如下。

（1）TensorFlow

使用如代码清单 2-17 所示的命令将 TensorFlow 模型转换为飞桨模型。

代码清单 2-17　将 TensorFlow 模型转换为飞桨模型

```
x2paddle --framework=tensorflow --model=tf_model.pb --save_dir=pd_model
```

（2）Caffe

使用如代码清单 2-18 所示的命令将 Caffe 模型转换为飞桨模型。

代码清单 2-18　将 Caffe 模型转换为飞桨模型

```
x2paddle --framework=caffe --prototxt=deploy.proto --weight=deploy.caffemodel
--save_dir=pd_model
```

（3）ONNX

使用如代码清单 2-19 所示的命令将 ONNX 模型转换为飞桨模型。

代码清单 2-19　将 ONNX 模型转换为飞桨模型

```
x2paddle --framework=onnx --model=onnx_model.onnx --save_dir=pd_model
```

ONNX 模型各项参数说明如表 2-4 所示。

表 2-4　ONNX 模型各项参数说明

参数	参数说明
--framework	源模型类型（tensorflow、caffe、onnx）
--prototxt	当 framework 为 caffe 时，该参数指定 caffe 模型的 proto 文件路径
--weight	当 framework 为 caffe 时，该参数指定 caffe 模型的参数文件路径
--save_dir	指定转换后的模型保存目录路径
--model	当 framework 为 tensorflow/onnx 时，该参数指定 tensorflow 的 pb 模型文件或 onnx 模型路径
--caffe_proto	[可选] 由 caffe.proto 编译成 caffe_pb2.py 文件的存放路径，当存在自定义 Layer 时使用，默认为 None
--without_data_format_optimization	[可选] 基于 TensorFlow，当指定该参数时，关闭 NHWC->NCHW 的优化
--define_input_shape	[可选] 基于 TensorFlow，当指定该参数时，强制用户输入每个占位符的形状

3. 转换后的模型

转换后的模型包括 model_with_code 和 inference_model 两个目录。其中，model_with_code 中保存了模型参数和转换后的 python 模型代码。inference_model 中保存了序列化的模型结构和参数，可直接使用飞桨的 load_inference_model 接口加载模型，该接口的详细使用说明请见飞桨官方文档：https://www.paddlepaddle.org.cn。

2.8.3　PARL

PARL 是百度推出的高性能且灵活的强化学习框架。它有诸多特点，针对许多有影响力的强化学习算法，PARL 可以稳定地重现算法的结果；支持数千个 CPU 和多个 GPU 的高性能并行训练；可复用性强，用户无须自己重新实现算法，通过复用框架提供的算法即可方便地把经典强化学习算法应用到具体场景中；扩展性良好，当用户想调研新的算法时，可以通过继承已有的基类快速实现自己的强化学习算法。

1. 框架结构

PARL 的目标是构建一个可以完成复杂任务的智能体。以下是用户在学习 PARL 的过程中需要了解的概念。

1）Model：Model 用来定义前向（Forward）网络，这通常是一个策略网络（Policy Network）或者一个值函数（Value Function）网络，输入是当前的环境状态（State）。

2）Algorithm：Algorithm 定义了具体的算法来更新前向网络 Model，也就是通过定义损失函数来更新 Model。一个 Algorithm 至少包括一个 Model。

3）Agent：Agent 负责算法与环境的交互，在交互过程中把生成的数据提供给 Algorithm 来更新模型（Model），数据的预处理流程也一般定义在这里。

2. 简易高效的并行接口

在 PARL 中，通过一个修饰符（@parl.remote_class）就可以帮助用户实现自己的并行算法。下面通过一个简单的例子来说明如何通过 PARL 调度外部的计算资源来实现并行计算，如代码清单 2-20 所示。

代码清单 2-20　通过 PARL 调度外部计算资源

```
#============Agent.py=================
@parl.remote_class
class Agent(object):

    def say_hello(self):
        print("Hello World!")

    def sum(self, a, b):
        return a+b

parl.connect('localhost:8037')
agent = Agent()
agent.say_hello()
ans = agent.sum(1,5) # run remotely and not comsume any local computation resources
```

在上述代码中，通过两步实现调度外部的计算资源。首先使用 parl.remote_class 修饰一个类，之后这个类就被转化为可以运行在其他 CPU 或者机器上的类。然后调用 parl.connect 函数来初始化并行通信，通过这种方式获取到的实例和原来的类有同样的函数。由于这些类是在别的计算资源上运行的，执行这些函数不再消耗当前线程计算的资源。

如图 2-17 所示，真实的 Actor 运行在 CPU 集群，Learner 和 Remote Actor 运行在本地的 GPU 上。对于用户而言，实现并行算法就像写多线程代码一样，但是这些多线程自动调用了外部的计算资源。

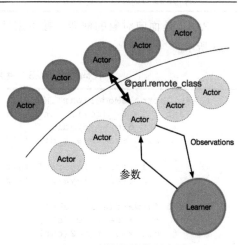

图 2-17　并行计算示意图

3. 安装

使用 PARL 需要本地 Python 版本为 2.7 以上或 3.5 以上，如果需要使用除并行计算外的其他接口，则需要本地飞桨版本在 1.6.1 以上。目前 PARL 支持 pip 方式安装，可使用如代码清单 2-21 所示的命令进行安装。

代码清单 2-21　安装 parl

```
pip install parl
```

4. 应用案例

下面使用 PARL 解决 Cartpole 问题，即"倒立摆"问题，如图 2-18 所示，以帮助读者理解 PARL 的框架思想。

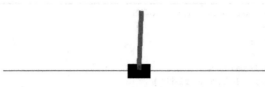

图 2-18　倒立摆

首先引入必要的包，具体如代码清单 2-22 所示。

代码清单 2-22　引入包

```
import parl
from parl import layers
```

PARL 是面向对象的框架，接下来使用 PARL 的 `Model` 类构建模型，具体如代码清单 2-23 所示。

代码清单 2-23　使用 PARL 的 Model 类构建模型

```
class CartpoleModel(parl.Model):
    def __init__(self, act_dim):
        act_dim = act_dim
        hid1_size = act_dim * 10

        self.fc1 = layers.fc(size=hid1_size, act='tanh')
        self.fc2 = layers.fc(size=act_dim, act='softmax')

    def forward(self, obs):
        out = self.fc1(obs)
        out = self.fc2(out)
        return out
```

在上述代码中，为 `CartpoleModel` 搭建了一个具有两层全连接层的神经网络。并且实现前向网络 `forward`，该网络的输入为当前 `Model` 所处的环境状态。

在完成 `Model` 的定义后，即可在主函数中实现该对象，并定义解决该问题的 algorithm（算法），我们在其中定义损失函数，`algorithm` 将更新传递给它的模型的参数，在本例中，我们使用已在存储库中实现的 PolicyGradient 算法求解该问题。因此，可以通过 `parl.algorithms` 使用该算法，具体如代码清单 2-24 所示。

代码清单 2-24　通过 parl.algorithms 使用该算法

```
model = CartpoleModel(act_dim=2)
algorithm = parl.algorithms.PolicyGradient(model, lr=1e-3)
```

一般情况下，`algorithm` 都必须实现两个功能：通过损失函数更新网络参数和通过当前环境状态预测动作。

现在将 algorithm 传递给一个代理（Agent），代理用于与环境交互以生成训练数据，可以通过 parl.Agent 实现，具体如代码清单 2-25 所示。

代码清单 2-25 通过 parl.Agent 实现

```
class CartpoleAgent(parl.Agent):
    def __init__(self, algorithm, obs_dim, act_dim):
        self.obs_dim = obs_dim
        self.act_dim = act_dim
        super(CartpoleAgent, self).__init__(algorithm)

    def build_program(self):
        self.pred_program = fluid.Program()
        self.learn_program = fluid.Program()

        with fluid.program_guard(self.pred_program):
            obs = layers.data(
                name='obs', shape=[self.obs_dim], dtype='float32')
            self.act_prob = self.alg.predict(obs)

        with fluid.program_guard(self.learn_program):
            obs = layers.data(
                name='obs', shape=[self.obs_dim], dtype='float32')
            act = layers.data(name='act', shape=[1], dtype='int64')
            reward = layers.data(name='reward', shape=[], dtype='float32')
            self.cost = self.alg.learn(obs, act, reward)

    def sample(self, obs):
        obs = np.expand_dims(obs, axis=0)
        act_prob = self.fluid_executor.run(
            self.pred_program,
            feed={'obs': obs.astype('float32')},
            fetch_list=[self.act_prob])[0]
        act_prob = np.squeeze(act_prob, axis=0)
        act = np.random.choice(range(self.act_dim), p=act_prob)
        return act

    def predict(self, obs):
        obs = np.expand_dims(obs, axis=0)
        act_prob = self.fluid_executor.run(
            self.pred_program,
            feed={'obs': obs.astype('float32')},
            fetch_list=[self.act_prob])[0]
        act_prob = np.squeeze(act_prob, axis=0)
        act = np.argmax(act_prob)
        return act

    def learn(self, obs, act, reward):
        act = np.expand_dims(act, axis=-1)
        feed = {
            'obs': obs.astype('float32'),
            'act': act.astype('int64'),
            'reward': reward.astype('float32')
```

```
    }
    cost = self.fluid_executor.run(
        self.learn_program, feed=feed, fetch_list=[self.cost])[0]
    return cost
```

在 Agent 中，将实现以下 4 个功能：

1）build_program：定义流体程序，构建两个程序，一个用于预测，另一个用于训练。

2）learn：生成训练数据，并将其输入网络中。

3）predict：将当前环境状态输入到预测程序中并得到执行动作。

4）sample：提供当前状态并用于模型探索。

最后即可实现一个 agent 对象并用于训练，具体如代码清单 2-26 所示。

代码清单 2-26　实现一个 agent 对象以用于训练

```
agent = CartpoleAgent(alg, obs_dim=OBS_DIM, act_dim=2)
```

然后，使用该代理与环境进行交互，并运行约 1000 个集群进行训练，具体如代码清单 2-27 所示。

代码清单 2-27　运行约 1000 个集群进行训练

```
def run_episode(env, agent, train_or_test='train'):
    obs_list, action_list, reward_list = [], [], []
    obs = env.reset()
    while True:
        obs_list.append(obs)
        if train_or_test == 'train':
            action = agent.sample(obs)
        else:
            action = agent.predict(obs)
        action_list.append(action)

        obs, reward, done, info = env.step(action)
        reward_list.append(reward)

        if done:
            break
    return obs_list, action_list, reward_list

env = gym.make("CartPole-v0")
for i in range(1000):
    obs_list, action_list, reward_list = run_episode(env, agent)
    if i % 10 == 0:
        logger.info("Episode {}, Reward Sum {}.".format(i, sum(reward_list)))

    batch_obs = np.array(obs_list)
    batch_action = np.array(action_list)
    batch_reward = calc_discount_norm_reward(reward_list, GAMMA)

    agent.learn(batch_obs, batch_action, batch_reward)
    if (i + 1) % 100 == 0:
        _, _, reward_list = run_episode(env, agent, train_or_test='test')
```

```
total_reward = np.sum(reward_list)
logger.info('Test reward: {}'.format(total_reward))
```

运行上述程序，可以得到如图 2-19 所示的运行结果。

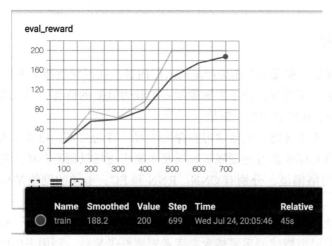

图 2-19　运行结果

关于 PARL 的更多信息，请查看 GitHub 项目（https://github.com/PaddlePaddle/PARL）和官方文档（https://parl.readthedocs.io）。

2.8.4　EasyDL

EasyDL 是百度推出的定制化深度学习的训练和服务平台，可以帮助零算法基础的用户定制高精度 AI 模型，目前提供图像分类、物体检测、图像分割等多个应用场景的定制解决方案。相对于传统深度学习的应用，EasyDL 有诸多特色和优势。

1）可视化操作：无须机器学习专业知识，从模型创建、数据上传、模型训练到最后的模型发布，全流程均为可视化操作。

2）高精度效果：EasyDL 底层结合百度 AutoDL 和 AutoML 技术，针对用户数据自动选择最优网络和超参组合，基于少量数据就能获得较好效果的模型。

3）端云结合：训练完成的模型可发布为云端 API 或离线 SDK，方便用户灵活适配各种使用场景及运行环境。

4）数据支持：支持高质量训练数据的采集与标注，可以在模型迭代过程中不断扩充数据集，进一步提升模型效果。

下面用一个应用案例进行说明。

目前，EasyDL 已经应用于计算机视觉领域和自然语言处理领域的诸多场景中。在计算机视觉领域，用户可以根据具体需求，使用 EasyDL 定制图片分类模型，判断图片是否合规，从而为视频、新闻等内容平台定制内容审核策略，过滤不良信息。在工业生产中，使用产品照片进行瑕疵标注及模型训练，可将模型应用于产品质检，辅助人工提升质检效率，降低生产成本。在自然语言处理领域，使用 EasyDL 定制文本分类模型，可用于舆情分析场景。

2.9　本章小结

本章作为深度学习和飞桨及相关产品的入门内容，在回顾机器学习相关知识的基础上，对深度学习概况进行了梳理；介绍了深度学习中较为重要的概念，以及飞桨和相关产品的基本使用说明，为后面的章节做了铺垫。

本章通过引入人工智能、机器学习和深度学习三者的关系，梳理了人工智能的分支框架，顺着时间脉络对深度学习的发展历程以及主要应用场景展开具体介绍；紧接着介绍了常见的深度学习网络模型，分别有 CNN、RNN 和 FC，不同的网络结构有着自己的适用场景。

本章以机器学习中最简单的线性回归为例，借用飞桨框架实现这一模型，带领读者回顾机器学习中有关模型搭建的重要概念。读者安装好飞桨后，利用书中的代码可以完成一个简单的房价预测模型搭建及训练实例。通过完成预测过程，帮助读者初步认识飞桨，开启深度学习之门。

本章的参考代码见 https://github.com/PaddleToturial-v2/DeepLearningAndPaddleTutorial-v2 下 lesson2 子目录。

深度学习基础篇

深度学习的单层网络

第 2 章中介绍了深度学习的基本概念和飞桨框架的入门知识，本章将为读者介绍深度学习最简单的形式——单层神经网络。本书将以识别猫的问题作为开始，带领读者通过一步步地学习，从使用简单的单层网络到复杂的深层网络，从实现基本结构到添加各类优化，由浅至深，逐步了解深度学习。Logistic 回归模型是简单的单层网络，是进一步学习深度学习的垫脚石。本章将介绍 Logistic 回归模型，并利用 Logistic 回归模型解决识别猫的问题。

本章是本书知识结构的基础，其中涉及了大量深度学习中的关键概念和技巧，重要的知识点包括 Logistic 回归模型概述、损失函数、梯度下降算法、向量化以及如何使用 NumPy 和飞桨框架实现 Logistic 回归模型。这些概念和知识是在之后几个部分的学习中需要经常使用到的，是读者进一步学习深度学习内容的基本工具，希望读者可以牢牢掌握本章内容。

学完本章，希望读者能够掌握以下知识点：

1）掌握 Logistic 回归模型，对神经网络的结构有基本的理解；

2）掌握损失函数、梯度下降算法、向量化在 Logistic 回归中的应用；

3）使用 NumPy 实现 Logistic 回归模型；

4）使用飞桨框架实现 Logistic 回归模型。

3.1 Logistic 回归模型

3.1.1 Logistic 回归概述

Logistic 回归模型常被用于处理二分类问题，它是一种用于分析各个影响因素 $(x_1, x_2,$

…, x_n) 与分类结果 y 之间关系的有监督学习方法。它的应用十分广泛，如在医学领域中，若要研究某种疾病的影响因素，并根据影响因素来判断一个人患有这种疾病的概率，则需要使用 Logistic 回归模型。

为了更好地理解 Logistic 回归模型的实际意义，这里以肺癌分类问题为例展开讨论。假设肺癌的分类结果为 y={ 感染肺癌，未感染肺癌 }，影响因素为 x={ 年龄，性别，是否吸烟 }，影响因素值可以是离散值，也可以是连续值。通过 Logistic 回归分析可以知道哪些影响因素对感染肺癌更为关键，也就是确定各个影响因素的权值，从而构建 Logistic 回归模型。借助计算得到的 Logistic 回归模型，可以实现预测。所谓的预测就是输入一组影响因素特征向量，输出某个人患有肺癌的可能性。

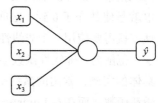

图 3-1　Logistic 回归模型图

实际上，从结构上来看（如图 3-1 所示），完全可以将 Logistic 回归模型看作是仅含有一个神经元的单层神经网络。

上述结构可以描述为，给出一组特征向量 x = {x_1, x_2, ⋯ , x_m}，希望得到一个预测结果 $\hat{y}$，即：

$$\hat{y} = P\{y = 1|x\} \tag{3-1}$$

其中，$\hat{y}$ 表示当特征向量 x 满足条件时，$y = 1$ 的概率。应用在之前提到的肺癌的预测问题中，那么向量 x 表示一个人的年龄、性别、是否吸烟等数据值所构成的特征向量，$\hat{y}$ 则表示这个人患有肺癌的概率。

典型的深度学习的计算过程包含 3 个过程，正向传播（Forward Propagation）过程、反向传播（Backward Propagation）和梯度下降（Gradient Descent）过程。这 3 个过程较为复杂，而理解这 3 个过程是理解深度学习的基础。正向传播过程可以暂时把它理解为一个前向的计算过程；反向传播过程可以简单把它理解为层层求偏导数的过程；梯度下降过程可以理解为参数沿着当前梯度相反的方向进行迭代搜索直到最小值的过程。为了帮助读者更好地理解这 3 个概念，本书的第 3 章、第 4 章和第 5 章将层层深入地呈现出这 3 个过程。本章描述的一层 Logistic 回归作为最简单的深度学习入门案例也存在这 3 个过程。

层数为 1 的 Logistic 回归的正向传播过程是最简单的正向传播过程，可以想象为从图 3-1 左侧的向量 x 开始向右计算的过程。而这个计算过程内部由具有先后次序的两部分组成：第一部分是线性变换，第二部分是非线性变换。值得注意的是，这两个变换过程可以被视作是一个整体单元，缺一不可，后面的更加复杂的计算就是多次反复使用这样的单元。

第一部分的线性变换可以被视作做了一次线性回归。回忆一下，做一个简单的线性回归，其实只需要将输入的特征向量进行线性组合即可。假设输入的特征向量为 $x \in R^2$（二维向量），则线性组合的结果表示为：

$$z = w_1x_1 + w_2x_2 + b \tag{3-2}$$

其中，w_1、w_2 表示权重，b 表示偏置，z 表示线性组合的结果。在做线性回归的时候，

最终想要找到的解就是最优的 w_1、w_2 和 b。公式 3-2 也常常用向量的形式表示为

$$z = \boldsymbol{w}^{\mathrm{T}}\boldsymbol{x} + b \tag{3-3}$$

第二部分非线性变换是在第一部分线性变换的基础上进行的。预测一个人是否得肺癌依靠的是算法输出的得病的概率，概率值越高那么其患病的风险也就越大。Logistic 回归输出的结果理应是一个概率 $\hat{y} = P\{y = 1|x\}$，而概率值介于 0 到 1 之间，也就是，$0 \leqslant \hat{y} \leqslant 1$。而观察第一部分的输出是一个线性变换后得到的实数值，必须把这个值转化为一个概率值，也就是使其介于 0 到 1 之间，而这个转化过程就是第二部分非线性变换的工作。这个非线性变换需要使用一个非线性函数来做到，即需要找到一个函数 $g(z)$ 使得 $\hat{y} = g(z) = g()$。在深度学习范围内，非线性函数 $g(z)$ 被称作激活函数（Activation Function）。激活函数可以有很多具体的实例，常用的激活函数有五六种，在不同的应用场景和不同的目的下可选取不同的激活函数。而在本 Logistic 回归中使用的激活函数是 sigmoid() 函数。

sigmoid() 函数的主要作用就是把某实数映射到区间（0，1）内，其公式为 $\sigma(z) = \dfrac{1}{1+e^{-z}}$，其函数图像如图 3-2 所示。观察图像会发现 sigmoid() 函数可以很好地完成这个工作，当值较大时，$\sigma(z)$ 趋近于 1；当值较小时，$\sigma(z)$ 趋近于 0。

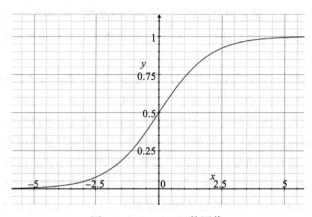

图 3-2　sigmoid 函数图像

Logistic 回归模型的工作重点与所有深度学习模型的工作重点一样，在于训练一组最优参数值 w 和 b。这组最合适的 w 和 b 使得预测结果 $\hat{y}$ 更加精确。那么怎样才能找到这样的参数呢？这就需要定义一个损失函数，通过不断优化这个损失函数最终训练出最优的 w 和 b。

3.1.2　损失函数

1. 损失函数

在 Logistic 回归模型中，模型需要定义一个损失函数（Loss Function or Error Function）用于对参数 w 和 b 进行优化，而损失函数的选择需要具体问题具体分析，在不同问题场景

下采用不同的函数。通常情况下，会将损失函数定义为平方损失函数：

$$L(\hat{y}, y) = \frac{1}{2}(\hat{y} - y)^2 \qquad (3\text{-}4)$$

但是在 Logistic 回归模型中，通常不使用这种形式的损失函数，原因是它会导致参数的优化问题变成非凸的。凸优化问题是指求取最小值的目标函数为凸函数的一类优化问题。如最简单的函数形式，我们知道该函数只有一个极小值和一个最小值，并且它们相等，都在原点位置被找到。所以它的局部最优解就是全局最优解。而非凸优化问题则与此相反，由于它具有多个局部最优解，所以无法确定全局最优解。

在 Logistic 回归模型中通常使用对数损失函数（Logarithmic Loss Function）作为损失函数。对数损失函数又称作对数似然损失函数（Log-Likelihood Loss Function）。其公式如下：

$$L(\hat{y}, y) = -[y\log\hat{y} + (1-y)\log(1-\hat{y})] \qquad (3\text{-}5)$$

对数损失函数也起到测量预测值与实际值差异性的作用。函数值越小，则表示模型越好，也就是参数 w 和 b 越好。相比于普通的平方损失函数，它的优势在于能够让参数的优化变成凸优化问题，更适合寻找全局最优解。

证明对数损失函数可以作为 Logistic 回归模型的损失函数并不难。首先将其拆分成如下形式：

$$L(\hat{y}, y) = \begin{cases} -\log\hat{y} & y = 1 \\ -\log(1-\hat{y}) & y = 0 \end{cases} \qquad (3\text{-}6)$$

可以看到，损失函数根据值不同，分为两种情况。

1）假设对于一个样本，当 $y^{(i)} = 1$ 时，此时 $L(\hat{y}^{(i)}, y^{(i)}) = -\log(\hat{y}^{(i)})$，如果想让损失函数越小，则需要让 $\hat{y}^{(i)}$ 越大，但由于 $0 \leqslant \hat{y}^{(i)} \leqslant 1$，所以损失函数会使得 $\hat{y}^{(i)}$ 趋近于 1；如果此时 $\hat{y}^{(i)} = 1$，那么 $L(\hat{y}^{(i)}, y^{(i)}) = -\log\hat{y}^{(i)} = -\log 1 = 0$。此时的损失函数等于零，则模型对于这个样本的预测完全准确。

2）同理：假设对于一个样本，当时 $y^{(i)} = 0$，此时 $L(\hat{y}^{(i)}, y^{(i)}) = -\log(1-\hat{y}^{(i)})$，如果想让损失函数越小，则需要让 $\hat{y}^{(i)}$ 越小，但由于 $0 \leqslant \hat{y}^{(i)} \leqslant 1$，所以损失函数会使得 $\hat{y}^{(i)}$ 趋近于 0；如果此时 $\hat{y}^{(i)} = 0$，那么 $L(\hat{y}^{(i)}, y^{(i)}) = -\log(1-\hat{y}^{(i)}) = -\log(1-0) = 0$。此时的损失函数等于零，所以模型对于这个样本的预测也完全准确。

综上所述，让损失函数 $L(\hat{y}^{(i)}, y^{(i)}) \to 0$，等价于让预测结果 $\hat{y}^{(i)} \to y^{(i)}$，在最小化损失函数的过程中，也是在让预测结果更精确，再加上其凸优化的性质，对数损失函数比较适合作为 Logistic 回归模型的损失函数。

2. 成本函数

损失函数用于衡量模型在单个训练样本上的表现情况，而成本函数（Cost Function）则用于针对全部训练样本的模型训练过程中，它的定义如下：

$$J(w,b) = \frac{1}{m}\Sigma L(\hat{y}^{(i)}, y^{(i)}) = -\frac{1}{m}\Sigma \left[y^{(i)} \log \hat{y}^{(i)} + (1-y^{(i)}) \log(1-\hat{y}^{(i)}) \right] \qquad (3\text{-}7)$$

成本函数是基于所有样本的总成本。训练 Logistic 回归模型最终的目的就是希望训练出一组适合的参数 w 和 b，使得成本函数最小化，从而达到较高的预测准确率的目标。

在了解了损失函数和成本函数之后，具体该如何使用它们来对参数 w 和 b 进行优化呢？这就需要使用梯度下降（Gradient Descent）方法对参数 w 和 b 进行逐步迭代优化。

> 注意　由于业界并没有明确地区分损失函数和成本函数，在通常情况下这两个名词使用较混乱，在本书中规定损失函数（Lost Function）是针对单个样本定义的，而成本函数（Cost Function）是针对全部训练样本定义的，指的是平均成本。

3.1.3　Logistic 回归的梯度下降

在开始具体讨论之前，首先介绍一个重要概念——计算图（Computation Graph）。图 3-1 是单层的 Logistic 回归的基本示意图。将其中的更多细节展示出来绘制成新图就可以得到图 3-3。可以观察到系统的输入值由两部分组成，样本的特征向量和算法参数。样本的特征向量为 x，参数包含权重向量 w 和偏置 b。将这些数据进行两步运算，线性变换和非线性变换。首先是线性变换生成中间值 z，然后经过非线性变换得到预测值 $\hat{y}$。为了和 y 作区分，下面用 a 代替 $\hat{y}$ 表示预测值。最后将预测值 a 和真实值传给损失函数 L，求得二者的差值。这个表明整个算法计算过程的图就是计算图。

计算图有两点注意事项需要说明。首先，计算图中每一个矩形或者圆圈都称作一个节点，节点代表的是一个运算的结果，而箭头表示数据的流动方向同时也表示一个计算过程；其次，计算图只关心数据的流动和计算结果，不关心计算的复杂度。事实上图 3-1 也是一个计算图。

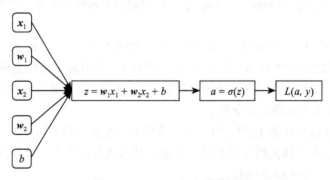

图 3-3　Logistic 回归计算图

1. 单个训练样本的梯度下降计算过程

通过求解偏导数的方式来执行梯度下降过程。单个样本的梯度下降是比较容易理解的。

回忆梯度下降中 w 迭代更新的算法公式：

$$w = w - \alpha \frac{\mathrm{d}L(w)}{\mathrm{d}w} \tag{3-8}$$

观察公式 3-8，其中包含表示成本函数对 w 的偏导数。为了更清楚地说明其过程，这里以 w_1 为例。首先求出 $\mathrm{d}w_1$，然后根据公式 $w = w - \alpha\mathrm{d}w$ 来更新参数 w_1。根据链式法则（Chain Rule），可以得到梯度 $\mathrm{d}w_1$ 的计算公式：

$$\mathrm{d}w_1 = \frac{\mathrm{d}L(a,y)}{\mathrm{d}w_1} = \frac{\mathrm{d}L(a,y)}{\mathrm{d}a} \cdot \frac{\mathrm{d}a}{\mathrm{d}z} \cdot \frac{\mathrm{d}z}{\mathrm{d}w_1} \tag{3-9}$$

公式 3-9 中，将 $\frac{\mathrm{d}L(a,y)}{\mathrm{d}w_1}$ 的计算分解为三个步骤，顺序求解 $\mathrm{d}a$，$\mathrm{d}z$ 和 $\mathrm{d}w_1$。经过计算可知：

$$\mathrm{d}a = \frac{\mathrm{d}L(a,y)}{\mathrm{d}a} = \frac{-y}{a} + \frac{1-y}{1-a} \tag{3-10}$$

$$\mathrm{d}z = \frac{\mathrm{d}L(a,y)}{\mathrm{d}z} = \frac{\mathrm{d}L}{\mathrm{d}a} \cdot \frac{\mathrm{d}a}{\mathrm{d}z} = a(1-a)\mathrm{d}a = a - y \tag{3-11}$$

注意，公式 3-11 的计算结果十分有用，记住它可以让许多梯度计算步骤变得简单。最终得到：

$$\mathrm{d}w_1 = \frac{\mathrm{d}L(a,y)}{\mathrm{d}w_1} = \frac{\mathrm{d}L(a,y)}{\mathrm{d}a} \cdot \frac{\mathrm{d}a}{\mathrm{d}z} \cdot \frac{\mathrm{d}z}{\mathrm{d}w_1} = x_1\mathrm{d}z = x_1(a-y) \tag{3-12}$$

求解 $\mathrm{d}w_1$ 后，再更新参数 $w_1 = w_1 - \alpha\mathrm{d}w_1$。这样就利用梯度下降完成了参数 w_1 的一次更新。同理，也可以求得：

$$\mathrm{d}w_2 = x_2\mathrm{d}z, \quad w_2 = w_2 - \alpha\mathrm{d}w_2 \tag{3-13}$$

$$\mathrm{d}b = \mathrm{d}z, \quad b = b - \alpha\mathrm{d}b \tag{3-14}$$

上述步骤完成了一次针对单个样本的更新步骤，但在实际问题中，往往有数量庞大的样本。下一小节将介绍如何在含有多个训练样本的样本集中使用梯度下降方法。

2. 多个训练样本的梯度下降计算过程

对于多个训练样本的梯度下降其实是对单个样本情况的扩展，仍旧以参数 w_1 为例，求解梯度值 $\mathrm{d}w_1$，则：

$$\mathrm{d}w_1 = \frac{\mathrm{d}J(w,b)}{\mathrm{d}w_1} = \frac{1}{m}\sum \frac{\mathrm{d}L(\alpha^{(i)},y^{(i)})}{\mathrm{d}w_1} \tag{3-15}$$

需要注意的是，此时的 $\mathrm{d}w_1$ 不同于上一小节中单个训练样本的梯度值，这里的 $\mathrm{d}w_1$ 表示的是全局梯度值，它等于每个训练样本的 w_1 梯度值的求和平均。计算出 $\mathrm{d}w_1$ 之后，同样使用公式 $w_1 = w_1 - \alpha\mathrm{d}w_1$，对参数 w_1 进行迭代更新即可。同理，我们可以求出全局梯度值

$\mathrm{d}w_2$ 和 $\mathrm{d}b$，并对它们进行更新：

$$\mathrm{d}w_2 = \frac{\mathrm{d}J(\boldsymbol{w},b)}{\mathrm{d}w_2} = \frac{1}{m}\sum\frac{\mathrm{d}L(a^{(i)},y^{(i)})}{\mathrm{d}w_2}, w_2 = w_2 - \alpha\mathrm{d}w_2 \qquad (3\text{-}16)$$

$$\mathrm{d}b = \frac{\mathrm{d}J(\mathrm{w},b)}{\mathrm{d}b} = \frac{1}{m}\sum\frac{\mathrm{d}L(a^{(i)},y^{(i)})}{\mathrm{d}b}, b = b - \alpha\mathrm{d}b \qquad (3\text{-}17)$$

概括起来，多个训练样本的梯度下降其实就是计算各个参数针对成本函数 J 的全局梯度值，并以此来更新参数，基本思想与单个训练样本的梯度下降一致，但不同之处在于，多个训练样本的梯度下降的计算是将各个样本的参数梯度值做求和平均，相当于考虑了成本对于多个训练样本的整体情况，用通俗的话来说，可以理解为多个训练样本的梯度下降"考虑"得更多。在多次迭代更新后，各个参数将逐渐逼近全局最优解或者得到全局最优解。

上述内容描述了多个训练样本的梯度下降的计算过程，但事实上仍有相当大的优化空间。不难发现，在实现多个训练样本的梯度下降过程中会嵌套两个循环，第一个循环用于遍历所有训练样本，需要计算每个训练样本的梯度值之后才可以做求和平均来计算全局梯度值；而第二个循环用于遍历所有待训练的参数，逐一计算它们的梯度值，这两个循环是先后嵌套的关系。

在实际应用中，深度学习算法需要的训练数据集往往是十分庞大的，并且通常会有大量的特征，意味着会有大量的待训练参数。在大数据量的计算中，使用循环会明显降低算法效率，庆幸的是可以利用向量化（Vectorization）来消除或替代它们，从而提高工作效率。下一小节我们将使用向量化的方式，优化上述计算过程。

3. Logistic 回归的向量化

向量化在深度学习中的应用十分广泛，它是提升计算效率的主要手段之一，1.3.1 节中也已经简单证明了向量化对于代码效率的提升作用，通过矩阵相乘来代替循环遍历的逐个相乘可以极大地缩短计算时间。而缩短每次训练的时间是十分有意义的，当可用工作时间不变的情况下，更短的单次训练时间可以让程序员有更多的测试机会，进而更早、更好地调整神经网络结构和参数。

回顾上一小节中提到的在多个训练样本的梯度下降过程中的两个循环。第一个循环用于遍历所有训练样本，而第二个循环用于遍历所有参数。这两个循环是耗时大户，那么如何使用向量化技术提升代码效率呢？

首先，可以通过向量化的方式来消除遍历所有参数时使用的循环。原先，要计算各个参数的全局梯度值则需要循环累加各个参数的梯度值 $\mathrm{d}w_1$，$\mathrm{d}w_2$，$\cdots$，$\mathrm{d}w_n$。而向量化的方法则引入向量 $\mathrm{d}\boldsymbol{w}$ 来表示所有的梯度值 $\mathrm{d}w_1$，$\mathrm{d}w_2$，$\cdots$，$\mathrm{d}w_n$，其中 $\mathrm{d}\boldsymbol{w}$ 为 $n_x \times 1$ 维向量，表示的是样本的特征维度，也就是除去参数 b 之外的参数个数。现在，可以直接使用向量操作 $\mathrm{d}\boldsymbol{w} += \boldsymbol{x}^{(i)}\mathrm{d}z^{(i)}$ 来代替前述的逐个求和的烦琐计算。这样一来，利用向量化替代了原先的循环，不用显式地遍历所有样本特征，并且从硬件的角度来看，矩阵运算充分发挥了 GPU 的并行计算能力，提升了代码运算效率。

然后，集中精力使用向量化技术消除另一个循环，即用来遍历所有训练样本的循环。

第一步，将线性变换过程改写为向量化。对于每一个样本有 $z^{(i)} = w^{\mathrm{T}}x^{(i)} + b$，其中，$z$ 表示线性组合的结果（计算过程中的中间值），w^{T} 表示一个权重向量，x 表示一个输入样本的特征向量，b 表示偏置。当把视角放到所有样本的时候，就可以把公式改写为：$Z = WX + b$，其中，$Z = (z^{(1)}, z^{(2)}, \cdots, z^{(i)}, \cdots, z^{(n)})$ 是一个向量，其中的每个分量是一个样本线性组合后的结果（计算过程中的中间值）；$W = (w^{\mathrm{T}(1)}, w^{\mathrm{T}(2)}, \cdots, w^{\mathrm{T}(i)}, \cdots, w^{\mathrm{T}(n)})$ 是一个矩阵，其中的每个向量是一个输入样本特征向量对应的权重向量；$X = (x^{(1)}, x^{(2)}, \cdots, x^{(i)}, \cdots, x^{(n)})$ 是一个矩阵，其中的每个向量是一个输入样本特征向量；$b = (b^{(1)}, b^{(2)}, \cdots, b^{(i)}, \cdots b^{(n)})$ 是一个向量，其中的每个分量是一个线性变换运算过程中的偏置。

第二步，将激活过程改写为向量化。在完成了线性变换后，进行非线性变换。对于每一个样本有 $a^{(i)} = \mathrm{sigmoid}(z^{(i)})$，其中，$a^{(i)}$ 表示该样本的预测值。当把视角放到所有样本的时候，就可以把公式改写为 $A = \mathrm{sigmoid}(Z)$，其中，$A = (a^{(1)}, a^{(2)}, \cdots, a^{(i)}, \cdots, a^{(n)})$ 表示一个向量，其中的每一个分量是一个输入值对应的预测值。这样通过一行代码就能实现所有样本的激活过程。

第三步，做偏导数的向量化。回顾之前的内容，如果只考虑一个样本，那么公式 $\mathrm{d}z^{(i)} = a^{(i)} - y^{(i)}$ 成立。当需要同时考虑所有样本时，可以将多个 $\mathrm{d}z$ 向量组成一个矩阵 $\mathrm{d}Z = (\mathrm{d}z^{(1)}, \mathrm{d}z^{(2)}, \cdots, \mathrm{d}z^{(i)}, \cdots, \mathrm{d}z^{(n)})$。同样的道理，将每个样本的真实值组成一个向量 $Y = (y^{(1)}, y^{(2)}, \cdots, y^{(i)}, \cdots, y^{(n)})$。那么 $\mathrm{d}Z$ 就可以用 A 和 Y 来表示了，$\mathrm{d}Z = A - Y = (a^{(1)} - y^{(1)}, a^{(2)} - y^{(2)}, \cdots, a^{(i)} - y^{(i)}, \cdots, a^{(n)} - y^{(n)})$。这也就是说，完全可以通过向量 A 和向量 Y 来计算 $\mathrm{d}Z$。从代码实现的层面来看，只要构造出 A 和 Y 这两个向量，就可以通过一行代码直接计算出 $\mathrm{d}Z$，而不需要通过 for 循环逐个计算。

第四步，求出梯度中权值 w 的向量化表示。再回顾之前关于梯度 $\mathrm{d}w$ 和 $\mathrm{d}b$ 的计算，它们的实际计算过程分别如下：

$$
\begin{aligned}
&\mathrm{d}w = 0 &\qquad &\mathrm{d}b = 0 \\
&\mathrm{d}w + = x^{(1)}\mathrm{d}z^{(1)} &\qquad &\mathrm{d}b + = \mathrm{d}z^{(1)} \\
&\mathrm{d}w + = x^{(2)}\mathrm{d}z^{(2)} &\qquad &\mathrm{d}b + = \mathrm{d}z^{(2)} \\
&\quad\vdots &\qquad &\quad\vdots \\
&\mathrm{d}w + = x^{(m)}\mathrm{d}z^{(m)} &\qquad &\mathrm{d}b + = \mathrm{d}z^{(m)} \\
&\mathrm{d}w / = m &\qquad &\mathrm{d}b / = m
\end{aligned}
\tag{3-18}
$$

通过观察可知，上述的计算过程完全可以使用向量操作替代。$\mathrm{d}w$ 的计算过程其实就是样本矩阵 X 与梯度矩阵 $\mathrm{d}Z$ 的转置相乘，将计算结果除以训练样本数 m 得到平均值，这样就得到了全局梯度值 $\mathrm{d}w$，所以将计算过程表示如下：

$$dw = \frac{1}{m} X d\mathbf{Z}^{\mathrm{T}}$$

$$= \frac{1}{m} \Big[x^{(1)} x^{(2)} \cdots x^{(m)} \Big] \times \Big[dz^{(1)} dz^{(2)} \cdots dz^{(m)} \Big]^{\mathrm{T}}$$

$$= \frac{1}{m} \Big[x^{(1)} dz^{(1)} x^{(2)} dz^{(2)} \cdots x^{(m)} dz^{(m)} \Big] \qquad （3-19）$$

第五步，求出梯度中偏置 b 的向量化表示。再观察 db 的计算过程，其实更为简单，将每个训练样本的 dz 相加后，再除以 m，即可得到全局梯度值 db。在 Python 代码中，只需要使用 NumPy lib 库提供的 numpy.sum()，一行简单代码就可以完成 db 的计算：

$$db = \frac{1}{m} \sum dz^{(i)} = \frac{1}{m} \text{numpy.sum}(d\mathbf{Z}) \qquad （3-20）$$

第六步，对梯度 dw 和 db 求平均，在 Python 中将向量 dw 和向量 db 分别除以 m 即可，即 dw/m 和 db/m，Python 会自动使用广播机制，令向量 dw 中的值统一除以 m。

第七步，根据全局梯度 dw 和 db 来更新参数 w 和 b，同样，在 Python 中可以直接方便地使用向量化操作 $w = w-udw$ 以及 $b = b-udb$ 来更新参数，其中，u 代表学习率。

以上七个步骤便是 Logistic 回归梯度下降算法的向量化实现，通过向量化的方式不仅提升了效率，而且直观上看起来简洁易懂。

准备好了 Logistic 回归模型的理论知识，接下来进入实战部分，利用 Logistic 回归模型实现对猫的识别。

3.2　实现 Logistic 回归模型

在本节中，将从理论学习转入编程实战部分，分别使用 Python 的 NumPy 库和飞桨实现 Logistic 回归模型来解决识别猫的问题，读者可以一步步跟随内容完成训练，加深对上述理论内容的理解并串联各个知识点，收获对神经网络和深度学习概念的整体把握。

首先，由于识别猫的问题涉及图片处理知识，这里对计算机如何保存图片做一个简单的介绍。在计算机中，图片的存储涉及通道的知识，RGB 分别代表红、绿、蓝 3 个颜色通道，假设图片是 64×64 像素的，则图片由 3 个 64×64 的矩阵表示，定义一个特征向量 X，忽略图片的结构信息，所有的数值输入到特征向量 X 当中，则 X 的维度为 $3 \times 64 \times 64 = 12\,288$ 维。这样一个 12 288 维矩阵就是 Logistic 回归模型的一个训练数据，如图 3-4 所示。

了解了基本的图片处理概念，接下来开始进入代码讲解部分。

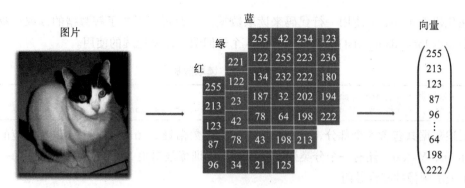

图 3-4 图片处理

3.2.1 NumPy 版本

本小节介绍如何使用 Python 及 NumPy 库实现 Logistic 回归模型来识别猫。在实现过程中，读者将会学习到神经网络基本结构的配置，其中的关键知识点包括初始化参数、计算成本、计算梯度、优化参数。需要注意的是，在具体的编码实现中会大量使用 NumPy 库的基本操作，不熟悉 NumPy 操作的读者可以回顾本书第 1 章基础部分的 NumPy 操作内容，方便后续的学习。下面就进入编程实战部分。

1. 库文件

首先，载入几个需要用到的库，具体如下所示。

1）numpy：一个 Python 的基本库，用于科学计算。

2）matplotlib.pyplot：用于生成图，在验证模型准确率和展示成本变化趋势时会使用。

3）utils：定义了 load_data_sets() 方法用于载入数据。

引用库文件的代码区如代码清单 3-1 所示。

代码清单 3-1　引用库文件

```
import matplotlib.pyplot as plt
import numpy as np

import utils
```

2. 载入数据

猫的图片数据集以 hdf5 文件的形式存储，包含了以下内容。

1）训练数据集：包含了 train_num 个图片的数据集，数据的标签（Label）分为 cat(y=1）和 non-cat（y=0）两类。

2）测试数据集：包含了 test_num 个图片的数据集，数据的标签（Label）同（1）。

单个图片数据的存储形式为（px_num, px_num, 3），其中 px_num 表示图片的长或宽（数据集图片的长和宽相同），数字 3 表示图片的三通道（RGB）。

在代码清单 3-2 中使用一行代码来读取数据，读者暂不需要了解数据的读取过程，只需调用 utils.load_data_sets() 方法，并存储 5 个返回值，以便后续的使用。

代码清单 3-2 读取数据

```
# 读取数据 (cat/non-cat)
X_train, Y_train, X_test, Y_test, classes = utils.load_data_sets()
```

上述数据共包含 5 个部分，分别是训练和测试数据集 X_train、X_test 以及对应的标签集 Y_train、Y_test，还有一个分类列表 classes。以训练数据集 X_train 为例，其中每一行都是一个表示图像的三维数组。

3. 数据预处理

获取数据后的下一步工作是获得数据的相关信息，如训练样本个数 train_num、测试样本个数 test_num 和图片的长度或宽度 px_num，代码清单 3-3 使用 numpy.array.shape 来获取数据的相关信息。

代码清单 3-3 获取数据相关信息

```
# 获取数据相关信息
train_num = X_train.shape[0]
test_num = X_test.shape[0]
# 本例中 num_px=64
px_num = X_train.shape[1]
```

接下来需要进一步处理数据，为了便于训练，可以忽略图片的结构信息，将包含图像长、宽和通道数信息的三维数组压缩成一维数组，图片数据的形状将由（64，64，3）转化为（64×64×3，1），代码清单 3-4 给出了转换数据形状的方式。

代码清单 3-4 转换数据形状

```
# 转换数据形状
data_dim = px_num * px_num * 3
X_train = X_train.reshape(train_num, data_dim).T
X_test = X_test.reshape(test_num, data_dim).T
```

在开始训练之前，还需要归一化处理数据。图片采用红、绿、蓝三通道的方式来表示颜色，每个通道的单个像素点都存储着一个 0 ~ 255 的像素值，所以图片的归一化处理十分简单，只需要将数据集中的每个值除以 255 即可。但需要注意的是，结果值应为 float 类型，直接除以 255 会导致结果错误，在 Python 中除以 255. 即可将结果转化为 float 类型，代码清单 3-5 给出了数据归一化过程。

代码清单 3-5 数据归一化

```
X_train = X_train / 255.
X_test = X_test / 255.
```

4. 模型结构

完成了数据处理工作，下面开始进入模型训练过程。其中，有 5 个关键步骤分别为：

1）初始化模型参数；

2）正向传播和反向传播；

3）利用梯度下降更新参数；

4）利用模型进行预测；

5）分析预测结果。

首先，实现 sigmoid() 激活函数较为简单，如代码清单 3-6 所示，注意没有使用 math. exp 函数来实现，是因为 math.exp() 函数不支持向量计算，而这里需要使用到向量计算。

代码清单 3-6　sigmoid 激活函数

```
def sigmoid(x):
    return 1 / (1 + np.exp(-x))
```

接下来开始初始化模型参数，定义函数 initialize_parameters() 如代码清单 3-7 所示，首先使用 numpy.zeros() 将 w 初始化为（data_dim, 1）形状的零向量，其中 data_dim 表示参数向量 w 的维度，它的值等于训练数据的特征数，即每张图片的像素点个数，然后再将 b 初始化为 0 即可。

代码清单 3-7　初始化模型参数

```
def initialize_parameters(data_dim):
    # 将 W 初始化为 (data_dim, 1) 形状的零向量，其中 data_dim 表示 W 参数个数
    # 将 b 初始化为零
    W = np.zeros((data_dim, 1), dtype = np.float)
    b = 0

    return W, b
```

初始化模型参数后，接下来定义正向传播和反向传播过程，这两个过程包含在 forward_and_backward_propagate() 函数中。

forward_and_backward_propagate() 函数的关键内容是计算成本函数（Cost）和梯度（Gradient），具体的实现过程如代码清单 3-8 所示。其中，m = X.shape[1] 表示样本数，A 表示预测结果，cost 表示成本函数，dW 和 db 分别表示对应的梯度，这几个值的计算步骤已经在向量化小节中做了详细说明，这里不再赘述。

代码清单 3-8　正向传播和反向传播

```
def forward_and_backward_propagate(W, b, X, Y):
    """
    计算成本 cost 和梯度 grads

        Args:
            W: 权重, (num_px * num_px * 3, 1) 维的 numpy 数组
            b: 偏置 bias, 标量
```

```
        X: 数据, 形状为 (num_px * num_px * 3, number of examples)
        Y: 数据的真实标签 (包含值 0 if non-cat, 1 if cat), 形状为 (1, number
of examples)

    Return:
        cost: 逻辑回归的损失函数
        dW: cost 对参数 W 的梯度, 形状与参数 W 一致
        db: cost 对参数 b 的梯度, 形状与参数 b 一致
    """

    # m 为数据个数
    m = X.shape[1]

    # 正向传播, 计算成本函数
    Z = np.dot(W.T,X) + b
    A = sigmoid(Z)
    dZ = A - Y

    cost = np.sum(-(Y * np.log(A) + (1 - Y) * np.log(1 - A))) / m

    # 反向传播, 计算梯度
    dW = np.dot(X, dZ.T) / m
    db = np.sum(dZ) / m
    cost = np.squeeze(cost)

    grads = {
        "dW":dW,
        "db":db
    }
    return grads, cost
```

定义了成本函数和梯度的计算过程后，再定义一个参数更新函数 update_parameters()
来利用梯度 dW 和 db 进行参数的一次更新，关键内容为调用 forward_and_backward_
propgate() 函数获取梯度值 dW、db 和 cost，并根据梯度值来更新参数 W 和 b。以 W 为例，
更新公式为 $W = W - $ learning_rate $*$ dW，具体实现过程如代码清单 3-9 所示。

代码清单 3-9　一次参数更新

```
def update_parameters(X, Y, W, b, learning_rate):

    grads, cost = forward_and_backward_propagate(X, Y, W, b)

    W = W - learning_rate * grads['dW']
    b = b - learning_rate * grads['db']


    return W, b, cost
```

接下来定义优化函数 train()，根据迭代次数 iteration_nums 调用 update_parameters() 函
数对参数进行迭代更新，具体实现过程如代码清单 3-10 所示。注意，在参数更新过程
中，维护一个成本数组 costs，每 100 次迭代则记录一次成本，便于之后绘图分析成本
变化趋势。

代码清单 3-10　梯度下降更新参数

```
# 使用梯度下降更新参数 W, b
def train(W, b, X, Y, iteration_nums , learning_rate):
    """
    使用梯度下降算法优化参数 W 和 b

    Args:
        W: 权重, (num_px * num_px * 3, 1) 维的 numpy 数组
        b: 偏置 bias, 标量
        X: 数据, 形状为 (num_px * num_px * 3, number of examples)
        Y: 数据的真实标签 (包含值 0 if non-cat, 1 if cat), 形状为 (1, number of examples)
        iteration_nums: 优化的迭代次数
        learning_rate: 梯度下降的学习率, 可控制收敛速度和效果

    Returns:
        params: 包含参数 W 和 b 的 python 字典
        costs: 保存了优化过程 cost 的 list, 可以用于输出 cost 变化曲线
    """

    costs = []
    for i in range(iteration_nums):
        W, b, cost = update_parameters(X, Y, W, b, learning_rate)
        # 每一百次迭代, 打印一次 cost
        if i % 100 == 0:
            costs.append(cost)
            print("Iteration %d, cost %f" % (i, cost))

    params = {
        "W": W,
        "b": b
    }

    return params, costs
```

5. 模型检验

以上内容完成了模型的训练过程, 得到了最终的参数 *W* 和 *b*, 接下来利用 predict_image() 函数训练完成的模型进行预测, 具体实现过程如代码清单 3-11 所示。输入参数 *W*、*b* 以及测试数据集 *X*, 预测结果 *A*, 并将连续值 *A* 转化为二分类结果 0 或 1, 存储在 predictions 中。

代码清单 3-11　使用模型预测结果

```
# 使用模型进行预测
def predict_image(W, b, X):
    """
    用学习到的逻辑回归模型来预测图片是否为猫 (1 cat or 0 non-cat)

    Args:
        W: 权重, (px_num * px_num * 3, 1) 维的 numpy 数组
        b: 偏置 bias, 标量
        X: 数据, 形状为 (px_num * px_num * 3, number of examples)
```

```
    Returns:
        predictions: 包含了对 X 数据集的所有预测结果，是一个 numpy 数组或向量

    """
    data_dim = X.shape[0]
    # m 为数据个数
    m = X.shape[1]

    predictions = []
    W = W.reshape(data_dim, 1)
    # 预测结果 A
    A = sigmoid(np.dot(W.T, X) + b)
    # 将连续值 A 转化为二分类结果 0 或 1
    for i in range(m):
        if A[0, i] > 0.5:
            predictions.append(1)
        elif A[0, i] < 0.5:
            predictions.append(0)

    return predictions
```

至此，上述内容完成了 Logistic 回归模型的训练和预测过程，实现了以下几个关键函数。

1）sigmoid()：激活函数。

2）initialize_parameters ()：初始化参数 w 和 b。

3）forward_and_backward_propagate()：计算成本 cost 和梯度值 dw、db。

4）update_parameters()：利用梯度下降进行一次参数更新。

5）train()：利用 update_parameters() 函数迭代更新参数。

6）predict_image()：使用模型预测结果。

6. 训练

上述内容完成了数据的载入和预处理、配置模型结构以及实现模型检验所需的相关函数，现在只需按序调用这些函数即可完成模型的训练过程，具体实现过程如代码清单 3-12 所示。

代码清单 3-12　训练

```
X_train, Y_train, X_test, Y_test, classes, px_num = load_data()
# 迭代次数
iteration_nums = 2000
# 学习率
learning_rate = 0.005
# 特征维度
data_dim = X_train.shape[0]
# 初始化参数
W, b = initialize_parameters(data_dim)

params, costs = train(X_train, Y_train, W, b, iteration_nums, learning_rate)

predictions_train = predict_image(X_train, params['W'], params['b'])
predictions_test = predict_image(X_test, params['W'], params['b'])
```

```
print("Accuracy on train set: {} %".format(calc_accuracy(predictions_train, Y_train)))

print("Accuracy on test set: {} %".format(calc_accuracy(predictions_test, Y_test)))
```

训练结果如代码清单 3-13 所示，输出成本 cost 的变化、训练准确率和测试准确率。

代码清单 3-13　训练结果

```
Iteration 0, cost 0.709947
Iteration 100, cost 0.583778
......
Iteration 1800, cost 0.146477
Iteration 1900, cost 0.140810
Accuracy on train set: 99.043062201 %
Accuracy on test set: 70.0 %
```

训练结果显示训练准确率达到 99%，说明训练的模型可以准确地拟合训练数据；而测试准确率为 70%，由于训练数据集较小并且 Logistic 回归是一个线性回归分类器，所以 70% 的准确率已经是一个不错的结果了。

7. 预测

获得预测结果后，读者可以查看模型判断对某张图片的预测是否准确，通过代码清单 3-14 输出图片及其预测的分类结果。

代码清单 3-14　单个图片预测

```
# 分类正确的示例
index = 1    # index(1) is cat, index(14) is not a cat
cat_img = X_test[:, index].reshape((px_num, px_num, 3))
plt.imshow(cat_img)
plt.axis('off')
plt.show()
print ("you predict that it's a " + classes[
 int(predictions_test[index])].decode("utf-8") +" picture. Congrats!")
```

输出结果如代码清单 3-15 所示，可以看到模型对这张图片的分类正确，将猫图片分类为 cat，如图 3-5 所示。

代码清单 3-15　输出结果

```
you predict that it's a cat picture. Congrats!
```

图 3-5　示例图片

8. 学习曲线

现在，根据之前保存的输出成本 costs 的变化情况，可以得到学习曲线，具体实现过程如代码清单 3-16 所示：

代码清单 3-16　学习曲线

```
# 绘制学习曲线
plot_costs(costs, learning_rate)
```

输出的结果如图 3-6 所示。

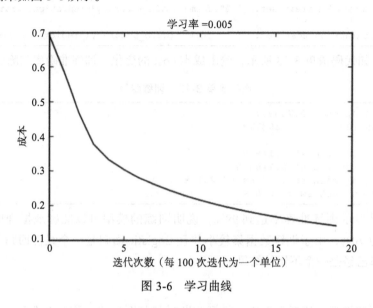

图 3-6   学习曲线

可以看到，图 3-6 中的成本随着迭代次数的增加而减小，这说明了参数 W 和 b 不断被学习和优化。

至此，Logistic 回归模型的 Python 代码实现已经介绍完毕，相信读者对 Logistic 回归有了更深刻的理解和把握，在下一小节中，将介绍如何使用飞桨来实现 Logistic 回归模型，并了解深度学习框架的优势。

3.2.2   飞桨版本

上一节中用 Python 及其 NumPy 库实现了逻辑回归模型完成了对猫的识别，本节将介绍如何使用飞桨实现。

飞桨作为一款深度学习框架，从使用的便利性上看，它降低了深度学习的入门门槛，提供了许多基本组件，这些组件如同积木，使用时无须考虑神经网络的具体细节，只需根据具体任务来搭建学习模型；从性能方面来看，飞桨的底层实现支持多种加速设备，如 GPU，缩短了模型训练时间。

读者可以根据本节内容进行实验，充分体会使用深度学习框架带来的便利。

1. 库文件

首先，载入需要使用的库，除了需要额外引入 paddle.fluid 库来使用飞桨框架之外，其他库与 NumPy 版本相同，不再赘述，具体如代码清单 3-17 所示。

代码清单 3-17   引用库文件

```
import paddle
```

```
import paddle.fluid as fluid
from paddle.fluid.dygraph import Linear
import numpy as np
import utils

import matplotlib
%matplotlib inline
import matplotlib.pyplot as plt
from IPython import display
from PIL import Image
```

2. 数据预处理

首先我们对数据进行预处理，此处代码逻辑和 NumPy 版本类似，不再赘述。具体代码如代码清单 3-18 所示。

代码清单 3-18 数据预处理

```
def get_data():
    """
    数据预处理
    """
    # 获取原始数据
    train_x_ori, train_y_set, test_x_ori, test_y_set, classes = utils.load_
data_sets()
    # m_train: 训练集样本数量
    m_train = train_x_ori.shape[0]
    # m_test: 测试集样本数量
    m_test = test_x_ori.shape[0]
    # 图片样本长宽像素数量
    num_px_x = train_x_ori.shape[1]
    num_px_y = train_x_ori.shape[2]

    # 定义输入数据维度，注意样本图像是 3 通道
    DATA_DIM = num_px_x * num_px_y * 3

    # 转换数据形状为
    train_x_flatten = train_x_ori.reshape(m_train, -1)
    test_x_flatten = test_x_ori.reshape(m_test, -1)

    # 归一化处理
    train_x_set = train_x_flatten / 255
    test_x_set = test_x_flatten / 255

    # 合并数据
    train_set = np.hstack((train_x_set, train_y_set.T))
    test_set = np.hstack((test_x_set, test_y_set.T))

    return train_set, test_set, DATA_DIM, classes
```

在这里需要定义全局变量 TRAINING_SET、TEST_SET、DATA_DIM 和 CLASSES 分别表示最终的训练数据集、测试数据集、数据特征数和分类列表，便于后续使用。具体代码如代码清单 3-19 所示。

代码清单 3-19　读取数据

代码清单 3-19　读取数据

```
# 读取数据集以及相关参数
global TRAIN_SET
global TEST_SET
global DATA_DIM
global CLASSES
TRAIN_SET, TEST_SET, DATA_DIM, CLASSES = get_data()
```

3. 定义 reader

定义 read_data() 函数读取训练数据集 TRAINING_SET 和测试数据集 TEST_SET，需要注意的是，yield 关键字的作用与 return 关键字类似，但不同之处在于 yield 关键字让 reader() 变成一个生成器（Generator），生成器不会创建完整的数据集列表，而是在每次循环时计算下一个值，这样不仅节省内存空间，而且符合 reader 的定义，也即一个真正的读取器。具体代码如代码清单 3-20 所示。

代码清单 3-20　定义 reader

```
def read_data(data_set):
    """
    构造 reader
    :param data_set: 要获取的数据的数据集
    :return: reader: 用户返回训练数据及数据标签的生成器 (generator)
    """
    def reader():
        """
        一个 reader 生成器
        :return: 每次训练数据及数据标签
        data[:-1]: 训练数据
        data[-1:]: 数据标签
        """
        for data in data_set:
            yield data[:-1], data[-1:]
    return reader
```

利用之前定义的 reader() 函数构造训练集 reader 和测试集 reader。我们定义 buf_size 为 1000，使用 suffle() 函数将数据分批次按序读取到内存中，再将内存中的数据进行乱序。shuffle() 函数在内存中开辟了一块缓冲区（大小为 1000 条样本数据），这样的机制可以避免在样本量较大时，因一次性读取太多数据造成内存溢出。本例中样本较少，可以不使用 shuffle() 函数。我们定义 batch_size 为 256，表示每次从内存中取 256 条样本数据作为一个 batch 进行训练。batch 不宜过大或过小，过大将增加训练时间，过小则导致训练不稳定，收敛较慢，所以，在设置 batch 时一般在可接受的范围内，尽量大一点。具体代码如代码清单 3-21 所示。

代码清单 3-21　定义数据读取器

```
# 定义 reader
# 定义 buf_size 和 batch_size 大小
```

```
buf_size = 1000
batch_size = 256

# 训练集 reader
train_reader = fluid.io.batch(
    reader=paddle.reader.shuffle(
        reader=read_data(TRAIN_SET),
        buf_size=buf_size
    ),
    batch_size=batch_size
)
# 测试集 reader
test_reader = fluid.io.batch(
    reader=paddle.reader.shuffle(
        reader=read_data(TEST_SET),
        buf_size=buf_size
    ),
    batch_size=batch_size
)
```

4. 定义分类器

配置网络结构。本章介绍过 Logistic 回归模型结构相当于一个只含一个神经元的神经网络，所以在配置网络结构时只需配置输出层即可。具体实现如代码清单 3-22 所示。

代码清单 3-22　配置网络结构

```
# 定义 softmax 分类器
class SoftmaxRegression(fluid.dygraph.Layer):
    def __init__(self, name_scope):
        super(SoftmaxRegression, self).__init__(name_scope)
        # 输出层，全连接层，输出大小为 2，对应结果的两个类别，激活函数为 softmax
        self.fc = Linear(input_dim=DATA_DIM, output_dim=2, act='softmax')


    # 网络的前向计算函数
    def forward(self, x):
        x = self.fc(x)
        return x
```

5. 训练配置

在训练前进行相关配置，首先实例化模型，选择我们刚才定义的 softmax 分类器，并将模型设置为训练模式。然后定义优化器，这里使用 Adam 优化器，并将学习率设置为 0.01。读者暂时无须了解 Adam 的含义，在后续章节中将会详细介绍，现在读者只需要学会使用即可。最后设置迭代次数为 200，表示使用训练集训练 200 轮。具体实现如代码清单 3-23 所示。

代码清单 3-23　训练配置

```
# 定义飞桨动态图工作环境
with fluid.dygraph.guard():
    # 实例化模型
    # Softmax 分类器
```

```
model = SoftmaxRegression('catornocat')

# 开启模型训练模式
model.train()

# 使用 Adam 优化器
# 学习率为 0.01
opt = fluid.optimizer.Adam(learning_rate=0.01, parameter_list=model.
parameters())

# 迭代次数设为 200
EPOCH_NUM = 200
```

6. 模型训练

上述内容完成了训练前的准备工作，接下来即可进行模型训练。

飞桨使用双层循环机制进行训练，其中，外层循环表示对数据集进行训练的轮次数，内层循环表示对训练集以 batch 为单位进行训练。

在训练前，需要对数据格式进行调整，包括调整 shape，并将数据类型转为飞桨的 variable 形式。然后将数据送入分类器，得到前向计算结果，再使用交叉熵函数计算预测值 (predict) 和真实值 (label) 之间的损失值，接下来用平均损失值计算梯度并反向传播，最后更新参数。在完成一个 batch 的训练后，我们要清除梯度，准备下一个 batch 的训练。

在完成训练后，将训练好的模型保存下来。具体实现如代码清单 3-24 所示。

代码清单 3-24　模型训练

```
with fluid.dygraph.guard():
    # 记录每次的损失值，用于绘图
    costs = []
    # 定义外层循环
    for pass_num in range(EPOCH_NUM):
        # 定义内层循环
        for batch_id,data in enumerate(train_reader()):
            # 调整数据 shape 使之适合模型
            images = np.array([x[0].reshape(DATA_DIM) for x in data],np.float32)
            labels = np.array([x[1] for x in data]).astype('int64').reshape(-1,1)

            # 将 numpy 数据转为飞桨动态图 variable 形式
            image = fluid.dygraph.to_variable(images)
            label = fluid.dygraph.to_variable(labels)

            # 前向计算
            predict = model(image)

            # 计算损失
            # 使用交叉熵损失函数
            loss = fluid.layers.cross_entropy(predict,label)
            avg_loss = fluid.layers.mean(loss)

            # 计算精度
            # acc = fluid.layers.accuracy(predict,label)
```

```
# 绘图
costs.append(avg_loss.numpy()[0])
draw_line(costs, 0.01)

# 反向传播
avg_loss.backward()
# 最小化 loss, 更新参数
opt.minimize(avg_loss)
# 清除梯度
model.clear_gradients()
# 保存模型文件到指定路径
fluid.save_dygraph(model.state_dict(), 'catornocat')
```

在训练过程中，为了方便观察训练情况，可以将平均损失值、精度打印出来，或绘制成曲线。本例中，我们将平均损失值绘制出来，绘制函数 draw_line() 代码如代码清单 3-25 所示。

代码清单 3-25　绘制损失值

```
def draw_line(costs, learning_rate):
    """
    动态绘制训练中 costs 的曲线
    :param costs: 记录了训练过程的 cost 变化的 list
    """
    plt.clf()
    plt.plot(costs)
    plt.title("Learning rate = %f" % (learning_rate))
    plt.ylabel('cost')
    plt.xlabel('iterations')
    plt.pause(0.05)
    display.clear_output(wait=True)
```

运行上述代码，可以观察到平均损失值的动态变化情况，总体是下降的趋势，如图 3-7 所示。

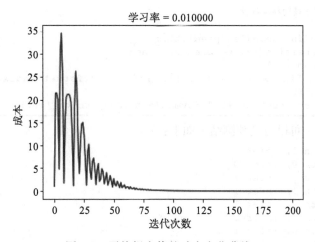

图 3-7　平均损失值的动态变化曲线

7. 模型评估

模型训练完成后，接下来使用测试集对模型进行评估。首先读取并加载模型参数，注意需要将模型设置为评估模式，然后读取测试集数据并将其送入预测模型，最后将预测结果打印出来。具体实现如代码清单 3-26 所示。

代码清单 3-26　预测

```python
# 模型评估
with fluid.dygraph.guard():
    # 读取模型
    # 参数为保存模型参数的文件地址
    model_dict, _ = fluid.load_dygraph('catornocat')
    # 加载模型参数
    model.load_dict(model_dict)
    # 评估模式
    model.eval()

    # 读取测试集数据
    data = next(test_reader())

    # 调整数据 shape 使之适合模型
    images = np.array([x[0].reshape(DATA_DIM) for x in data],np.float32)
    labels = np.array([x[1] for x in data]).astype('int64').reshape(1, -1)[0]

    # 将 numpy 数据转为飞桨动态图 variable 形式
    image = fluid.dygraph.to_variable(images)

    # 前向计算
    predict = model(image)

    # 统计预测结果
    # 将预测结果转为 numpy 数据类型
    predict = predict.numpy()
    predict = np.argmax(predict, axis = 1)

    # 记录预测正确的样本数量
    num = 0
    for index in range(len(predict)):
        if labels[index] == predict[index]:
            num += 1
        print("index {}, truth {}, infer {}".format(index, labels[index],
predict[index]))
    print("test accuracy {}%".format(num/len(predict)*100))
```

运行上述代码，可以看到预测结果如下：

```
index 0, truth 1, infer 0
index 1, truth 0, infer 0
index 2, truth 1, infer 1
index 3, truth 1, infer 1
index 4, truth 1, infer 1
index 5, truth 1, infer 1
index 6, truth 0, infer 1
index 7, truth 1, infer 0
```

```
......
index 45, truth 1, infer 0
index 46, truth 1, infer 1
index 47, truth 1, infer 1
index 48, truth 1, infer 1
index 49, truth 0, infer 0
test accuracy 68.0%
```

可以看到该模型的测试准确率为 68%，并不是很高，与 NumPy 版本的预测准确率接近。但是飞桨实现了深度学习，在使用时不用考虑参数的初始化、成本函数、激活函数、梯度下降、参数更新和预测等具体细节，只需要简单地配置网络结构即可，简化了模型训练过程，同时飞桨提供了许多接口来改变学习率、成本函数、批次大小等参数以改变模型的学习效果，更加灵活，方便测试。

8. 应用模型

读者还可使用模型对单个图片进行预测，可以更为直观地看到预测结果。下面我们应用模型对测试集中的一张图片进行测试，具体实现代码如代码清单 3-27 所示。

代码清单 3-27　单个图片预测

```
# 使用单张图片测试
# 预览测试图片
index = 11 # 图片序号
image = np.reshape(TEST_SET[index][:-1], (64, 64, 3))
plt.imshow(image)
plt.show()
print(
        "\nThe label of this picture is " + str(TEST_SET[index, -1])
        + ", 1 means it's a cat picture, 0 means not "
        + "\nYou predict that it's a "
        + CLASSES[int(predict[index])].decode("utf-8")
        + " picture. \nCongrats!"
    )
```

预览结果如图 3-8 所示，可以看到使用飞桨实现的 Logistic 回归模型对这张图片的分类正确，将图片分类为 cat。

```
The label of this picture is 1.0, 1 means
it's a cat picture, 0 means not
You predict that it's a cat picture.
Congrats!
```

在本节中介绍了 Logistic 回归的 NumPy 版本和飞桨版本实现，实际上，也可以通过调整学习率、迭代次数等参数来改变模型的学习效果，这些内容将在后续的模型优化部分提及。

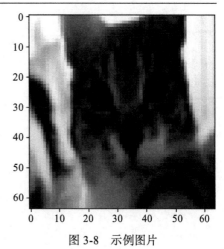

图 3-8　示例图片

3.3 本章小结

本章是对前两章内容的巩固和实践扩展，通过构造简单的单层神经网络，即 Logistic 回归模型，将理论知识转化为实际应用，以此帮助读者形成对深度学习的整体认识，熟悉深度学习的核心过程，从而在之后的章节中更容易地学习复杂的神经网络模型，理解深度学习概念。

本章阐述了几个关键知识点，首先概述了 Logistic 回归模型的概念和应用场景，了解了 Logistic 回归模型的结构相当于只有一个神经元的简单神经网络，它被广泛用于二分类问题中，如肺癌分类问题。其次讲解了 Logistic 回归模型应该采用对数损失函数作为损失函数，原因在于它能将目标函数转化为凸优化问题，便于梯度下降的计算。结合 Logistic 回归，分别讲解了对单个训练样本和 m 个训练样本的梯度下降，它们的思想在于逐步更新参数，让损失函数往减小的方向移动，最终取得参数最优值。接着阐述了向量化可引入矩阵运算并且能够充分利用机器性能的优势，从而对计算过程做加速优化。最后，本章还带领读者分别用 NumPy 和飞桨解决了 Logistic 回归模型对猫的图片识别问题，两者的主要过程都可概括为四步：数据准备与预处理、配置网络、训练和预测。对比两者的训练过程和结果，读者会发现飞桨框架在训练过程中具有简单、高效、灵活的优势。下一章将进一步深入了解深度学习，研究深度学习的浅层神经网络。

本章的参考代码见 https://github.com/PaddleToturial-v2/DeepLearningAndPaddleTutorial-v2 下 lesson3 子目录。

第 4 章 | *Chapter 4*

浅层神经网络

神经网络是深度学习重要的知识点，也是深度学习区分于传统机器学习的重要标志。第3章学习了 Logistic 回归和损失函数等相关概念，有了这些基础，本章将正式介绍神经网络。

本章将介绍神经网络的结构、计算、BP 算法及其实践。在神经网络的向量化计算中会用到矩阵运算的相关知识，BP 算法则需要导数的相关知识，同时涉及大量数学推导。神经网络是深度学习真正入门的一步，希望读者能牢牢掌握。

学完本章，希望读者能够掌握以下知识点：

1）神经网络的结构和正向传播；

2）BP 算法（反向传播）；

3）使用 NumPy 实现浅层神经网络；

4）使用飞桨框架实现浅层神经网络。

4.1 神经网络

4.1.1 神经网络的定义及其结构

1. 定义

我们知道人脑中存在大量神经元，它们并非孤立存在，每个神经元都与其他大量的神经元相连，神经元接受外界刺激后产生反应，将信息传递给与之连接的神经元。人工神经网络简称神经网络，是一种模仿动物神经结构的数学模型，这种模型依靠模仿神经元之间大量的连接结构来处理数据。神经网络目前在多媒体（语音识别、图像识别和自然语言处理等）、军事、医疗、智能制造等领域都有着重要的应用。

　　我们以儿童自闭症的诊断为例来理解神经网络结构，根据以往的诊断经验总结出儿童自闭症的三大典型症状——社交障碍、语言障碍、刻板行为，通过收集儿童的相关信息，计算三大症状的严重程度，从而对儿童自闭症进行诊断；即整个过程分为三步：儿童信息输入——症状诊断——自闭症诊断，其中，"症状诊断"不必对患者展示，这是医疗人员自行处理的步骤，患者仅仅想知道最后的结果。

　　我们用示意图描述刚才的诊断过程（当然，实际诊断会比示意图复杂），图 4-1 所示就是一个简单的神经网络结构，包括：输入、中间处理、输出。

　　由图 4-1 可见神经网络是一个"层层递进"的结构，获取输入信息后，中间可以有无数个处理步骤，每个步骤都是上个步骤的"进一步归纳"，具体"递进"多少层完全取决于相应的问题。

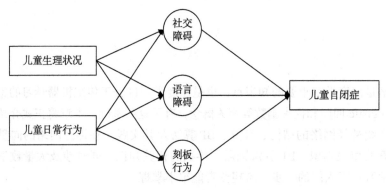

图 4-1　儿童自闭症诊断

2. 结构

　　一个完整的神经网络结构包括输入层、隐藏层和输出层，对图 4-1 进行分割，得到如图 4-2 所示的神经网络结构。

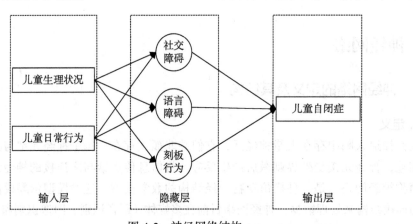

图 4-2　神经网络结构

各层功能如下所示。

1）输入层：样本信息输入。

2）隐藏层：所有在输入层之后并且在输出层之前的层都是隐藏层，用于处理中间步骤，这些步骤通常不对用户展示，因此称为隐藏层。

3）输出层：输出神经网络的计算结果。

在计算神经网络的层数时，输入层不计入在内，因此图 4-2 所示的是一个双层神经网络，该网络中隐藏层是第一层，输出层是第二层。比两层网络更加简单的是一层网络（仅包含输出层），第 3 章中的 Logistic 回归就是单层的神经网络。神经网络可以包含多个隐藏层，第 5 章将讲解深层的网络。本章仅讨论包含单个隐藏层的双层神经网络结构。

将图 4-1 抽象成神经网络结构，如图 4-3 所示。可以看到输入层包含 2 个输入值 (x_1, x_2)，输出层包含 1 个输出值 (y)，隐藏层包含 3 个节点 (a_1, a_2, a_3)。图 4-3 中节点的意义与图 4-1 相对应，如 x_1 代表"儿童生理状况"，a_1 代表"社交障碍"。

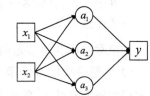

图 4-3　抽象神经网络

此处还要介绍一个常用的概念——全连接。观察图 4-3，输入层两个节点与隐藏层三个节点均有连接，隐藏层三个节点也都与输出层每个节点连接，像这样每一层的每一个节点都和下一层的全部节点有连接的神经网络，就称作全连接网络（简称全连接）。

4.1.2　神经网络的计算

神经网络的计算过程分为 3 步：正向传播、反向传播和梯度下降。本节将结合儿童自闭症诊断的示例描述双层神经网络的计算。

1. 正向传播的计算过程

回顾第 3 章 Logistic 回归中正向传播的过程：节点在获得输入数据后需要经过有次序的两步计算（线性变换和激活）。与 Logistic 回归的计算一样，神经网络的每一个节点的计算都需要经过类似的过程。

第一步是线性变换。以社交障碍节点 a_1 为例，它的两个输入值是儿童生理状况和儿童日常行为，其线性变换的过程是：

$$Z_1^{[1]} = （权重系数_1 × 儿童生理状况 + 偏移量_1）+（权重系数_2 × 儿童日常行为 + 偏移量_2）$$

其中，上角标方括号用于区分不同的层，在本章计算中 [1] 代表第一层，即隐藏层，[2] 代表第二层，即输出层；$Z_1^{[1]}$ 表示第一层的第一个中间结果。权重系数和偏移量分别用字母 w 和 b 表示，w 用于表示影响程度，b 用于表示结果的修正。将其代入可得：

$$Z_1^{[1]} = (w_{11}^{[1]} \cdot x_1 + b) + (w_{12}^{[1]} \cdot x_2 + b') = w_{11}^{[1]} \cdot x_1 + w_{12}^{[1]} \cdot x_2 + b_1^{[1]} \tag{4-1}$$

其中，$w_{1i}^{[1]}$ 表示第一层的第一个节点的权重向量的第 i 个分量，$b_1^{[1]}$ 表示第一层的第一个节点的偏移量。式（4-1）可以进一步简化，令 $\boldsymbol{w}_1^{[1]} = (w_{11}^{[1]}, w_{12}^{[1]})^T$，$\boldsymbol{x} = (x_1, x_2)^T$，注意到 $\boldsymbol{w}_1^{[1]}$ 和 $\boldsymbol{x}$ 都是维度为 2×1 的向量，因此可以使用向量相乘的形式来简写，注意向量相乘时的转置：

$$z_1^{[1]} = \boldsymbol{w}_1^{[1]T}\boldsymbol{x} + b_1^{[1]} \tag{4-2}$$

至此完成了线性变换的过程，计算 $a_1^{[1]}$ 还需一步激活。本例中，隐藏层的激活函数使用的是 tanh() 函数（见本小节第三部分），记作 t()，于是有：

$$a_1^{[1]} = t(z_1^{[1]}) \tag{4-3}$$

其中，$a_1^{[1]}$ 表示第一层的第一个节点激活后的值，计算完毕后会被当作下一步的输入沿着网络传递下去。

隐藏层中其他节点的计算过程同 $a_1^{[1]}$，但是它们具体的值各不相同。对于隐藏层节点（三大典型症状），每个节点受 x_1 和 x_2 的影响程度不同，因此权值 w 和偏移量 b 也不同，隐藏层的每个节点 $a_i^{[1]}$ 都有自己的 $w_i^{[1]}$ 和 $b_i^{[1]}$。为了更加方便地表示这些数据，可以把这些数据组织为向量或矩阵形式，$\boldsymbol{W}^{[1]} = (w_1^{[1]}, w_2^{[1]}, w_3^{[1]})^T$ 表示权重组成的矩阵（其维度是 3 行 2 列）；$\boldsymbol{b}^{[1]} = (b_1^{[1]}, b_2^{[1]}, b_3^{[1]})^T$ 表示偏移的向量（维度是 3 行 1 列）；$\boldsymbol{z}^{[1]} = (z_1^{[1]}, z_2^{[1]}, z_3^{[1]})^T$ 表示中间值的向量（维度是 3 行 1 列）；$\boldsymbol{a}^{[1]} = (a_1^{[1]}, a_2^{[1]}, a_3^{[1]})^T$ 表示本节点计算后的值（维度是 3 行 1 列）。z 为中间值，是线性组合的结果 $\boldsymbol{z}^{[1]} = \boldsymbol{W}^{[1]}\boldsymbol{x} + \boldsymbol{b}^{[1]}$，$\boldsymbol{a}^{[1]}$ 是中间值激活后的结果。$\boldsymbol{z}^{[1]}$ 和 $\boldsymbol{a}^{[1]}$ 的计算过程如式（4-4）和（4-5）所示。

$$\boldsymbol{z}^{[1]} = \begin{pmatrix} z_1^{[1]} \\ z_2^{[1]} \\ z_3^{[1]} \end{pmatrix} = \begin{pmatrix} \boldsymbol{w}_1^{[1]T} \cdot \boldsymbol{x} + b_1^{[1]} \\ \boldsymbol{w}_2^{[1]T} \cdot \boldsymbol{x} + b_2^{[1]} \\ \boldsymbol{w}_3^{[1]T} \cdot \boldsymbol{x} + b_3^{[1]} \end{pmatrix} = \begin{pmatrix} \boldsymbol{w}_1^{[1]T} \cdot \boldsymbol{x} \\ \boldsymbol{w}_2^{[1]T} \cdot \boldsymbol{x} \\ \boldsymbol{w}_3^{[1]T} \cdot \boldsymbol{x} \end{pmatrix} + \boldsymbol{b}^{[1]} = \boldsymbol{W}^{[1]}\boldsymbol{x} + \boldsymbol{b}^{[1]} \tag{4-4}$$

$$\boldsymbol{a}^{[1]} = \begin{pmatrix} a_1^{[1]} \\ a_2^{[1]} \\ a_3^{[1]} \end{pmatrix} = \begin{pmatrix} t(z_1^{[1]}) \\ t(z_2^{[1]}) \\ t(z_3^{[1]}) \end{pmatrix} = t \begin{pmatrix} z_1^{[1]} \\ z_2^{[1]} \\ z_3^{[1]} \end{pmatrix} = t(\boldsymbol{z}^{[1]}) \tag{4-5}$$

上面描述的是隐藏层正向传播的具体细节，下面来描述输出层正向传播的相关细节。对于输出层的计算，儿童自闭症的诊断受到三个典型症状的影响，程度各有不同，因此同样有"线性变换"和"激活"两步。线性变换也可以理解为加权、修正，如下列式：

$$\begin{aligned} z_1^{[2]} = &（ 系数 _1 \times 社交障碍 + 偏移量 _1） \\ &+（ 系数 _2 \times 语言障碍 + 偏移量 _2） \\ &+（ 系数 _3 \times 刻板行为 + 偏移量 _3） \end{aligned}$$

代入相应字母并且将 b 合并为向量：

$$z_1^{[2]} = (w_{11}^{[2]} \cdot a_1^{[1]} + b') + (w_{12}^{[2]} \cdot a_2^{[1]} + b'') + (w_{13}^{[2]} \cdot a_3^{[1]} + b''')$$
$$= w_{11}^{[2]} \cdot a_1^{[1]} + w_{12}^{[2]} \cdot a_2^{[1]} + w_{13}^{[2]} \cdot a_3^{[1]} + b_1^{[2]} \tag{4-6}$$

由于输出层只有一个节点，因此有 $\boldsymbol{W}^{[2]} = (w_1^{[2]})^{\mathrm{T}}$，$\boldsymbol{b}^{[2]} = (b_1^{[2]})^{\mathrm{T}}$，$\boldsymbol{z}^{[2]} = (z_1^{[2]})^{\mathrm{T}}$，$\hat{y} = (\hat{y}_1)^{\mathrm{T}}$，将公式（4-6）中的权重改写为向量形式，令 $\boldsymbol{w}_1^{[2]} = (w_{11}^{[2]}, w_{12}^{[2]}, w_{13}^{[2]})^{\mathrm{T}}$，可得：

$$\boldsymbol{z}^{[2]} = (z_1^{[2]})^{\mathrm{T}}$$
$$= w_{11}^{[2]} \cdot a_1^{[1]} + w_{12}^{[2]} \cdot a_2^{[1]} + w_{13}^{[2]} \cdot a_3^{[1]} + b_1^{[2]}$$
$$= (w_{11}^{[2]}, w_{12}^{[2]}, w_{13}^{[2]}) \begin{pmatrix} a_1^{[1]} \\ a_2^{[1]} \\ a_3^{[1]} \end{pmatrix} + b_1^{[2]}$$
$$= \boldsymbol{w}_1^{[2]\mathrm{T}} \boldsymbol{a}^{[1]} + \boldsymbol{b}^{[2]}$$
$$= \boldsymbol{W}^{[2]} \boldsymbol{a}^{[1]} + \boldsymbol{b}^{[2]} \tag{4-7}$$

在完成了"线性变换"和向量化后，就可以开始激活步骤。激活过程就是代入公式：患病概率 = σ(中间值)，本例中，输出层的激活函数使用的是 sigmoid 函数，记作 $\sigma()$。具体数学表示如公式 4-8 所示，其中，$\hat{y}$ 表示最终的计算结果。

$$\hat{y} = (\hat{y}_1)^{\mathrm{T}} = \sigma(\boldsymbol{z}^{[2]}) \tag{4-8}$$

完成了输出层的激活之后，意味着完成了整个神经网络的计算，在此做个小结。一个双层神经网络的结构的计算过程如下：

$$输入层 \xrightarrow{加权，激活} 隐藏层 \xrightarrow{加权，激活} 输出层$$

$$\boldsymbol{x} \xrightarrow{\boldsymbol{W}^{[1]},\,\boldsymbol{b}^{[1]}} \begin{pmatrix} \boldsymbol{z}^{[1]} = \boldsymbol{W}^{[1]}\boldsymbol{x} + \boldsymbol{b}^{[1]} \\ \boldsymbol{a}^{[1]} = \boldsymbol{t}(\boldsymbol{z}^{[1]}) \end{pmatrix} \xrightarrow{\boldsymbol{W}^{[2]},\,\boldsymbol{b}^{[2]}} \begin{pmatrix} \boldsymbol{z}^{[2]} = \boldsymbol{W}^{[2]}\boldsymbol{a}^{[1]} + \boldsymbol{b}^{[2]} \\ \hat{y} = \sigma(\boldsymbol{z}^{[2]}) \end{pmatrix}$$

这里需要注意的是维度问题，这是非常容易出错的地方。$\boldsymbol{W}^{[1]}$ 是 3×2 的矩阵，$\boldsymbol{x}$ 是 2×1 的列向量，$\boldsymbol{b}^{[1]}$ 是 3×1 的列向量，因此，$\boldsymbol{z}^{[1]}$ 和 $\boldsymbol{a}^{[1]}$ 均为 3×1 的列向量；而 $\boldsymbol{W}^{[2]}$ 为 1×3 的行向量，由于第二层（输出层）只包含一个节点，因此 $\boldsymbol{b}^{[2]}$ 只包含 $b_1^{[2]}$，可以看作是维度为 1×1 的列向量，同理 $\boldsymbol{z}^{[2]}$ 和 $\hat{y}$ 可以看作是长度为 1 的列向量。

2. 神经网络的向量化计算

4.1.1 节描述的是单个样本在神经网络中的计算过程。对于一个特定的患者，只要获得了患者信息（儿童生理状况和儿童日常行为）和参数 (w, b)，神经网络就可以计算出其患病的可能性 ($\hat{y}$)。

4.1.1 节只考虑了针对一个患者的处理步骤，但是在医生的实际工作中往往会有成百上千个患者需要被诊断。如果我们采用遍历的方法一个一个去诊断，那么系统的整体计算效率就会很低。向量化方法可以有效改进计算过程。具体而言，就是将所有的患者信息组织成一个矩阵，直接对该矩阵进行处理，最后将每个患者输出的 y 也组织为向量形式一并输出。

全体患者信息被组织为一个矩阵，本书使用右上角圆括号的形式来区分每一个患者信息。假设全体患者信息为 $X = (x^{(1)}, \cdots, x^{(n)})$，其中，$n$ 表示患者的数量。$x^{(i)}$ 表示第 i 位患者的具体信息 $x^{(i)} = (x_1^{(i)}, x_2^{(i)})^T$，例如，$x^{(5)}$ 表示第 5 位患者的信息。这里需要说明一下，全体患者信息 X 可以直接视为一个矩阵，矩阵的规模为 2 行 n 列，每一列表示一位患者的信息。

除了患者的信息，参数 (w, b) 也可以视作是算法的输入。患者信息作为算法的输入十分容易理解，但是直观感受上参数 (w, b) 应该是算法的一部分，可是为什么也被看作是输入了呢？事实上在算法开始运行前，开发者并不知道参数 (w, b) 具体是什么值，开发者只需要将其初始化为逼近 0 的数字就可以了（注意不要全部初始化为 0）。算法运行迭代过程中会不断地修改参数 (w, b)，直到达到最优。

此外，权值 w 和偏移量 b 与具体某个样本是无关的，也不会随着样本的变化而变化。结合实例解释，隐藏层的第一个节点"社交障碍"是一个抽象出来的症状，受"儿童生理状况"和"儿童日常行为"的影响。受影响的程度是一个"通用值"，对于所有儿童都适用。换言之，第一位患者的三个典型症状受"儿童生理状况"和"儿童日常行为"的影响与第二位患者受其影响的程度是一样的。权值 w 和偏移量 b 不会随样本改变，也就不会有圆括号的右上角标。

同时诊断全体患者的过程就是向量化处理的过程。首先计算隐藏层，为了多视角呈现算法运算过程，这次从结果出发。令 $Z^{[1]} = (z^{[1](1)}, \cdots, z^{[1](n)})$，$A^{[1]} = (a^{[1](1)}, \cdots, a^{[1](n)})$，其中，$z^{[1](i)}$ 表示第 i 个患者的第一层的中间值，$a^{[1](i)}$ 表示第 i 个患者的第一层激活后的输出值。考量 $Z^{[1]} \to A^{[11]}$ 的过程为：

$$
\begin{aligned}
A^{[1]} &= (a^{[1](1)}, \cdots, a^{[1](n)}) \\
&= (t(z^{[1](1)}), \cdots, t(z^{[1](n)})) \\
&= t(z^{[1](1)}, \cdots, z^{[1](n)}) \\
&= t(z^{[1]})
\end{aligned}
\tag{4-9}
$$

那么如何计算 $Z^{[1]}$ 呢？$Z^{[1]}$ 是由输入值 X 加权和偏移得到的结果，用公式表达：

$$Z^{[1]} = 权值向量 \times 患者信息矩阵 + 偏移量$$

其中，$Z^{[1]}$ 表示第一层的中间值向量。如前面所述患者信息向量为 $X = (x^{(1)}, \cdots, x^{(n)})$，其中，$x^{(i)} = (x_1^{(i)}, x_2^{(i)})^T$（$x$ 矩阵的规模是 2 行 n 列）。权值矩阵 $W^{[1]} = (w_1^{[1]}, w_2^{[1]}, w_3^{[1]})^T$ 其规模为 3 行 2 列，偏移向量为 $b^{[1]} = (b_1^{[1]}, b_2^{[1]}, b_3^{[1]})^T$（注：$b^{[1]}$ 的规模虽然为 3 行 1 列，但是在计算过程中 $W^{[1]}X$ 结果的每一列都需要加上 $b^{[1]}$），代入相关字母得：

$$
\begin{aligned}
Z^{[1]} &= (z^{[1](1)}, \cdots, z^{[1](n)}) \\
&= (W^{[1]} \cdot x^{(1)} + b^{[1]}, \cdots, W^{[1]} \cdot x^{(n)} + b^{[1]}) \\
&= (W^{[1]} \cdot x^{(1)}, \cdots, W^{[1]} \cdot x^{(n)}) + b^{[1]} \\
&= W^{[1]}(x^{[1]}, \cdots, x^{[n]}) + b^{[1]} \\
&= W^{[1]}X + b^{[1]}
\end{aligned}
\tag{4-10}
$$

所以可以得到结论：$Z^{(1)} = W^{[1]}X + b^{(1)}$。注意，$Z^{[1]}$ 的规模是 3 行 n 列。

以上完成了隐藏层的计算，下面讲解输出层的计算。输出层的计算和隐藏层的算法其实没有差别，读者要注意的是矩阵、向量的规模和激活函数的选择。$Z^{[2]} = (z^{[2](1)}, \cdots, z^{[2](n)})$ 表示第二层的中间值；$\hat{Y} = (\hat{y}^{(1)}, \cdots, \hat{y}^{(n)})$ 表示输出的结果值。$\hat{Y}$ 的计算和 $A^{[1]}$ 的计算过程类似，区别在于激活函数不同：

$$
\begin{aligned}
\hat{Y} &= (\hat{y}^{(1)}, \cdots, \hat{y}^{(n)}) \\
&= (\sigma(z^{[2](1)}), \cdots, \sigma(z^{[2](n)})) \\
&= \sigma(z^{[2](1)}, \cdots, z^{[2](n)}) \\
&= \sigma(Z^{[2]})
\end{aligned}
\tag{4-11}
$$

对于 $Z^{[2]}$ 的计算：$Z^{[2]}$ 由隐藏层的输出向量经过加权和偏移得到，如式（4-12）所示：

$$
Z^{[2]} = 权值向量 \times 隐藏层输出向量 + 偏移量
\tag{4-12}
$$

权值向量表示第二层唯一的一个神经元的权值组成的向量，隐藏层输出向量就是上一层的输出值 $A^{[1]}$（其规模为 3 行 n 列）。第二层的权值向量用 $W^{[2]}$ 表示（其规模为 1 行 3 列），第二层的偏置值用 $b^{[2]}$ 表示。其计算过程如下：

$$
\begin{aligned}
Z^{[2]} &= (z^{[2](1)}, \cdots, z^{[2](n)}) \\
&= (W^{[2]} \cdot a^{[1](1)} + b^{[2]}, \cdots, W^{[2]} \cdot a^{[1](n)} + b^{[2]}) \\
&= (W^{[2]} \cdot a^{[1](1)}, \cdots, W^{[2]} \cdot a^{[1](n)}) + b^{[2]} \\
&= W^{[2]}(a^{[1](1)}, \cdots, a^{[1](n)})b^{[2]} \\
&= W^{[2]}A^{[1]} + b^{[2]}
\end{aligned}
\tag{4-13}
$$

所以可以得出结论：$Z^{[2]} = W^{[2]}A^{[1]} + b^{[2]}$，$Z^{[2]}$ 的规模是 1 行 n 列。

到此完成了多个输入样本的神经网络的向量化计算。使用向量化计算可以大大加速计算，总结其过程如下：

$$
输入层 \xrightarrow{加权，激活} 隐藏层 \xrightarrow{加权，激活} 输出层
$$

$$
X \xrightarrow{w^{[1]}, b^{[1]}} \begin{pmatrix} Z^{[1]} = W^{[1]}X + b^{[1]} \\ A^{[1]} = t(Z^{[1]}) \end{pmatrix} \xrightarrow{w^{[2]}, b^{[2]}} \begin{pmatrix} Z^{[2]} = W^{[2]}A^{[1]} + b^{[2]} \\ \hat{Y} = \sigma(Z^{[2]}) \end{pmatrix}
$$

3. 激活函数

在前面的学习中，提到了"激活函数"的概念。激活函数对输入作非线性映射，在神经网络中起到了很重要的作用。本节将介绍一种激活函数——tanh 激活函数。

tanh 激活函数范围在 –1 到 1 之间，随着 x 的增大或减小，函数趋于平缓，导函数趋近于 0。tanh 激活函数基本信息如表 4-1 所示。

表 4-1 tanh 激活函数

函数名称	方程	导数	图像
tanh 激活函数	$T(x) = \dfrac{\sin(x)}{\cosh(x)}$ $= \dfrac{e^x - e^{-x}}{e^x + e^{-x}}$	$T'(x) = 1 - T^2(x)$	

对比第 3 章中的 sigmoid 激活函数，可以发现 tanh 激活函数可以由 sigmoid 函数移动穿过零点后，再在 x 轴与 y 轴方向进行"伸缩"后得到，具体来说，是在 x 轴方向"缩小"一倍，在 y 轴方向"拉伸"一倍，因此 tanh 激活函数与 sigmoid 激活函数成线性关系，tanh 激活函数的值域为 $(-1,1)$，平均值更接近 0，有类似数据中心化的效果，工业界也更流行使用 tanh 激活函数；如果希望输出在 0 到 1 之间，可以使用 sigmoid 函数，具体视情况而定。

激活函数与"加权、修正"不同，激活函数必须是一个非线性映射。下面证明非线性映射的必要性：

假设激活函数 $L()$ 将输入作了线性映射，不妨假设 $L(x) = kx + 1$，那么对于样本 $\boldsymbol{x}$ 有：

$$\boldsymbol{z}^{[1]} = \boldsymbol{W}^{[1]}\boldsymbol{x} + \boldsymbol{b}^{[1]}$$

$$\boldsymbol{a}^{[1]} = L(\boldsymbol{z}^{[1]}) = k\boldsymbol{W}^{[1]}\boldsymbol{x} + a\boldsymbol{b}^{[1]} + l = \boldsymbol{W}^{[1]'}\boldsymbol{x} + \boldsymbol{b}^{[1]'}$$

$$\boldsymbol{z}^{[2]} = \boldsymbol{W}^{[2]}\boldsymbol{a}^{[1]} + \boldsymbol{b}^{[2]}$$

$$\hat{\boldsymbol{y}} = L(\boldsymbol{z}^{[2]}) = k\boldsymbol{W}^{[2]}\boldsymbol{a}^{[1]} + k\boldsymbol{b}^{[2]} + l = \boldsymbol{W}^{[2]'}\boldsymbol{W}^{[1]'}\boldsymbol{x} + \boldsymbol{W}^{[2]'}\boldsymbol{W}^{[1]'}\boldsymbol{x} + \boldsymbol{W}^{[2]'}\boldsymbol{b}^{[1]'} + k\boldsymbol{b}^{[2]} + l$$

$$= \boldsymbol{W}\boldsymbol{x} + \boldsymbol{b} \tag{4-14}$$

此时 $\hat{\boldsymbol{y}}$ 是 $\boldsymbol{x}$ 的线性表示，无论加上多少隐藏层都一样，这使得隐藏层失去意义。因此激活函数必须使得输入作非线性映射。

4.2 BP 算法

BP 算法，主要用于优化参数 (w, b)。第 3 章介绍了损失函数，BP 算法就是利用损失函数进行反向求导优化，求出损失函数最小时的参数 (w, b) 的值。本节主要讲解求导过程，仍使用图 4-3 所示的神经网络。过程与逻辑回归的反向计算类似，区别在于 BP 算法对于有隐藏层的神经网络能降低计算复杂度，其思想与动态规划类似。

4.2.1 逻辑回归与 BP 算法

回顾第 3 章逻辑回归的正向传播和反向传播的计算过程。首先，逻辑回归的正向计算过程如式（4-15）所示：

$$x \xrightarrow{w,\ b} z = \boldsymbol{W}^{\mathrm{T}}x + b \xrightarrow{\sigma} \hat{y} = \sigma(z) \longrightarrow L(\hat{y}, y) \qquad （4-15）$$

其中，x 代表输入，$\hat{y}$ 代表模型输出，y 代表实际值，$L(\hat{y}, y)$ 表示损失函数。这个过程中的激活函数为 sigmoid 函数。然后，回顾逻辑回归的反向计算过程如式（4-16）所示：

$$\left\{ \begin{aligned} \mathrm{d}z &= \frac{\partial L}{\partial z} \\ &= \frac{\partial L}{\partial \hat{y}} \cdot \frac{\mathrm{d}\hat{y}}{\mathrm{d}z} \\ &= d\hat{y} \cdot \hat{y}(1-\hat{y}) \\ &= \hat{y} - y \\ \mathrm{d}w &= \frac{\partial L}{\partial w} = \mathrm{d}z \cdot x \\ \mathrm{d}b &= \frac{\partial L}{\partial b} = \mathrm{d}z \end{aligned} \right. \leftarrow \left(\mathrm{d}\hat{y} = \frac{\partial L}{\partial \hat{y}} = -\frac{y}{\hat{y}} + \frac{1-y}{1-\hat{y}} \right) \leftarrow (L(\hat{y}, y) = -y\log\hat{y} - (1-y)\log(1-\hat{y})) \quad （4-16）$$

从右向左观察公式 4-16，从最右侧的损失函数开始，先由其对预测值 $\hat{y}$ 求偏导数，然后逐步求出 dw 和 db。注意到 (w, b) 出现在 z 的计算式中，而 z 出现在 $\hat{y}$ 的计算式中（这里用到了链式法则）。逻辑回归的反向传播过程实质上就是最简单的 BP 算法应用。

4.2.2 单样本双层神经网络的 BP 算法

本小节只讨论输入一组样本的情况下 BP 算法的计算过程。为了研究反向传播，需先清楚正向传播的过程，因为反向传播建立在正向传播的基础上。式（4-17）呈现的是图 4-3 中神经网络的正向计算过程，这里只关注一组样本时正向传播的计算流程。算法的输入是 $\boldsymbol{x}$，输出是损失函数，其中 $\hat{y}$ 表示模型的计算值（预测值），y 表示数据集中的标注值（真实值）。

$$\boldsymbol{x} \xrightarrow{w^{[1]},b^{[1]}} \left(\begin{aligned} \boldsymbol{z}^{[1]} &= \boldsymbol{w}^{[1]}\boldsymbol{x} + \boldsymbol{b}^{[1]} \\ \boldsymbol{a}^{[1]} &= t(\boldsymbol{z}^{[1]}) \end{aligned} \right) \xrightarrow{w^{[2]},b^{[2]}} \left(\begin{aligned} \boldsymbol{z}^{[2]} &= \boldsymbol{w}^{[2]}\boldsymbol{a}^{[1]} + \boldsymbol{b}^{[2]} \\ \hat{\boldsymbol{y}}^{[1]} &= \sigma(\boldsymbol{z}^{[1]}) \end{aligned} \right) \xrightarrow{y} (L(\hat{y}, y)) \qquad （4-17）$$

BP 算法只有在确定参数 (w, b) 的情况下才能算出损失函数，也就是正向传播能够运行的前提假设是参数 (w, b) 已知。然而实际情况中是无法事先知道参数的，事实上，深度学习反复求索的就是最优的参数 (w, b)。一旦找到了最优的参数，那么深度学习也就停止了。换言之，参数 (w, b) 确定了，模型也就确定了，"学习"过程也就结束了。

寻求模型参数依靠的就是梯度下降思想。首先，拟定初始参数 (w, b)，一般是一组接近 0 的数；然后，输入样本值 $\boldsymbol{x}$，通过正向计算得到 $\hat{y}$，由 $\hat{y}$ 可得损失函数 $L(\hat{y}, y)$；最后，对参数进行调整，根据上次的参数值计算得到本次参数值。根据梯度下降算法，其过程为：

$$\begin{aligned} \boldsymbol{W} &= \boldsymbol{W} - \alpha\frac{\partial L}{\partial \boldsymbol{W}} \\ b &= b - \alpha\frac{\partial L}{\partial b} \end{aligned} \qquad （4-18）$$

其中，式（4-18）右边的 W 和 b 均为上一次迭代时的参数值。等式左边为这次迭代准备使用的参数值。最后，在更新了参数 (w, b) 后，再进行上述步骤反复迭代，得到最优的参数 (w, b)。事实上，"最优"是很难达到的，通常只要满足了停止标准就会停止迭代。停止标准有很多，如达到了限制迭代次数或者相邻两次迭代误差差别很小等。注意到公式右边有一个系数 α，α 被称作学习率，是一个标量，它是深度学习算法调优时常用的手段（第9 章会详细讲解）。至于偏导数的求法比较复杂，下面重点讲述。

偏导数的求解过程是 BP 算法的重点也是难点。对于一个输入样本 $\boldsymbol{x}$，正向传播结束时得到损失函数为 $L(\hat{\boldsymbol{y}}, \boldsymbol{y})$。BP 算法就是从损失函数开始求解偏导数 $\dfrac{\partial L}{\partial \boldsymbol{W}}$ 和 $\dfrac{\partial L}{\partial \boldsymbol{b}}$。其思路与逻辑回归一样，通过链式法则求得。值得注意的是，第 3 章逻辑回归中使用的损失函数是对数似然损失函数，而这里采用平方差函数：

$$L(\hat{\boldsymbol{y}}, \boldsymbol{y}) = \frac{1}{2}\left|\boldsymbol{y} - \hat{\boldsymbol{y}}\right|^2 \tag{4-19}$$

其中，式（4-19）中乘以 1/2 仅仅是为了计算方便。

逐步求解偏导数的过程就是逐步应用链式法则从右至左计算的过程。首先求损失函数 $L(\hat{\boldsymbol{y}}, \boldsymbol{y})$ 对 $\hat{\boldsymbol{y}}$ 的偏导数，得 $\mathrm{d}\hat{\boldsymbol{y}} = \dfrac{\partial L}{\partial \hat{\boldsymbol{y}}} = \hat{\boldsymbol{y}} - \boldsymbol{y}$。接下来求损失函数 L 对 $\boldsymbol{z}^{[2]}$ 的偏导数，记作 $\mathrm{d}\boldsymbol{z}^{[2]}$，公式为 $\mathrm{d}\boldsymbol{z}^{[2]} = \dfrac{\partial L}{\partial \boldsymbol{z}^{[2]}}$。观察发现，$\boldsymbol{z}^{[2]}$ 是函数 $\hat{\boldsymbol{y}} = \sigma(\boldsymbol{z}^{[2]})$ 的自变量，而 $\hat{\boldsymbol{y}}$ 是损失函数的 $L(\hat{\boldsymbol{y}}, \boldsymbol{y})$ 自变量，于是使用偏导数的链式法则可得（$\odot$表示逐元素相乘）：

$$\mathrm{d}\boldsymbol{z}^{[2]} = \frac{\partial L}{\partial \boldsymbol{z}^{[2]}} = \frac{\partial L}{\partial \hat{\boldsymbol{y}}} \cdot \frac{\mathrm{d}\hat{\boldsymbol{y}}}{\mathrm{d}\boldsymbol{z}^{[2]}} = \mathrm{d}\hat{\boldsymbol{y}} \odot \sigma'(\boldsymbol{z}^{[2]}) = (\hat{\boldsymbol{y}} - \boldsymbol{y}) \odot (\hat{\boldsymbol{y}}(1 - \hat{\boldsymbol{y}})) \tag{4-20}$$

BP 算法最终的目标是计算出偏导数 $\dfrac{\partial L}{\partial \boldsymbol{W}}$ 和 $\dfrac{\partial L}{\partial \boldsymbol{b}}$。更进一步，在 $\boldsymbol{z}^{[2]} = \boldsymbol{W}^{[2]}\boldsymbol{a}^{[1]} + \boldsymbol{b}^{[2]}$ 的计算式中包含了 $\boldsymbol{W}^{[2]}$ 和 $\boldsymbol{b}^{[2]}$。特别要注意，$\dfrac{\partial \boldsymbol{z}^{[2]}}{\partial \boldsymbol{W}^{[2]}} = \boldsymbol{a}^{[1]\mathrm{T}}$。继续使用链式法则：

$$
\begin{aligned}
\mathrm{d}\boldsymbol{W}^{[2]} &= \frac{\partial L}{\partial \boldsymbol{W}^{[2]}} & \mathrm{d}\boldsymbol{b}^{[2]} &= \frac{\partial L}{\partial \boldsymbol{b}^{[2]}} \\
&= \frac{\partial L}{\partial \boldsymbol{z}^{[2]}} \cdot \frac{\mathrm{d}\boldsymbol{z}^{[2]}}{\mathrm{d}\boldsymbol{W}^{[2]}} & &= \frac{\partial L}{\partial \boldsymbol{z}^{[2]}} \cdot \frac{\mathrm{d}\boldsymbol{z}^{[2]}}{\mathrm{d}\boldsymbol{b}^{[2]}} \\
&= \mathrm{d}\boldsymbol{z}^{[2]} \cdot \frac{\mathrm{d}\boldsymbol{z}^{[2]}}{\mathrm{d}\boldsymbol{W}^{[2]}} & &= \mathrm{d}\boldsymbol{z}^{[2]} \cdot \frac{\mathrm{d}\boldsymbol{z}^{[2]}}{\mathrm{d}\boldsymbol{b}^{[2]}} \\
&= \mathrm{d}\hat{\boldsymbol{y}} \odot \sigma'(\boldsymbol{z}^{[2]})\boldsymbol{a}^{[1]\mathrm{T}} & &= \mathrm{d}\boldsymbol{z}^{[2]} \\
&= (\hat{\boldsymbol{y}} - \boldsymbol{y}) \odot \sigma'(\boldsymbol{z}^{[2]})\boldsymbol{a}^{[1]\mathrm{T}} & &= (\hat{\boldsymbol{y}} - \boldsymbol{y}) \odot \sigma'(\boldsymbol{z}^{[2]})
\end{aligned} \tag{4-21}
$$

其中，$\mathrm{d}\hat{y}$ 前面已经计算得到 $\mathrm{d}\hat{y} = \hat{y} - y$，$a^{[1]\mathrm{T}}$ 是正向传播中第一层运算后得到的向量。计算出 $\mathrm{d}W^{[2]}$ 和 $\mathrm{d}b^{[2]}$ 之后，反向传播在输出层的计算就完成了。

计算完输出层之后，反向传播继续，开始处理隐藏层。BP 算法在隐藏层需要得到 $\mathrm{d}W^{[1]}$ 和 $\mathrm{d}b^{[1]}$，其中，$W^{[1]}$ 是矩阵，$b^{[1]}$ 是向量，如式（4-22）所示：

$$W^{[1]} = (w_1^{[1]}, w_2^{[1]}, w_3^{[1]})^{\mathrm{T}} = \begin{bmatrix} w_1^{[1]\mathrm{T}} \\ w_2^{[1]\mathrm{T}} \\ w_3^{[1]\mathrm{T}} \end{bmatrix} = \begin{bmatrix} w_{11}^{[1]}, w_{12}^{[1]} \\ w_{21}^{[1]}, w_{22}^{[1]} \\ w_{31}^{[1]}, w_{32}^{[1]} \end{bmatrix} \qquad b^{[1]} = \begin{bmatrix} b_1^{[1]} \\ b_2^{[1]} \\ b_3^{[1]} \end{bmatrix} \qquad （4\text{-}22）$$

$W^{[1]}$ 可以视作 3×1 的向量，其三个分量都是向量，意义为隐藏层的三个节点的权值向量。$W^{[1]}$ 也可以视作矩阵，其规模为 3×2，意义为隐藏层的所有的权值组成的矩阵。$b^{[1]}$ 是一个列向量，其三个分量都是标量，其意义为隐藏层的三个节点的偏置。

下面严格按图索骥地推导公式，最终求出 $\mathrm{d}W^{[1]}$ 和 $\mathrm{d}b^{[1]}$。由 $z^{[1]} = W^{[1]}x + b^{[1]}$ 可知 $W^{[1]}$ 和 $b^{[1]}$ 是 $z^{[1]}$ 的自变量，于是可得公式：

$$\mathrm{d}W^{[1]} = \frac{\partial L}{\partial W^{[1]}} = \frac{\partial L}{\partial z^{[1]}} \cdot \frac{\partial z^{[1]}}{\partial W^{[1]}} \qquad \mathrm{d}b^{[1]} = \frac{\partial L}{\partial b^{[1]}} = \frac{\partial L}{\partial z^{[1]}} \cdot \frac{\partial z^{[1]}}{\partial b^{[1]}} \qquad （4\text{-}23）$$

观察公式 4-23 可知，关键点在于求出 $\dfrac{\partial L}{\partial z^{[1]}}$、$\dfrac{\partial z^{[1]}}{\partial W^{[1]}}$ 和 $\dfrac{\partial z^{[1]}}{\partial b^{[1]}}$ 这三项。而 $\dfrac{\partial z^{[1]}}{\partial W^{[1]}}$ 和 $\dfrac{\partial z^{[1]}}{\partial b^{[1]}}$ 这两项很容易求，由于 $z^{[1]} = W^{[1]}x + b^{[1]}$，所以可得 $\dfrac{\partial z^{[1]}}{\partial W^{[1]}} = x^{\mathrm{T}}$、$\dfrac{\partial z^{[1]}}{\partial b^{[1]}} = 1$。稍微复杂的是求 $\dfrac{\partial L}{\partial z^{[1]}}$。

首先需要明确损失函数 $L(\hat{y}, y)$ 和 $z^{[1]}$ 之间的关系。观察发现，$z^{[1]}$ 是 $a^{[1]}$ 的自变量，而 $a^{[1]}$ 是 $\hat{y}$ 的自变量，其函数关系如下：

$$\begin{aligned} \hat{y} &= \sigma(z^{[2]}) \\ z^{[2]} &= W^{[2]}a^{[1]} + b^{[2]} \qquad\qquad a^{[1]} = t(z^{[1]}) \\ \hat{y} &= \sigma(W^{[2]}a^{[1]} + b^{[2]}) \qquad\qquad z^{[1]} = W^{[1]}x + b^{[1]} \end{aligned} \qquad （4\text{-}24）$$

其中，$a^{[1]}$ 是 $\hat{y}$ 的自变量，$z^{[1]}$ 是 $a^{[1]}$ 的自变量，所以使用链式法则可得：

$$\begin{aligned} \mathrm{d}a^{[1]} &= \frac{\partial L}{\partial a^{[1]}} \\ &= \frac{\partial L}{\partial z^{[2]}} \cdot \frac{\partial z^{[2]}}{\partial a^{[1]}} \\ &= W^{[2]\mathrm{T}} \mathrm{d}z^{[2]} \end{aligned} \qquad （4\text{-}25）$$

其中，$\mathrm{d}z^{[2]}$ 在上面已经计算过。接下来探索 $\mathrm{d}z^{[1]}$ 的值。注意到 $\mathrm{d}z^{[1]}$ 是向量（也可视为

矩阵），将其展开有：

$$d\boldsymbol{z}^{[1]} = \begin{pmatrix} dz_1^{[1]} \\ dz_2^{[1]} \\ dz_3^{[1]} \end{pmatrix} = \begin{pmatrix} da_1^{[1]} \cdot t'(z_1^{[1]}) \\ da_2^{[1]} \cdot t'(z_2^{[1]}) \\ da_3^{[1]} \cdot t'(z_3^{[1]}) \end{pmatrix} = d\boldsymbol{z}^{[1]} \odot t'(\boldsymbol{z}^{[1]}) \qquad (4\text{-}26)$$

其中，$t'()$ 表示激活函数 tanh 的导数。所有条件都已经准备好了，接下来向公式中代入值求得 $d\boldsymbol{W}^{[1]}$ 和 $d\boldsymbol{b}^{[1]}$：

$$
\begin{aligned}
d\boldsymbol{W}^{[1]} &= \frac{\partial L}{\partial \boldsymbol{W}^{[1]}} & d\boldsymbol{b}^{[1]} &= \frac{\partial L}{\partial \boldsymbol{b}^{[1]}} \\
&= \frac{\partial L}{\partial \boldsymbol{z}^{[1]}} \cdot \frac{\partial \boldsymbol{z}^{[1]}}{\partial \boldsymbol{W}^{[1]}} & &= \frac{\partial L}{\partial \boldsymbol{z}^{[1]}} \cdot \frac{\partial \boldsymbol{z}^{[1]}}{\partial \boldsymbol{b}^{[1]}} \\
&= d\boldsymbol{a}^{[1]} \odot t'(\boldsymbol{z}^{[1]}) \boldsymbol{x}^{\mathrm{T}} & &= d\boldsymbol{z}^{[1]} \\
&= [\boldsymbol{W}^{[2]\mathrm{T}}(\hat{\boldsymbol{y}} - \boldsymbol{y})] \odot \sigma'(\boldsymbol{z}^{[2]})] \odot t'(\boldsymbol{z}^{[1]}) \boldsymbol{x}^{\mathrm{T}} & &= [\boldsymbol{W}^{[2]\mathrm{T}}(\hat{\boldsymbol{y}} - \boldsymbol{y})] \odot \sigma'(\boldsymbol{z}^{[2]})] \odot t'(\boldsymbol{z}^{[1]}) \quad (4\text{-}27)
\end{aligned}
$$

综上，对于单个样本的 BP 算法，总结出 4 个核心公式：

$$
\begin{aligned}
d\boldsymbol{W}^{[2]} &= d\boldsymbol{z}^{[2]} \cdot \boldsymbol{a}^{[1]\mathrm{T}} = (\hat{\boldsymbol{y}} - \boldsymbol{y}) \odot (\boldsymbol{z}^{[2]}) \boldsymbol{a}^{[1]\mathrm{T}} \\
d\boldsymbol{b}^{[2]} &= d\boldsymbol{z}^{[2]} = (\hat{\boldsymbol{y}} - \boldsymbol{y}) \odot \sigma'(\boldsymbol{z}^{[2]}) \\
d\boldsymbol{W}^{[1]} &= d\boldsymbol{z}^{[1]} \cdot \boldsymbol{x}^{\mathrm{T}} = [\boldsymbol{W}^{[2]\mathrm{T}}(\hat{\boldsymbol{y}} - \boldsymbol{y}) \odot \sigma'(\boldsymbol{z}^{[2]})] \odot t'(\boldsymbol{z}^{[1]}) \boldsymbol{x}^{\mathrm{T}} \\
d\boldsymbol{b}^{[1]} &= d\boldsymbol{z}^{[1]} = d\boldsymbol{a}^{[1]} \odot t'(\boldsymbol{z}^{[1]}) = [\boldsymbol{W}^{[2]\mathrm{T}}(\hat{\boldsymbol{y}} - \boldsymbol{y}) \odot \sigma'(\boldsymbol{z}^{[2]})] \odot t'(\boldsymbol{z}^{[1]}) \quad (4\text{-}28)
\end{aligned}
$$

这 4 个公式也就是两层单样本神经网络 BP 算法的输出，至此，BP 算法完成了全部计算。

4.2.3 多样本神经网络的 BP 算法

4.2.2 节介绍了对于单个样本如何使用 BP 算法。本小节将介绍同时计算所有输入样本，如何利用 BP 算法求最优参数。

开始具体讨论算法之前先给出基本假设条件和数学符号的意义。假设有 n 个样本，同样使用圆括号上角标区分不同样本，于是第 i 个样本为 $\boldsymbol{x}^{(i)}$。所有的样本共同组成向量（或者矩阵）$\boldsymbol{X} = (\boldsymbol{x}^{(1)}, \cdots, \boldsymbol{x}^{(n)})$。所有样本的预测值和真实值都分别组成向量，于是 $\hat{\boldsymbol{Y}} = (\hat{\boldsymbol{y}}^{(1)}, \cdots, \hat{\boldsymbol{y}}^{(n)})$ 表示预测值向量，$\boldsymbol{Y} = (\boldsymbol{y}^{(1)}, \cdots, \boldsymbol{y}^{(n)})$ 表示真实值向量。使用的损失函数为 $L(\hat{\boldsymbol{Y}}, \boldsymbol{Y}) = \frac{1}{2} \sum_{i=1}^{n} |\boldsymbol{y}^{(i)} - \hat{\boldsymbol{y}}^{(i)}|^2$，那么成本函数 $J = \frac{1}{n} L$。

算法的目的同样是使总体损失 L 最小，并求得此时的参数 (w, b)。优化原理仍旧是采用梯度下降的方式：

$$
\begin{aligned}
W &= W - \alpha \frac{\partial J}{\partial W} = W - \frac{\alpha}{n} \frac{\partial L}{\partial W} \\
b &= b - \alpha \frac{\partial J}{\partial b} = b - \frac{\alpha}{n} \frac{\partial L}{\partial b}
\end{aligned}
\qquad (4\text{-}29)
$$

对应于 4.2.2 节的结论，本节给出多个样本情况下神经网络的 BP 算法核心公式，如表 4-2 所示。

表 4-2　n 个样本 BP 算法公式

一个样本的 BP 算法公式	n 个样本的 BP 算法公式
$\mathrm{d}\boldsymbol{W}^{[1]} = \mathrm{d}\boldsymbol{z}^{[2]} \cdot \boldsymbol{a}^{[1]\mathrm{T}}$	$\mathrm{d}\boldsymbol{W}^{[2]} = \dfrac{1}{n}\mathrm{d}\boldsymbol{Z}^{[2]} \cdot \boldsymbol{A}^{[1]\mathrm{T}}$
$\mathrm{d}\boldsymbol{b}^{[2]} = \mathrm{d}\boldsymbol{z}^{[2]}$	$\mathrm{d}\boldsymbol{b}^{[2]} = \dfrac{1}{n}\sum\limits_{i=1}^{n}\mathrm{d}\boldsymbol{z}^{[2](i)}$
$\mathrm{d}\boldsymbol{W}^{[1]} = \mathrm{d}\boldsymbol{z}^{[1]} \cdot \boldsymbol{x}^{\mathrm{T}}$	$\mathrm{d}\boldsymbol{W}^{[1]} = \dfrac{1}{n}\mathrm{d}\boldsymbol{Z}^{[1]} \cdot \boldsymbol{X}^{\mathrm{T}}$
$\mathrm{d}\boldsymbol{b}^{[1]} = \mathrm{d}\boldsymbol{z}^{[1]}$	$\mathrm{d}\boldsymbol{b}^{[1]} = \dfrac{1}{n}\sum\limits_{i=1}^{n}\mathrm{d}\boldsymbol{z}^{[1](i)}$

下面来证明上述结论，计算涉及大量矩阵和向量，思路稍有不同。先将不同变量用矩阵、向量的形式表示出来，再代入 4.2.2 节得到的结果进行计算证明。

首先计算 $\mathrm{d}\hat{\boldsymbol{Y}}$，可以直接在向量中表示：

$$\mathrm{d}\hat{\boldsymbol{Y}} = \mathrm{d}(\hat{\boldsymbol{y}}^{(1)}, \cdots, \hat{\boldsymbol{y}}^{(n)}) = (\mathrm{d}\hat{\boldsymbol{y}}^{(1)}, \cdots, \mathrm{d}\hat{\boldsymbol{y}}^{(n)}) \tag{4-30}$$

4.2.2 节中对于一个样本有 $\mathrm{d}\hat{\boldsymbol{y}} = \hat{\boldsymbol{y}} - \boldsymbol{y}$，对于 n 个样本：$\mathrm{d}\hat{\boldsymbol{y}}^{(i)} = \hat{\boldsymbol{y}}^{(i)} - \boldsymbol{y}^{(i)}(i = 1, \cdots, n)$，将其代入得：

$$\mathrm{d}\hat{\boldsymbol{Y}} = (\mathrm{d}\hat{\boldsymbol{y}}^{(1)}, \cdots, \mathrm{d}\hat{\boldsymbol{y}}^{(n)}) = (\hat{\boldsymbol{y}}^{(1)} - \boldsymbol{y}^{(1)}, \cdots, \hat{\boldsymbol{y}}^{(n)} - \boldsymbol{y}^{(n)}) = (\hat{\boldsymbol{y}}^{(1)}, \cdots, \hat{\boldsymbol{y}}^{(n)}) - (\boldsymbol{y}^{(1)}, \cdots, \boldsymbol{y}^{(n)}) = \hat{\boldsymbol{Y}} - \boldsymbol{Y} \tag{4-31}$$

于是可以得到结论：$\mathrm{d}\hat{\boldsymbol{Y}} = \hat{\boldsymbol{Y}} - \boldsymbol{Y}$

然后计算 $\mathrm{d}\boldsymbol{Z}^{[2]}$，可以使用向量表示：

$$\mathrm{d}\boldsymbol{Z}^{[2]} = (\mathrm{d}\boldsymbol{z}^{[2](1)}, \cdots, \mathrm{d}\boldsymbol{z}^{[2](n)}) \tag{4-32}$$

由 4.2.2 节可知，对于某一个样本存在公式 $\mathrm{d}\boldsymbol{z}^{[2]} = \mathrm{d}\hat{\boldsymbol{y}} \odot \sigma'(\boldsymbol{z}^{[2]})$，推广到任意一个样本可得 $\mathrm{d}\boldsymbol{z}^{[2](i)} = \mathrm{d}\hat{\boldsymbol{y}}^{(i)} \odot \sigma'(\boldsymbol{z}^{[2](i)})$。将结论代入公式：

$$\begin{aligned}\mathrm{d}\boldsymbol{Z}^{[2]} &= (\mathrm{d}\boldsymbol{z}^{[2](1)}, \cdots, \mathrm{d}\boldsymbol{z}^{[2](n)}) \\ &= (\mathrm{d}\hat{\boldsymbol{y}}^{(1)} \odot \sigma'(\boldsymbol{z}^{[2](1)}), \cdots, \mathrm{d}\hat{\boldsymbol{y}}^{(n)} \odot \sigma'(\boldsymbol{z}^{[2](i)})) \\ &= (\mathrm{d}\hat{\boldsymbol{y}}^{(1)}, \cdots, \mathrm{d}\hat{\boldsymbol{y}}^{(n)}) \odot (\sigma'(\boldsymbol{z}^{[2](1)}), \cdots, \sigma'(\boldsymbol{z}^{[2](n)})) \\ &= \mathrm{d}\hat{\boldsymbol{Y}} \odot \sigma'(\boldsymbol{Z}^{[2]})\end{aligned} \tag{4-33}$$

于是可以得到结论：$\mathrm{d}\boldsymbol{Z}^{[2]} = \mathrm{d}\hat{\boldsymbol{Y}} \odot \sigma'(\boldsymbol{Z}^{[2]})$

接着计算 $\mathrm{d}\boldsymbol{W}^{[2]}$。由 4.2.2 节可知，对于某一个样本存在 $\mathrm{d}\boldsymbol{W}^{[2]} = \mathrm{d}\boldsymbol{z}^{[2]}\boldsymbol{a}^{[1]\mathrm{T}}$，那么对于任意样本存在 $\mathrm{d}\boldsymbol{W}^{[2]} = \mathrm{d}\boldsymbol{z}^{[2](i)} \cdot \boldsymbol{a}^{[1](i)\mathrm{T}}$；要对 n 个样本计算 $\mathrm{d}\boldsymbol{W}^{[2]}$，将每个样本计算所得的 $\mathrm{d}\boldsymbol{W}^{[2]}$ 相加取平均值即可，则有：

$$\mathrm{d}\boldsymbol{W}^{[2]} = \frac{1}{n}\sum_{i=1}^{n}(\mathrm{d}\boldsymbol{z}^{[2](i)} \cdot \boldsymbol{a}^{[1](i)})$$

$$= \frac{1}{n}(\mathrm{d}z^{[2](1)}, \cdots, \mathrm{d}z^{[2](n)})(a^{[1](1)}, \cdots, a^{[1](n)})^{\mathrm{T}}$$

$$= \frac{1}{n}\mathrm{d}Z^{[2]}A^{[1]\mathrm{T}} \tag{4-34}$$

于是可以得到结论：$\mathrm{d}W^{[2]} = \frac{1}{n}\mathrm{d}Z^{[2]}A^{[1]\mathrm{T}}$

再接着计算 $\mathrm{d}b^{[2]}$。由 4.2.2 节已知，对于某一个样本存在 $\mathrm{d}b^{[2]} = \mathrm{d}z^{[2]}$，那么对于任意样本存在 $\mathrm{d}b^{[2]} = \mathrm{d}z^{[2](i)}$，同理通过求和再求平均数可得：

$$\mathrm{d}b^{[2]} = \frac{1}{n}\sum_{i=1}^{n}\mathrm{d}z^{[2](i)} \tag{4-35}$$

为了最终求出 $\mathrm{d}W^{[1]}$ 和 $\mathrm{d}b^{[1]}$，可先求出 $\mathrm{d}A^{[1]}$ 和 $\mathrm{d}Z^{[1]}$：

$$\begin{aligned}
\mathrm{d}A^{[1]} &= (\mathrm{d}a^{[1](1)}, \cdots, \mathrm{d}a^{[1](n)}) \\
&= (W^{[2]\mathrm{T}}\mathrm{d}z^{[1](1)}, \cdots, W^{[2]\mathrm{T}}\mathrm{d}z^{[2](n)}) \\
&= W^{[2]\mathrm{T}}(\mathrm{d}z^{[2](1)}, \cdots, \mathrm{d}z^{[2](n)}) \\
&= W^{[2]\mathrm{T}}\mathrm{d}Z^{[2]}
\end{aligned} \tag{4-36}$$

$$\begin{aligned}
\mathrm{d}Z^{[1]} &= (\mathrm{d}z^{[1](1)}, \cdots, \mathrm{d}z^{[1](n)}) \\
&= (\mathrm{d}a^{[1](1)} \odot t'(z^{[1](1)}), \cdots, \mathrm{d}a^{[1](n)} \odot t'(z^{[1](n)})) \\
&= (\mathrm{d}a^{[1](1)}, \cdots, \mathrm{d}a^{[1](n)}) \odot (t'(z^{[1](1)}), \cdots, t'(z^{[1](n)})) \\
&= \mathrm{d}A^{[1]} \odot t'(Z^{[1]})
\end{aligned} \tag{4-37}$$

同理，由 4.2.2 节推知 $\mathrm{d}W^{[1]} = \mathrm{d}z^{[1](i)}x^{[i]\mathrm{T}}$，将其求和再求平均数即可：

$$\begin{aligned}
\mathrm{d}W^{[1]} &= \frac{1}{n}\sum_{i=1}^{n}\mathrm{d}z^{[1](i)}x^{(i)\mathrm{T}} \\
&= \frac{1}{n}(\mathrm{d}z^{[1](1)}, \cdots, \mathrm{d}z^{[1](n)})(x^{(1)}, \cdots, x^{(n)})^{\mathrm{T}} \\
&= \frac{1}{n}\mathrm{d}Z^{[1]}X^{\mathrm{T}}
\end{aligned} \tag{4-38}$$

同理，可推知 $\mathrm{d}b^{[1]} = \mathrm{d}z^{[1](i)}$，求和再求平均数得：

$$\mathrm{d}b^{[1]} = \frac{1}{n}\sum_{i=1}^{n}\mathrm{d}z^{[1](i)} \tag{4-39}$$

综上，对于多个样本的神经网络的 BP 算法，同样总结出 4 个核心公式：

$$\mathrm{d}W^{[2]} = \frac{1}{n}\mathrm{d}Z^{[2]}A^{[1]T} = \frac{1}{n}(\hat{Y} - Y) \odot \sigma'(Z^{[2]})A^{[1]\mathrm{T}}$$

$$\mathrm{d}b^{[2]} = \frac{1}{n}\sum_{i=1}^{n}\mathrm{d}z^{[2](i)}$$

$$\mathrm{d}\boldsymbol{W}^{[1]} = \frac{1}{n}\mathrm{d}\boldsymbol{Z}^{[1]}\boldsymbol{X}^{\mathrm{T}} = \frac{1}{n}[\boldsymbol{W}^{[2]\mathrm{T}}(\hat{\boldsymbol{Y}} - \boldsymbol{Y}) \odot \sigma'(\boldsymbol{Z}^{[2]})] \odot t'(\boldsymbol{Z}^{[1]})\boldsymbol{X}^{\mathrm{T}}$$

$$\mathrm{d}\boldsymbol{b}^{[1]} = \frac{1}{n}\sum_{i=1}^{n}\mathrm{d}\boldsymbol{z}^{[1](i)} \tag{4-40}$$

4.3　BP 算法实践

BP 算法实践部分将搭建神经网络，其包含一个隐藏层。

实验将使用两层神经网络实现对螺旋图案的分类，如图 4-4 所示，图中的点包含红点、蓝点及点的坐标信息 $\boldsymbol{x}$，实验将通过以下步骤完成对两种点的分类，代码将分别使用 Python 库和飞桨实现。

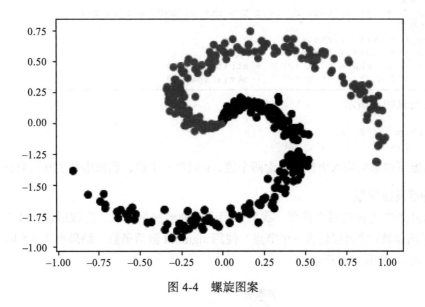

图 4-4　螺旋图案

1）输入样本 $\boldsymbol{X}$, $\boldsymbol{Y}$；

2）搭建神经网络；

3）初始化参数；

4）训练，包括正向传播与反向传播（BP 算法）；

5）得出训练后的参数；

6）根据训练所得参数，绘制两类点边界曲线。

4.3.1　NumPy 版本

本节将使用 Python 原生库实现两层神经网络的搭建，进而完成分类。

1. 库文件

载入相关库文件，与第 3 章基本一致；utils.py 是读取数据的文件，如代码清单 4-1 所示。

代码清单 4-1 引用库文件

```
import matplotlib.pyplot as plt
import numpy as np
import utils
```

2. 载入数据并观察维度

载入数据后，输出维度，如代码清单 4-2 所示。

代码清单 4-2 数据维度

```
# 载入数据
train_X, train_Y, test_X, test_Y = utils.load_data_sets()
# 输出维度
shape_X = train_X.shape
shape_Y = train_Y.shape
print ('The shape of X is: ' + str(shape_X))
print ('The shape of Y is: ' + str(shape_Y))
```

显示结果如下所示：

```
The shape of X is: (2, 320)
The shape of Y is: (1, 320)
```

由输出可知每组输入坐标 x 包含两个值，y 包含一个值，训练集共 320 组数据。

3. 神经网络模型

下面开始搭建神经网络模型，我们采用两层神经网络实验，隐藏层包含 4 个节点，使用 tanh 激活函数；输出层包含一个节点，使用 sigmoid 激活函数，结果小于 0.5 即认为是 0，否则认为是 1，如图 4-5 所示。

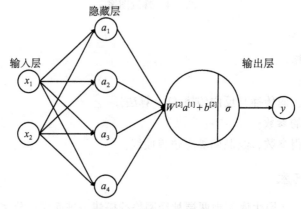

图 4-5 神经网络模型

（1）初始化模型参数

获取相关维度信息后，开始初始化参数，参数的初始化需要网络结构信息，因此在函数内部先定义网络结构，如代码清单 4-3 所示。

代码清单 4-3　初始化参数

```
# 定义函数：初始化参数

def initialize_parameters(n_x, n_h, n_y):
    """
    初始化参数
    Args:
        n_x: 输入层所包含的节点数
        n_h: 隐藏层所包含的节点数
        n_y: 输出层所包含的节点数

    Return:
        parameters: 一个python字典，存储权值和偏移量
    """

    np.random.seed(2)  # 设置随机种子
    # 随机初始化参数，偏移量初始化为0
    W1 = np.random.randn(n_h, n_x) * 0.01
    W2 = np.random.randn(n_y, n_h) * 0.01
    b1 = np.zeros((n_h, 1))
    b2 = np.zeros((n_y, 1))
    parameters = {"W1":W1,
                  "b1":b1,
                  "W2":W2,
                  "b2":b2}

    return parameters
```

（2）正向传播与反向传播

获取输入数据，参数初始化完成后，可以开始正向传播的计算，如代码清单 4-4 所示。

代码清单 4-4　正向传播

```
def forward_propagate(X, parameters):
    """
    正向传播
    Args:
        X: 输入值
        parameters: 一个python字典，包含权值和偏移量
    Return:
        A2: 模型输出值
        cache: 一个python字典，包含隐藏层和输出层的中间值 Z1, A1, Z2, A2
    """

    W1 = parameters["W1"]
    b1 = parameters["b1"]
    W2 = parameters["W2"]
    B2 = parameters["b2"]
```

```
# 计算隐藏层
Z1 = np.dot(W1.T, X) + b1
A1 = np.tanh(Z1)
# 计算输出层
Z2 = np.dot(W2.T, A1) + b2
A2 = 1 / (1 + np.exp(-Z2))

Cache = {"Z1":Z1,
         "A1":A1,
         "Z2":Z2,
         "A2":A2}
return Z2, cache
```

正向传播最后可得出模型输出值 $\hat{Y}$（代码中的 A2），即可计算成本函数 cost，如代码清单 4-5 所示。

代码清单 4-5　成本函数

```
def calculate_cost(A2, Y, parameters):
    """
    根据第 4 章给出的公式计算成本

    Args:
        A2: 模型输出值
        Y: 真实值
        Parameters: 一个 python 字典，包含参数 W1, W2 和 b1, b2
    Return:
        Cost: 成本函数
    """

    m = Y.shape[1] # 样本个数


    # 计算成本
    logprobs = np.multiply(np.log(A2), Y) + np.multiply(np.log(1 - A2), 1 - Y)
    cost =  -1. / m * np.sum(logprobs)

    cost = np.squeeze(cost)        #  确保维度的正确性

    return cost
```

计算了成本函数，可以开始反向传播的计算，并进行参数更新，如代码清单 4-6 所示。

代码清单 4-6　反向传播

```
def backward_propagate(parameters, cache, X, Y):
    """
    反向传播
    Args:
        parameters: 一个 python 字典，包含权值 W1, W2 和偏移量 b1, b2
        cache: 一个 python 字典，包含 "Z1"，"A1"，"Z2"，"A2"
        X: 输入值
        Y: 真实值
    Return:
        grads: 一个 python 字典，包含所有的梯度 dW1, db1, dW2, db2
```

```
    """

    m = X.shape[1]

    W1 = parameters["W1"]
    W2 = parameters["W2"]
    A1 = cache["A1"]
    A2 = cache["A2"]

    # 反向传播，计算 dW1, db1, dW2, db2
    dZ2 = A2 - Y
    dW2 = 1. / m * np.dot(dZ2, A1.T)
    db2 = 1. / m * np.sum(dZ2, axis=1, keepdims=True)
    dZ1 = np.dot(W2.T, dZ2) * (1 - np.power(A1, 2))
    dW1 = 1. / m * np.dot(dZ1, X.T)
    db1 = 1. / m * np.sum(dZ1, axis=1, keepdims=True)

    grads = {"dW1":dW1,
             "db1":db1,
             "dW2":dW2,
             "db2":db2}
    return grads

def update_parameters(parameters, grads, learning_rate):
    """
    使用梯度更新参数
    Args:
        parameters: 包含所有参数的 python 字典
        grads: 包含所有参数梯度的 python 字典
        learning_rate: 学习步长
    Return:
        parameters: 包含更新后参数的 python 字典
    """
    W1 = parameters["W1"]
    b1 = parameters["b1"]
    W2 = parameters["W2"]
    b2 = parameters["b2"]

    dW1 = grads["dW1"]
    db1 = grads["db1"]
    dW2 = grads["dW2"]
    db2 = grads["db2"]

    W1 = W1 - learning_rate * dW1
    W2 = W2 - learning_rate * dW2
    b1 = b1 - learning_rate * db1
    b2 = b2 - learning_rate * db2

    parameters = {"W1":W1,
                  "b1":b1,
                  "W2":W2,
                  "b2":b2}

    return parameters
```

（3）神经网络模型

正向传播、成本函数计算和反向传播构成一个完整的神经网络，将上述函数组合，构建一个神经网络模型，如代码清单 4-7 所示。

代码清单 4-7　神经网络模型

```
def train(X, Y, n_h, num_iterations, print_cost=False):
    """
    定义神经网络模型，把之前的操作合并到一起
    Args:
        X: 输入值
        Y: 真实值
        n_h: 隐藏层的节点数
        num_iterations: 训练次数
    print_cost: 设置为 True, 每 1000 次训练打印成本函数值
Return:
        parameters: 模型训练所得参数，用于预测
    """

    np.random.seed(3)
    n_x = layer_size(X, Y)[0]
    n_y = layer_size(X, Y)[2]
    # 初始化参数
    parameters = initialize_parameters(n_x, n_h,n_y)
    W1 = parameters["W1"]
    b1 = parameters["b1"]
    W2 = parameters["W2"]
    b2 = parameters["b2"]

    for i in range(0, num_iterations):

        # 正向传播
        A2, cache = forward_propagate(X, parameters)

        # 成本计算
        cost = calculate_cost(A2, Y, parameters)

        # 反向传播
        grads = backward_propagate(parameters, cache, X, Y)

        # 参数更新
        parameters = update_parameters(parameters, grads)

        # 每 1000 次训练打印一次成本函数值
        if print_cost and i % 1000 == 0:
            print ("Cost after iteration %i: %f" %(i, cost))

    return parameters
```

（4）预测

通过上述模型可以训练得出最后的参数，此时需检测其准确率，用训练后的参数预测训练的输出，大于 0.5 的值视作 1，否则视作 0，然后计算准确率；代码与第 3 章对应部分

一致，这里不再赘述。

　　之后对获取的数据进行训练 10 000 次（times 取 10 000 即可），并将准确率打印输出，cost 折线图绘制代码同第 3 章，输出结果如下。

```
Cost after iteration 0: 0.693168
Cost after iteration 1000: 0.029885
Cost after iteration 2000: 0.020446
Cost after iteration 3000: 0.017207
......
Cost after iteration 7000: 0.012677
Cost after iteration 8000: 0.012130
Cost after iteration 9000: 0.011675
train: 99.6875
test: 99.75
```

cost 折线图如图 4-6 所示，分类结果如图 4-7 所示。

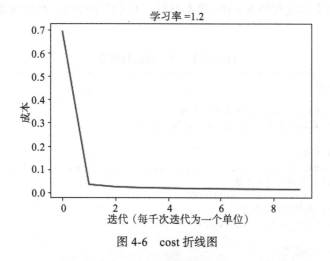

图 4-6　cost 折线图

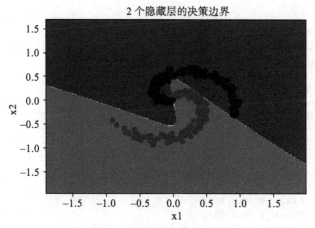

图 4-7　神经网络分类结果

4.3.2 飞桨版本

本节将使用飞桨构建神经网络模型，依然是解决螺旋图案的分类问题。对比神经网络（双层）和逻辑回归的结构，神经网络（双层）结构仅仅比逻辑回归结构多了一层隐藏层，因此本节代码与 3.2.2 节代码基本一致，只是增加了一层隐藏层的计算，并将其输出值作为输入，传递给输出层。

1. 库文件

首先载入相关包和库文件，此部分代码和 3.2.2 节完全一致，这里不再赘述。

2. 数据预处理

此步骤仍与 3.2.2 节基本一致，载入数据并对其作预处理，定义三个全局变量 TRAINING_SET、DATA_DIM、TEST_SET 分别表示最终的训练数据集、数据特征数和训练数据集，载入数据的过程跟 NumPy 版本类似，不再详细介绍。数据预处理的代码如代码清单 4-8 所示。

代码清单 4-8　数据预处理

```
def get_data():
    """
    使用参数 data_creator 来获取测试数据
    :return: 训练数据集，测试数据集，数据维度
    """
    # 获取原始数据
    train_x_ori, train_y_set, test_x_ori, test_y_set = utils.load_data_sets()
    # m_train: 训练集样本数量
    m_train = train_x_ori.shape[0]
    # m_test: 测试集样本数量
    m_test = test_x_ori.shape[0]

    # 定义输入数据维度
    DATA_DIM = 2

    # 转换数据形状为
    train_x_flatten = train_x_ori.reshape(m_train, -1)
    test_x_flatten = test_x_ori.reshape(m_test, -1)

    # 归一化处理
    train_x_set = train_x_flatten / 1
    test_x_set = test_x_flatten / 1

    # 合并数据
    train_set = np.hstack((train_x_set.T, train_y_set.T))
    test_set = np.hstack((test_x_set.T, test_y_set.T))

    shape_X = train_x_set.shape
    shape_Y = train_y_set.shape
    print('The shape of X is: ' + str(shape_X))
```

```
print('The shape of Y is: ' + str(shape_Y))

# 绘制原始数据散点图
plt.figure("data set")
plt.scatter(test_x_set.T[:, 0], test_x_set.T[:, 1], c=test_y_set[0],
s=40, cmap=plt.cm.Spectral)

plt.title("show the data set")
plt.show()

return train_set, test_set, DATA_DIM
```

本例中数据集是由程序生成的，读者可自行查看数据生成函数 utils.load_data_sets()。载入数据的代码如代码清单 4-9 所示。

代码清单 4-9　载入数据

```
# 定义 buf_size 和 batch_size 大小
buf_size = 100
batch_size = 50

# 定义 reader
train_reader = paddle.batch(
    reader=paddle.reader.shuffle(
        reader=read_data(TRAIN_SET),
        buf_size=buf_size
    ),
    batch_size=batch_size
)

test_reader = paddle.batch(
    reader=paddle.reader.shuffle(
        reader=read_data(TEST_SET),
        buf_size=buf_size
    ),
    batch_size=batch_size
)
```

3. 定义 reader

定义 reader 函数和实现的代码跟第 3 章中所用到的代码基本相同，不再赘述，具体实现如代码清单 4-10 所示。

代码清单 4-10　定义 reader

```
 # 定义 buf_size 和 batch_size 大小
buf_size = 100
batch_size = 50

# 定义 reader
train_reader = paddle.batch(
    reader=paddle.reader.shuffle(
```

```
        reader=read_data(TRAIN_SET),
        buf_size=buf_size
    ),
    batch_size=batch_size
)

test_reader = paddle.batch(
    reader=paddle.reader.shuffle(
        reader=read_data(TEST_SET),
        buf_size=buf_size
    ),
    batch_size=batch_size
)
```

4. 配置网络结构

使用飞桨时，其网络结构是与逻辑回归不同的，这里增加了一层隐藏层并设置了4个节点，故令size=4，使用tanh激活函数，在输出层使用softmax激活函数，如代码清单4-11所示。

代码清单4-11　配置网络结构

```
# 配置网络结构
class Net(fluid.dygraph.Layer):
    def __init__(self, name_scope):
        super(Net, self).__init__(name_scope)
        # 隐藏层，全连接层，输出大小为4，激活函数为tanh
        self.h1 = Linear(input_dim=DATA_DIM, output_dim=4, act='tanh')
        # 输出层，全连接层，输出大小为2，对应结果的两个类别，激活函数为softmax
        self.fc = Linear(input_dim=4, output_dim=2, act='softmax')


    # 网络的前向计算函数
    def forward(self, x):
        x = self.h1(x)
        x = self.fc(x)
        return x
```

5. 训练配置

接下来定义参数优化器，仍使用Adam作为优化器，并设置学习率为0.01，训练迭代100次，如代码清单4-12所示。

代码清单4-12　训练配置

```
# 定义飞桨动态图工作环境
with fluid.dygraph.guard():
    # 实例化模型
    # softmax分类器
    model = Net('classification')

    # 开启模型训练模式
```

```
model.train()
# 使用 Adam 优化器
# 学习率为 0.0001
opt = fluid.optimizer.Adam(learning_rate=0.01, parameter_list=model.
parameters())
# 迭代次数设为 100
EPOCH_NUM = 100
```

6. 模型训练

上述内容完成了初始化并配置了网络结构，接下来利用上述配置进行模型训练。

首先构造双层 for 循环结构，具体实现如代码清单 4-13 所示。

代码清单 4-13　模型训练

```
with fluid.dygraph.guard():
    # 记录每次的损失值, 用于绘图
    costs = []
    # 定义外层循环
    for pass_num in range(EPOCH_NUM):
        # 定义内层循环
        for batch_id,data in enumerate(train_reader()):
            # 调整数据 shape 使之适合模型
            images = np.array([x[0].reshape(DATA_DIM) for x in data],np.float32)
            labels = np.array([x[1] for x in data]).astype('int64').reshape(-1,1)

            # 将 numpy 数据转为飞桨动态图 variable 形式
            image = fluid.dygraph.to_variable(images)
            label = fluid.dygraph.to_variable(labels)

            # 前向计算
            predict = model(image)

            # 计算损失
            # 使用交叉熵损失函数
            loss = fluid.layers.cross_entropy(predict,label)
            avg_loss = fluid.layers.mean(loss)

            # 计算精度
            # acc = fluid.layers.accuracy(predict,label)

            # 绘图
            if batch_id % 100 == 0:
                costs.append(avg_loss.numpy()[0])
                draw_line(costs, 0.01)

            # 反向传播
            avg_loss.backward()
            # 最小化 loss, 更新参数
            opt.minimize(avg_loss)
            # 清除梯度
            model.clear_gradients()
```

```
# 保存模型文件到指定路径
fluid.save_dygraph(model.state_dict(), 'classification')
```

模型训练过程中，每 100 次绘制一次平均损失值曲线，观察变化，如图 4-8 所示。

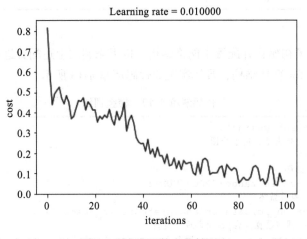

图 4-8   成本函数变化情况

对比结果可看出，对于浅层神经网络，飞桨框架和 Python 训练出的模型准确率相近，不同之处在于，使用飞桨框架时不用显式地定义各个过程，只需要简单配置网络结构即可，同时飞桨提供多种灵活简单的方式优化模型。

4.4   本章小结

本章由儿童自闭症的诊断引出神经网络结构，进一步归纳出概念。然后介绍神经网络的结构和层数计算。计算方面，神经网络也分为正向传播和反向传播，实际上是逻辑回归的扩展，在学习了第 4 章之后读者能很快地熟悉并掌握神经网络的计算——与逻辑回归的区别在于增加了隐藏层；正向传播中神经网络的每个节点的计算过程与逻辑回归一样，都是"线性、非线性"两步；在正向传播结束后，计算损失函数，进行反向传播（BP 算法），反向传播中由于比逻辑回归增加了一层隐藏层，推导过程更加复杂，本章给出了详尽的数学推导，希望读者能详细阅读并掌握。神经网络的向量化计算中（包括正向传播和反向传播），先根据单个样本的推导结果进行"推测"，从结果入手进行证明，使读者更容易掌握推导过程。

在神经网络的代码实现方面，本章通过 NumPy 版本和飞桨版本分别展开介绍，介绍 NumPy 版本的主要目的是用代码的形式回顾理论内容，加深读者对神经网络计算的理解。深度学习的代码实现一般使用框架来完成，本章使用飞桨框架实现一个双层神经网络，来完成螺旋图案的分类,使用时只需简单地配置网络结构即可,其余过程均被封装由框架完成,训练速度较 NumPy 版本更快(这一点在第 5 章会更为明显),同时还提供多种简单的方式来优化模型。

本章是深度学习"入门章节",希望读者牢牢掌握,为后续章节的学习打下基础。

本章参考代码详见 https://github.com/PaddleToturial-v2/DeepLearningAndPaddleTutorial-v2 下 lesson4 子目录。

深层神经网络

第 4 章主要讲述了浅层神经网络的相关细节，本章将浅层网络的知识扩展到深层网络，帮助读者对神经网络算法建立起宏观的认识。本章首先通过 ImageNet 大赛来回顾多年来深度学习的发展历程，进而总结出一个基本趋势：对于神经网络来说在一定范围内深度越深能力越强。然后，从浅层开始展示网络演化的过程，给出具体的例子使读者在直觉理解深度越大拟合度会越好、网络的能力越强。接着，总结神经网络算法的核心思想：三个算法协同工作。这三个算法分别是正向传播、反向传播和梯度下降。最后，在读者了解了理论知识之后，分别使用 Python 原生代码库和飞桨框架实现深度神经网络对猫的识别，使读者感受到在问题变得较为复杂后，深度学习框架飞桨给开发带来的便捷。

学完本章，希望读者能够掌握以下知识点：

1）一定范围内深层网络比浅层网络能力更强；

2）神经网络的工作原理：正向传播、反向传播和梯度下降的过程；

3）常见的网络参数，网络参数与超参数的区别；

4）使用飞桨搭建深层网络。

5.1 深层网络介绍

一般来说，深度学习中网络层数越深其拟合能力越强。接下来分别介绍深度网络带来的优势、总结深度网络中符号的使用并阐述其意义。

5.1.1 深度影响算法能力

浅层神经网络能够解决很多实际问题，但是由于其结构简单、层数较少，在处理复杂问题时的效果差强人意。开发者通过不断增加层数来解决算法能力不足的问题。随着深度的增加，算法可以满足严格的工业级别的需求，在某些场景下接近甚至超过人类的水平。大规模视觉识别挑战赛（ImageNet Large Scale Visual Recognition Challenge，ILSVRC）的发展历程从侧面反映网络深度与算法能力的相关性。ILSVRC 是全球性范围内计算机视觉领域中的顶级赛事，从 2010 年到 2017 年每年举办一次，吸引了世界各国的大学、研究机构和公司参加。

　　多年来，ILSVRC 产生了许多重要的模型，这些模型在人工智能的发展道路上具有里程碑式的意义。ILSVRC 所使用的数据是来自斯坦福大学李飞飞教授牵头创立的图像数据库 ImageNet。ImageNet 是一个非常庞大的图像数据库，里面有 1000 个子类目超过 120 万张图片。

　　ILSVRC 发展的历程正是深度学习发展的一个缩影。ILSVRC 的分类错误率的标准是让算法选出最有可能的 5 个预测，如果有一个正确则算通过，如果都没有则算错误。赛事举办的前两年，手工设计特征 + 编码 +SVM 框架下的算法占据了前几名。2010 年和 2011 年的冠军分别被 NEC 余凯带领的研究小组和施乐欧洲研究中心的小组获得，他们的错误率分别是 28% 和 25.7%。然而，接近三分之一的错误率显然是无法让人满意的，于是很多人都在努力寻找传统机器学习之外更加强大的算法。

　　传统机器学习的统治地位很快被深度学习取代。2012 年，Hinton 的研究生 Alex 使用 5 个卷积层 +3 个全连接层的卷积神经网络 AlexNet 拔得头筹。这个共 8 层的网络的错误率为 15.3%，其成绩远远超过同年第二名的错误率 26.2%。从此深度学习开始席卷整个机器学习的世界。2013 年，获得大赛冠军的 Matthew Zeiler 同样使用 8 层网络，把错误率降到了 11.7%。在机器学习领域，每降 1% 的错误率都十分困难，而这个成绩则再次证明了深度学习的优势。自 2013 年以来几乎所有的参赛者都使用基于卷积神经网络的深度学习算法，形成鲜明对比的是那些没有使用深度神经网络的参赛者都处于垫底的位置。

　　从 2014 年开始，网络加深的趋势变得更加明显（如图 5-1 所示）。2014 年 Google 的工程师克里斯蒂安提出了 Inception 的结构，并且基于这种结构搭建了一个 22 层的卷积神经网络 GoogLeNet。他将错误率降到了 6.66%，并凭借这个成绩获得了当年的冠军。到了 2015 年，微软亚洲研究院的何凯明提出了深度残差网络（ResNet），并搭建了深达 152 层的网络，这个网络将错误率降至 3.57%。与此相比，经过训练的人类的错误率有 5.1%，也就是说在一定程度上机器的表现已经超过人类。

　　在 2016 年和 2017 年的大赛中，华人科学家和中国机构与公司表现非常抢眼。海康威视、商汤科技等中国公司在 2016 年大放异彩，而公安部三所的搜神（Trimps-Soushen）代表队以 2.99% 的前 5 错误率夺得冠军。2017 年，奇虎 360 团队、南京信息工程大学团队、中国自动驾驶技术公司 Momenta 表现优异。其中，Momenta 团队独立发明了 SE 模块，他们将此模块嵌入到残差网络中。新的网络比原生网络更加强大，最终他们的融合模型在测试集上获得了 2.251% 的前 5 错误率并因此夺得冠军。

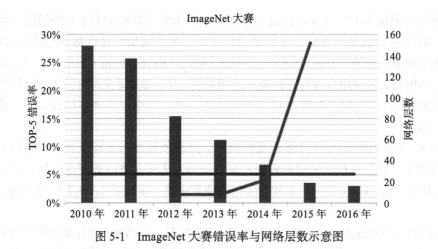

图 5-1 ImageNet 大赛错误率与网络层数示意图

2016 年，ILSVRC 的图像识别错误率已经达到约 2.99%，远远超越人类平均水平的 5.1%。至此，这一竞赛已经完成了它的历史使命，失去了其存在的意义。于是在 2017 年举办完最后一届 ILSVRC 大赛之后，ILSVRC 停止举办。回顾整个 ILSVRC 发展史能够发现深度学习的网络层数从 8 层一直到 152 层逐步增加，同时网络的能力也越来越强。

5.1.2　网络演化过程与常用符号

总结前面的章节已经介绍过单层网络和浅层网络。单层网络只有输入值（向量）和输出值（标量或者向量），如图 5-2a 所示。比单层网络复杂一点是浅层网络。除了输入与输出之外，浅层网络增加了隐藏层。隐藏层使网络的计算能力变得更强。第一个出现的隐藏层记作 $L_{[1]}$ 如图 5-2b 所示。第一个隐藏层之后是第二个隐藏层、第三个隐藏层等依次类推。网络的层数和网络的第一层这两个约定俗成的概念需要读者特别留意。网络的层数指的是网络中输出层和隐藏层的数量的总和，如图 5-2b 所示是一个 2 层网络，图 5-2c 所示是一个 3 层的网络。网络的第一层指的并不是输入层而是除了输入层之外的第一个层，如图 5-2a 所示第一层就是输出层（因为这是个单层网络）、图 5-2c 第一层是 $L_{[1]}$。特别地，为了统一表述故意将输入层命名为 $L_{[0]}$，如图 5-2c 所示，有时也会将输入层命名为第 0 层。

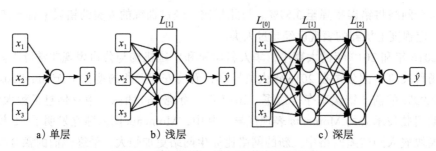

图 5-2　单层网络、浅层网络与深层网络

符号标记比较烦琐，为了帮助读者加强印象，这里对标记和公式做个总结。如图 5-2c 所示（2 个隐藏网络），$L_{[1]}$ 中有 4 个网络节点，$L_{[2]}$ 中有 3 个网络节点。使用 $n^{[i]}$ 来表示网络第 i 层的节点数量，如 $n^{[1]}$ 的值为 4，$n^{[2]}$ 的值为 3。输入层 $n^{[0]}$ 的值为 3（输入向量由 3 个分量组成）。为了方便，使用 $a^{[i]}$ 来表示第 i 层激活函数的返回值，即激活值（例如，$a^{[1]}$ 表示第一个隐藏层的激活值）。此外，用 $z^{[i]}$ 表示第 i 层的中间结果（线性变换之后的结果），用 $g^{[i]}$ 表示第 i 层的激活函数，于是这 3 个标记的关系如式（5-1）和（5-2）所示：

$$z^{[i]} = (w^{[i]})^{\mathrm{T}} \cdot a^{[i-1]} + b^{[i]} \tag{5-1}$$

$$a^{[i]} = g^{[i]}(z^{[i]}) \tag{5-2}$$

在已经确定了某一层的情况下，使用右下角标配合数字的方式来表示这一层中的某个单元。如图 5-3a 所示，可以观察到第二个隐藏层中共有 3 个单元，通常使用 a 表示该层计算后的激活值组成的向量。使用 $a_1^{[2]}$ 表示第二层的第一个元素的激活值，使用 $a_2^{[2]}$ 表示第二层的第二个元素的激活值。更一般地，使用 $a_j^{[2]}$ 表示第二层的第 j 个元素的激活值。

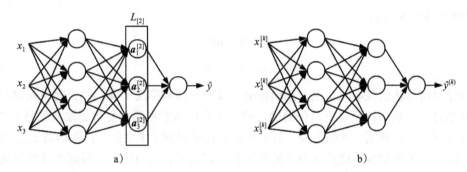

图 5-3　网络中标注的意义

除了隐藏层使用上、下角标分别表示层和层内元素的方式，对于输入层和输出层也采用上、下角标的方式来表示某个样本和其对应的元素。当只考虑单个输入样本 x 的时候，只需要关心这个向量有几个分量，通过 x 的右下角标表示第 i 个分量，如 x_1 表示第一个分量，x_2 表示第二个分量（如图 5-3a 所示）。可是，实际开发中输入的样本有很多。为了区分多个样本向量和每个样本向量中的分量，使用右上角标配合圆括号的方式表示第 k 个样本向量，用右下角标表示第 i 个分量。与第 k 个输入对应的输出表示为 $\hat{y}^{(k)}$。

深层网络是在浅层网络的基础上发展而来的更加复杂的网络。随着层数的加深，深层网络的拟合能力越来越强。事实上，浅层网络、深层网络是一个约定俗成的称呼，然而到底多少层是浅层，达到多少层之后算是深层网络并没有一个明确的阈值。在实际应用中，我们建立的网络应该使用多少层是无法预先知晓的。通常的做法是由浅层网络开始尝试，观察运行结果，如果效果不佳就逐步加深网络，通过不断加深网络最终得到一个满意的结果。

5.2 传播过程

本节首先用简短的语言总结神经网络算法的核心思想，然后分别从正向传播和反向传播两个角度再现算法的计算过程。

5.2.1 神经网络算法核心思想

神经网络是一种机器学习算法，而机器学习算法的基本思路用一句话概括就是：损失函数 L 的优化问题。所谓的优化就是不断地调整参数 (w, b) 使得损失函数的值尽可能小。调整参数的具体手段就是梯度下降算法。梯度下降算法是一个算法自我迭代的过程，迭代的结果就是最终逼近极小值点，如式（5-3）和（5-4）所示，其中，α 表示学习率。在梯度下降算法中 $\mathrm{d}w$ 表示损失函数 L 关于参数 w 的偏导数（$\frac{\partial L}{\partial w}$），$\mathrm{d}b$ 表示损失函数 L 关于参数 b 的偏导数（即 $\frac{\partial L}{\partial b}$）。为了获得 $\mathrm{d}w$ 和 $\mathrm{d}b$ 的具体值，需要神经网络依次经历正向传播过程和反向传播过程。

$$w = w - \alpha \mathrm{d}w \tag{5-3}$$

$$b = b - \alpha \mathrm{d}b \tag{5-4}$$

神经网络算法的核心三步是：正向传播、反向传播和梯度下降。神经网络先要经历正向传播的过程，然后再经历反向传播的过程。正向传播的本质就是根据输入的样本向量 x 经过神经网络得出预测值 $\hat{y}$ 的过程。只有在正向传播得到了 $\hat{y}$ 之后，损失函数 $L(\hat{y}, y)$ 才能计算。而反向传播的本质就是从最终输出的损失函数开始反向回退，根据求导的链式法则最终求出所有参数的偏导数的过程。下面由简单到复杂逐步呈现出正向传播和反向传播的过程。

5.2.2 深层网络正向传播过程

正向传播过程就是从输入向量开始顺着网络向后计算的过程（如图 5-4a 所示）。从层的角度来看，正向传播就是将前一层的信息进行加工然后再传递给下一层。以第二个隐藏层 $L_{[2]}$ 为例，该层的输入是 $L_{[1]}$ 的输出。由于本网络是一个全连接网络，所以该层的每个节点单元的输入向量 $a^{[1]}$ 的维数都是 5。输入向量被该层加工之后会生成一个新的向量，该向量作为该层的输出传递给下一层。$L_{[2]}$ 的 5 个节点单元的输出值共同组成了一个维数为 5 的向量，也就是本层的正向传播的输出值向量 $a^{[2]}$。从节点单元的角度来看，每一个节点单元都把从上一层接到的向量作为输入。每个节点单元相继完成线性变换和激活，进而产生一个标量作为输出。图 5-4b 给出了 $L_{[2]}$ 层中第 2 个节点内部的计算过程。在 $L_{[2]}$ 中第 i 个节点单元的参数是 w_i 和 b_i，w_i 是一个维数为 5 的向量，b_i 是一个标量。总结正向传播过程可以描述为第 $L_{[i]}$ 层所有节点的输出值构成向量 $a^{[i]}$，并将此向量输出到下一层 $L_{[i+1]}$ 的过程。

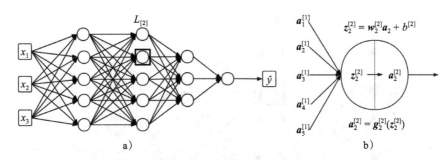

图 5-4　深层网络与节点内部结构

从数学角度讲，深层网络的正向传播过程就是由输入向量 x 得到输出 $\hat{y}$ 的函数计算过程。每一个节点实际上表示一个线性变换与一个非线性变换的复合。比如一个 n 层全连接网络，可以将其表示为如式（5-5）所示：

$$
\begin{aligned}
y &= g_n(w_n(\cdots g_2(w_2 g_1 w_1 x + b_1, \theta_1) + b_2, \theta_2)\cdots) + b_n, \theta_n) \\
&= g_n(f_n(\cdots g_2(f_2(g_1(f_1(x), \theta_1)), \theta_2)\cdots), \theta_n)
\end{aligned}
\tag{5-5}
$$

其中，$f_i(x) = w_i x + b_i$ 表示线性变换，g_i 表示激活函数，下标 i 表示层数，θ 表示函数的参数（也就是深度学习的超参数，第 9 章将重点介绍调整超参数的各种技巧）。注意 x 是输入的样本向量，w_i 表示权值矩阵，b_i 表示偏置向量。深层网络算法要解决的核心问题也就是优化上述公式中的 w_i、b_i 和 θ，其中 w_i 和 b_i 是算法自动学习得到的。

5.2.3　深层网络反向传播过程

相对于正向传播来说，反向传播更复杂一些。深层网络的反向传播就是 BP 算法在深层网络中的应用（BP 算法参见 4.2 节）。以下讲解使用到了偏导数的链式法则和计算图反向传播（参见 1.2.2 节相关内容）。

反向传播就是从损失函数开始沿着计算图逐步向前一层一层求出参数 w 和 b 的偏导数的过程。为了读者更容易理解，以 $L_{[2]}$ 为例具体说明（如图 5-5 所示）。在反向传播中 $L_{[2]}$ 层的输入是 $L_{[3]}$ 的输出（$\mathrm{d}a^{[3]}$），而 $L_{[2]}$ 的输出是三个导数，它们分别是 $\mathrm{d}a^{[2]}$、$\mathrm{d}W^{[l]}$ 和 $\mathrm{d}b^{[l]}$，其中，$\mathrm{d}W^{[l]}$ 和 $\mathrm{d}b^{[l]}$ 是算法真正想得到的输出（用于梯度下降算法），而 $\mathrm{d}a^{[2]}$ 是为了帮助下一步的计算。

从网络中的节点单元角度来看，每个节点单元在反向传播过程中应该贡献出 $\mathrm{d}w$ 和 $\mathrm{d}b$。接下来求得这两个值，求这两个值实质就是求复合函数的偏导数。以如图 5-5 所示黑色方框中的节点单元 $a_2^{[2]}$ 为例。如果将图视为一个有向图的话，从损失函数 L 出发的话有 3 条路径可以到 $a_2^{[2]}$。每条路径事实上都表示了一次使用链式法则求导的过程，而这 3 条路径最终是以求和的形式共同决定了 $a_2^{[2]}$ 的偏导数。图 5-5 所示是以图形化的方式表达了反向传播的计算过程，式（5-6）是以具体算式的形式表达了同样的意思。

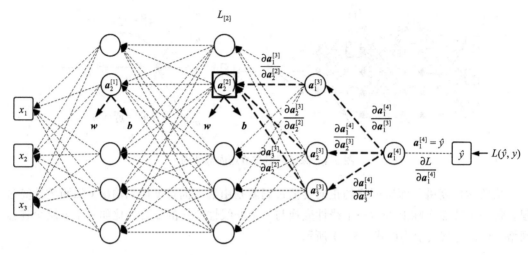

图 5-5 深度网络反向传播

$$\frac{\partial L}{\partial a_2^{[2]}} = \frac{\partial L}{\partial a_1^{[4]}}\frac{\partial a_1^{[4]}}{\partial a_1^{[3]}}\frac{\partial a_1^{[3]}}{\partial a_2^{[2]}} + \frac{\partial L}{\partial a_1^{[4]}}\frac{\partial a_1^{[4]}}{\partial a_2^{[3]}}\frac{\partial a_2^{[3]}}{\partial a_2^{[2]}} + \frac{\partial L}{\partial a_1^{[4]}}\frac{\partial a_1^{[4]}}{\partial a_3^{[3]}}\frac{\partial a_3^{[3]}}{\partial a_2^{[2]}}$$
$$= \frac{\partial L}{\partial a_1^{[4]}}\left(\frac{\partial a_1^{[4]}}{\partial a_1^{[3]}}\frac{\partial a_1^{[3]}}{\partial a_2^{[2]}} + \frac{\partial a_1^{[4]}}{\partial a_2^{[3]}}\frac{\partial a_2^{[3]}}{\partial a_2^{[2]}} + \frac{\partial a_1^{[4]}}{\partial a_3^{[3]}}\frac{\partial a_3^{[3]}}{\partial a_2^{[2]}}\right) \quad (5\text{-}6)$$

推广开来，单元 $a_1^{[2]}$ 所包含的 w 和 b 也可以使用同样的方法得到。

$$\frac{\partial L}{\partial w_2^{[2]}} = \frac{\partial L}{\partial a_2^{[2]}}\frac{\partial a_2^{[2]}}{\partial w_2^{[2]}} = \frac{\partial L}{\partial a_1^{[4]}}\left(\frac{\partial a_1^{[4]}}{\partial a_1^{[3]}}\frac{\partial a_1^{[3]}}{\partial a_2^{[2]}} + \frac{\partial a_1^{[4]}}{\partial a_2^{[3]}}\frac{\partial a_2^{[3]}}{\partial a_2^{[2]}} + \frac{\partial a_1^{[4]}}{\partial a_3^{[3]}}\frac{\partial a_3^{[3]}}{\partial a_2^{[2]}}\right)\sigma_2^{[2]}{}'a^{[1]}$$
$$\frac{\partial L}{\partial b_2^{[2]}} = \frac{\partial L}{\partial a_2^{[2]}}\frac{\partial a_2^{[2]}}{\partial b_2^{[2]}} = \frac{\partial L}{\partial a_1^{[4]}}\left(\frac{\partial a_1^{[4]}}{\partial a_1^{[3]}}\frac{\partial a_1^{[3]}}{\partial a_2^{[2]}} + \frac{\partial a_1^{[4]}}{\partial a_2^{[3]}}\frac{\partial a_2^{[3]}}{\partial a_2^{[2]}} + \frac{\partial a_1^{[4]}}{\partial a_3^{[3]}}\frac{\partial a_3^{[3]}}{\partial a_2^{[2]}}\right)\sigma_2^{[2]}{}' \quad (5\text{-}7)$$

5.2.4 传播过程总结

在分别了解了正向传播过程和反向传播过程之后，我们来总结一下整个传播过程。以图 5-4a 中的第二层为例，从层的角度观察算法计算过程。先看正向传播过程（如图 5-6 所示）。该层输入的数据实际上是前一层的输出，也就是长度为 5 的向量 $a^{[1]}$。这个向量传入每一个单元，首先经过线性变换产生一个中间值，记作 z，然后将这个 z 传入本单元的激活函数（非线性变换）得到一个标量，记作 a。具体以该层第二个单元为例，先经过线性产生 $z_2^{[2]}$，再经过激活函数产生 $a_2^{[2]}$。由于本层有 5 个单元，于是本层会产生两个长度为 5 的向量分别是 $z^{[2]}$ 和 $a^{[2]}$，而 $a^{[2]}$ 直接作为输出传递给第三层。

观察反向传播过程。输入是由第三层产生的维度为 3 的向量 $da^{[3]}$。以第二层第二个单元为例，向量 $da^{[3]}$ 中的每一个元素分别对 $a_2^{[2]}$ 求偏导数，然后再对这些结果求和就得到了该单元的偏导数，记作 $da_2^{[2]}$。计算 $da_2^{[2]}$ 的过程实际就是先对其激活函数求偏导数然后对线性变换求偏导数，最终求得该单元的权重和偏置的偏导数 $\mathrm{d}w_2$ 和 $\mathrm{d}b_2$。推广开来，该层的每一个元素都会产生 $\mathrm{d}a_i$、$\mathrm{d}w_i$ 和 $\mathrm{d}b_i$。把它们组织为向量形式就会得到该层的 3 个输出向量（维数都为 5），记作 $\mathrm{d}a^{[2]}$、$\mathrm{d}w$、$\mathrm{d}b$，其中，$\mathrm{d}a$ 作为输出供第一层使用，$\mathrm{d}w$ 和 $\mathrm{d}b$ 用于梯度下降。

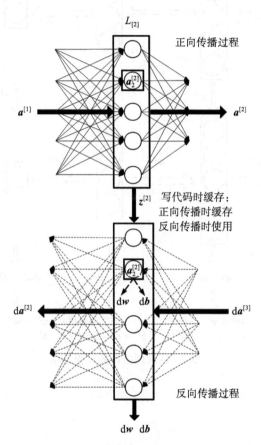

图 5-6　深度网络中某层的传播过程

　　最后，从整个网络的角度来总结整个算法的运算过程。整个训练过程如图 5-7 所示。所谓的训练就是在成千上万个变量中寻找最佳值的过程。这需要通过不断的尝试实现收敛，而最终获得理想的参数。在深度网络中，参数指的就是权重 w 和偏置 b。图 5-7 中上半部分描述了正向传播过程，其输入值是 x 向量，中间部分描述反向传播过程，其输入值是损失函数 L；下半部分描述了梯度下降算式，反映的是多次迭代这个过程，最终训练的结果是找到最好的 w 和 b。

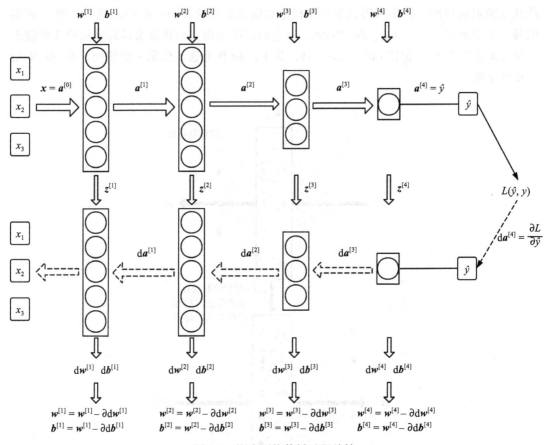

图 5-7　深度网络传播过程总结

5.3　网络的参数

对于机器学习来说有两个重要概念：参数和超参数（简称超参）。参数是指在算法运行中，机器通过不断迭代、修正最终稳定的值，也就是算法最终学会的值。超参是指开发者人为设定的值，一旦设定好之后算法在运行过程中就使用这个固定值。

对于神经网络来说，参数就是线性变换中的权重和偏置。例如：$W^{[i]}$、$b^{[i]}$。在算法开始的时候，算法会随机设置权重和偏置的值。通常这些值都是很小的接近于 0 的数（但是不为 0），如果设置的值很大可能会导致学习时间延长，如果设置为 0 在某些时候会使得偏导数为 0 而无法更新。

超参的设置依赖经验。深度学习领域中的超参要多于传统机器学习。到目前为止已经接触过的超参有学习率、算法迭代次数、隐藏层的层数、每层隐藏层中的单元数、每个单元使用的激活函数等。超参的设置影响着最终参数的学习得到的值。在深度神经网络中其他常见的超参还有冲量、批量的大小等。

　　超参的质量会影响算法的性能。在开始一项工作前，开发者并不知道超参到底设置为什么值是最好的。开发者只能在开发过程中不断尝试进而寻找到当前场景和数据条件下最好的超参值。一般情况下，开发者首先设置一些参数，然后观察运行的结果，根据结果做出超参的修正，接着再次实验，再观察结果，循环往复这个过程直到找到满意的超参组合为止。这个看似盲目的调参过程实际上考验了开发者对数据和算法的理解。关于调参的具体方法和技巧我们将在第 9 章详细叙述。

5.4　代码实现

　　本节将分别通过 NumPy 版本和飞桨两个部分实现深层神经网络，解决识别猫的问题，使用的数据与第 3 章一致。

5.4.1　NumPy 版本

　　本小节代码与第 3 章 NumPy 版本代码大体一致，区别在于增加了 3 层隐藏层并设置了不同的节点数。

1. 库文件

　　首先载入库文件，其中，utils 文件包含需要调用的函数，如代码清单 5-1 所示。

代码清单 5-1　引用库文件

```
import utils
```

下面数据载入和数据预处理部分与第 3 章一致，均在 utils 文件中实现，这里不再赘述。

2. 建立神经网络模型

　　对比第 3 章的 Logistic 回归，本实验模型有以下不同：

　　（1）在输入层和输出层之间增加 3 层隐藏层，共有 3 层隐藏层和 1 层输出层；

　　（2）隐藏层分别设置 20、7、5 个节点；

　　（3）隐藏层激活函数使用 ReLU 激活函数（输出层仍然使用 sigmoid 激活函数）。

　　本实验神经网络结构如图 5-8 所示。

　　在 utils 文件中已包含下列函数，在实现神经网络模型中将直接调用（下列函数在第 4 章 NumPy 代码部分均有实现，plot_costs 函数同第 3 章，根据网络结构不同略有差异）。

```
# 初始化参数
def initialize_parameters(layer):
    ...
    return parameters

# 正向传播
```

```
def forward_calculate(X, parameters):
    ...
    return A, Z

# 成本函数
def calculate_cost(A, Y):
    ...
    return cost

# 反向传播（含参数更新）
def backward_calculate(A, Z, parameters, Y, learning_rate):
    ...
    return parameters

# 参数更新
def update_parameters(p, dp, learning_rate):
    ...
    return p

# 绘制 cost 变化曲线
def plot_costs(costs, learning_rate):
    ...
```

输入层
（共 12 288 个节点）

隐藏层
（隐藏层有三层，分
别有 20、7、5 个节点）

输出层
（输出层包含一个节点）

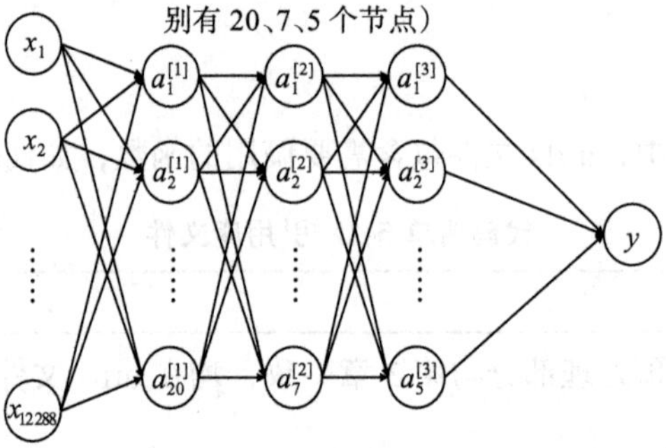

图 5-8　神经网络结构图

深层神经网络模型代码实现如代码清单 5-2 所示。

代码清单 5-2　深层神经网络

```
# 设置神经网络规模，5 个数字分别表示从输入层到隐藏层到输出层各层节点数
layer = [12288, 20, 7, 5, 1]

def deep_neural_network(X, Y, layer, iteration_nums, learning_rate = 0.0075):
    """
    定义函数：深层神经网络模型（包含正向传播和反向传播）

    Args:
        X: 输入值
        Y: 真实值
        layer: 各层大小
        iteration_nums: 训练次数
        learning_rate: 学习步长
```

```
    Return:
        parameters: 模型训练所得参数，用于预测
    """

    np.random.seed(1)
    costs = []

    # 参数初始化
    parameters = initialize_parameters(layer)

    # 训练
    for i in range(0, times):
        # 初始化 A 并添加输入 X
        # 正向传播
        A, Z = forward_propagate(X, parameters)

        # 计算成本函数
        Cost = calculate_cost(A, Y)

        # 反向传播 ( 含更新参数 )
        parameters = backward_propagate(A, Z, parameters, Y, learning_rate)

        # 每 100 次训练打印一次成本函数
        if(i % 100 == 0):
            print ("Cost after iteration %i: %f" %(i, Cost))
            costs.append(Cost)

    plot_costs(costs, learning_rate)

    return parameters
```

下面开始训练，训练 2500 次（times 取 2500），观察成本函数变化，如下所示：

```
Cost after iteration 0: 0.693300
Cost after iteration 100: 0.626363
Cost after iteration 200: 0.598279
Cost after iteration 300: 0.567805
......
Cost after iteration 1900: 0.053416
Cost after iteration 2000: 0.045749
Cost after iteration 2100: 0.040516
Cost after iteration 2200: 0.036490
Cost after iteration 2300: 0.033257
Cost after iteration 2400: 0.019948
```

3. 模型检验

通过 BP 算法训练得到参数 w 和 b，用该参数对训练集和测试集分别进行预测，通过观察准确率来检验模型，代码与第 3 章对应部分基本一致。

在训练集和测试集上进行预测，检测模型准确率并输出：

```
print('Train Accuracy:', predict_result(parameters, X_train, Y_train), '%')
print('Test Accuracy:', predict_result(parameters, X_test, Y_test), '%')

Train Accuracy: 100.0 %
Test Accuracy: 74.0 %
```

处理同样的数据——猫的识别，从结果可看出深层神经网络相较于第 3 章的逻辑回归（单层）准确率有提高，这是因为更多的隐藏层能拟合更复杂的模型，从而提高识别准确率。

5.4.2 飞桨版本

飞桨版本使用同样的神经网络模型，该版本代码与第 3 章飞桨部分代码大体一致，区别在于增加了隐藏层并设置了不同的隐藏层节点，隐藏层激活函数换为 ReLU 激活函数，同时修改了训练次数和学习率。

本例中，前三部分（引用库文件、数据预处理、定义 reader）与 3.2.2 节中完全一致，请读者参考第 3 章内容，此处不再赘述。

1. 定义分类器

相对于第 3 章，本例主要区别在于，网络结构增加了三层全连接层作为隐藏层，分别设置 20、7、5 个节点，故设置 size=20，7，5，使用 ReLU 激活函数。输出层使用 softmax 激活函数，而关于 dropout 层，其主要作用是避免过拟合，具体原理读者暂时不必考虑。代码如代码清单 5-3 所示。

代码清单 5-3　定义分类器

```
# 定义多层感知器分类器
class MultilayerPerceptron(fluid.dygraph.Layer):
    def __init__(self,name_scope):
        super(MultilayerPerceptron, self).__init__(name_scope)
        # 隐藏层 1，全连接层，输出大小为 20，激活函数为 relu
        self.hidden1 = Linear(input_dim=DATA_DIM, output_dim=20, act='relu')
        # 隐藏层 2，全连接层，输出大小为 7，激活函数为 relu
        self.hidden2 = Linear(input_dim=20, output_dim=7, act='relu')
        # 隐藏层 3，全连接层，输出大小为 5，激活函数为 relu
        self.hidden3 = Linear(input_dim=7, output_dim=5, act='relu')
        # 输出层，全连接层，输出大小为 10，对应结果的十个类别，激活函数为 softmax
        self.fc = Linear(input_dim=5, output_dim=2, act='softmax')

    def forward(self,x):
        x = self.hidden1(x)
        x = self.hidden2(x)
        # 使用 dropout 层避免过拟合
        x = fluid.layers.dropout(x, dropout_prob=0.5)
        x = self.hidden3(x)
        x = self.fc(x)
        return x
```

2. 训练配置

此部分代码与 3.2.2 节基本一致，只是将优化器的学习率修改为 0.000075，将迭代次数修改为 2500。具体实现如代码清单 5-4 所示。

代码清单 5-4　训练配置

```
# 定义飞桨动态图工作环境
with fluid.dygraph.guard():
    # 实例化模型
    # 定义多层感知器分类器
    model = MultilayerPerceptron('catornocat')

    # 开启模型训练模式
    model.train()
    # 使用 Adam 优化器
    # 学习率为 0.000075
    opt = fluid.optimizer.Adam(learning_rate=0.000075, parameter_list=model.
parameters())
    # 迭代次数设为 2500
    EPOCH_NUM = 2500
```

3. 模型训练

本部分代码与 3.2.2 节基本一致，不再赘述。运行模型训练代码，可以观察到训练过程中平均损失值的变化情况，如图 5-9 所示。

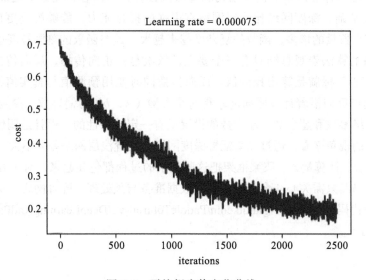

图 5-9　平均损失值变化曲线

4. 模型评估

下面使用测试集计算准确率，输出如下所示：

```
index 0, truth 1, infer 1
index 1, truth 0, infer 0
index 2, truth 1, infer 0
index 3, truth 1, infer 1
index 4, truth 0, infer 0
……
```

```
index 45, truth 0, infer 0
index 46, truth 1, infer 1
index 47, truth 1, infer 1
index 48, truth 1, infer 1
index 49, truth 1, infer 1
test accuracy 82.0%
```

在深层神经网络更为复杂的结构下，相比使用飞桨，单纯使用 NumPy 库实现难度更高，在参数初始化及更新、定义正向和反向计算等步骤时，需要大量高难度的编码工作。而使用飞桨框架只需简单地配置网络结构，省去了复杂的编码过程。特别是相对于浅层神经网络，深层神经网络有更高的拟合能力，准确率相较浅层神经网络也有明显提高。此外，在运行速度和模型调优方面，飞桨框架也有明显的优势。

5.5 本章小结

本章是对前面两章内容的总结，从宏观角度整体把握深度神经网络的核心原理。本章旨在帮助读者理解神经网络的内在结构和算法流程，为后面各种场景下更加复杂的网络结构的理解打好基础。深度网络比浅层网络有更强的拟合能力，能够解决更加复杂的问题。随着层数和节点数量的增多，函数的复杂度越来越大，最终函数的刻画粒度也越来越细。

神经网络的算法宏观总结只有三个要点，依次是：正向传播、反向传播和梯度下降。正向传播的核心目标就是算出预测值。反向传播同时使用预测值与真实值构建成本函数，以该函数为起点反向沿着计算图向前求得每个参数（w，b）的偏导数。深度学习过程中有两种参数，网络参数和超参数。超参数的设置是有一定技巧性的，而且是调优的重要手段。

在开发者的视角来看，通过飞桨配置深度网络与配置浅层网络差异不大。但事实上深层网络的结构复杂、计算量大，飞桨框架把这些复杂的过程都包装起来，对于开发者来说是透明的。开发者仍旧只需关心 4 个核心步骤：数据准备与预处理、配置网络、训练和测试。

本章参考代码详见 https://github.com/PaddleToturial-v2/DeepLearningAndPaddleTutorial-v2 下 lesson5 子目录。

第 6 章 Chapter 6

卷积神经网络

计算机视觉是深度学习技术应用和发展的重要领域，而卷积神经网络（Convolutional Neural Network，CNN）作为典型的深度神经网络在图像和视频处理、自然语言处理等领域发挥着重要的作用。本章将介绍卷积神经网络的基本概念和组成，以及经典的卷积神经网络架构。此外，本章还将针对计算机视觉领域的经典问题——数字识别，结合具体案例和代码剖析如何使用飞桨平台搭建卷积神经网络。

学完本章，希望读者能够掌握以下知识点：

1）卷积神经网络的基本组成和相关概念；

2）经典的卷积神经网络架构；

3）使用飞桨平台搭建简单的卷积神经网络。

6.1 图像分类问题描述

卷积神经网络的应用覆盖各大领域诸多任务，包括图像处理领域的物体检测、图像识别和分类、图像标注等；视频处理领域的视频分类、目标追踪、事件检测等；自然语言处理领域的文本分类、机器翻译等。

其中，图像分类是计算机视觉研究领域中的经典问题。图像分类是我们日常生活中普遍存在的一类视觉处理任务。例如，当我们在街上行走，我们需要区分眼前看到的是机动车、自行车还是行人；再比如说，当我们看到一只动物，我们要判断它是一只猫、一条狗或是其他的动物种类。除此之外，图像分类的重要性还体现在它是其他一些高层视觉任务（如图像检测、图像分割、物体跟踪、行为分析等）的基础。本章实验部分探讨的手写数字识别任务也是一类典型的图像分类问题。目前，图像分类已经广泛应用到了各个领域，包括安防领域的人脸识别和智能视频分析，交通领域的交通场景识别，互联网领域基于内容的图像检索和相册自动归类，以及医学领域的病理图像识别等。

传统的图像分类方法一般首先通过手工提取方式或特征学习方法构建图像特征，然后采用特定的分类器实现图像类别的判定。因此，如何提取图像的特征对于图像分类方法的性能至关重要。在传统方法中使用较多的是基于词袋（Bag of Words）模型的图像分类方法。词袋方法借鉴自文本处理，即一篇文本文档可以用一个装了词的袋子进行表示，袋子中的词为文档中的单词、短语或字。对于图像而言，应用词袋方法一般需要构建字典。最简单的词袋分类模型框架包括视觉特征抽取、特征编码和分类器设计三个模块。

基于深度学习的图像分类方法，可以通过有监督或无监督的方式学习层次化的特征描述，从而取代手工设计或选择图像特征的工作。深度学习模型中的卷积神经网络在图像分类中发挥了重要的作用，近年来在图像领域取得了惊人的成绩。CNN 直接利用图像像素信息作为输入，最大限度上保留了输入图像的所有信息，通过卷积操作进行特征的提取和高层抽象，模型输出直接是图像识别的结果。这种基于"输入 - 输出"的端到端的学习方法通常可以获得非常理想的效果，在学术界和工业界得到了广泛的关注。

6.2 卷积神经网络介绍

在结构上，卷积神经网络一般由一个或多个卷积层、池化层以及全连接层组成，本节主要介绍卷积层、池化层、分类层的作用和特点。在读者对卷积神经网络的组成以及其中的基本概念有一定了解后，本章将介绍一些经典的网络架构以帮助大家更深入地理解卷积神经网络的设计和组成。

6.2.1 卷积层

本小节主要介绍卷积层的相关知识点：首先概要性地介绍卷积层和滤波器，接着结合具体的例子进一步解释二维卷积操作和三维卷积操作，然后介绍卷积层的主要超参数，最后说明卷积层的两个主要特点：参数共享和局部连接。

1. 概述介绍

首先介绍卷积层的工作原理。卷积层的基本作用是执行卷积操作提取底层到高层的特征，同时发掘出输入数据（图片）的局部关联性质和空间不变性质。卷积层由一系列参数可学习的滤波器集合构成。在尺寸上，每个滤波器的宽度和高度都比较小，但通道数（也称深度）和输入数据相同。对于卷积神经网络第一层而言，一个典型的滤波器的尺寸是 $5 \times 5 \times 3$（宽度和高度都是 5 像素，通道数是 3，这是因为输入的彩色图像通常具有 3 个颜色通道）。在正向传播的时候，每个滤波器都会在输入数据的宽度和高度上按一定间隔进行滑动（卷积操作），滑动至某处便计算整个滤波器和它当前所覆盖的输入数据区域的内积。当滤波器滑过整张图片后，会生成一个二维的特征图（Feature Map），特征图显示了滤波器在图像每个空间位置处的响应。在一个训练好的网络中，滤波器每当"看到"它期望类型的视觉特征时就会被激活，具体的视觉特征可能是低层网络中的边界或者颜色斑点，也可能是更高层网络中的蜂巢状、车轮状等的图案。

　　每个卷积层上都会有一组滤波器，每个滤波器都会生成一个对应的二维特征图，将这些特征图在不同通道上层叠起来就得到了输出数据体。

　　下面我们将结合具体的例子分别对二维和三维卷积操作进行说明，以使读者对卷积操作有更直观的理解。

　　上述内容从卷积操作的直观解释出发，给出了卷积层的基本定义；除此之外，深度学习领域也常常使用大脑和生物神经元来比喻解释其结构和原理。举例来说，卷积层生成的单张二维特征图中的每个数据项都可以被看作是某个神经元的输出，而该神经元只观察输入数据中的一小部分，并且和周围的所有神经元共享参数（单张二维特征图中的每个数字都是使用同一个滤波器得到的结果）。在本章的后续内容中，为更形象地介绍卷积神经网络，也会基于神经元这一术语对一些概念进行阐述。

2. 滤波器

　　滤波器（Filter）即一组固定的权重，如图 6-1 所示，矩阵框中的数值即为权重数值。如果深度方向上属于同一层次的所有神经元都使用同一个权重向量，那么卷积层的正向传播相当于是在计算神经元权重和输入数据体的卷积，这就是"卷积层"名字的由来，也是将这些权重集合称为滤波器或卷积核（Kernel）的原因。

　　滤波器的通道数应与输入数据体的通道数保持一致。对照图 6-1 中所示滤波器的两种基本形式，举例来说，当输入是一张大小为 32×32 的灰度图像时，对应的滤波器可以采用图 6-1a 所示的二维形式；而当输入是一张大小为 $32 \times 32 \times 3$ 的彩色图像时（其中 3 表示颜色通道数），必须采用通道数同样为 3 的滤波器，如可以采用图 6-1b 所示形式。

　　在很大程度上，构建卷积神经网络的任务就在于构建这些滤波器：通过改变这些滤波器的权重值，使得这些滤波器对特定的特征有高的激活值，从而识别特定的特征，以达到 CNN 分类、检测等目的。

　　在卷积神经网络中，从前往后不同卷积层所提取的特征会逐渐复杂化。一般来说，卷积神经网络的第一个卷积层的滤波器检测到的是低阶特征，如边、角、曲线等。第二个卷积层的输入实际上是第一层的输出，

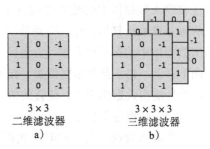

3×3
二维滤波器
a)

3×3×3
三维滤波器
b)

图 6-1　滤波器

即滤波器特征图。这一层的滤波器往往被用来检测低价特征的组合情况，如半圆、四边形等。如此累积递进，能够检测到更复杂、更抽象的特征。实际上，这与人类大脑处理视觉信息时所遵循的从低阶特征到高阶特征的模式是一致的。

（1）二维卷积操作

结合前面知识点的内容，这里我们通过给出一个如图 6-2 所示的例子，来进一步解释卷积的具体过程。

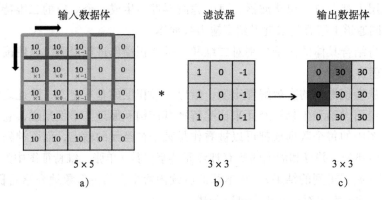

图 6-2　二维卷积操作

图 6-2a 所示是一个大小为 5×5 的二维输入数据体（如一张灰度图像）；对应地，我们选择的是一个大小为 3×3 的二维滤波器；两者间的"*"号表示卷积操作；而最终的输出数据体将是一个 3×3 的矩阵。下面将阐述具体的计算过程。

为了计算得到输出数据体中的第一个元素（黄色区域对应的元素），我们将滤波器覆盖在输入数据体的对应位置（黄色边框对应区域，图 6-2 中将滤波器权重单独标记为红色数字），然后进行逐元素乘法并累加（每次操作包含 9 个元素对）。其计算过程（按行）为：

$$10×1+10×0+10×(-1)+10×1+10×0+10×(-1)+10×1+10×0+10×(-1)=0 \qquad (6-1)$$

接下来，为了计算得到输出数据体中的第二个元素（绿色区域对应的元素），我们将覆盖在输入数据体上的滤波器向右平移一格，即移动至绿色边框对应的区域，然后执行相同的逐元素乘法累加操作，得到第二个元素为 30，同理可以得到第三个元素为 30。而对于输出数据体中的第四个元素（蓝色区域对应的元素），我们可以通过将滤波器从黄色边框位置向下移动一格至蓝色边框位置，接着用同样的方法计算得到其数值为 0。以此类推，我们可以得到输出数据体中所有位置的值。

（2）三维卷积操作

当输入数据体是三维时，我们需要进行三维卷积操作。三维卷积和二维卷积的区别在于，输入数据体和滤波器的通道数不为 1（但两者的通道数始终一致）。如图 6-3a 所示，输入数据体尺寸为 5×5×3（如一张 3 通道的彩色图像），滤波器的尺寸为 3×3×3，而输出数据体尺寸与二维卷积操作中的例子一样，依然是 3×3。下面将阐述具体的计算过程。

与二维卷积操作一致，对拥有 3 个通道的输入数据体和滤波器进行三维卷积操作时，同样是把滤波器覆盖在输入数据体的特定位置，然后执行逐元素乘法并求和，从而得到最终的输出数据体。与图 6-3 中二维卷积操作的不同之处在于此处的三维卷积操作有 27 个元素对，而二维卷积操作只有 9 个元素对。

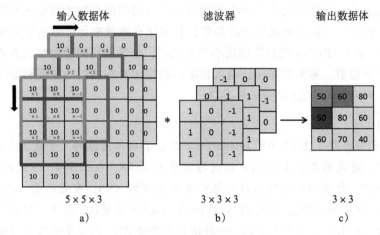

图 6-3　三维卷积操作

（3）超参数

通道（Channel）：输出数据体的通道数量（也称深度，Depth）是一个超参数，即所使用的滤波器的数量。前面提到当滤波器"看到"输入数据中期望的特征时会被激活，而每个滤波器所期望的特征是不同的。举例来说，对于第一个卷积层中的滤波器，输入是原始图像，那么在深度维度上的不同滤波器将可能被不同方向的边界或者是颜色斑点激活。

步长（Stride）：在滑动滤波器的时候，平移的距离称为步长。当步长为 k 时，滤波器每次平移 k 个像素（常用的步长为 1 或者 2）。设置步长滑动滤波器会使输出数据体在空间尺寸上变小，步长越大，输出数据体的尺寸越小。

填充（Padding）：在输入数据体边缘处填补特定元素的做法称为填充。其中，最常用的是使用 0 元素进行填充，即零填充。填充的尺寸（元素的数量）是一个超参数。填充有一个良好性质，即可以控制输出数据体的空间尺寸（最常用于控制输出数据体的空间尺寸和输入数据体相同，以保留尽可能多的原始输入信息）。

输出数据体在空间上的尺寸可以通过输入数据体尺寸 W，卷积层中滤波器尺寸 F，步长 S 和零填充的数量 P 的函数来计算。这里假设输入数据的高度和宽度相等，则输出数据体的宽度和高度为 $(W-F+2P)/S+1$。如图 6-4 所示，输入数据体尺寸为 7×7，滤波器尺寸为 3×3，当步长为 1 且不进行零填充时，$(5-3+2 \times 0)/1+1=3$，得到一个 3×3 的输出数据体；如果步长为 2，零填充尺寸为 1，$(5-3+2 \times 1)/2+1=3$，得到的也是一个

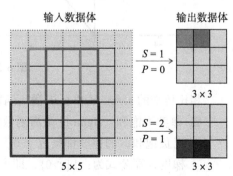

图 6-4　输出数据体尺寸计算

3×3 的输出。

需要注意的是，在网络的设计中上述这些空间排列的超参数之间是相互限制的。如当其他超参数固定时，一般需要选择合适的步长和零填充数量来保证输出数据体的尺寸为整数。当公式 $(W{-}F+2P)/S{+}1$ 的计算结果不为整数时，通常采用向下取整的方式来使得输出数据体的尺寸为整数。常常需要保证输入和输出数据体具有相同的高度和宽度，为此，当步长 $S{=}1$ 时，对应零填充的值是 $P{=}(F{-}1)/2$。

真实案例

AlexNet 构架赢得了 2012 年的 ImageNet 挑战，其输入图像的尺寸是 $227 \times 227 \times 3$。在第一个卷积层，滤波器尺寸为 $F{=}11$，滤波器数量为 $K{=}96$，步长 $S{=}4$，不使用零填充 $P{=}0$。$(227{-}11)/4{+}1{=}55$，故卷积层的输出数据体尺寸为 $55 \times 55 \times 96$。有趣的是，原论文中提到，输入图像的尺寸是 224×224，但是 $(224{-}11)/4{+}1{=}54.5$ 不是整数。这个"错误"的由来在卷积神经网络的历史上引发了诸多猜想。一种猜测是作者 Alex 忘记在论文中指出自己使用了尺寸为 3 的零填充。

6.2.2 ReLU 激活函数

激活函数作为神经网络的重要组成，常用于加入非线性因素，以弥补线性模型表达能力不足的缺点。AlexNet 网络架构提出使用 ReLU（The Rectified Linear Unit）非线性激活函数来代替传统的激活函数，可谓深度学习的一大进步。ReLU 已成为当前深度学习领域最常用的激活函数，它的表达式为 $f(x){=}\max(0, x)$，其图形如图 6-5 所示。

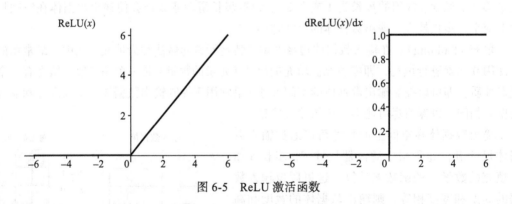

图 6-5　ReLU 激活函数

相比传统的 sigmoid 和 tanh 激活函数，ReLU 激活函数的优点主要在于以下几点。

❑ 梯度不饱和。sigmoid 激活函数的导数只有在 0 附近的区域有比较好的激活性，在正负饱和区的梯度都接近于 0，因此会造成梯度弥散的问题。而 ReLU 激活函数的梯度计算公式为：$1\{x{>}0\}$，即大于 0 的部分梯度为常数，所以不会产生梯度弥散现象。因此在反向传播过程中，神经网络前几层的参数也可以很快得到更新。

- □ 稀疏激活性。ReLU 函数在负半区的导数值为 0。一旦神经元激活值进入负半区，那么其梯度就会为 0，因此这个神经元不会经历训练，即所谓的稀疏激活性。
- □ 计算速度快。正向传播过程中，sigmoid 和 tanh 函数计算激活值时需要计算指数，而 ReLU 函数仅需要根据阈值进行判断。如果 $x<0$，$f(x)=0$；如果 $x>0$，$f(x)=x$，所以可以大幅加快正向传播的计算速度。因此，ReLU 激活函数可以极大地加快收敛速度。

6.2.3　池化层

一般情况下，在连续的卷积层之间会周期性地插入一个池化层（也称汇聚层），其处理输入数据的准则被称为池化函数。池化函数在计算某一位置的输出时，会计算该位置相邻区域的输出的某种总体统计特征，作为网络在该位置的输出。池化层的作用是逐渐降低数据体的空间尺寸，从而减少网络中参数的数量以及耗费的计算资源，同时也能有效控制过拟合。

池化操作对输入数据体的每一个深度切片独立进行操作，改变它的宽度和高度尺寸。以最大池化（Max Pooling）为例，池化层使用最大化（Max）操作，即用一定区域内输入的最大值作为该区域的输出。最大池化最常用的形式是使用尺寸为 2×2 的滤波器、步长为 2 来对每个深度切片进行降采样，每个最大池化操作是从 4 个数字中取最大值（也就是在深度切片中某个 2×2 的区域），这样可以将其中 75% 的激活信息都过滤掉，而保持数据体通道数不变。

普通池化（General Pooling）：除了最大池化，池化层还可以使用其他函数，如平均池化（Average/Mean Pooling）和 L2 范数池化（L2-norm Pooling）。平均池化在历史上比较常用，但如今已很少使用了。主要原因是在实践中发现，最大池化的效果比平均池化要好。此外，在池化层很少使用填充。

如图 6-6 所示，左侧输入数据体尺寸为 224×224×64，采用的池化滤波器尺寸为 2，步长为 2，经过池化操作被降采样到了 112×112×64，通道数不变。右侧图中，采用的是滤波器尺寸为 2、步长为 2 的最大池化操作，即无重叠地从相邻 4 个数字中选取最大值作为输出。

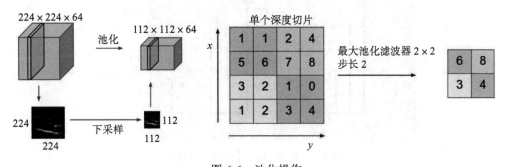

图 6-6　池化操作

6.2.4 Softmax 分类层

1. 概念引入

卷积神经网络分类模型的最终目标是完成对输入数据的分类，输入数据在经过前一系列卷积、池化层的处理后，将交由分类层进行最终的分类。在卷积神经网络的结构设计中，Softmax 分类层因为计算简单、效果显著的特点而得到了广泛的应用。下面首先来简单描述一下 Softmax 的数学含义。

已知两个实数 a 和 b，若 $a>b$，则 $\max(a,b) = a$。但是在实际的分类应用中，我们希望分类得分值更大的类别有更大概率取到（因为一般情况下，分类得分值越大表示属于对应类别的可能性越大），分类得分值小的类别有小概率可以取到，选择两个类别的概率大小与它们的分类得分值大小正相关，这就是 Softmax 的直观数学含义，两个分类得分值对应概率的计算公式将在下节给出。

2. Softmax 函数定义

Softmax 函数用于多分类过程中，它可以看作是逻辑回归二元分类器在多分类场景中的泛化。它将神经元计算输出的得分值，映射到频率域，即（0,1）区间中，从而实现对输入数据的多分类，Softmax 函数定义的数学描述如下：

对于得分集合 S 中的第 i 个元素，其 Softmax 值（概率）为

$$y_i = \text{Softmax}(S_i) = \frac{e^{S_i}}{\sum_j e^{S_j}} \tag{6-2}$$

通过公式 6-2 可以保证数据样本属于各个类别的概率和为 1，即 $\sum_{i=1}^{C} y_i = 1$，其中，C 表示类别数目。

Softmax 函数的计算过程如图 6-7 所示。

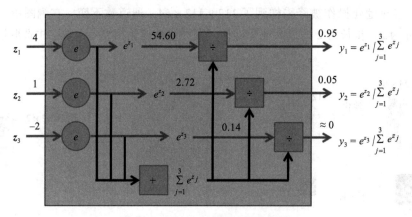

图 6-7　Softmax 计算过程示意图

3. Softmax 分类层的损失函数

Softmax 分类器常使用交叉熵作为其损失函数。对于一个输入样本 i 而言，如公式 6-3 所示：

$$\text{crossentropy}(\text{label}, Si) = -\sum_{i=1}^{C} \text{label}_i \log\left(\frac{e^{s_i}}{\sum_j e^{s_j}}\right) \quad (6\text{-}3)$$

从公式 6-3 来看，样本正确类别的 Softmax 数值越大（样本被分为正确类别的概率值越大），其损失函数数值越小，符合损失函数的设计要求。训练集总体的损失是遍历训练集所有样本之后的均值。

6.2.5 主要特点

卷积神经网络相比于全连接网络主要有两个优势：参数共享和局部连接。

1. 参数共享

参数共享一般是指一个模型的多个函数均使用相同的参数。在传统的神经网络中，在计算当前层的输出时，权重矩阵中的每个元素只会使用一次。而在卷积神经网络中，滤波器中的元素会重复作用于它在滑动过程中所覆盖的输入数据的每个位置。这样的卷积运算使得对所有的位置只需要学习一个共同的参数集合，而不是对于每一位置都需要学习一个单独的参数集合，即所谓的参数共享。

在卷积层中使用参数共享可以显著降低参数的数量。沿用前面提到的"真实案例"，在第一个卷积层就有 $55 \times 55 \times 96 = 290\ 400$ 个神经元。这里引入深度切片（Depth Slice）的概念，即数据体在深度维度上一个单独的 2 维切片，比如上述 $55 \times 55 \times 96$ 的数据体就有 96 个深度切片，每个深度切片尺寸为 55×55。如果不使用参数共享，则每个神经元都需要学习 $11 \times 11 \times 3 = 363$ 个参数和 1 个偏差，合计 $290\ 400 \times (363+1) = 105\ 705\ 600$ 个参数。仅第一层就需要学习数目如此庞大的参数。而若使用参数共享，则每个深度切片中的所有（$55 \times 55 = 3025$ 个）神经元都使用相同的参数，即每个神经元都和输入数据体中一个尺寸为 $11 \times 11 \times 3$ 的区域全连接，因此只需要学习 $96 \times (363+1) = 34\ 944$ 个参数。

参数共享的直观意义：如果一个特征在计算某个空间位置的时候有用，那么它在计算另一个不同位置的时候也有用。更具体地，假如图像的轮廓特征对于目标任务很重要，而我们针对特定局部区域训练得到了一个可以提取局部轮廓特征的神经元，那么这个神经元同样可以作用于其他局部区域得到对应的局部轮廓特征，这是因为图像结构具有平移不变性。图 6-8 所示为 Alex Krizhevsky 等人学习到的滤波器示例。

2. 局部连接

局部连接（也称稀疏连接）：在处理图像这样的高维度输入时，让每个神经元都连接前一层中的所有输出是不现实的，可以让每个神经元只连接输入数据的一个局部区域，即每个位置的输出仅依赖于输入数据的一个特定区域。所连接区域的大小叫作神经元的感受野（Receptive Field），它的尺寸（滤波器的空间尺寸）是一个超参数。需要再次强调的是，局部连接针对的是由宽度和高度构成的空间维度，而在通道数目上单个神经元的尺寸总是和输入数据的通道数相同，即与输入数据体的所有深度维度相连。与参数共享一样，在卷积层中使用局部连接可以显著降低参数的数量。

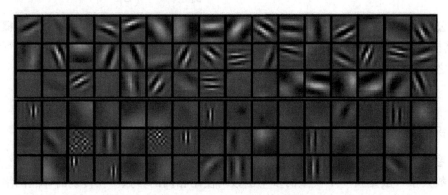

图 6-8　Alex Krizhevsky 等人学习到的滤波器示例

6.2.6　经典神经网络架构

前面我们介绍了卷积神经网络的基本组成和常见概念。在本小节中，我们将按照时间线介绍几种经典的卷积神经网络架构。读者在了解卷积神经网络发展历史的同时，也可以深化对卷积神经网络组成的认识。

1. LeNet5

诞生于 1994 年的 LeNet5 是最早的卷积神经网络之一，并且推动了深度学习领域的发展。LeNet5 由被誉为"卷积神经网络之父"的 Yann LeCun 提出，其中，5 代表五层模型，其网络结构如图 6-9 所示。

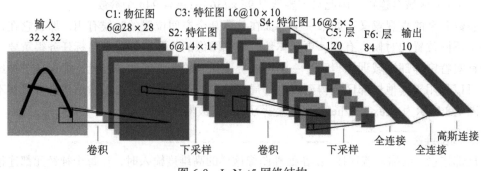

图 6-9　LeNet5 网络结构

LeNet5 认为图像具有很强的空间相关性，而将每个像素用作一个大型多层神经网络的单独输入，即使用图像中独立的像素作为不同的输入特征的做法利用不到这些相关性。LeNet5 的设计者认为图像的特征分布在整张图像上；相应地，带有可学习参数的卷积操作是一种用少量参数在多个位置上提取相似特征的有效方式。LeNet5 利用卷积操作只需要少量参数就可以建立模型并获得很好的实验效果，这一点在计算资源极其匮乏的当时，是一个重大的突破。

LeNet5 网络的特点能够总结为以下几点：

1）卷积神经网络使用 3 个层作为一个序列：卷积、池化、非线性；

2）使用卷积提取空间特征；

3）使用映射到空间均值下采样（Subsample）；

4）使用双曲正切（tanh）或 S 型（sigmoid）形式的非线性；

5）使用多层神经网络（MLP）作为最后的分类器；

6）层与层之间的稀疏连接矩阵避免了高额的计算成本。

LeNet5 的诞生标志着 CNN 的真正问世。LeNet5 可以说是近年来大量网络架构的起源，为现代深度学习领域的发展做了重要铺垫。

2. AlexNet

Alexet 是以其作者 Alex Krizhevsky 命名的网络架构。AlexNet 发表于 2012 年，它是 LeNet 的一种更深更宽的版本，并以显著优势赢得了颇具挑战性的 2012 年 ILSVRC 比赛。AlexNet 网络结构设计如图 6-10 所示：

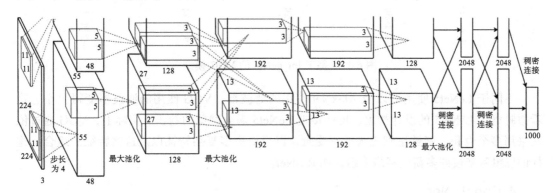

图 6-10　AlexNet 网络结构

AlexNet 将 LeNet5 的思想扩展到了能学习到更复杂的特征的神经网络上。它的主要贡献有：

1）使用修正的线性单元（ReLU）作为非线性激活函数；

2）在训练的时候使用 Dropout 技术按照一定概率随机地丢弃单个神经元，以避免模型过拟合；

3）使用效果更好的、有重叠的最大池化代替避免平均池化；

4）使用数据增强的方式增加训练样本；

5）设计了 LRN（Local Response Normalization）层，利用邻近的数据做归一化；

6）使用多 GPU 并行计算，大幅度减少了训练时间，反过来允许使用更大的数据集和更大的图像进行训练。

AlexNet 证明了 CNN 在复杂模型下的有效性，并利用 GPU 使得训练能够在可接受的时间范围内得到结果。AlexNet 的成功掀起了一场卷积神经网络的研究热潮，极大地促进了卷积神经网络的研究和发展。

3. VGG

作为 2014 年 ILSVRC 挑战的亚军，来自牛津大学的 VGG（Visual Geometry Group，牛津大学计算机视觉组）网络很好地继承了 AlexNet 的衣钵，意在使用更深的网络来获取更好的训练效果。VGG 网络是第一个在各个卷积层使用更小的 3×3 滤波器，并把它们组合作为一个卷积序列进行处理的网络，其结构如图 6-11 所示。

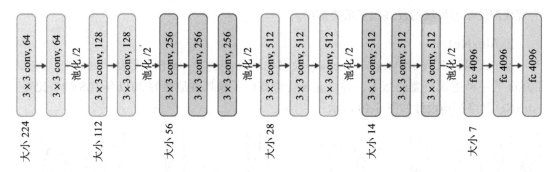

图 6-11　基于 ImageNet 的 VGG 模型

不同于 LeNet5 使用的以及 AlexNet 使用的滤波器，VGG 使用的滤波器变得更小。这看似脱离了 LeNet5 的设计初衷，反而接近 LeNet5 竭力避免的卷积。实际上，VGG 通过依次采用多个卷积，能够达到更大的感受野，以提取更多复杂特征以及这些特征的组合。这样的思想后来被许多新生网络采纳，如 ResNet。

4. GoogLeNet

以机构命名的 GoogLeNet 网络是 2014 年 ImageNet 挑战的冠军。相比 VGG，GoogLeNet 进一步阐释了"没有最深，只有更深"的道理。在介绍该模型之前，我们有必要先了解 NIN（Network in Network）模型和 Inception 模块，因为 GoogLeNet 模型由多组 Inception 模块组成，同时模型的设计借鉴了 NIN 的一些思想。

NIN 模型主要有以下两个特点。

1）引入了多层感知卷积网络（Multi-Layer Perceptron Convolution, MLPconv）来代替

一层线性卷积网络。MLPconv 是通过在线性卷积后增加若干层的卷积而形成的一个微型多层卷积网络，可用于提取高度非线性特征。

2）一般来说，传统的 CNN 最后几层都是全连接层，包含较多参数。而在 NIN 模型的设计中，最后一层卷积层包含维度大小等同于类别数量的特征图，并采用全局平均池化层替代全连接层，从而得到类别维度大小的向量，再据此进行分类。这样的设计有利于减少参数数量。

Inception 模块如图 6-12 所示，图 6-12a 对应最简单的设计，输出是将 3 个卷积层和 1 个池化层的特征进行拼接的结果。这种设计的缺点是池化层不会改变特征通道数，导致拼接后得到的特征的通道数较大。经过几层这样的模块的层叠后，特征的通道数会越来越大，相应的参数和计算量也随之增大。为了改善上述问题，图 6-12b 引入了 3 个 1×1 卷积层进行降维（减少通道数）。如在 NIN 模型介绍中提到的，引入 1×1 卷积还可用于修正线性特征。

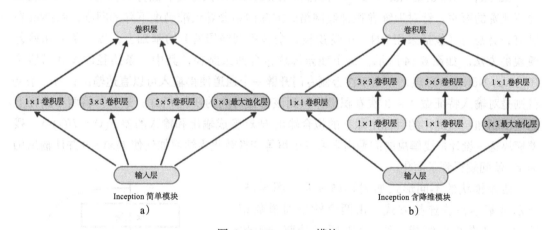

Inception 简单模块
a)

Inception 含降维模块
b)

图 6-12　Inception 模块

GoogLeNet 由多组 Inception 模块堆叠而成。此外，GoogLeNet 和 NIN 一样，在网络的最后采用了均值池化层来替代传统的多层全连接层；但与 NIN 不同的是，GoogLeNet 在池化层后接了一层全连接层以映射到类别数。除了上述两个特点，考虑到网络中间层特征也很有判别性，GoogLeNet 在中间层添加了两个辅助分类器，用于在反向传播中增强梯度同时增强正则化，而整个网络的损失函数由这三个分类器的损失加权求和得到。

GoogLeNet 整体网络结构如图 6-13 所示，由 22 层网络构成：最开始为 3 层普通的卷积层；接下来为 3 组子网络，第 1、2、3 组子网络分别包含 2、5、2 个 Inception 模块；然后接平均池化层和全连接层。

以上介绍的是 GoogLeNet 的第一版模型（称作 GoogLeNet-v1）。GoogLeNet 后续又产生了多个版本：GoogLeNet-v2 引入 BN（Batch Normalization）层；GoogLeNet-v3 针对一些卷积层做了分解，进一步深化网络并提高网络的非线性表达能力；GoogLeNet-v4 则引入了接下来要讲的 ResNet 的设计思路。GoogLeNet 从 v1 到 v4 的每一版改进都使得准确度又进一步提升。限于篇幅，本书不再具体介绍 v2 到 v4 的架构。

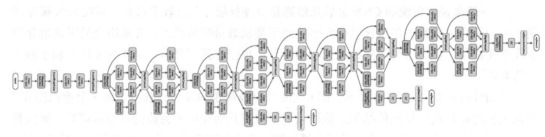

图 6-13　GoogLeNet 整体网络结构

5. ResNet

ResNet（Residual Network）是 2015 年 ImageNet 图像分类、图像物体定位和图像物体检测比赛的冠军。针对训练卷积神经网络时加深网络会导致准确度下降的问题，ResNet 在已有设计思路（包括采用 BN、小卷积核、全卷积网络层等）的基础上，提出了采用残差模块的方法。如图 6-14 所示，每个残差模块包含两条路径，其中一条路径的设计借鉴了 Highway Network 思想，相当于在旁侧专门开辟一个通道使得输入可以直达输出；另一条路径则是对输入特征做 2 ～ 3 次卷积操作得到该特征对应的残差 $F(x)$；最后再将两条路径上的输出相加，即优化的目标由原来的拟合输出 $H(x)$ 变成输出和输入的差 $F(x) = H(x)-x$。残差模块这一设计将要解决的问题由学习一个恒等变换转化为学习如何使 $F(x) = 0$ 并使输出仍为 x，使问题得到了简化。

残差模块的不同形式如图 6-15 所示，图 6-15a 所示是基本模块连接方式，由两个输出通道数相同的 3×3 卷积层组成。图 6-15b 所示是瓶颈模块（Bottleneck）连接方式。因为先使用了 1×1 的卷积层来对输入进行降维（对应图 6-15 中示例由 256 维下降至 64 维），然后又使用 1×1 卷积层来对输入进行升维（对应图 6-15 中示例由 64 维上升至 256 维）；如此一来，相比原始的输入和最终的输出，中间

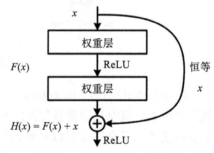

图 6-14　残差模块结构

3×3 卷积层的输入和输出通道数都较小（对应图 6-15 中示例由 64 维至 64 维），整体形似瓶颈，因此得名"瓶颈模块"。

图 6-16 所示为基于 ImageNet 的 50、101、152 层 ResNet 模型的连接示意图，其中，残差模块使用的是瓶颈模块。这三个模型的区别在于残差模块的重复次数各不相同（见图 6-16 右上角）。对于一般网络，随着网络层数不断加深其在训练集上的误差会不断增大，而 ResNet 的结构设计使得训练误差会随着层数增大反而逐渐减小，训练收敛速度较快，因而可用于训练上百乃至近千层的卷积神经网络。

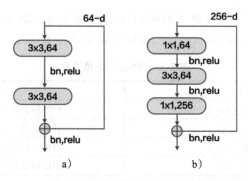

图 6-15　残差模块的不同模式

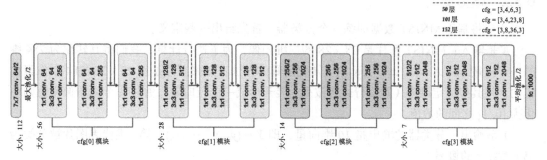

图 6-16　基于 ImageNet 的 ResNet 模型

6.3　飞桨实现

在本节内,将以识别手写数字任务为例,利用飞桨平台进行代码实现。从实际问题出发,帮助读者理解卷积神经网络的设计和组成。

6.3.1　数据介绍

当我们学习编程的时候,编写的第一个程序一般是实现打印"Hello World"。而机器学习(或深度学习)的入门教程,一般都是 MNIST 数据库上的手写识别问题。原因是手写识别属于典型的图像分类问题,比较简单,同时 MNIST 数据集也很完备。MNIST 数据集作为一个简单的计算机视觉数据集,包含一系列如图 6-17 所示的手写数字图片和对应的标签。图片是 28×28 的像素矩阵,标签则对应着 0~9 的 10 个数字。每张图片都经过了大小归一化并将数字置于图片中心位置。

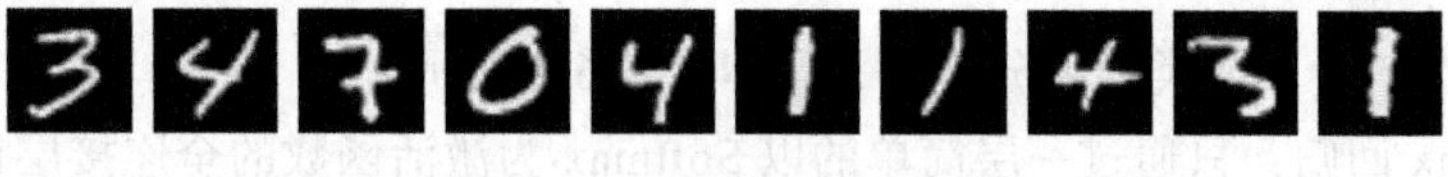

图 6-17　MNIST 图片示例

飞桨在 API 中提供了自动加载 MNIST 数据的模块 paddle.dataset.mnist，如表 6-1 所示。加载后的数据位于 /home/username/.cache/paddle/dataset/mnist 下。

表 6-1 MNIST 数据文件

文件名称	说明
train-images-idx3-ubyte	训练数据图片，60 000 条数据
train-labels-idx1-ubyte	训练数据标签，60 000 条数据
t10k-images-idx3-ubyte	测试数据图片，10 000 条数据
t10k-labels-idx1-ubyte	测试数据标签，10 000 条数据

6.3.2 模型概览

本节将基于 MNIST 数据训练一个分类器，首先给出一些定义。

X 是输入：MNIST 图片是 28×28 的二维图像，为了进行计算，我们将其转化为 784 维的一个向量，即 $X = (x_0, x_1, \cdots, x_{783})$。转化的具体做法：每张图片是由 $28 \times 28 = 784$ 个像素构成的，将其按固定顺序（如按行或者按列）展开形成一个行向量，并将每个原始像素值归一化为 $[0, 1]$ 之间的数值。

Y 是输出：分类器的输出是 10 维向量，即 $Y = (y_0, y_1, \cdots, y_9)$，第 i 维代表图片被分类为第 i 类数字的概率。

L 是图片的真实标签：$L = (l_0, l_1, \cdots, l_9)$，也是 10 维向量，但只有一维为 1，其他维度都为 0。为 1 的维度对应图片表示的真实数字，如 $L = (1, 0, \cdots, 0)$ 表示图片表示的数字是 0。

6.3.3 配置说明

本小节将介绍模型训练相关的代码配置，主要包括定义分类器、初始化设置、配置网络结构、训练以及预测等。

1. 库文件

首先，加载飞桨的 API 包，如代码清单 6-1 所示。

代码清单 6-1 加载库文件

```
import paddle
import paddle.fluid as fluid
from paddle.fluid.dygraph import Linear
from paddle.fluid.dygraph.nn import Conv2D, Pool2D, Linear
import numpy as np
```

2. 定义分类器

其次，定义三个不同类型的分类器，具体如表 6-2 所示。

1）Softmax 回归：只通过一层简单的以 Softmax 为激活函数的全连接层得到分类结果。具体过程和网络结构如图 6-18 所示：784 维的输入特征经过节点数目为 10 的全连接层后，直接通过 Softmax 函数进行多分类。对应代码实现如代码清单 6-2 所示。

表 6-2　分类器对比

分类器	主要网络层数	包含的网络层	网络相对复杂程度
Softmax 分类器	1	全连接层	简单
多层感知器分类器	3	全连接层	中等
卷积神经网络分类器	5	卷积层、池化层、全连接层	复杂

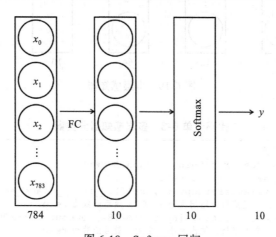

图 6-18　Softmax 回归

代码清单 6-2　Softmax 分类器

```
# 定义 softmax 分类器
class softmaxRegression(fluid.dygraph.Layer):
    def __init__(self, name_scope):
        super(SoftmaxRegression, self).__init__(name_scope)
        # 输出层，全连接层，输出大小为 10，对应结果的十个类别，激活函数为 softmax
        self.fc = Linear(input_dim=784, output_dim=10, act='softmax')


    # 网络的前向计算函数
    def forward(self, x):
        # 因为第一层为全连接层，需要先将输入数据 reshape 为一维向量
        x = fluid.layers.reshape(x, [x.shape[0], -1])
        x = self.fc(x)
        return x
```

　　2）多层感知器：Softmax 回归模型采用了最简单的两层神经网络，即只有输入层和输出层，因此其拟合能力有限。为了达到更好的识别效果，我们考虑在输入层和输出层中间加上若干个隐藏层。例如，代码清单 6-3 实现了一个含有两个隐藏层（全连接层）的多层感知器。其中，两个隐藏层的激活函数均采用 ReLU，输出层的激活函数用 Softmax。对应的多层感知器的网络结构如图 6-19 所示：784 维的输入特征，先后经过两个节点数为 128 和 64 的全连接层，最后通过 Softmax 函数进行多分类。

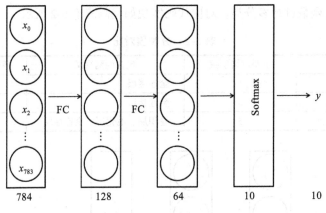

图 6-19　多层感知器

代码清单 6-3　多层感知器分类器

```
# 定义多层感知器分类器
class MultilayerPerceptron(fluid.dygraph.Layer):
    def __init__(self,name_scope):
        super(MultilayerPerceptron, self).__init__(name_scope)
        # 隐藏层 1，全连接层，输出大小为 200，激活函数为 relu
        self.hidden1 = Linear(input_dim=784, output_dim=200, act='relu')
        # 隐藏层 2，全连接层，输出大小为 200，激活函数为 relu
        self.hidden2 = Linear(input_dim=200, output_dim=200, act='relu')
        # 输出层，全连接层，输出大小为 10，对应结果的十个类别，激活函数为 softmax
        self.fc = Linear(input_dim=200, output_dim=10, act='softmax')

    def forward(self,x):
        # 因为第一层为全连接层，需要先将输入数据 reshape 为一维向量
        x = fluid.layers.reshape(x, [x.shape[0], -1])
        x = self.hidden1(x)
        x = self.hidden2(x)
        x = self.fc(x)
        return x
```

3）卷积神经网络分类器：其网络结构如图 6-20 所示，输入的二维图像，经过两次卷积层后接池化层的结构，在通过输出节点数目为 10 的以 Softmax 函数作为激活函数的全连接层后得到多分类输出，代码实现如代码清单 6-4 所示。

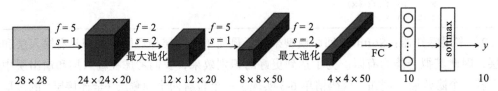

图 6-20　卷积神经网络分类器

代码清单 6-4　卷积神经网络分类器

```
# 定义卷积神经网络分类器
class ConvolutionalNeuralNetwork(fluid.dygraph.Layer):
    def __init__(self, name_scope):
        super(ConvolutionalNeuralNetwork, self).__init__(name_scope)
        # 卷积层，使用 20 个 5*5 的滤波器，激活函数为 relu
        self.conv1 = Conv2D(num_channels=1, num_filters=20, filter_size=5, act='relu')
        # 池化层，池化大小为 2，池化步长为 2，使用 max 池化
        self.pool1 = Pool2D(pool_size=2, pool_stride=2, pool_type='max')
        # 卷积层，使用 20 个 5*5 的滤波器，激活函数为 relu
        self.conv2 = Conv2D(num_channels=20, num_filters=50, filter_size=5, act='relu')
        # 池化层，池化大小为 2，池化步长为 2，使用 max 池化
        self.pool2 = Pool2D(pool_size=2, pool_stride=2, pool_type='max')
        # 输出层，全连接层，输出大小为 10，对应结果的十个类别，激活函数为 softmax
        self.fc = Linear(input_dim=800, output_dim=10, act='softmax')

    # 网络的前向计算过程
    def forward(self, x):
        x = self.conv1(x)
        x = self.pool1(x)
        x = self.conv2(x)
        x = self.pool2(x)
        # 因为最后一层为全连接层，需要将数据 reshape 为一维向量
        x = fluid.layers.reshape(x, [x.shape[0], -1])
        x = self.fc(x)
        return x
```

3. 读取数据

接下来我们读取数据集，本例中我们使用飞桨提供的 MNIST 数据集，通过飞桨的 paddle.dataset.mnist. 接口即可获得，如代码清单 6-5 所示。

代码清单 6-5　读取数据

```
# 获取训练数据
train_set = paddle.dataset.mnist.train()
train_reader = paddle.batch(train_set,batch_size=16)
# 获取测试数据
test_set = paddle.dataset.mnist.test()
test_reader = paddle.batch(test_set,batch_size=32)
```

4. 训练配置

在训练前需要进行相关配置。首先选择分类器，根据我们之前的定义，可以选择 Softmax 分类器、多层感知机分类器和卷积神经网络分类器。然后开启模型训练模式，最后指定训练相关的参数。

❑ 优化方法（optimizer）：训练过程中用于更新权重，采用自适应优化器 Adam。

❑ 学习率（learning_rate）：迭代的速度，与网络的训练收敛速度有关系。

训练配置的具体实现代码如代码清单 6-6 所示。

代码清单 6-6 训练配置

```
# 定义飞桨动态图工作环境
with fluid.dygraph.guard():
    # 实例化模型
    # 以下三个模型任选其一
    # Softmax 分类器
    # model = SoftmaxRegression('mnist')
    # 定义多层感知器分类器
    # model = MultilayerPerceptron('mnist')
    # 卷积神经网络分类器
    model = ConvolutionalNeuralNetwork('mnist')

    # 使用 Adam 优化器
    # 学习率为 0.001
    opt = fluid.optimizer.Adam(learning_rate=0.001, parameter_list=model.
parameters())
    # 迭代次数设为 5
    EPOCH_NUM = 5
```

5. 模型训练

在准备就绪后，即可开始训练。飞桨采用双层循环的训练方式。首先定义外层循环，表示使用训练集数据对模型训练遍历 EPOCH_NUM 次。在内层循环中，包括数据 shape 的调整、数据转为 variable 形式，然后即可前向计算、计算损失与精度、反向传播与参数更新。

在训练过程中，为了方便观察训练的程度，我们每训练 500 个 batch 就打印一次当前的损失值和精度。

在训练完成后，将训练好的模型保存到指定路径下。

模型训练的具体实现如代码清单 6-7 所示。

代码清单 6-7 调用训练过程

```
with fluid.dygraph.guard():
    # 定义外层循环
    for pass_num in range(EPOCH_NUM):
        # 定义内层循环
        for batch_id,data in enumerate(train_reader()):
            # 调整数据 shape 使之适合模型
            images = np.array([x[0].reshape(1, 28, 28) for x in data],np.float32)
            labels = np.array([x[1] for x in data]).astype('int64').reshape(-1,1)

            # 将 numpy 数据转为飞桨动态图 variable 形式
            image = fluid.dygraph.to_variable(images)
            label = fluid.dygraph.to_variable(labels)

            # 前向计算
            predict = model(image)

            # 计算损失
            loss = fluid.layers.cross_entropy(predict,label)
            avg_loss = fluid.layers.mean(loss)
            # 计算精度
```

```
acc = fluid.layers.accuracy(predict,label)

if batch_id % 500 == 0:
    print("pass:{},batch_id:{},train_loss:{},train_acc:{}".
    format(pass_num,batch_id,avg_loss.numpy(),acc.numpy()))

# 反向传播
avg_loss.backward()
# 最小化 loss，更新参数
opt.minimize(avg_loss)
# 清除梯度
model.clear_gradients()
    # 保存模型文件到指定路径
    fluid.save_dygraph(model.state_dict(), 'mnist')
```

在训练过程中，我们可以观察到训练程度如何，如下所示。

```
pass:0,batch_id:0,train_loss:[3.5232809],train_acc:[0.0625]
pass:0,batch_id:500,train_loss:[0.39172843],train_acc:[0.9375]
pass:0,batch_id:1000,train_loss:[0.04001892],train_acc:[1.]
pass:0,batch_id:1500,train_loss:[0.0071989],train_acc:[1.]
......
pass:2,batch_id:1000,train_loss:[0.00061754],train_acc:[1.]
pass:2,batch_id:1500,train_loss:[0.00338498],train_acc:[1.]
......
pass:4,batch_id:2000,train_loss:[0.02284623],train_acc:[1.]
pass:4,batch_id:2500,train_loss:[0.00054573],train_acc:[1.]
pass:4,batch_id:3000,train_loss:[0.00662354],train_acc:[1.]
pass:4,batch_id:3500,train_loss:[0.00202064],train_acc:[1.]
```

可以发现，随着训练轮次不断增加，损失值在不断下降，精度在不断提高。

6. 应用模型

在完成训练后，为验证模型的分类效果，可以使用训练好的模型对手写体数字图片进行分类，如下所示。

首先查看测试图片，代码如代码清单 6-8 所示，可得到如图 6-21 所示的效果，这里我们使用了数字“3”。

代码清单 6-8　查看测试图片

```
from PIL import Image
import matplotlib.pyplot as plt

# 测试图片的路径
infer_path_3 = 'infer_3.png'      # 数字 3

# 预览测试图片
image = Image.open(infer_path_3)
plt.imshow(image)
plt.show()
```

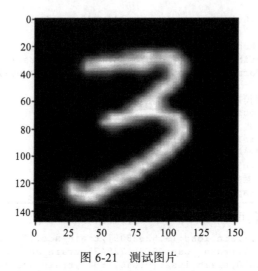

图 6-21 测试图片

然后我们使用该图对训练好的模型进行测试，如代码清单 6-9 所示。

代码清单 6-9 模型测试

```python
import paddle.fluid as fluid
import numpy as np

def load_image(file):
    # 以灰度图的方式读取待测图片
    img = Image.open(file).convert('L')
    # 预处理
    # 调整图像大小
    img = img.resize((28,28),Image.ANTIALIAS)
    img = np.array(img).reshape(1,1,28,28).astype('float32')
    # 归一化处理
    img = img / 255
    return img

# 构建预测动态图过程
with fluid.dygraph.guard():
    # 读取模型
    # 参数为保存模型参数的文件地址
    model_dict, _ = fluid.load_dygraph('mnist')
    # 加载模型参数
    model.load_dict(model_dict)
    # 评估模式
    model.eval()
    img = load_image(infer_path_3)
    # 将 np 数组转换为 dygraph 动态图的 variable
    img = fluid.dygraph.to_variable(img)
    result = model(img)
    print(' 预测的结果是 :{}'.format(np.argmax(result.numpy())))
```

可以发现模型的预测正确：

预测的结果是 :3

6.4　本章小结

传统图像分类方法由多个阶段构成，框架较为复杂。端到端的 CNN 模型结构可一步到位，而且大幅度提升了分类准确率。本章首先结合 CNN 的基础理论介绍了 CNN 的重要概念（卷积操作、滤波器、超参数、参数共享和局部连接等），CNN 的主要组成结构（卷积层、池化层和 Softmax 分类层）和 CNN 的经典架构（LeNet5、AlexNet、VGG、GoogLeNet 和 ResNet）；然后用飞桨配置和训练 CNN 模型，并介绍了如何使用飞桨的 API 接口对图片进行特征提取和分类。对于其他数据集，如 ImageNet，配置和训练流程是一样的，大家可以自行进行实验。

本章的参考代码见 https://github.com/PaddleToturial-v2/DeepLearningAndPaddleTutorial-v2 下 lesson6 子目录。

第 7 章

循环神经网络

第 6 章介绍了卷积神经网络的基本组成及相关概念，并介绍了如何使用飞桨搭建卷积神经网络，解决手写数字识别问题。与处理无关联的独立数据的卷积神经网络不同，循环神经网络（Recurrent Neural Network，RNN）是一类用于处理序列数据的神经网络。序列数据在日常生活中随处可见，如视频、文本等。本章将介绍两种基于门控的循环神经网络结构，并结合机器翻译这一任务对循环神经网络的原理进行解析。此外，本章还将结合具体案例和代码剖析如何使用飞桨平台搭建循环神经网络。

学完本章，希望读者能够掌握以下知识点：

1）循环神经网络的基本概念；

2）了解两种基于门控的循环神经网络结构；

3）使用飞桨搭建简单的循环神经网络。

7.1　任务描述

循环神经网络是一种具有记忆力的网络，允许信息长久化地保存在神经网络中。当输入的数据具有前后依赖性的时候，循环神经网络具有出色表现。循环神经网络可以应用于许多不同领域中，如文本生成、机器翻译、情感分析、语音识别、视频理解等。本章我们将以机器翻译为例进行介绍。

机器翻译是自然语言处理领域中的一个重要研究方向。机器翻译是利用计算机将一种自然语言（源语言）转换为另一种自然语言（目标语言）的过程。随着计算机行业的不断发展，机器翻译也从早期的词典匹配，逐步转变为词典结合语言学专家知识的规则翻译，再转变为基于语料库的统计机器翻译。2013 年以来，随着深度学习的研究取得较大进展，基于神经网络的机器翻译逐渐兴起。它的技术核心是神经网络可以自动从语料库中学习翻译知识。即一种语言的句子被向量化之后，在网络中层层传递，转化为计算机可以"理解"的表示形式，再经过多层复杂的传导运算，生成另一种语言的译文。基于神经网络的机器翻译实现了"理解语言，生成译文"的翻译方式。通过这种翻译方式得到的译文更加流畅，也更符合语言规范，相比之前的翻译技术，质量有了飞跃式的提升。在本章最后，我们将介绍如何利用真实数据集对循环神经网络进行训练，从而实现机器翻译。

7.2　循环神经网络介绍

在之前介绍的神经网络中，数据都是从输入层到隐藏层再到输出层，层与层之间相互连接，而每层之间的节点是无连接的。这种结构对于输入无直接联系的问题具有较强的解决能力，但有时对于一些序列化问题无能为力。例如，当预测一句话中的下一个单词是什么的时候，一般需要用到前面的单词，因为一个句子中前后单词并不是独立的。因此，这里使用循环神经网络会有更好的表现。循环神经网络是将序列数据作为输入，在序列的演进方向上进行递归且所有节点按链式连接的神经网络。循环神经网络最大的特点是，前面的信息会保存下来并应用于当前的计算中，也就是说隐藏层的节点变成了有连接的，而且隐藏层的输入不仅包括了输入层的输出，还包括了前一个隐藏层的输出。

这种节点之间能连接的结构带来的一个与众不同的特点便是，相比最初的神经网络，其允许可变长度序列作为输入和输出。图 7-1 展示了循环神经网络结构。

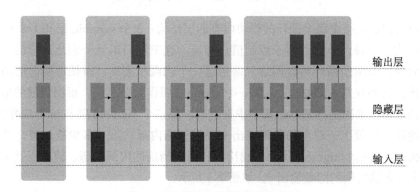

输出层

隐藏层

输入层

图 7-1　循环神经网络结构示意图

我们将当前时间步记为 t，上一时间步记为 $t-1$，时间步 t 的输入记为 x_t，对应的隐藏层的状态记为 h_t。当前状态的计算公式如下：

$$h_t = f(W_{hh}h_{t-1} + W_{xh}x_t) \tag{7-1}$$

$$y_t = W_{hy}h_t \tag{7-2}$$

其中，f 代表激活函数，常见的有 ReLU、tanh 等。W_{hh}、W_{xh}、W_{hy} 是三个权重矩阵，

每个权重矩阵都会通过网络的反向传播进行更新。y_t是网络最终的输出。

7.2.1 长短期记忆网络

循环神经网络虽然可以保存历史信息，但是对于更复杂的实际问题来说，当前时刻有时需要更久以前的历史信息，有时仅需要临近的历史信息。简单的循环神经网络无法处理这种复杂的情况，长短期记忆（Long Short Term Memory，LSTM）网络则解决了这一问题，使神经网络依然可以从输入数据中学习到长期依赖关系。比如"I grew up in France…I speak fluent (French)"要预测括号中应该填哪个词时，与很久之前的"France"有密切关系。传统循环神经网络的每一步的隐藏单元只是执行一个简单的 tanh 或 ReLU 操作，如图7-2 所示。

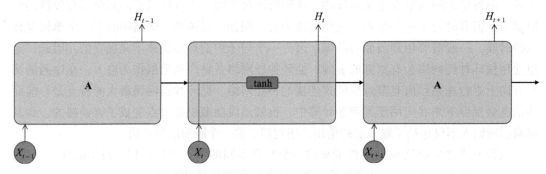

图 7-2   循环神经网络内部结构示例

而长短期记忆网络中每个循环的模块内有四层结构：3 个 sigmoid 层和 1 个 tanh 层。这四层结构组成了三种门单元，用于控制信息传递。这三种门单元分别是遗忘门、输入门和输出门。此外，简单的循环神经网络只需传递一个隐藏状态 h_t，而长短期记忆网络还需要传递候选状态 c_t 和候选内部状态 $\tilde{c}_t$。第一个 sigmoid 层作为遗忘门，根据当前的输入以及上一时刻的隐藏输出来决定内部状态有多少被遗忘。第二个 sigmoid 层和 tanh 层作为输入门，根据当前的输入以及上一时刻的隐藏输出来决定候选内部状态有多少被保留，从而得到最新的内部状态。第三个 sigmoid 层作为输出门，根据当前的内部状态、输入以及上一时刻的隐藏输出来决定该时刻的隐藏输出⊖。如图 7-3 所示。

我们将遗忘门记为 f_t，输入门记为 i_t，输出门记为 o_t，各个控制门以及各个状态的计算公式如下所示：

$$i_t = \sigma(\boldsymbol{W}_i x_t + \boldsymbol{U}_i h_{t-1} + b_i) \tag{7-3}$$

$$f_t = \sigma(\boldsymbol{W}_f x_t + \boldsymbol{U}_f h_{t-1} + b_f) \tag{7-4}$$

$$\tilde{c}_t = f(\boldsymbol{W}_{ct} x_t + \boldsymbol{W}_{ch} h_{t-1} + b_c) \tag{7-5}$$

⊖ 邱锡鹏 . 神经网络和深度学习 [M]. 2019：149-151.

$$o_t = \sigma(W_o x_t + W_o h_{t-1} + W_{oc} c_t + b_o) \tag{7-6}$$

$$c_t = f_t \odot c_{t-1} + i_t \odot \tilde{c}_t \tag{7-7}$$

$$h_t = o_t \odot f(c_t) \tag{7-8}$$

其中，W 和 U 表示权重，b 表示偏重，矩阵 σ 表示 logistic 函数，f 表示激活函数，$\odot$ 表示向量元素乘积。

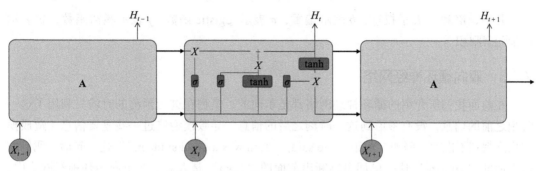

图 7-3　长短期记忆网络结构示例

7.2.2　门控循环单元

门控循环单元（Gated Recurrent Unit，GRU）是循环神经网络的一种，它的内部思想与长短期记忆网络一致，希望通过内部模块的设定来控制信息的流动。因此，可以认为门控循环单元是长短期记忆网络的一个变体。两者相比而言，门控循环单元的内部更为简单，便于计算。由于长短期记忆网络中的遗忘门和输入门是互补关系，通过一个门即可控制信息的流动。因此。门控循环单元中利用更新门实现输入门和遗忘门的主要功能，通过重置门来控制当前时刻的候选状态的计算是否依赖于上一个时刻。在门控循环单元中，只需传递隐藏状态 h_t 和候选隐藏状态 $\tilde{h}_t$。门控循环单元的结构如图 7-4 所示。

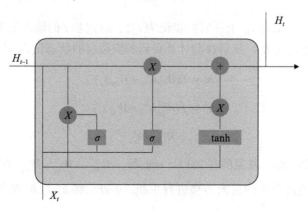

图 7-4　GRU 结构示例

我们将重置门记为 r_t，更新门记为 u_t，各个控制门以及各个状态的计算公式如下所示：

$$\tilde{h}_t = \tan h(W_h x_t + U_h(r_t \odot h_{t-1}) + b_h) \tag{7-9}$$

$$r_t = \sigma(W_r x_t + U_r h_{t-1} + b_r) \tag{7-10}$$

$$h_t = z_t \odot h_{t-1} + (1-z_t) \odot \tilde{h}_t \tag{7-11}$$

$$u_t = \sigma(W_z x_t + U_z h_{t-1} + b_z) \tag{7-12}$$

其中，W 和 U 表示权重，b 表示偏重，σ 表示 logistic 函数，f 表示激活函数，$\odot$ 表示向量元素乘积。

7.2.3 双向循环神经网络

在前面我们所介绍的循环神经网络都是单向的，模型在进行预测的时候只利用了这一时刻之前的信息，没有考虑到这一时刻之后的信息，导致模型错过一些重要信息，造成模型预测判别不准确。例如，对于 "He said, ' Tom was a good student.'" 这一句话，我们通过后面的 "student" 这一单词可判断出前面的 "Tom" 是人名。在单向循环神经网络中，仅根据前三个输入的单词 "He said Tom" 无法准确判断出 Tom 究竟指的是什么。双向循环神经网络（Bidirectional Recurrent Neural Network, BiRNN）通过增加从后往前传递信息的结构，让网络可以获取到当前时刻之后的内容，其结构如图 7-5 所示。

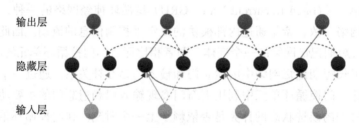

图 7-5 双向循环神经网络结构示意图

我们将当前时间步记为 t，上一时间步记为 $t-1$，时间步 t 的输入记为 x_t，从前往后计算得到的隐藏层的状态记为 h_t^1，从后往前计算得到的隐藏层的状态记为 h_t^2。

$$h_t^1 = f(W_{hh}^1 h_{t-1}^1 + W_{xh} x_t) \tag{7-13}$$

$$h_t^2 = f(W_{hh}^2 h_{t-1}^2 + W_{xh} x_t) \tag{7-14}$$

$$y_t = W_{yh} g(h_t^1, h_t^2) \tag{7-15}$$

其中，f 代表激活函数，常见的有 ReLU、tanh 等。W_{hh}^1、W_{hh}^2、W_{xh}、W_{yh} 是四个权重矩阵，每个权重矩阵都会通过网络的反向传播进行更新。g 表示将 h_t^1 与 h_t^2 两部分拼接起来，y_t 是网络最终的输出。

7.2.4 卷积循环神经网络

第 6 章我们介绍了卷积神经网络的相关概念，传统的卷积神经网络通常用于解决图像的特征提取问题。近些年来，相关研究人员将循环神经网络与卷积神经网络结合在一起，形成了卷积循环神经网络（Convolutional Recurrent Neural Network，ConvRNN），如图 7-6 所示。卷积循环神经网络不仅保留了循环神经网络的记忆能力，还可以利用卷积神经网络来提取信息中不同层次的信息特征。卷积循环神经网络在图像分类、文本分类等多项任务中都有着出色表现。

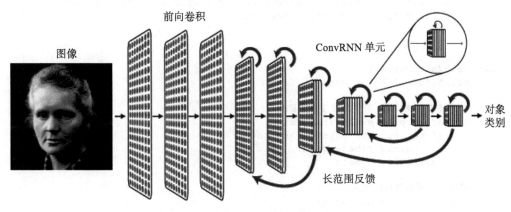

图 7-6 卷积循环神经网络示意图[注]

7.3 利用飞桨实现机器翻译

7.3.1 数据准备

在训练开始前，需要准备数据集，并做好相关配置。在本例中，采用 IWSLT'15 English-Vietnamese data 数据集中的英语和越南语的数据作为训练语料。读者可以自行寻找一些常见的自然语言处理的数据集进行训练，只需要对配置的代码进行修改即可。如在代码清单 7-1 中首先进行了数据的下载。

代码清单 7-1 下载数据

```
import os
import urllib
import sys

if sys.version_info >= (3, 0):
```

⊖ Nayebi A, Bear D, Kubilius J, et al. Task-driven convolutional recurrent models of the visual system[C]. Advances in Neural Information Processing Systems. 2018:5290-5301.

```
      import urllib.request
import zipfile

URLLIB = urllib
if sys.version_info >= (3, 0):
    URLLIB = urllib.request

# 路径设置
remote_path = 'https://nlp.stanford.edu/projects/nmt/data/iwslt15.en-vi'
base_path = 'data'
tar_path = os.path.join(base_path, 'en-vi')
filenames = [
    'train.en', 'train.vi', 'tst2012.en', 'tst2012.vi', 'tst2013.en',
    'tst2013.vi', 'vocab.en', 'vocab.vi'
]


def main(arguments):
    print("Downloading data......")

    # 若不存在该目录，则创建相应文件目录
    if not os.path.exists(tar_path):
        if not os.path.exists(base_path):
            os.mkdir(base_path)
        os.mkdir(tar_path)

    # 下载数据并保存到本地
    for filename in filenames:
        url = remote_path + '/' + filename
        tar_file = os.path.join(tar_path, filename)
        URLLIB.urlretrieve(url, tar_file)
    print("Downloaded sucess......")


if __name__ == '__main__':
    sys.exit(main(sys.argv[1:]))
```

下载好数据之后，还需要读取和处理数据，建立并保存词典。代码清单7-2展示了读取和处理数据的一些基础操作，如可以除去原文中空格、tab、乱码以及特殊符号等，并且灵活设置单次输入网络中的序列长度。

代码清单 7-2　读取并处理数据

```
from __future__ import absolute_import
from __future__ import division
from __future__ import print_function

import collections
import os
import io
import sys
import numpy as np

Py3 = sys.version_info[0] == 3
```

```
UNK_ID = 0

# 读取下载的文档，构建字典
def _build_vocab(filename):
    vocab_dict = {}
    ids = 0
    with io.open(filename, "r", encoding='utf-8') as f:
        for line in f.readlines():
            vocab_dict[line.strip()] = ids
            ids += 1
    print("vocab word num", ids)
    return vocab_dict

# 语料清洗，生成可输入神经网络中的数据
def _para_file_to_ids(src_file, tar_file, src_vocab, tar_vocab):
    src_data = []
    with io.open(src_file, "r", encoding='utf-8') as f_src:
        for line in f_src.readlines():
            arra = line.strip().split()
            ids = [src_vocab[w] if w in src_vocab else UNK_ID for w in arra]
            ids = ids
            src_data.append(ids)

    tar_data = []
    with io.open(tar_file, "r", encoding='utf-8') as f_tar:
        for line in f_tar.readlines():
            arra = line.strip().split()
            ids = [tar_vocab[w] if w in tar_vocab else UNK_ID for w in arra]
            ids = [1] + ids + [2]
            tar_data.append(ids)
    return src_data, tar_data

# 设置序列最大长度
def filter_len(src, tar, max_sequence_len=50):
    new_src = []
    new_tar = []
    for id1, id2 in zip(src, tar):
        if len(id1) > max_sequence_len:
            id1 = id1[:max_sequence_len]
        if len(id2) > max_sequence_len + 2:
            id2 = id2[:max_sequence_len + 2]
        new_src.append(id1)
        new_tar.append(id2)
    return new_src, new_tar

# 处理用于训练的数据
def raw_data(src_lang,
             tar_lang,
             vocab_prefix,
             train_prefix,
             eval_prefix,
             test_prefix,
             max_sequence_len=50):

    src_vocab_file = vocab_prefix + "." + src_lang
```

```
            tar_vocab_file = vocab_prefix + "." + tar_lang

            src_train_file = train_prefix + "." + src_lang
            tar_train_file = train_prefix + "." + tar_lang

            src_eval_file = eval_prefix + "." + src_lang
            tar_eval_file = eval_prefix + "." + tar_lang

            src_test_file = test_prefix + "." + src_lang
            tar_test_file = test_prefix + "." + tar_lang

            src_vocab = _build_vocab(src_vocab_file)
            tar_vocab = _build_vocab(tar_vocab_file)

            train_src, train_tar = _para_file_to_ids( src_train_file, tar_train_file, \
                                                     src_vocab, tar_vocab )
            train_src, train_tar = filter_len(
                train_src, train_tar, max_sequence_len=max_sequence_len)
            eval_src, eval_tar = _para_file_to_ids( src_eval_file, tar_eval_file, \
                                                   src_vocab, tar_vocab )

            test_src, test_tar = _para_file_to_ids( src_test_file, tar_test_file, \
                                                   src_vocab, tar_vocab )

            return ( train_src, train_tar), (eval_src, eval_tar), (test_src, test_tar),\
                   (src_vocab, tar_vocab)
# 处理用于预测的数据
def raw_mono_data(vocab_file, file_path):

        src_vocab = _build_vocab(vocab_file)
        test_src, test_tar = _para_file_to_ids( file_path, file_path, \
                                               src_vocab, src_vocab )
        return (test_src, test_tar)


def get_data_iter(raw_data,
                  batch_size,
                  mode='train',
                  enable_ce=False,
                  cache_num=20):

    src_data, tar_data = raw_data
    data_len = len(src_data)
    index = np.arange(data_len)
    if mode == "train" and not enable_ce:
        np.random.shuffle(index)

    def to_pad_np(data, source=False):
        max_len = 0
        bs = min(batch_size, len(data))
        for ele in data:
            if len(ele) > max_len:
                max_len = len(ele)
        ids = np.ones((bs, max_len), dtype='int64') * 2
```

```
        mask = np.zeros((bs), dtype='int32')
        for i, ele in enumerate(data):
            ids[i, :len(ele)] = ele
            if not source:
                mask[i] = len(ele) - 1
            else:
                mask[i] = len(ele)
        return ids, mask

    b_src = []

    if mode != "train":
        cache_num = 1
    for j in range(data_len):
        if len(b_src) == batch_size * cache_num:
            # build batch size

            if mode == 'infer':
                new_cache = b_src
            else:
                new_cache = sorted(b_src, key=lambda k: len(k[0]))

            for i in range(cache_num):
                batch_data = new_cache[i * batch_size:(i + 1) * batch_size]
                src_cache = [w[0] for w in batch_data]
                tar_cache = [w[1] for w in batch_data]
                src_ids, src_mask = to_pad_np(src_cache, source=True)
                tar_ids, tar_mask = to_pad_np(tar_cache)
                yield (src_ids, src_mask, tar_ids, tar_mask)
            b_src = []
        b_src.append((src_data[index[j]], tar_data[index[j]]))

    if len(b_src) == batch_size * cache_num or mode == 'infer':
        if mode == 'infer':
            new_cache = b_src
        else:
            new_cache = sorted(b_src, key=lambda k: len(k[0]))

        for i in range(cache_num):
            batch_end = min(len(new_cache), (i + 1) * batch_size)
            batch_data = new_cache[i * batch_size: batch_end]
            src_cache = [w[0] for w in batch_data]
            tar_cache = [w[1] for w in batch_data]
            src_ids, src_mask = to_pad_np(src_cache, source=True)
            tar_ids, tar_mask = to_pad_np(tar_cache)
            yield (src_ids, src_mask, tar_ids, tar_mask)
```

7.3.2　柱搜索

　　柱搜索（Beam Search）是一种启发式图搜索算法，用于在图或树中搜索有限集合的最优扩展节点，通常用在解空间非常大的系统（如机器翻译、语音识别）中，原因是内存无法装下图或树中所有展开的解。如在机器翻译任务中希望翻译"<start> 你好 <end>"，就算目标语言字典中只有 3 个词 (<start>, <end>, hello)，也可能生成无限句话（hello 循环出现的次数不定）。为了找到其中较好的翻译结果，我们可采用柱搜索算法。

柱搜索算法使用广度优先策略建立搜索树。在树的每一层，按照启发代价对节点进行排序，然后仅留下预先确定的数量的节点：这个数量一般被称为柱宽度、柱大小等。这些节点会在下一层继续扩展，而其他节点则会被"剪掉"，以保留质量较高的节点。这种筛选能使搜索所占用的空间和使用的时间大幅减少，但缺点是无法保证一定能够获得最优解。

柱搜索算法的解码阶段的目标是最大化生成序列的概率。其思路是在每一个时刻，根据源语言句子的编码信息 c、生成的第 i 个目标语言序列单词 u_i 和 i 时刻循环神经网络的隐藏层状态 z_i，计算出下一个隐藏层状态 z_{i+1}。将 z_{i+1} 通过 softmax 归一化，得到目标语言序列的第 $i+1$ 个单词的概率分布 p_{i+1}。再根据 p_{i+1} 采样出单词 u_{i+1}。重复上述步骤，直到获得句子结束标记 <end> 或超过句子的最大生成长度为止。

代码清单 7-3 是在本例中用到的模型配置的部分代码以及柱搜索的代码实现。

代码清单 7-3　模型配置部分代码

```python
def forward(self, inputs):
    inputs = [fluid.dygraph.to_variable(np_inp) for np_inp in inputs]
    src, tar, label, src_sequence_length, tar_sequence_length = inputs
    if src.shape[0] < self.batch_size:
        self.batch_size = src.shape[0]
    src_emb = self.src_embeder(self._transpose_batch_time(src))

    enc_hidden = fluid.dygraph.to_variable(np.zeros((self.num_layers, self.
batch_size, self.hidden_size), dtype='float32'))
    enc_cell = fluid.dygraph.to_variable(np.zeros((self.num_layers, self.
batch_size, self.hidden_size), dtype='float32'))

    max_seq_len = src_emb.shape[0]
    enc_len_mask = fluid.layers.sequence_mask(src_sequence_length, maxlen=max_
seq_len, dtype="float32")
    enc_len_mask = fluid.layers.transpose(enc_len_mask, [1, 0])
    enc_states = [[enc_hidden, enc_cell]]
    for l in range(max_seq_len):
        step_input = src_emb[l]
        step_mask = enc_len_mask[l]
        enc_hidden, enc_cell = enc_states[l]
        new_enc_hidden, new_enc_cell = [], []
        for i in range(self.num_layers):
            new_hidden, new_cell = self.enc_units[i](step_input, enc_
hidden[i], enc_cell[i])
            new_enc_hidden.append(new_hidden)
            new_enc_cell.append(new_cell)
            if self.dropout != None and self.dropout > 0.0:
                step_input = fluid.layers.dropout(
                    new_hidden,
                    dropout_prob=self.dropout,
                    dropout_implementation='upscale_in_train')
            else:
                step_input = new_hidden
```

```
        new_enc_hidden = [self._real_state(enc_hidden[i], new_enc_hidden[i],
step_mask) for i in range(self.num_layers)]
        new_enc_cell = [self._real_state(enc_cell[i], new_enc_cell[i], step_
mask) for i in range(self.num_layers)]
        enc_states.append([new_enc_hidden, new_enc_cell])

    # 训练、验证阶段
    if self.mode in ['train', 'eval']:
        dec_hidden, dec_cell = enc_states[-1]
        tar_emb = self.tar_embeder(self._transpose_batch_time(tar))
        max_seq_len = tar_emb.shape[0]
        dec_output = []

        for step_idx in range(max_seq_len):
            step_input = tar_emb[step_idx]
            new_dec_hidden, new_dec_cell = [], []
            for i in range(self.num_layers):
                new_hidden, new_cell = self.dec_units[i](step_input, dec_
hidden[i], dec_cell[i])
                new_dec_hidden.append(new_hidden)
                new_dec_cell.append(new_cell)
                if self.dropout != None and self.dropout > 0.0:
                    step_input = fluid.layers.dropout(
                        new_hidden,
                        dropout_prob=self.dropout,
                        dropout_implementation='upscale_in_train')
                else:
                    step_input = new_hidden
            dec_output.append(step_input)
            dec_hidden, dec_cell = new_dec_hidden, new_dec_cell

        dec_output = fluid.layers.stack(dec_output)
        dec_output = self.fc(self._transpose_batch_time(dec_output))

        loss = fluid.layers.softmax_with_cross_entropy(
        logits=dec_output, label=label, soft_label=False)
        loss = fluid.layers.squeeze(loss, axes=[2])
        max_tar_seq_len = fluid.layers.shape(tar)[1]
        tar_mask = fluid.layers.sequence_mask(
            tar_sequence_length, maxlen=max_tar_seq_len, dtype='float32')
        loss = loss * tar_mask
        loss = fluid.layers.reduce_mean(loss, dim=[0])
        loss = fluid.layers.reduce_sum(loss)
        return loss

    # 柱搜索
    elif self.mode in ['beam_search']:
        batch_beam_shape = (self.batch_size, self.beam_size)
        vocab_size_tensor = to_variable(np.full((1), self.tar_vocab_size))
        start_token_tensor = to_variable(np.full(batch_beam_shape, self.beam_
start_token, dtype='int64'))
        end_token_tensor = to_variable(np.full(batch_beam_shape, self.beam_
end_token, dtype='int64'))
        step_input = self.tar_embeder(start_token_tensor)
        beam_finished = to_variable(np.full(batch_beam_shape, 0,
```

```
dtype='float32'))
        beam_state_log_probs = to_variable(np.array([[0.] + [-self.kinf] *
(self.beam_size - 1)], dtype="float32"))
        beam_state_log_probs = fluid.layers.expand(beam_state_log_probs, [self.
batch_size, 1])

        dec_hidden, dec_cell = enc_states[-1]
        dec_hidden = [self._expand_to_beam_size(state) for state in dec_hidden]
        dec_cell = [self._expand_to_beam_size(state) for state in dec_cell]

        batch_pos = fluid.layers.expand(
            fluid.layers.unsqueeze(to_variable(np.arange(0, self.batch_size, 1,
dtype="int64")), [1]),
            [1, self.beam_size])
        predicted_ids = []
        parent_ids = []

        for step_idx in range(self.beam_max_step_num):
            if fluid.layers.reduce_sum(1 - beam_finished).numpy()[0] == 0:
                break
            step_input = self._merge_batch_beams(step_input)
            new_dec_hidden, new_dec_cell = [], []
            dec_hidden = [self._merge_batch_beams(state) for state in dec_hidden]
            dec_cell = [self._merge_batch_beams(state) for state in dec_cell]

            for i in range(self.num_layers):
                new_hidden, new_cell = self.dec_units[i](step_input, dec_
hidden[i], dec_cell[i])
                new_dec_hidden.append(new_hidden)
                new_dec_cell.append(new_cell)
                if self.dropout != None and self.dropout > 0.0:
                    step_input = fluid.layers.dropout(
                        new_hidden,
                        dropout_prob=self.dropout,
                        dropout_implementation='upscale_in_train')
                else:
                    step_input = new_hidden
            cell_outputs = self._split_batch_beams(step_input)
            cell_outputs = self.fc(cell_outputs)
            # Beam_search_step:
            step_log_probs = fluid.layers.log(fluid.layers.softmax(cell_outputs))
            noend_array = [-self.kinf] * self.tar_vocab_size
            noend_array[self.beam_end_token] = 0 # [-kinf, -kinf, ..., 0,
-kinf, ...]
            noend_mask_tensor = to_variable(np.array(noend_array, dtype
='float32'))
            # set finished position to one-hot probability of <eos>
            step_log_probs = fluid.layers.elementwise_mul(
                    fluid.layers.expand(fluid.layers.unsqueeze(beam_finished,
[2]), [1, 1, self.tar_vocab_size]),
                    noend_mask_tensor, axis=-1) - \
                    fluid.layers.elementwise_mul(step_log_probs, (beam_finished -
1), axis=0)
            log_probs = fluid.layers.elementwise_add(
                x=step_log_probs, y=beam_state_log_probs, axis=0)
```

```
        scores = fluid.layers.reshape(log_probs, [-1, self.beam_size *
self.tar_vocab_size])
        topk_scores, topk_indices = fluid.layers.topk(input=scores,
k=self.beam_size)
        beam_indices = fluid.layers.elementwise_floordiv(topk_indices,
vocab_size_tensor)
        token_indices = fluid.layers.elementwise_mod(topk_indices, vocab_
size_tensor)
        next_log_probs = self._gather(scores, topk_indices, batch_pos)

        new_dec_hidden = [self._split_batch_beams(state) for state in
new_dec_hidden]
        new_dec_cell = [self._split_batch_beams(state) for state in new_
dec_cell]
        new_dec_hidden = [self._gather(x, beam_indices, batch_pos) for x
in new_dec_hidden]
        new_dec_cell = [self._gather(x, beam_indices, batch_pos) for x in
new_dec_cell]

        next_finished = self._gather(beam_finished, beam_indices, batch_pos)
        next_finished = fluid.layers.cast(next_finished, "bool")
        next_finished = fluid.layers.logical_or(next_finished, fluid.layers.
equal(token_indices, end_token_tensor))
        next_finished = fluid.layers.cast(next_finished, "float32")
        # prepare for next step
        dec_hidden, dec_cell = new_dec_hidden, new_dec_cell
        beam_finished = next_finished
        beam_state_log_probs = next_log_probs
        step_input = self.tar_embeder(token_indices)
        predicted_ids.append(token_indices)
        parent_ids.append(beam_indices)

    predicted_ids = fluid.layers.stack(predicted_ids)
    parent_ids = fluid.layers.stack(parent_ids)
    predicted_ids = fluid.layers.gather_tree(predicted_ids, parent_ids)
    predicted_ids = self._transpose_batch_time(predicted_ids)
    return predicted_ids
else:
    print("not support mode ", self.mode)
    raise Exception("not support mode: " + self.mode)
```

7.3.3 模型配置

接下来是实现循环神经网络的模型配置，包括输入层、隐藏层和输出层。该模型采用了基于 LSTM 的多层的 RNN 编码器。具体实现如代码清单 7-4 所示。

代码清单 7-4 RNN 结构配置

```
from paddle.fluid import layers
from paddle.fluid.dygraph import Layer

class BasicLSTMUnit(Layer):

    def __init__(self,
```

```
                            hidden_size,
                            input_size,
                            param_attr=None,
                            bias_attr=None,
                            gate_activation=None,
                            activation=None,
                            forget_bias=1.0,
                            dtype='float32'):
            super(BasicLSTMUnit, self).__init__(dtype)

            self._hiden_size = hidden_size
            self._param_attr = param_attr
            self._bias_attr = bias_attr
            self._gate_activation = gate_activation or layers.sigmoid
            self._activation = activation or layers.tanh
            self._forget_bias = layers.fill_constant(
                [1], dtype=dtype, value=forget_bias)
            self._forget_bias.stop_gradient = False
            self._dtype = dtype
            self._input_size = input_size

            self._weight = self.create_parameter(
                attr=self._param_attr,
                shape=[self._input_size + self._hiden_size, 4 * self._hiden_size],
                dtype=self._dtype)

            self._bias = self.create_parameter(
                attr=self._bias_attr,
                shape=[4 * self._hiden_size],
                dtype=self._dtype,
                is_bias=True)

    def forward(self, input, pre_hidden, pre_cell):
        concat_input_hidden = layers.concat([input, pre_hidden], 1)
        gate_input = layers.matmul(x=concat_input_hidden, y=self._weight)

        gate_input = layers.elementwise_add(gate_input, self._bias)
        i, j, f, o = layers.split(gate_input, num_or_sections=4, dim=-1)
        new_cell = layers.elementwise_add(
            layers.elementwise_mul(
                pre_cell,
                layers.sigmoid(layers.elementwise_add(f, self._forget_bias))),
            layers.elementwise_mul(layers.sigmoid(i), layers.tanh(j)))
        new_hidden = layers.tanh(new_cell) * layers.sigmoid(o)

        return new_hidden, new_cell
```

7.3.4　模型训练

在开始训练之前，我们已经在 args.py 中对各个参数进行了设置和说明。训练文件的 main 函数中定义了对训练文件的读入方式，在训练时，训练程序会在每个 epoch 训练结束之后保存一次模型。具体的训练代码请参照 train.py，在这里我们执行脚本调用训练程序。部分参数解释如下。

❑ src_lang：源语言。

❑ tar_lang：目标语言。

❑ attention：是否使用带注意力机制的 RNN 模型。

❑ train_data_prefix：训练语料的存放路径。

❑ model_path：模型保存路径。

模型训练的具体实现如代码清单 7-5 所示。

代码清单 7-5　开始训练

```
python train.py \
       --src_lang en --tar_lang vi \
       --attention True \
       --num_layers 2 \
       --hidden_size 512 \
       --src_vocab_size 17191 \
       --tar_vocab_size 7709 \
       --batch_size 128 \
       --dropout 0.2 \
       --init_scale  0.1 \
       --max_grad_norm 5.0 \
       --train_data_prefix data/en-vi/train \
       --eval_data_prefix data/en-vi/tst2012 \
       --test_data_prefix data/en-vi/tst2013 \
       --vocab_prefix data/en-vi/vocab \
       --use_gpu True \
       --model_path attention_models
```

7.3.5　加载训练模型进行预测

在得到相应模型之后，可以加载训练好的模型进行预测，默认使用柱搜索的方法对测试数据集进行解码和预测。同样地，我们使用脚本调用 infer.py 代码执行预测。部分参数解释如下。

❑ infer_file：要预测的数据文件。

❑ beam_size：Beam Search 算法每一步的展开宽度。

❑ reload_model：指定训练好的模型。

具体实现如代码清单 7-6 所示。

代码清单 7-6　预测结果

```
python infer.py \
    --attention True \
    --src_lang en --tar_lang vi \
    --num_layers 2 \
    --hidden_size 512 \
    --src_vocab_size 17191 \
    --tar_vocab_size 7709 \
    --batch_size 1 \
    --dropout 0.2 \
```

```
--init_scale  0.1 \
--max_grad_norm 5.0 \
--vocab_prefix data/en-vi/vocab \
--infer_file data/en-vi/tst2013.en \
--reload_model attention_models/epoch_10 \
--infer_output_file attention_infer_output/infer_output.txt \
--beam_size 10 \
--use_gpu True
```

7.4 本章小结

本章首先介绍了自然语言处理中的一个常见任务——机器翻译，说明了这一任务的研究内容、研究目的以及研究意义。其次介绍了循环神经网络的基本概念、常见的循环神经网络模型——长短期记忆网络（LSTM）、门控循环网络单元（GRU）、双向循环神经网络（BiRNN）、卷积循环神经网络（ConvRNN），以及机器翻译中使用的柱搜索算法。最后介绍了如何使用飞桨框架搭建循环神经网络模型来实现机器翻译。

本章参考代码详见 https://github.com/PaddleToturial-v2/DeepLearningAndPaddleTutorial-v2 下 lesson7 子目录。

第 8 章 | *Chapter 8*

注意力机制

深度学习中的注意力机制（Attention Mechanism）是从人类注意力机制中获取的灵感。人的大脑在所接受外界多种多样的信息中，只关注重要的信息而忽略无关紧要的信息，这就是注意力的体现。注意力机制能帮助神经网络选择重要的信息进行处理，不仅能减小神经网络中的计算量，而且使模型能做出更加准确的预测。本章将首先介绍注意力机制的原理，并介绍基于注意力机制的模型 Transformer；然后详细介绍飞桨在机器翻译、视频分类问题中的实际应用。

学完本章，希望读者能够掌握以下知识点：

1）注意力机制的基本原理；

2）基于注意力机制的基本概念及常见的网络模型；

3）使用飞桨搭建简单的注意力机制模型。

8.1 任务描述

注意力机制是通过模仿人脑处理信息的机制，根据过往经验对当前的部分信息进行重点关注。目前，注意力机制已被广泛应用于多种任务中，如视频分类、自然场景文本检测与识别、情感分类、机器翻译等。本章我们将以视频分类为例进行介绍。

近些年来，随着互联网的蓬勃发展以及移动拍摄设备的不断进步，视频总数量已呈现爆炸式的增长，成为当今大数据中不可或缺的一部分。相对于海量的视频数据来说，仅仅通过视频上传者自身添加的标题和关键字或使用人工标注的方法来进行视频分类的局限性较大，远远无法满足目前人们的需求。此外，面对日益增多的视频，研究人员也希望能够通过视频分类算法来帮助人们找到更为感兴趣的视频。

视频分类是通过对视频中的内容进行处理，提取视觉特征信息，进而确定视频的关键主题。对于给定的视频，按照其中的内容进行分类。分类的类别是多样的，可以按照人体动作分类，如打篮球、跳伞、骑马；也可以按照场景分类，如学校、运动场、农场；还可以按照物体分类，如汽车、手机、玩具。视频分类不仅是视频数据管理、视频检索、视频行为分析的基础，还对视频标签自动化、视频个性化推荐产生了巨大影响。

在深度学习兴起之前，传统的视频分类方法与传统的图像分类方法类似，主要包括人工设计特征、特征值编码和分类器设计三大模块。常见的人工设计特征有方向梯度直方图、光流方向信息直方图和运动边界直方图。目前，基于密集轨迹和改善密集轨迹是最好的人工设计特征的方法之一。

深度学习的快速发展为解决视频分类问题提供了新的方法。卷积神经网络在图像分类任务上有着出色的表现，因此人们将视频剪辑看作视频帧的集合，利用 VGG、ResNet 等经典卷积神经网络模型对视频帧进行特征提取，将视频帧的特征视为视频的特征，再传入分类器进行分类。循环神经网络可用于学习视频内部隐含的时空信息来解决视频分类问题，但会存在效率较低的问题，因此有人提出利用注意力机制来解决此问题。8.2 节将对注意力机制进行介绍。

8.2　注意力机制介绍

注意力机制是熟悉理解序列的神经网络最重要的组成部分之一。对于序列输入数据来说，无论是视频序列，还是语音序列、文本序列，我们的大脑都会在多个层面上实现关注，消除我们所不需要的背景信息，以便仅选择要处理的重要信息，使我们的大脑可以高效地处理信息。当神经网络处理类似的大量序列信息时，同样可以使用注意力机制减小神经网络的计算负担。注意力机制的计算可以分为计算注意力分布和计算加权平均两步。

以 N 个输入信息 $\boldsymbol{X} = [x_1, \cdots, x_N]$ 为例，给定查询向量 $\boldsymbol{q}$ 和 $\boldsymbol{X}$，选择第 i 个输入信息的概率注意力分布 α_i，即第 i 个输入信息受到的关注程度的计算如式（8-1）所示。

$$\alpha_i = \mathrm{softmax}(s(x_i, \boldsymbol{q})) = \frac{\exp(s(x_i, \boldsymbol{q}))}{\sum\limits_{j=1}^{N} \exp(s(x_j, \boldsymbol{q}))} \qquad （8\text{-}1）$$

其中，$s(x_i, \boldsymbol{q})$ 为注意力打分函数，可通过加性模型、点积模型、双线性模型等多种模型来进行计算。通过 $\mathrm{att}(\boldsymbol{X}, \boldsymbol{q}) = \sum\limits_{i=1}^{N} \alpha_i x_i$ 对输入的信息进行汇总，示意图如图 8-1 所示。

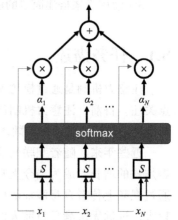

图 8-1　注意力机制示意图

8.2.1　Transformer

Transformer 是谷歌团队于 2017 年提出的用以完成机器

翻译等 Seq2Seq（Sequence to Sequence, 序列到序列）学习任务的一种全新网络结构。其使用了 Seq2Seq 任务中典型的编码器 - 解码器（Encoder-Decoder）的框架结构，但相较于此前广泛使用的循环神经网络，Transformer 中完全使用注意力（Attention）机制来实现序列到序列的建模，整体网络结构如图 8-2 所示。

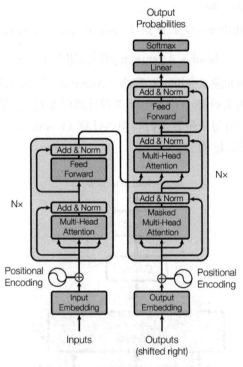

图 8-2　Transformer 结构图[⊖]

Transformer 这一模型广泛应用于自然语言处理领域，在机器翻译、语音识别等任务上的表现超过了循环神经网络和卷积神经网络。Transformer 的核心在于编码器 – 解码器结构和注意力机制，其最大的优点是可以高效地并行化执行。

其中，编码器（Encoder）部分是由 N=6 个相同的层堆叠在一起而组成的。每层由多头注意力机制（Multi-Head Attention）和全连接的前馈网络两个子层构成。其中，每个子层都加了残差连接和正则化，因此可以将子层的输出表示为：

$$sub\_layer\_output = LayerNorm(x + (SubLayer(x)))\qquad(8-2)$$

多头注意力机制用于实现自注意力机制。相比于简单的注意力机制，多头注意力机制是将输入进行多种线性变换后分别计算，然后将所有的计算结果进行拼接，最后对其进行

⊖　Vaswani A, Shazeer N, Parmar N, et al. Attention is all you need [C]. Advances in Neural Information Processing Systems. 2017: 5998-6008.

线性变换得到输出。Transformer 的 Attention 在以往注意力机制的基础上做了改进：相比于将一个点积的 Attention 直接应用进去，Transformer 先对 queries、keys 以及 values 进行 h 次不同的线性映射，这样会取得更好的效果。学习到的线性映射分别映射到 d_q、d_k 以及 d_v 维。分别对每一个映射之后得到的 queries、keys 以及 values 进行 Attention 函数的并行操作，生成 d_v 维的 output 值。即：

$$MultiHead(Q, K, V) = Concat\ (head_1, \cdots, head_h)W^O \qquad (8\text{-}3)$$

$$head_i = Attention(QW_i^Q, KW_i^K, VW_i^V) \qquad (8\text{-}4)$$

多头注意力机制结构如图 8-3 所示。其中，Attention 使用的依然是点积（Dot Product），但在点积计算后进行了缩放处理，以避免因点积计算结果过大而进入 softmax 的饱和区域。前向反馈网络会对序列中的每个位置进行相同的计算（Position-wise），其采用的是两次线性变换中间加入 ReLU 激活的结构。

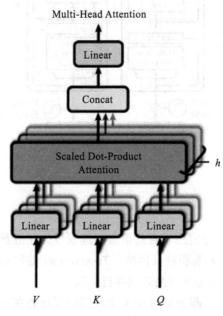

图 8-3　多头注意力机制结构图[⊖]

解码器部分（Decoder）具有和编码器类似的结构，也是由 $N = 6$ 个相同的层堆叠在一起而组成的。相比于编码器的层，在组成解码器的层中多了一个多头注意力机制的子层。编码器 – 解码器结构在其他 Seq2Seq 模型中同样存在。

⊖　Vaswani A, Shazeer N, Parmar N, et al. Attention is all you need [C]. Advances in Neural Information Processing Systems. 2017: 5998-6008.

8.2.2　Non-local 神经网络

无论是卷积神经网络还是循环神经网络，它们都是在某一块局部区域（或空间维度，或时间维度）进行操作（Local Neighborhood Operation），这样很难获取到远距离数据之间的联系。借鉴于传统计算机视觉中 Non-local 的思想，Non-local 神经网络在计算某一位置的输出时，会考虑将所有位置的特征信息进行加权作为输入。不同位置的特征信息既可以是空间维度的信息，也可以是时间维度的信息。Non-local 扩大了输出点的感受野，可以提取全局的信息。Non-local 操作如式（8-5）所示。

$$y_i = \frac{1}{C(x)} \Sigma_j f(x_i, x_j) g(x_j) \tag{8-5}$$

其中，x 表示输入的特征信息，y 表示输出的特征信息，输出 y 与输入 x 的 size 是相同的。i 是输出特征信息的位置，j 是输入特征信息的位置，$f(x_i, x_j)$ 描述了输出点 i 跟所有输入点 j 之间的关系。$C(x)$ 是根据 $f(x_i, x_j)$ 选取的归一化函数。$g(x_j)$ 是用于计算输入特征信息在位置 j 的特征值。通过公式，也进一步说明了在 Non-local 中，位置 i 的输出与任意位置 j 都有关[⊖]。Non-local 与全连接不同的是，全连接一般是通过学习的权重来得到输入与输出的映射关系，输入与输出的位置关系和权重无关。因此，Non-local 的使用也更为灵活，可与卷积神经网络与循环神经网络一起搭建更为丰富的结构，而全连接层一般只在网络的最后使用。

$f(x_i, x_j)$ 可以选取不同的形式，通常可以使用以下几种形式。

1）Gaussian：高斯函数。

$$f(x_i, x_j) = e^{x_i^T x_j} \qquad C(x) = \sum_j f(x_i, x_j) \tag{8-6}$$

2）Embedded Gaussian：高斯函数在 Embedding Space 中计算相似度。

$$f(x_i, x_j) = e^{\theta(x_i)^T \phi(x_i)} \qquad C(x) = \sum_j f(x_i, x_j) \tag{8-7}$$

3）Dot Product：点积。这里归一化参数设为 N，即输入特征的位置的数目，简化梯度计算。

$$f(x_i, x_j) = \theta(x_i)^T \phi(x_j) \qquad C(x) = N \tag{8-8}$$

Dot Product 相较于 Embedded Gaussian 的版本，会使用 softmax 非线性激活函数。

4）Concatenation：配对函数。参数 W_f 是权重向量，将连接后的向量转为标量。

$$f(x_i, x_j) = \text{ReLU}(w_f^T[\theta(x_i), \phi(x_j)]) \qquad C(x) = N \tag{8-9}$$

$$\theta(x_i) = W_\theta x_i \qquad \phi(x_j) = W_\phi x_j \tag{8-10}$$

Non-local 的灵活不仅体现在多种变种的输出点 i 与所有输入点 j 之间的关系函数 $f(x_i, x_j)$，Non-local 还可以像 ResNet 引入残差项一样引入 Non-local block。如式（8-11）

⊖　Wang X, Girshick R, Gupta A, et al. Non-local neural networks[C]. Proceedings of the IEEE conference on computer vision and pattern recognition. 2018: 7794-7803.

所示，可以在任意预训练的模型中加入 Non-local block 而不需要改变原有的结构。

$$z_i = W_z \boldsymbol{y}_i + \boldsymbol{x}_i \qquad (8\text{-}11)$$

8.2.3 Attention Cluster 神经网络

Attention Cluster 神经网络模型拥有卓越的分类能力，它曾助力百度计算机视觉团队夺取了 ActivityNet Kinetis Challenge 2017 挑战赛的冠军。该神经网络模型通过使用带 Shifting Operation 的 Attention Clusters，处理经过卷积神经网络模型抽取特征的视频的 RGB、Flow、Audio 等数据特征，实现视频分类。

一段视频中的连续图像帧常常有一定的相似性，有时图像帧中的关键局部特征便足够用来表达出视频的类别。因此，在视频分类问题中使用注意力机制，找到图像帧的关键局部特征并对此进行特征加权，使问题得以高效解决。但如果使用单一的 Attention 单元，只能获取到单一的关键信息。因此，使用 Attention Cluster，即多个 Attention 单元可获取更多关键信息，提高分类能力。Attention Cluster 网络结构如图 8-4 所示。

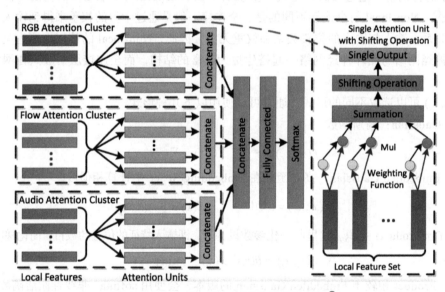

图 8-4 Attention Cluster 网络结构示意图[⊖]

整个模型可分为局部特征提取、局部特征集成及全局特征分类三部分。第一部分通过卷积神经网络提取特征；第三部分通过对拼接后的全局特征进行全连接或者 softmax 操作即可；而第二部分需要通过注意力机制对局部特征进行加权。公式如下所示。

$$v = aX \qquad (8\text{-}12)$$

⊖ Long X, Gan C, De Melo G, et al. Attention clusters: Purely attention based local feature integration for video classification [C]. Proceedings of the IEEE Conference on Computer Vision and Pattern Recognition. 2018: 7834-7843.

$$a = \mathrm{softmax}(w_2\mathrm{tanh}(W_1 X^{\mathrm{T}} + b_1) + b_2) \tag{8-13}$$

$$g = [v_1, v_2, v_3, \cdots, v_N] \tag{8-14}$$

其中，v 是一个 Attention 单元输出的全局特征，a 是权重向量，由两层全连接层组成。实现操作中，v 的产生使用了 Shifting Operation，其中，α 和 β 是可学习的标量。它通过对每一个 Attention 单元的输出添加一个独立可学习的线性变换处理后进行 L2 正则化，使得各 Attention 单元倾向于学习特征的不同成分，从而让 Attention Cluster 能更好地学习不同分布的数据，提高整个网络的学习表征能力。由于采用了 Attention Clusters，这里会将各个 Attention 单元的输出组合起来，得到多个全局特征 g。其中，N 代表的是 Clusters 的数量。

8.3　利用飞桨实现视频分类

在 8.2 节中，我们向读者介绍了 Transformer、Non-local 神经网络和 Attention Cluster 三种注意力机制。本节将使用飞桨来训练 Non-local 神经网络和 Attention Cluster 两种算法，并将其应用在视频分类任务上。

8.3.1　Non-local 神经网络

Non-local 神经网络的设计思想是在计算某一位置的输出时，考虑将其他所有位置的特征信息进行加权作为输入，从而达到扩大感受野的目的。在这一节，我们将介绍如何使用飞桨进行 Non-local 模型的训练。

1. 数据准备

本次视频分类使用的数据集为 Kinetics-400。该数据集发布于 2017 年，主要来源为 YouTube 视频网站，共涵盖 400 个人类动作。在 Non-local 模型中，输入数据是格式为 mp4 的文件，在读入数据的代码中，使用 OpenCV 读取 mp4 文件对视频进行解码和采样。训练数据随机选取起始帧的位置，对每帧图像做随机增强，短边缩放至 [256, 320] 之间的某个随机数，长边根据长宽比计算出来，截取出 224 × 224 大小的区域。具体代码如代码清单 8-1、代码清单 8-2、代码清单 8-3 所示。

代码清单 8-1　数据增强

```
def apply_resize(rgbdata, min_size, max_size):
    length, height, width, channel = rgbdata.shape
    ratio = 1.0
    if min_size == max_size:
        side_length = min_size
    else:
        side_length = np.random.randint(min_size, max_size)
    # 计算长宽比
    if height > width:
        ratio = float(side_length) / float(width)
```

```
    else:
        ratio = float(side_length) / float(height)
    out_height = int(round(height * ratio))
    out_width = int(round(width * ratio))
    outdata = np.zeros((length, out_height, out_width, channel),
    dtype=rgbdata.dtype)
    for i in range(length):
        # 截取一定长宽的视频帧
        outdata[i] = cv2.resize(rgbdata[i], (out_width, out_height))
return outdata
```

代码清单 8-2　随机选取起始帧

```
def video_fast_get_frame(video_path,sampling_rate=1,length=64,
                         start_frm=-1, sample_times=1):
        # opencv 中通过 VideoCaptrue 类对视频进行读取等操作
    cap = cv2.VideoCapture(video_path)
    frame_cnt = int(cap.get(cv2.CAP_PROP_FRAME_COUNT))
    width = int(cap.get(cv2.CAP_PROP_FRAME_WIDTH))
    height = int(cap.get(cv2.CAP_PROP_FRAME_HEIGHT))

    sampledFrames = []

    video_output = np.ndarray(shape=[length, height, width, 3],
            dtype=np.uint8)

    use_start_frm = start_frm
    if start_frm < 0:
        if (frame_cnt - length * sampling_rate > 0):
            # 选取随机帧
            use_start_frm = random.randint(0
                frame_cnt - length * sampling_rate)
        else:
            use_start_frm = 0
    else:
        # 计算取视频帧的间隔，均匀选取视频帧
        frame_gaps = float(frame_cnt) / float(sample_times)
        use_start_frm = int(frame_gaps * start_frm)%frame_cnt

    for i in range(frame_cnt):
        # 第一帧可能为空
        ret, frame = cap.read()
    if ret == False:
     continue
    img = frame[:, :, ::-1]
    sampledFrames.append(img)

for idx in range(length):
    i = use_start_frm + idx * sampling_rate
    i = i % len(sampledFrames)
    video_output[idx] = sampledFrames[i]

    cap.release()
return video_output
```

代码清单 8-3　数据准备

```
def make_reader(filelist, batch_size, sample_times, is_training,
                                shuffle, mode='train', **dataset_args):
    def reader():
        fl = open(filelist).readlines()
        fl = [line.strip() for line in fl if line.strip() != '']

        if shuffle:
            random.shuffle(fl)
        batch_out = []
        for line in fl:
            line_items = line.split(' ')
            fn = line_items[0]
            label = int(line_items[1])
            if len(line_items) > 2:
                start_frm = int(line_items[2])
                spatial_pos = int(line_items[3])
                in_sample_times = sample_times
            else:
                start_frm = -1
                spatial_pos = -1
                in_sample_times = 1
            label = np.array([label]).astype(np.int64)
            # 按照视频的帧数获取其 rgb 数据
            try:
                rgbdata = video_fast_get_frame(fn, \
                            sampling_rate = dataset_args['sample_rate'],
                            length = dataset_args['video_length'], \
                            start_frm = start_frm,
                            sample_times = in_sample_times)
            except:
                logger.info('Error when loading {},
                                    just skip this file'.format(fn))
                continue
            # 数据预处理
            # resize 处理并且缩放到 [min_size, max_size]
            min_size = dataset_args['min_size']
            max_size = dataset_args['max_size']
            rgbdata = apply_resize(rgbdata, min_size, max_size)
            # 数据维度转换为 [channel, length, height, width]
            rgbdata = np.transpose(rgbdata, [3, 0, 1, 2])

            # 进行图片裁剪、翻转等操作
            rgbdata = crop_mirror_transform(rgbdata, mean =
                                dataset_args['image_mean'], \
                                std = dataset_args['image_std'],
                                cropsize = dataset_args['crop_size'], \
                                use_mirror = is_training,
                                center_crop = (not is_training), \
                                spatial_pos = spatial_pos)
            if mode == 'infer':
                batch_out.append((rgbdata, fn))
            else:
                batch_out.append((rgbdata, label))
```

```
        if len(batch_out) == batch_size:
            yield batch_out
            batch_out = []

    return reader
```

2. 模型配置

根据 Non-local 运算公式可知，我们只需计算 theta、phi，并进行归一化操作即可。在这个过程中，我们调用了 fluid.layers.conv3d 进行 3d 卷积操作。3d 卷积和 2d 卷积相似，只是多了一维深度，输入值为 NCDHW 格式的张量，滤波器值为 MNCDHW 格式的张量。其中 N 是批尺寸，C 是通道数，D 是深度，H 是特征高度，W 是特征宽度，M 是输出通道数。具体配置如代码清单 8-4 所示。

代码清单 8-4　模型配置

```
class spacetime_nonlocal(fluid.dygraph.Layer):
    def __init__(self, dim_in, dim_out, batch_size, prefix,
            dim_inner, cfg, test_mode = False, max_pool_stride = 2):
        super(spacetime_nonlocal, self).__init__()
        self.cfg = cfg
        self.prefix = prefix
        self.dim_inner = dim_inner
        self.max_pool_stride = max_pool_stride
        self.conv3d_1 =  Conv3D(
                num_channels=dim_in,
                num_filters=dim_inner,
                filter_size=1,
                param_attr=ParamAttr(
                        initializer=fluid.initializer.Normal(loc=0.0,
                        scale=cfg.NONLOCAL.conv_init_std)),
                bias_attr=ParamAttr(
                    initializer=fluid.initializer.Constant(value=0.)))

        self.conv3d_2 = Conv3D(
                num_channels=dim_in,
                num_filters=dim_inner,
                filter_size=1,
                param_attr=ParamAttr(
                        initializer=fluid.initializer.Normal(loc=0.0,
                        scale=cfg.NONLOCAL.conv_init_std)),
                bias_attr=ParamAttr(
                    initializer=fluid.initializer.Constant(value=0.)))

        self.conv3d_3 = Conv3D(
                num_channels=dim_in,
                num_filters=dim_inner,
                filter_size=1,
                param_attr=ParamAttr(
                        initializer=fluid.initializer.Normal(loc=0.0,
                        scale=cfg.NONLOCAL.conv_init_std)),
                bias_attr=ParamAttr(
                    initializer=fluid.initializer.Constant(value=0.)))
```

```
        self.conv3d_4 = Conv3D(
                num_channels=dim_inner,
                num_filters=dim_out,
                filter_size=1,
                param_attr=ParamAttr(
                        initializer=fluid.initializer.Normal(loc=0.0,
                        scale=cfg.NONLOCAL.conv_init_std)),
                bias_attr=ParamAttr(
                    initializer=fluid.initializer.Constant(value=0.)))

        self.bn = BatchNorm(
                num_channels=dim_out,
                is_test=test_mode,
                momentum=cfg.NONLOCAL.bn_momentum,
                epsilon=cfg.NONLOCAL.bn_epsilon,
                param_attr=ParamAttr(
                    initializer=fluid.initializer.Constant(
                        value=cfg.NONLOCAL.bn_init_gamma),
                    regularizer=fluid.regularizer.L2Decay(
                        cfg.TRAIN.weight_decay_bn)),
                bias_attr=ParamAttr(
                    regularizer=fluid.regularizer.L2Decay(
                        cfg.TRAIN.weight_decay_bn)))

    def forward(self, blob_in):
        cur = blob_in
        # 进行投影以将每个时空位置转换为特征
        theta = self.conv3d_1(cur)
        theta_shape = theta.shape
        # phi 和 g:进行 3d 池化减小一半
        # e.g., (8, 1024, 4, 14, 14) => (8, 1024, 4, 7, 7)
        if self.cfg.NONLOCAL.use_maxpool:
            max_pool = fluid.layers.pool3d(
                input=cur,
                pool_size=[1, self.max_pool_stride,
                               self.max_pool_stride],
                pool_type='max',
                pool_stride=[1, self.max_pool_stride,
                                self.max_pool_stride],
                pool_padding=[0, 0, 0],
                name=self.prefix + '_pool')
        else:
            max_pool = cur
        # 计算 phi
        phi = self.conv3d_2(max_pool)
        phi_shape = phi.shape
        # 3d 卷积计算 g
        g = self.conv3d_3(max_pool)
        g_shape = g.shape
        # 使用显式批量大小(以支持任意时空大小)
        # e.g. (8, 1024, 4, 14, 14) => (8, 1024, 784)
        theta = fluid.layers.reshape(
            theta, [-1, 0, theta_shape[2] * theta_shape[3] *
                                                theta_shape[4]])
```

```
    # 转置操作
    theta = fluid.layers.transpose(theta, [0, 2, 1])
    phi = fluid.layers.reshape(
        phi, [-1, 0, phi_shape[2] * phi_shape[3] * phi_shape[4]])
    # theta 和 phi 矩阵相乘
    theta_phi = fluid.layers.matmul(theta, phi, name=self.prefix +'_
affinity')
    g = fluid.layers.reshape(g, [-1, 0, g_shape[2] * g_shape[3] * g_
shape[4]])
    if self.cfg.NONLOCAL.use_softmax:
        if self.cfg.NONLOCAL.use_scale is True:
            theta_phi_sc = fluid.layers.scale(theta_phi,
                                        scale=self.dim_inner**-.5)
        else:
            theta_phi_sc = theta_phi
        # softmax 激活函数
        p = fluid.layers.softmax(
            theta_phi_sc, name=self.prefix + '_affinity' + '_prob')
    else:
        p = None
        raise "Not implemented when not use softmax"

      # g(8, 1024, 784_2) * p(8, 784_1, 784_2) => (8, 1024, 784_1)
    p = fluid.layers.transpose(p, [0, 2, 1])
    t = fluid.layers.matmul(g, p, name=self.prefix + '_y')

    # 对数据进行 reshape
    # (8, 1024, 784) => (8, 1024, 4, 14, 14)
    t_shape = t.shape
    t_re = fluid.layers.reshape(t, shape=list(theta_shape))
    blob_out = t_re

    blob_out = self.conv3d_4(blob_out)
    blob_out_shape = blob_out.shape

    if self.cfg.NONLOCAL.use_bn is True:
        bn_name = self.prefix + "_bn"
        blob_out = self.bn(blob_out)  # add bn

    if self.cfg.NONLOCAL.use_affine is True:
        affine_scale = fluid.layers.create_parameter(
            shape=[blob_out_shape[1]],
            dtype=blob_out.dtype,
            attr=ParamAttr(name=self.prefix + '_affine' + '_s'),
            default_initializer=
                          fluid.initializer.Constant(value=1.))
        affine_bias = fluid.layers.create_parameter(
            shape=[blob_out_shape[1]],
            dtype=blob_out.dtype,
            attr=ParamAttr(name=self.prefix + '_affine' + '_b'),
            default_initializer=
                          fluid.initializer.Constant(value=0.))
        blob_out = fluid.layers.affine_channel(
            blob_out,
            scale=affine_scale,
```

```
                bias=affine_bias,
                name=self.prefix + '_affine')

        return blob_out
```

3. 模型训练

在本实例的训练过程中，使用含有速度状态的 Simple Momentum 优化器来最小化网络损失值。调用 fluid.optimizer.Momentum 接口定义优化器，momentum 参数为动量因子。具体代码如代码清单 8-5 所示。

代码清单 8-5　定义优化器

```
def optimizer(self):
# 获取学习率、学习率衰减等参数
base_lr = self.get_config_from_sec('TRAIN', 'learning_rate')
    lr_decay=self.get_config_from_sec('TRAIN','learning_rate_decay')
    step_sizes = self.get_config_from_sec('TRAIN', 'step_sizes')
    lr_bounds, lr_values = get_learning_rate_decay_list(base_lr,
lr_decay,step_sizes)
learning_rate = fluid.layers.piecewise_decay(boundaries=lr_bounds,
                                                values=lr_values)

    momentum = self.get_config_from_sec('TRAIN', 'momentum')
    use_nesterov = self.get_config_from_sec('TRAIN', 'nesterov')
    l2_weight_decay = self.get_config_from_sec('TRAIN',
'weight_decay')
    logger.info('Build up optimizer, \ntype: {}, \nmomentum: {},
\nnesterov: {}, \nregularization: L2 {},
\nlr_values: {}, lr_bounds: {}'
        .format('Momentum',momentum,use_nesterov,l2_weight_decay,
                lr_values, lr_bounds))
    # 定义优化器
optimizer = fluid.optimizer.Momentum(
        learning_rate=learning_rate,
        momentum=momentum,
        use_nesterov=use_nesterov,
        regularization=fluid.regularizer.L2Decay(l2_weight_decay))
    return optimizer
```

4. 模型测试

在这一模型中，我们调用 fluid.layers.accuracy 接口计算损失以及 TOP1、TOP5 两个精度，如代码清单 8-6 所示。

代码清单 8-6　计算测试结果

```
acc_top1 = fluid.layers.accuracy(input=outputs, label=labels, k=1)
acc_top5 = fluid.layers.accuracy(input=outputs, label=labels, k=5)
```

8.3.2　Attention Cluster

Attention Cluster 的设计思想是利用多个 Attention 单元，获取视频中多个有效信息，如

RGB 信息、Flow 信息和 Audio 信息，从而提高视频分类的准确率。我们将在这一节介绍如何使用飞桨进行 Attention Cluster 模型的训练。

1. 数据准备

此实验用到的数据集为 2018 年更新的 2nd-Youtube-8M。Youtube-8M 是一个大型标记视频数据集，数据规模大且类型丰富。Youtube-8M 由 3844 个训练数据文件和 3844 个验证数据文件组成，总共分为 3862 类。数据集是 TFRecord 格式，存储了视频 ID、视频对应的类别标签以及视频特征。其中视频特征包括 rgb 和 audio 两部分，分别是由 1024 个 8 维量化的特征和 128 个 8 维量化特征来表示的。

首先，为适应飞桨训练需要进行数据预处理的工作，将数据转化为 pickle 格式，并生成 train.list、val.list 两个列表，以便在训练和测试过程中使用。详细说明可参考以下链接中关于 Youtube-8M 的介绍：https://github.com/PaddlePaddle/models/blob/develop/PaddleCV/video/data/dataset/README.md。

其次，将原数据中的特征从字节格式转为浮点格式，并进行 one-hot 编码。one-hot 编码是采用 N 位状态寄存器来对 N 个状态进行编码，在任意时刻只有一位有效，该编码方式使特征间的距离计算更为合理。同时，对于每个视频的数据，均匀采样 100 帧，最终将数据转化为飞桨框架中的 reader 数据项。反量化数据的部分代码如代码清单 8-7 所示。

代码清单 8-7　反量化数据

```
def dequantize(feat_vector, max_quantized_value=2.,
min_quantized_value=-2.):
    # 保证最大量化值大于最小量化值
    assert max_quantized_value > min_quantized_value
    quantized_range = max_quantized_value - min_quantized_value
    scalar = quantized_range / 255.0
    bias = (quantized_range / 512.0) + min_quantized_value

    return feat_vector * scalar + bias
```

one-hot 编码的部分代码如代码清单 8-8 所示。

代码清单 8-8　one-hot 编码

```
def make_one_hot(label, dim=3862):
    one_hot_label = np.zeros(dim)
    # 设置格式为浮点数
    one_hot_label = one_hot_label.astype(float)
    # 对应的 label 位置设置为 1，其余为 0
    for ind in label:
        one_hot_label[int(ind)] = 1
    return one_hot_label
```

构造 FeatureReader 类作为 Youtube-8M 数据集的数据 Reader。载入之前所生成的 train.list 和 val.list，如果是训练模式下，还需对数据进行乱序处理，即 random.shuffle()。由于

YouTube-8M 数据集较大，在数据读入过程中使用了 yield 关键字，使其在读入数据过程中，在当前数据量等于 batch_size 时即可返回，并且记住这个返回的位置，下次迭代就可以从该位置之后进行数据读入。在本案例中，数据包含三项内容，其中第一项是 rgb 特征信息，第二项是 audio 特征信息，第三项是标签信息。数据准备的部分代码如代码清单 8-9 所示。

代码清单 8-9　数据准备

```python
class FeatureReader():
    """
    Data reader for youtube-8M dataset, which was stored as features
    extracted by prior networks

    dataset cfg: num_classes
                 batch_size
                 list
    """

    def __init__(self, name, mode, cfg):
        # 模型名字
        self.name = name
        # 模式, train 或者 eval
        self.mode = mode
        # 数据集类别个数
        self.num_classes = cfg.MODEL.num_classes

        # 设置 batch_size
        self.batch_size = cfg[mode.upper()]['batch_size']
        # 设置 filelist
        self.filelist = cfg[mode.upper()]['filelist']
        # 设置采样帧数
        self.seg_num = cfg.MODEL.get('seg_num', None)

    def create_reader(self):
        fl = open(self.filelist).readlines()
        fl = [line.strip() for line in fl if line.strip() != '']
        # 训练模式下, 对数据进行乱序处理
        if self.mode == 'train':
            random.shuffle(fl)

        def reader():
            batch_out = []
            for filepath in fl:
                dataset = 'youtube8m'
                filepath = filepath[filepath.rfind(dataset):]
                filepath = os.path.join('data/dataset', filepath)
                # 根据不同 Python 版本载入
                # python_ver 通过 sys.version_info 获取
                if python_ver < (3, 0):
                    data = pickle.load(open(filepath, 'rb'))
                else:
                    data = pickle.load(open(filepath, 'rb'),
                                       encoding='bytes')
                indexes = list(range(len(data)))
```

```
            if self.mode == 'train':
                random.shuffle(indexes)
            for i in indexes:
                record = data[i]
                nframes = record['nframes']
                rgb = record['feature'].astype(float)
                audio = record['audio'].astype(float)
                if self.mode != 'infer':
                    label = record['label']
                    # 对标签信息进行 one_hot 处理
                    one_hot_label = make_one_hot(label,
                                                 self.num_classes)
                video = record['video']

                rgb = rgb[0:nframes, :]
                audio = audio[0:nframes, :]

                if self.name != 'NEXTVLAD':
                    # 对 rgb 和 audio 特征信息进行反量化处理
                    rgb = dequantize(
                        rgb,
                        max_quantized_value=2.,
                        min_quantized_value=-2.)
                    audio = dequantize(
                        audio,
                        max_quantized_value=2,
                        min_quantized_value=-2)

                if self.name == 'ATTENTIONCLUSTER':
                    sample_inds = generate_random_idx(rgb.shape[0],
                                                      self.seg_num)
                    rgb = rgb[sample_inds]
                    audio = audio[sample_inds]
                if self.mode != 'infer':
                    batch_out.append([rgb, audio, one_hot_label])
                else:
                    batch_out.append((rgb, audio, video))
                if len(batch_out) == self.batch_size:
                    # 使用 yield 关键字返回当前迭代中，中断外层 for 循环
                    yield batch_out
                    batch_out = []

    return reader
```

2. 模型配置

我们首先定义 ShiftingAttentionModel，这一部分主要用于实现 Shifting 操作。结合线性变换和归一化处理，Shifting 操作对特征权重进行移位加权求和而不是简单的串联求和，并且在这过程中保持特征权重比例不变。其中调用了 fluid.layers.create_parameter 接口用于创建一个参数。该参数是一个可学习的变量，拥有梯度并且可优化，我们调用了 fluid.initializer.MSRA 接口对参数进行 MSRA 初始化。我们还调用了飞桨动态图中的 fluid.dygraph.Conv2D 接口构建 Conv2D 类的一个可调用对象，该接口的必选参数为 num_ channels（输入通道数）、num_fliters（滤波器个数）、filter_size（滤波器大小）。具体代码如代码清单 8-10 所示。

代码清单 8-10　ShiftingAttentionModel 定义

```
class ShiftingAttentionModel(object):
    """Shifting Attention Model"""

    def __init__(self, input_dim, seg_num, n_att, name):
        super(ShiftingAttentionModel, self).__init__()
        self.n_att = n_att # attention cluster 个数
        self.input_dim = input_dim  # 输入数据维数
        self.seg_num = seg_num      # 采样帧数
        self.name = name
        self.gnorm = np.sqrt(n_att) # l2 正则化参数
        # 动态图中的二维卷积
        self.conv = Conv2D(
            num_channels=self.input_dim,
            num_filters=n_att,
            filter_size=1,
            param_attr=ParamAttr(
                initializer=fluid.initializer.MSRA(uniform=False)),
            bias_attr=ParamAttr(
                initializer=fluid.initializer.MSRA()))

    def softmax_m1(self, x):
        x_shape = fluid.layers.shape(x)
        # x_shape 不需要进行方向梯度计算，使用 stop_gradient 属性进行排除
        x_shape.stop_gradient = True
        flat_x = fluid.layers.reshape(x, shape=(-1, self.seg_num))
        flat_softmax = fluid.layers.softmax(flat_x)
        return fluid.layers.reshape(
            flat_softmax, shape=x.shape, actual_shape=x_shape)

    def glorot(self, n):
        return np.sqrt(1.0 / np.sqrt(n))

    def forward(self, x):
        """Forward shifting attention model.

        Args:
          x: input features in shape of [N, L, F].

        Returns:
          out: output features in shape of [N, F * C]
        """

        # trans_x 维度为 [N,F,L]
        trans_x = fluid.layers.transpose(x, perm=[0, 2, 1])
        trans_x = fluid.layers.unsqueeze(trans_x, [-1])
        scores = self.conv(trans_x)
        scores = fluid.layers.squeeze(scores, [-1])
        weights = self.softmax_m1(scores)

        glrt = self.glorot(self.n_att)
```

```
self.w = fluid.layers.create_parameter(
    shape=(self.n_att, ),
    dtype=x.dtype,
    default_initializer=fluid.initializer.Normal(0.0, glrt))
self.b = fluid.layers.create_parameter(
    shape=(self.n_att, ),
    dtype=x.dtype,
    default_initializer=fluid.initializer.Normal(0.0, glrt))

outs = []
for i in range(self.n_att):
    # 对权重进行切片处理，并扩展形状为 [N, L, C]
    weight = fluid.layers.slice(
        weights, axes=[1], starts=[i], ends=[i + 1])
    weight = fluid.layers.transpose(weight, perm=[0, 2, 1])
    weight = fluid.layers.expand(weight, [1, 1,
                                          self.input_dim])

    w_i = fluid.layers.slice(self.w, axes=[0], starts=[i],
                                               ends=[i + 1])
    b_i = fluid.layers.slice(self.b, axes=[0], starts=[i],
                                               ends=[i + 1])
    shift = fluid.layers.reduce_sum(x * weight, dim=1) * w_i + b_i

    l2_norm = fluid.layers.l2_normalize(shift, axis=-1)
    outs.append(l2_norm / self.gnorm)

out = fluid.layers.concat(outs, axis=1)
return out
```

接着，我们定义 LogisticModel，并调用 fluid.layers.sigmoid 进行分类输出。具体代码如代码清单 8-11 所示。

代码清单 8-11　LogisticModel 定义

```
class LogisticModel(object):
    """Logistic model."""
    """Creates a logistic model.

    Args:
    model_input: 'batch' x 'num_features' matrix of input features.
    vocab_size: The number of classes in the dataset.

    Returns:
    A dictionary with a tensor containing the probability predictions
    of the model in the 'predictions' key. The dimensions of the
    tensor are batch_size x num_classes."""

    def __init__(self, vocab_size):
        super(LogisticModel, self).__init__()
        # 线性变换层
        self.logit = Linear(
            input_dim=4096,
            output_dim=vocab_size,
            act=None,
```

```
        param_attr=fluid.ParamAttr(
            initializer=fluid.initializer.MSRAInitializer(uniform=False)),
        bias_attr=fluid.ParamAttr(
            initializer=fluid.initializer.MSRAInitializer(uniform=False)))
    def forward(self, model_input):
        logit = self.logit(model_input)
        output = fluid.layers.sigmoid(logit)
        return output, logit
```

最后，定义 AttentionCluster 类，为了使其能在动态图（DyGraph）模式中执行，这里需要使用继承字 fluid.dygraph.Layer 类的 Object-Oriented-Designed 的类来描述该层行为。调用飞桨动态图的 paddle.fluid.dygraph.Linear 接口完成线性变换层，必选参数 input_dim 表示输入单元的数目，output_dim 表示输出单元的数目，可选参数 param_attr 指定权重参数属性的对象，act 指应用于输出上的激活函数。具体代码如代码清单 8-12 所示。

代码清单 8-12　AttentionCluster 定义

```
class AttentionCluster(fluid.dygraph.Layer):
    def __init__(self, name, cfg, mode='train'):
        super(AttentionCluster, self).__init__()
        self.name = name
        self.cfg = cfg
        self.mode = mode
        self.is_training = (mode == 'train')
        self.get_config()

        # 线性变换层1
        self.fc1 = Linear(
            input_dim=36864,
            output_dim=1024,
            act='tanh',
            param_attr=ParamAttr(
                name="fc1.weights",
                initializer=fluid.initializer.MSRA(uniform=False)),
            bias_attr=ParamAttr(
                name="fc1.bias", initializer=fluid.initializer.MSRA()))
        # 线性变换层2
        self.fc2 = Linear(
            input_dim=1024,
            output_dim=4096,
            act='tanh',
            param_attr=ParamAttr(
                name="fc2.weights",
                initializer=fluid.initializer.MSRA(uniform=False)),
            bias_attr=ParamAttr(
                name="fc2.bias", initializer=fluid.initializer.MSRA()))

    def get_config(self):
        # 获取模型相关配置
        self.feature_num = self.cfg.MODEL.feature_num
        self.feature_names = self.cfg.MODEL.feature_names
        self.feature_dims = self.cfg.MODEL.feature_dims
        self.cluster_nums = self.cfg.MODEL.cluster_nums
```

```
        self.seg_num = self.cfg.MODEL.seg_num
        self.class_num = self.cfg.MODEL.num_classes
        self.drop_rate = self.cfg.MODEL.drop_rate

        if self.mode == 'train':
            self.learning_rate = self.get_config_from_sec('train',
                                                'learning_rate', 1e-3)

    def get_config_from_sec(self, sec, item, default=None):
        if sec.upper() not in self.cfg:
            return default
        return self.cfg[sec.upper()].get(item, default)

    def forward(self, inputs):
        att_outs = []
        for i, (input_dim, cluster_num, feature) in enumerate(
                zip(self.feature_dims, self.cluster_nums, inputs)):
            att = ShiftingAttentionModel(input_dim, self.seg_num,
                                                cluster_num,
                                    "satt{}".format(i))
            att_out = att.forward(feature)
            att_outs.append(att_out)
        out = fluid.layers.concat(att_outs, axis=1)
        if self.drop_rate > 0.:
            out = fluid.layers.dropout(
                out, self.drop_rate, is_test=(not self.is_training))

        out = self.fc1(out)
        out = self.fc2(out)

        aggregate_model = LogisticModel(vocab_size=self.class_num)
        output, logit = aggregate_model.forward(out)

        return output, logit
```

3. 模型训练

训练之前，我们将一些常见配置放到 attention_cluster.yaml 文件中。具体内容如代码清单 8-13 所示。

代码清单 8-13　attention_cluster.yaml 配置文件

```
MODEL:
    name: "AttentionCluster"
    dataset: "YouTube-8M"
    bone_network: None
    drop_rate: 0.5
    feature_num: 2
    feature_names: ['rgb', 'audio']
    feature_dims: [1024, 128]
    seg_num: 100
    cluster_nums: [32, 32]
    num_classes: 3862
    topk: 20
    UNIQUE:
```

```
            good: 20
            bad: 30

TRAIN:
    epoch: 5
    learning_rate: 0.001
    pretrain_base: None
    batch_size: 2048
    use_gpu: True
    num_gpus: 8
    filelist: "data/dataset/youtube8m/train.list"

TEST:
    batch_size: 2048
    filelist: "data/dataset/youtube8m/val.list"
```

调用 fluid.optimizer.AdamOptimizer 定义优化器。这里采用 Adam 优化器，通过配置文件获取初始学习率 learning_rate。具体代码如代码清单 8-14 所示。

代码清单 8-14 定义优化器

```
def create_optimizer(cfg, params):
    optimizer = fluid.optimizer.AdamOptimizer(cfg.learning_rate,
    parameter_list=params)

    return optimizer
```

在动态图 fluid.dygraph.guard() 上下文环境中，使用 DyGraph 的模式运行网络。飞桨动态图十分适合和 NumPy 一起使用，调用 fluid.dygraph.to_variable(x) 接口可以将 ndarray 格式的数据 x 转换为 fluid.Variable，调用 x.numpy() 方法可以将 fluid.Varibale 转换为 ndarray。调用 fluid.dygraph.save_dygraph 接口将传入的参数的字典保存到磁盘上，保存为后缀为 pdparams 的文件。具体代码如代码清单 8-15 所示。

代码清单 8-15 训练代码

```
def train(args):
    config = parse_config(args.config)
    train_config = merge_configs(config, 'train', vars(args))
    valid_config = merge_configs(config, 'valid', vars(args))
    print_configs(train_config, 'Train')

    use_data_parallel = False
    trainer_count = fluid.dygraph.parallel.Env().nranks
    # 选择执行 DyGraph 的设备
    place = fluid.CUDAPlace(fluid.dygraph.parallel.Env().dev_id) \
        if use_data_parallel else fluid.CUDAPlace(0)
    # 在 fluid.dygraph.guard(place) 上下文环境下运行代码
    with fluid.dygraph.guard(place):
        if use_data_parallel:
            strategy = fluid.dygraph.parallel.prepare_context()
        # 实例化 AttentionCluster 模型
        video_model = AttentionCluster("AttentionCluster",
```

```
                                            train_config, mode="train")
    # 构造优化器
    optimizer = create_optimizer(train_config.TRAIN,
                                 video_model.parameters())
    if use_data_parallel:
        video_model = fluid.dygraph.parallel.DataParallel(
                                    video_model,strategy)

    bs_denominator = 1
    if args.use_gpu:
        # 检查GPU个数
        gpus = os.getenv("CUDA_VISIBLE_DEVICES", "")
        if gpus == "":
            pass
        else:
            gpus = gpus.split(",")
            num_gpus = len(gpus)
            assert num_gpus == train_config.TRAIN.num_gpus, \
                    "num_gpus({}) set by CUDA_VISIBLE_DEVICES" \
                    "shoud be the same as that" \
                    "set in {}({})".format(
                    num_gpus, args.config,
                    train_config.TRAIN.num_gpus)
        bs_denominator = train_config.TRAIN.num_gpus

    train_config.TRAIN.batch_size = int(
                    train_config.TRAIN.batch_size /bs_denominator)

    train_reader = FeatureReader(name="ATTENTIONCLUSTER",
                                 mode="train", cfg=train_config)

    train_reader = train_reader.create_reader()
    if use_data_parallel:
        train_reader =
        fluid.contrib.reader.distributed_batch_reader(train_reader)

    for epoch in range(train_config.TRAIN.epoch):
        # 训练模式
        video_model.train()
        total_loss = 0.0
        total_acc1 = 0.0
        total_sample = 0
        for batch_id, data in enumerate(train_reader()):
            # 将数据转化为ndarry，再转化为fluid.Variable
            rgb = np.array([item[0] for item in data]).
                    reshape([-1, 100, 1024]).astype('float32')
            audio = np.array([item[1] for item in data]).
                    reshape([-1, 100, 128]).astype('float32')
            y_data = np.array([item[2] for item in data]).
                                            astype('float32')
            rgb = to_variable(rgb)
            audio = to_variable(audio)
            labels = to_variable(y_data)
            labels.stop_gradient = True
            output, logit = video_model([rgb,audio])
```

```
    # 计算损失 loss
    loss = fluid.layers.sigmoid_cross_entropy_with_logits(
                                    x=logit, label=labels)
    loss = fluid.layers.reduce_sum(loss, dim=-1)
    avg_loss = fluid.layers.mean(loss)

    # get metrics
    train_metrics = get_metrics(args.model_name.upper(),
                                    'train', train_config)

    hit_at_one,perr,gap = 
                        train_metrics.calculate_and_log_out(
                        loss, logit, labels, info = '[TRAIN]
                        Epoch {}, iter {} '.format(epoch,batch_id))

    if use_data_parallel:
        avg_loss = video_model.scale_loss(avg_loss)
        avg_loss.backward()
        video_model.apply_collective_grads()
    else:
        # 反向传播计算梯度
        avg_loss.backward()
    optimizer.minimize(avg_loss)
    # 将梯度参数清零以保证下一轮训练的正确性
    video_model.clear_gradients()

    total_loss += avg_loss.numpy()[0]
    total_acc1 += hit_at_one
    total_sample += 1

    print('TRAIN Epoch {}, iter {}, loss = {}, acc1 {}'.
            format(epoch, batch_id,
                    avg_loss.numpy()[0],
                    hit_at_one))

    print('TRAIN End, Epoch {}, avg_loss= {}, avg_acc1= {}'.
                    format(epoch, total_loss / total_sample,
                                    total_acc1 /total_sample))
    video_model.eval()
    val(epoch, video_model, valid_config, args, valid_config)

if fluid.dygraph.parallel.Env().local_rank == 0:
    # 保存模型
    fluid.dygraph.save_dygraph(video_model.state_dict(), "final")
logger.info('[TRAIN] training finished')
```

4. 模型测试

测试时，使用 fluid.dygraph.load_dygraph 从磁盘中加载网络参数的字典。对输出进行评价计算，并将每次测试得到的结果保存在 log 中。具体代码如代码清单 8-16 所示。

代码清单 8-16　模型测试

```
def test(args):
    # 参数配置
```

```python
config = parse_config(args.config)
test_config = merge_configs(config, 'test', vars(args))
print_configs(test_config, 'Test')
place = fluid.CUDAPlace(0)

with fluid.dygraph.guard(place):
    video_model = AttentionCluster("AttentionCluster",
                                        test_config, mode="test")
    # 载入网络参数字典
    model_dict, _ = fluid.load_dygraph(args.weights)
    # 设置网络参数数值
    video_model.set_dict(model_dict)

    test_reader = FeatureReader(name="ATTENTIONCLUSTER",
                                    mode='test', cfg=test_config)
    test_reader = test_reader.create_reader()
    # 测试模式下
    video_model.eval()
    total_loss = 0.0
    total_acc1 = 0.0
    total_sample = 0

    for batch_id, data in enumerate(test_reader()):
        rgb = np.array([item[0] for item in data]).
                        reshape([-1, 100, 1024]).astype('float32')
        audio = np.array([item[1] for item in data]).
                        reshape([-1, 100, 128]).astype('float32')
        y_data = np.array([item[2] for item in data]).
                                                astype('float32')

        rgb = to_variable(rgb)
        audio = to_variable(audio)
        labels = to_variable(y_data)
        labels.stop_gradient = True
        output, logit = video_model([rgb,audio])

        loss = fluid.layers.sigmoid_cross_entropy_with_logits(
                                        x=logit, label=labels)
        loss = fluid.layers.reduce_sum(loss, dim=-1)
        avg_loss = fluid.layers.mean(loss)

        valid_metrics = get_metrics(args.model_name.upper(),
                                        'valid', test_config)
        # 根据模型给出的预测值与数据真实值进行计算，得到相应指标数据
        hit_at_one,perr,gap = valid_metrics.calculate_and_log_out(
                loss, logit, labels, info = '[TEST] test_iter {} '
                                        .format(batch_id))

        total_loss += avg_loss.numpy()[0]
        total_acc1 += hit_at_one
        total_sample += 1

        print('TEST iter {}, loss = {}, acc1 {}'.format(
            batch_id,  avg_loss.numpy()[0], hit_at_one))

    print('Finish loss {} , acc1 {}'.format(
        total_loss / total_sample, total_acc1 / total_sample))
```

模型测试中主要计算了 Hit@1、PERR、GAP 三个精度指标。

- Hit@k 是指模型的前 k 个预测中包含至少一个真实标签的结果，Hit@1 指模型预测出的最大概率的结果与真实标签的精度一致。
- PERR（Precision at Equal Recall Rate）是指对于每个视频，我们计算前 K 个得分标签的平均精度，K 是该视频真实标注的类别的数量。
- GAP（Global Average Precision）是全局平均精度。GAP 的计算公式如式（8-15）所示，其中 $p(i)$ 是准确率，$r(i)$ 是召回率。

$$\text{GAP} = \sum_{l=1}^{N} p(i)\Delta r(i) \qquad (8\text{-}15)$$

计算相关精度的代码如代码清单 8-17 所示。

代码清单 8-17　计算相关精度并输出 log

```
def calculate_and_log_out(self, fetch_list, info=''):
    loss = np.mean(np.array(fetch_list[0]))
    pred = np.array(fetch_list[1])
    label = np.array(fetch_list[2])
    # 计算 hit@1
    hit_at_one = youtube8m_metrics.calculate_hit_at_one(pred,
                                                        label)
    # 计算 perr
    perr = youtube8m_metrics.calculate_precision_at_equal
                                        _recall_rate(pred,label)
    # 计算 GAP
    gap = youtube8m_metrics.calculate_gap(pred, label)
    logger.info(info + ' , loss = {0}, Hit@1 = {1}, PERR = {2},
    GAP = {3}'.format(%.6f' % loss,'%.2f' %hit_at_one,
                                    %.2f' % perr, '%.2f' % gap))
```

8.4　本章小结

本章首先介绍了计算机视觉中的一个常见任务——视频分类，并说明了视频分类的现状以及难点。其次，介绍了注意力机制的基本概念以及注意力的计算方式，同时介绍了三种常见的网络结构：Transformer、Non-local 和 Attention Cluster。最后，通过实例说明了如何使用飞桨框架搭建注意力结构并实现视频分类任务。

本章参考代码详见 https://github.com/PaddleToturial-v2/DeepLearningAndPaddleTutorial-v2 下 lesson8 子目录。

Chapter 9 第9章

算 法 优 化

前面主要讲述了典型的深度学习模型及其在图像识别等领域的应用。本章将在此基础上进一步讲解如何系统地构建一个深度学习项目，以及如何监控并根据实验反馈来改进深度学习系统。首先，我们将介绍在深度学习中常出现的一些概念，为深度学习项目的开展奠定基础。然后，将系统地描述一个深度学习项目的实践流程，从确定目标、迭代过程，到不断地在实验中的观察来判断系统当前所处的状态，并根据系统所处的状态给出不同的策略来优化系统、提升模型能力。最后，给出一些工程上选择并调整超参数的经验性建议，使读者能够更好地搭建适合自己的深度学习系统。

学完本章，希望读者能够掌握以下知识点：

1）科学地设计一个深度学习系统的实践流程；

2）对实验中出现的现象进行观察，并判断系统当前所处的状态；

3）针对系统中出现的问题选择不同的优化策略提高系统的能力。

9.1 基础知识

本节介绍在深度学习中常见的基本概念。

9.1.1 训练、验证和测试集

同传统机器学习模型类似，深度网络模型的构建通常需要将样本分成独立的三部分：训练集（Train Set）、验证集（Validation Set）和测试集（Test Set）。一般来说，在数据集规模很大，比如百万数量级时，训练集、验证集和测试集的划分可以是98%、1%、1%或者99.5%、0.4%、0.1%。训练集主要用来训练模型。在训练集上可以计算训练误差，通过降低训练误差可以使得模型进行学习和优化。

一个在训练集上训练好的模型，在测试集上也应当具有较好的效果。机器学习的一个前提假设就是训练集和测试集是独立同分布的。在这个前提下，将模型作用在测试集上，可以评估训练模型的泛化能力。通过降低模型的泛化误差，可以提高模型的表达能力。

超参数的设置可以用来控制算法的行为或模型复杂度。超参数与参数的区别在于，它并不是算法本身可以学习的。通常将训练集分为两个不相交的子集：一个仍然作为训练集训练模型；另一个就是验证集，用来学习超参数，它是训练算法观察不到的样本集合。

9.1.2 偏差和方差

统计学为机器学习提供了很多理解模型特性、分析模型泛化能力的工具，如偏差和方差。

偏差（Bias）是期望预测与真实标签的误差，定义为：

$$\text{bias}(x) = (\bar{f}(x) - y) \tag{9-1}$$

其中，$\bar{f}(x)$ 表示模型 f 对测试样本 x 的预测输出的期望值，y 是 x 的真实标签。它度量了期望预测与真实标签的偏离程度，反映的是模型本身的精准度，即模型本身的表达能力。

方差（Variance）定义为：

$$\text{var}(x) = E_{\text{D}}[(f(x;\text{D}) - \bar{f}(x))^2] \tag{9-2}$$

其中，$f(x; \text{D})$ 表示在训练集 D 上，模型 f 对测试样本 x 的预测输出。方差度量了用不同训练集得到的输出结果与模型输出期望之间的误差，即模型预测的波动情况。它刻画了学习性能随训练集变动而产生的变化，即数据扰动造成的影响。

由此可见，偏差和方差从不同的两个角度刻画估计量的误差，图 9-1 所示是一种比较直观地描述偏差和方差的影响的方法：

假设灰色靶心区域是真实标签所在区域，即模型输出想要拟合的区域。黑色点表示模型对不同数据集中的样本输出的预测值。由此可见，当方差较低的时候，黑色点比较集中；而方差较高的时候，黑色点则比较分散。当偏差较低的时候，黑色点更靠近靶心区域，表示预测效果比较好，反之则离靶心较远，预测效果变差。

理想情况下，方差和偏差都应当尽可能地低，即图 9-1中左上图表现的情况，此时模型的预测值集中在靶心区域，即全部落在真实标签的区域，体现了模型良好的表达能力。

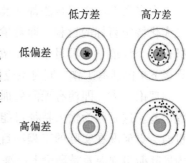

图 9-1　方差和偏差

给定一个学习目标，在训练的开始阶段，由于训练较少，学习不足，模型拟合能力不强，预测值和真实标签差距很大，即偏差很大。而因为模型无法较好地表达数据，数据集的扰动也无法产生明显的变化，即方差很小，此时是欠拟合的情况。

随着训练的进行，模型的学习能力不断增强，开始能够捕捉训练数据扰动带来的影响。在充分训练后，轻微的扰动都会导致模型发生明显的变动，此时已经能够学习训练数据集自身特定的、而非所有数据集通用的特性，说明模型偏差较小，而方差较大，这是过拟合的表现。

模型的训练程度可以用模型复杂度衡量，图 9-2 直观地表示了随着模型复杂度的提升，偏差逐渐减小，方差逐渐增大。当方差和偏差都较小的时候，对应的就是最优模型复杂度。

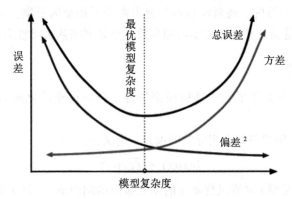

图 9-2　模型复杂度与误差的关系

9.2　评估

本节介绍如何评估深度学习实验的进展。只有明确深度学习实验的目标和评估方式，才能调整策略、优化系统，得到更好的实验效果。

9.2.1　选定评估目标

大多数深度学习算法都涉及某种形式的优化。优化指的是改变模型的参数以最小化或最大化特定目标的过程。通常情况下，最优化的目标是最小化误差或者代价函数。在实际搭建一个深度学习项目中，要做的第一步就是确定优化的目标，即使用什么误差度量来指导接下来的所有工作。同时也应该了解目标性能大致能够达到的级别。

理论上讲，即使有无限的训练数据，并且恢复了真正的概率分布，也不可能实现绝对零误差。这是因为输入特征可能无法包含输出变量的完整信息，或是因为系统本质上是随机的。更何况在实际的工程项目中，研究者能够获得的训练数据也是有限的。通常学界认为贝叶斯最优误差是理论上能够达到的最低误差，而人类的水平较为接近贝叶斯最优误差，所以有时可以将人类水平作为贝叶斯最优误差的一个近似。

另外需要考虑的一个问题是度量的选择。可以用来评估学习算法的性能度量有很多，通常用一个单一指标来度量模型的性能，如准确率或召回率等。当必须同时考虑两种或多种性能度量的时候，也可以采取加权平均的方法。一般来讲，在学术研究中，研究者可以根据已有研究公布的基准结果来估计性能度量。在现实世界中，模型性能的度量应该受成本、安全、用户需求等多种因素的综合影响。

9.2.2 迭代过程

第 1 章中提到了导数的概念。导数在最优化问题中起到了重要作用，因为它可以反映出如何更改变量 θ 来略微地改善参数为 θ 的函数 $g(\theta)$。因此可以通过将 θ 往导数的反方向移动一小步来减小 $g(\theta)$。这种技术称为是梯度下降。

在网络的反向传播过程中回传相关误差，使用梯度下降更新参数值，通过计算误差相对于参数的梯度，在代价函数梯度的相反方向更新参数，最终使模型收敛。网络更新参数的公式为：

$$\theta = \theta - \eta \times \nabla_\theta L(f(x;\theta), y) \tag{9-3}$$

其中，$L(f(x;\theta), y)$ 为代价函数，度量了模型预测 $f(x;\theta)$ 与实际值 y 的偏差，$\nabla_\theta L(f(x;\theta), y)$ 是代价函数相对于其参数 θ 的梯度，η 是学习率。

通过这种迭代方式反复地更新参数，可以寻找到使网络性能较优的参数。

9.2.3 欠拟合和过拟合

深度学习中，主要从以下两个角度来评价学习算法效果：

1）降低训练集上的误差，即训练误差；

2）减少训练集上的误差和测试集上的误差的差距。

这两个角度体现了机器学习面临的两个主要挑战：欠拟合和过拟合。

欠拟合是指模型不能在训练集上获得足够低的误差，即模型在训练集上的误差比人类水平达到的误差要高，此时模型还有提升的空间，可以通过增加模型深度和训练次数或选择一些优化算法继续提高模型的表现能力。

而过拟合是指学习时选择的模型所包含的参数过多，以至于这一模型对已知数据预测得很好，但对未知数据预测得很差。过拟合通常称为模型的泛化能力不好，可以通过增加数据集、加入一些正则化方法或者改变超参数来进行调整。

9.3 调优策略

本节利用 9.2 节中介绍的评估系统所处状态的方法，分别通过降低偏差和方差两个方面来介绍优化系统的策略。

9.3.1 降低偏差

深度网络模型优化算法主要依据最小化或最大化的目标函数 $L(f(x^{(i)};\theta), y^{(i)})$，更新对模型的训练和表达能力造成影响的参数，使这些参数达到或尽可能接近目标函数的最优值，从而提高模型的学习能力，获得预期的网络模型。当模型出现欠拟合的状况时，可以通过调整优化算法来改善模型的训练，降低模型的预测偏差，提升模型的表现能力。

1. 随机梯度下降

随机梯度下降（Stochastic Gradient Descent，SGD）是最常见的优化算法，它对每个训练样本计算反向梯度，并进行参数更新，从而保障执行速度很快。

$$\theta = \theta - \eta \times \nabla_\theta L(f(x^{(i)}; \theta), y^{(i)}) \tag{9-4}$$

$x^{(i)}$ 是第 i 次训练的样本，$y^{(i)}$ 是该样本的真实标签，η 是学习率。在实践中一般需要随训练的次数减小学习率，使得模型优化能够稳定，逐渐收敛到局部最小值。

由于随机梯度下降对每个样本都进行更新，使得参数的变化过于频繁，参数之间的方差偏高，从而造成不同程度的代价函数波动。如图 9-3 所示，每个训练样本中高方差的更新参数会导致代价函数大幅度波动。

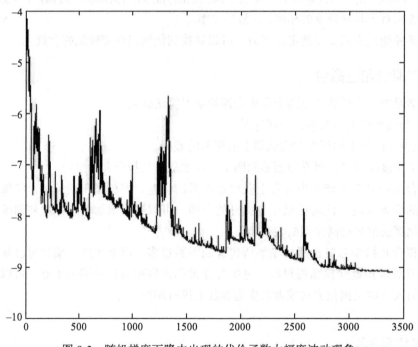

图 9-3　随机梯度下降中出现的代价函数大幅度波动现象

2. Minibatch

SGD 优化方法具有速度快的优势，但由于采用逐个样本进行梯度更新的方式，容易造成目标函数震荡，导致收敛性能欠佳。小批量梯度下降（Mini Batch Gradient Descent）是对 SGD 的一种改进，采用小批量的数据进行梯度更新，即每个批量是整个数据集的一个子集，每次对 1 个批量中的 m 个训练样本更新参数。小批量是随机抽取的，减少了训练数据集带来的冗余性和随机性，因此减少了由于频繁更新造成的代价函数的波动，使得收敛更稳定，从而效果更好。同时小批量的训练方式也避免了使用大批量数据面临的计算量开销大、计算速度慢的问题。

算法：小批量梯度下降在第 k 个训练迭代的更新

Require：学习率 η

Require：初始化模型参数 θ

while 为满足停止准则 do

　　从训练集中采样 m 个样本 $\{x^{(1)}, \cdots, x^{(m)}\}$ 作为一个小批量，样本 $x^{(i)}$ 的真实标签为 $y^{(i)}$

　　计算梯度估计：$\hat{g} \leftarrow +\dfrac{1}{m}\nabla_\theta \sum_{i=1}^{m} L(f(x^{(i)};\theta), y^{(i)})$

　　参数更新：$\theta = \theta - \eta \times \hat{g}$

end while

图 9-4 所示通过改变 Minibatch 尺寸展示了不同批量大小的训练数据对网络模型性能的影响。算法模型采用第 6 章数字识别的 CNN 架构，将原本为 128 的 Minibatch 尺寸改为 512。实验结果显示：修改后的模型其训练代价函数下降到 2.3 左右就不再发生变化，同时测试的预测置信度仅为 9.28%。

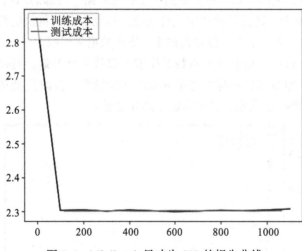

图 9-4　Minibatch 尺寸为 512 的损失曲线

3. Momentum

Momentum（动量）更新是一种加快收敛速度的方法。Momentum 是来自物理中的概念，其基本思想是在代价函数中引入"惯性"，这样在代价函数较平坦（梯度很小）的区域也可以根据惯性沿着某一方向继续学习，因此加快了网络的收敛。

$$v_t = \gamma v_{t-1} + \eta \nabla_\theta L(\theta)$$
$$\theta = \theta - v_t \qquad\qquad (9\text{-}5)$$

动量更新算法引入了速度 v，它包含了参数在参数空间移动的方向和速率，被设为负梯度的指数衰减平均。

算法：使用动量的小批量梯度下降

Require：学习率 η，动量参数 γ

Require：初始化模型参数 θ，初始速度 v

while 为满足停止准则 do

　　从训练集中采样 m 个样本 $\{x^{(1)}, \cdots, x^{(m)}\}$ 作为一个小批量，样本 $x^{(i)}$ 的真实标签为 $y^{(i)}$

　　计算梯度估计：$g \leftarrow +\dfrac{1}{m}\nabla_\theta \sum_{i=1}^{m} L(f(x^{(i)};\theta), y^{(i)})$

　　计算速度更新：$v_t \leftarrow \gamma v_{t-1} - \eta g$

　　参数更新：$\theta = \theta + v$

end while

借助小球从光滑的坡上滑落的物理模型，可以将动量更新理解为小球（参数）在山坡（代价函数曲面）上滚动的过程中，通过累计之前滑行速度，在梯度方向一致的维度上小球可以获得较大的速度，使得小球具备足够的速度越过曲面上局部的凹陷，到达山坡低谷处。相对于 SGD，可以减少参数更新过程中代价函数的抖动，获得更快的收敛速度。因此，动量方法能够加速学习，尤其适合于处理高曲率、噪声数据等问题。

在实际过程中，选择合适的动量参数对模型的收敛十分关键，通过下面的实验可以对比发现动量的作用。本节实验同样参考第 6 章的实验设置，仅改变动量参数。未调整动量参数时，实验效果如图 9-5 所示，损失可以下降并接近 0。

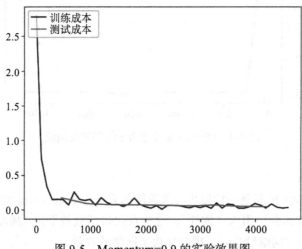

图 9-5　Momentum=0.9 的实验效果图

设置 Momentum=0.95 时，虽然损失仍然在下降，但基本在 2.3 左右就不再发生变化了，如图 9-6 所示。

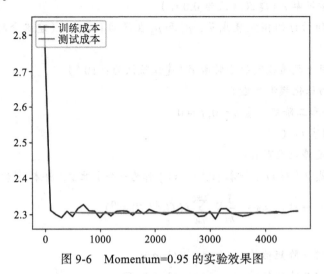

图 9-6　Momentum=0.95 的实验效果图

设置 Momentum=0.99 时，损失一直在动荡，甚至出现了剧增，模型不收敛，且效果不稳定，如图 9-7 所示。

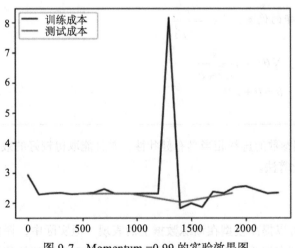

图 9-7　Momentum =0.99 的实验效果图

4. Adam

Adam（Adaptive Moment Estimation）是一种学习率自适应的二阶优化算法，它同时利用梯度的一阶和二阶矩估计动态调整参数的学习率，能够处理稀疏梯度，且善于处理非平稳目标。对内存需求较少，适用于大数据集和高维空间。

算法：Adam 算法

Require：学习率 η（建议默认为 0.001）

Require：矩估计的指数衰减率，ρ_1 和 ρ_2 在区间 $[0,1)$ 内（建议分别默认为：0.9 和 0.999）

Require：用于数值稳定的小常数 δ（建议默认为：10^{-8}）

Require：初始化模型参数 θ

初始化一阶和二阶矩变量 $s = 0, r = 0$

初始化时间步 $t = 0$

while 为满足停止准则 do

    从训练集中采样 m 个样本 $\{x^{(1)}, \cdots, x^{(m)}\}$ 作为一个小批量，样本 $x^{(i)}$ 的真实标签为 $y^{(i)}$

    计算梯度估计：$g \leftarrow +\dfrac{1}{m} \nabla_\theta \sum_{i=1}^{m} L(f(x^{(i)}; \theta), y^{(i)})$

    $t \leftarrow t + 1$

    更新有偏一阶矩估计：$s \leftarrow \rho_1 s + (1-\rho_1)g$

    更新有偏二阶矩估计：$r \leftarrow \rho_2 r + (1-\rho_2)g \odot g$

    修正一阶矩的偏差：$\hat{s} \leftarrow \dfrac{s}{1-\rho_1^t}$

    修正二阶矩的偏差：$\hat{r} \leftarrow \dfrac{r}{1-\rho_2^t}$

    计算更新：$\nabla \theta = -\eta \dfrac{\hat{s}}{\sqrt{\hat{r}} + \delta}$

    更新参数：$\theta = \theta + \Delta \theta$

end while

Adam 通常对超参数的选择相当具有健壮性，并且能取得较好的效果，目前是深度学习领域很受欢迎的优化算法。

9.3.2 降低方差

通过降低偏差可以提高模型在训练数据上的表现。但实际中，评价一个机器学习模型的性能，不仅要看其在训练集上的表现，还要评估它在未观测到的数据上的表现，这就要求模型具有良好的泛化能力。本节将介绍的正则化方法能够提高模型泛化能力，减少训练误差和测试误差的差距。下面将主要介绍几种常见的正则化方法。

1. L2 正则和 L1 正则

一种正则化方法是在目标函数或代价函数后面加上一个正则项，对参数进行约束，来限制模型的学习能力。

将正则化后的代价函数记作 $\tilde{L}$：

$$\tilde{L}(f(x;\theta), y) = L(f(x;\theta), y) + \alpha\Omega(\theta) \qquad (9\text{-}6)$$

其中，$\alpha \in [0, \infty]$ 是一个超参数，权衡罚项对代价函数的相对贡献，α 越大，表示对应的正则化惩罚越大。

这里介绍比较常见的 L2 和 L1 正则化方法。

（1）L2 正则

L2 参数正则化方法也叫作权重衰减。通过向目标函数添加一个正则项 $\Omega(\theta) = \dfrac{1}{2}|\theta|^2$，使权重更加接近原点。

L2 参数正则化之后的模型具有以下总的代价函数：

$$\tilde{L}(f(x;\theta), y) = L(f(x;\theta), y) + \frac{\alpha}{2}\theta^{\mathrm{T}}\theta \qquad (9\text{-}7)$$

与之对应的梯度为：

$$\nabla_\theta\tilde{L}(f(x;\theta), y) = \nabla_\theta L(f(x;\theta), y) + \alpha\theta \qquad (9\text{-}8)$$

使用单步梯度下降更新权重，即执行以下更新：

$$\theta \leftarrow (1-\eta\alpha)\theta - \eta\nabla_\theta L(f(x;\theta), y) \qquad (9\text{-}9)$$

可以看到，加入 L2 正则项后会影响参数更新的规则，正则化之后的模型权重在每步更新之后的值都要更小。

假设 L 是一个二次优化问题（比如采用平方代价函数）时，模型参数可以进一步表示为 $\hat{\theta} = \dfrac{\lambda_i}{\lambda_{i+\alpha}}\theta_i$，即相当于在原来的参数上添加了一个控制因子，其中，λ_i 是参数 Hessian 矩阵的特征值。由此可见：

当 $\lambda_i \gg \alpha$ 时，惩罚因子作用比较小；

当 $\lambda_i \ll \alpha$ 时，对应的参数会缩减至 0。

这表示，在显著减小目标函数方向上正则化的影响较小，而无助于目标函数减小的方向上对应的分量则在训练过程中因为正则化而衰减掉。

因此增加 L2 正则项，将原函数进行了一定程度的平滑化，通过限制参数 θ 在 0 点附近，减小输出目标中协方差较小的特征的权重，加快收敛，降低优化难度。

（2）L1 正则

L1 正则化也是一种常见的正则化方法，它能使得模型的参数尽可能稀疏化。模型参数 θ 的 L1 正则化被定义为：$\Omega(\theta) = \|\theta\|_1$，即各个参数的绝对值之和。

与 L2 权重衰减类似，可以通过缩放惩罚项 Ω 的正超参数 α 来控制 L1 权重衰减的强度。因此，正则化的目标函数 $\tilde{L}(f(x;\theta), y)$ 如下所示：

$$\tilde{L}(f(x;\theta), y) = L(f(x;\theta), y) + \alpha\|\theta\|_1 \qquad (9\text{-}10)$$

对应的梯度（实际上是次梯度）：

$$\nabla_\theta \tilde{L}(f(x;\theta), y) = \nabla_\theta L(f(x;\theta), y) + \alpha\mathrm{sign}(\theta) \qquad (9\text{-}11)$$

其中，$\mathrm{sign}(\theta)$ 是符号函数。

L1 正则化对梯度的影响不再是线性地缩放每个 θ_i；而是添加了一项与 $\mathrm{sign}(\theta_i)$ 同号的常数。使用这种形式的梯度之后，不一定能得到 $\tilde{L}(f(x;\theta), y)$ 二次近似的直接算术解（L2 正则化时可以）。L1 参数正则化相对于不加正则化的模型而言，每步更新后的权重向量都向 0 靠拢。因此，L1 相对于 L2 能够产生更加稀疏的模型，即当 L1 正则在参数 w 比较小的情况下，能够直接缩减至 0，因此可以起到特征选择的作用。

2. Dropout

Dropout 是通过修改模型本身结构来实现的，计算方便但功能强大。图 9-8 所示为三层人工神经网络。

对于图 9-8 所示的网络，在训练开始时，按照一定的概率随机选择一些隐藏层神经元进行删除，即认为这些神经元不存在，这样便得到如图 9-9 所示的网络。

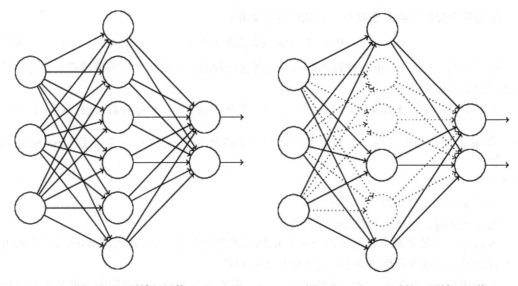

图 9-8 三层神经网络　　　　图 9-9 Dropout 后的三层神经网络

按照这样的网络计算梯度，进行参数更新（对删除的神经元不更新）。在下一次迭代时，再随机选择一些神经元，重复上面的做法，直到训练结束。

Dropout 也可以看作是一种集成（Bagging）方法，每次迭代的模型都不一样，最后以某种权重平均起来，这样参数的更新不再依赖于某些共同作用的隐藏层节点之间的关系，能够有效地防止过拟合。

3. Batch Normalization

机器学习的一个假设就是，数据是满足独立同分布的。而在深度学习模型中，原本做好预处理的同分布数据在经过层层的前向传导后，分布不断发生变化。随着网络的加深，上述变化带来的影响不断被放大。Batch Normalization 的目的就是对网络的每一层输入做一个处理，使得它们尽可能满足输入同分布的基本假设。可以对每一层的输入做标准化处理，使得输入均值为 0、方差为 1：

$$\hat{x}^{(k)} = \frac{x^k - \mathrm{E}[x^{(k)}]}{\sqrt{\mathrm{var}[x^{(k)}]}} \tag{9-12}$$

但如果只是简单地对每一层做白化处理，会降低层的表达能力。如图 9-10 所示，在使用 Sigmoid 激活函数的时候，如果把数据限制到 0 均值单位方差，那么相当于只使用了激活函数中近似线性的部分，这显然会降低模型表达能力。

所以为 Batch Normalization 增加了两个参数，用来保持模型的表达能力。于是最后的输出为：

$$y^{(k)} = \gamma^{(k)} \hat{x}^{(k)} + \beta^{(k)} \tag{9-13}$$

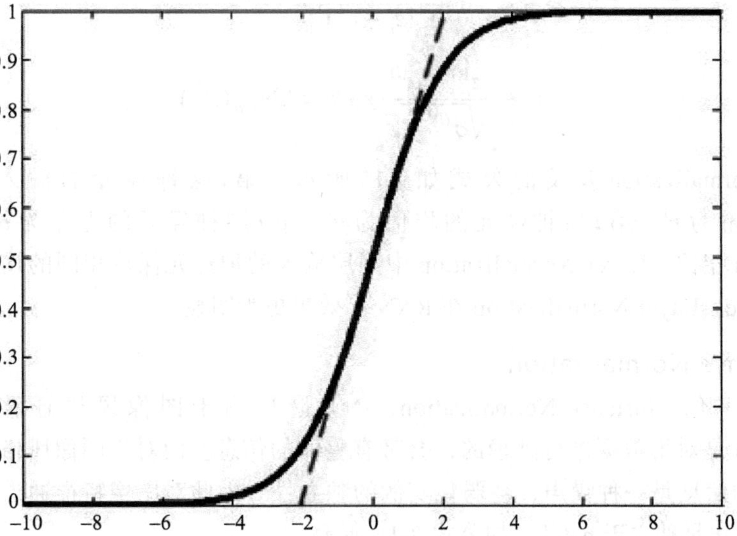

图 9-10 Sigmoid 曲线

通过引入这两个可学习的重构参数 γ 和 λ，让网络可以学习恢复出原始网络表达能力的输出，同时又能保证每层的特征分布尽可能相近。最后 Batch Normalization 网络层的前向传导过程公式就是：

$$\mu_{\mathrm{B}} \leftarrow \frac{1}{m} \sum_{i=1}^{m} x_i$$

$$\sigma_{\mathrm{B}}^2 \leftarrow \frac{1}{m} \sum_{i=1}^{m} (x_i - \mu_{\mathrm{B}})^2$$

$$\hat{x}_i \leftarrow \frac{x_i - \mu_B}{\sqrt{\sigma_B^2 + \varepsilon}}$$

$$y_i \leftarrow \gamma \hat{x}_i + \beta \equiv BN_{y,\beta}(x_i) \tag{9-14}$$

其中，m 是 Mini Batch Size，μ_B 是 Mini Batch 的均值，σ_B^2 是 Mini Batch 的方差。

4. Layer Normalization

Batch Normalization 对网络的每一层输入进行归一化处理，需要较大的批数据（Batchsize）来计算批数据的方差和均值。若数据量太小则无法代表整个数据的分布，这对于内存来说是一个不小的挑战。而且对于 RNN 这种输入数据是动态的、长度不一致的网络来说，Batch Normalization 是无法实现的。层归一化（Layer Normalization，LN）可以直接对神经网络中间层的单条数据进行归一化，不需要进行批处理。

$$\mu^l \leftarrow \frac{1}{n^l} \sum_{i=1}^{n^l} z_i^l$$

$$\sigma^{l^2} \leftarrow \frac{1}{n^l} \sum_{k=1}^{n^l} (z_i^l - \mu^l)^2$$

$$y_i \leftarrow \frac{z^{(l)} - \mu^{(l)}}{\sqrt{\sigma^{(l)^2} + \varepsilon}} \gamma + \beta \equiv LN_{\gamma,\beta}(z^{(l)}) \tag{9-15}$$

Layer Normalization 涉及的公式如 9-15 所示。第 l 层神经元的输入为 z^l，第 l 层神经元的数量为 n^l，第 l 层神经元的均值为 μ^l，第 l 层神经元的方差为 σ^{l^2} ⊖。与 Batch Normalization 相比，Layer Normalization 中同层输入的神经元保持相同的均值和方差，不依赖 Batchsize。Layer Normalization 在 RNN 上效果更为明显。

5. Instance Normalization

实例归一化（Instance Normalization，IN）最早用于图像风格迁移。由于 Batch Normalization 是对批数据进行处理的，会带有整体的信息。而对于图像风格迁移这一问题来说，整体的信息是一种噪声，会弱化实例的独立性。因此对图像特征通道层面进行归一化，实例归一化是独立于 batch，如公式 9-16 所示。

$$\mu_{ti} = \frac{1}{HW} \sum_{l=1}^{W} \sum_{m=1}^{H} x_{tilm}$$

$$\sigma_{ti}^2 = \frac{1}{HW} \sum_{i=1}^{W} \sum_{m=1}^{H} (x_{tilm} - mu_{ti})^2$$

$$y_{tijk} = \frac{x_{tijk} - \mu_{ti}}{\sqrt{\sigma_{ti}^2 + \varepsilon}} \tag{9-16}$$

其中，让 x_{tijk} 表示第 tijk 个元素，k 和 j 跨越空间维度，i 是特征通道（如果输入是 RGB

⊖ Ba J L, Kiros J R, Hinton G E. Layer normalization[J]. arXiv preprint arXiv:1607.06450, 2016.

图像，则是颜色通道），t 是批处理中图像的索引[一]。

6. Group Normalization

在图像分割、目标检测等算法中，由于输入本身较大、图像维度多样等特点，同时目前显卡显存有限，导致 Batchsize 一般都设置较小。正如前面所介绍，当 Batchsize 较小时，每个 Batch 的数据无法代替整体的数据分布，此时错误率较高，对于 Batch Normalization 影响较大。针对这一问题，Group Normalization 算法便提出了。在计算 Group Normalization 时，把图像的通道特征分为 G 组，在每个组内进行归一化，独立于 Batch 且不受其约束[一]。

$$\mu_{ng}(x) = \frac{1}{(C/G)HW} \sum_{C=gC/G}^{(g+1)C/G} \sum_{h=1}^{W} \sum_{w=1}^{W} x_{nchw}$$

$$\sigma_{ng}(x) = \sqrt{\frac{1}{(C/G)HW} \sum_{C=gC/G}^{(g+1)C/G} \sum_{h=1}^{H} \sum_{w=1}^{W} (x_{nchw} - \mu_{ng}(x))^2 + \varepsilon} \qquad （9-17）$$

9.4 超参数调优

选取合适的超参数，不仅能很好地解决模型的欠拟合问题，同时对解决模型的过拟合问题也有很大帮助。但在深度学习中，超参数数量大、取值范围各不相同，因此组合的情形繁多，使得调参极为困难，从而使得超参数的选择是深度学习中最为复杂的步骤之一。

通常来说，学习率是对模型效果影响较大的一个超参数，所以在学习率的选取上要更为慎重。在适当的学习率下，可以继续调整网络深度和学习率的衰减速度等超参数，下面将介绍一些调参的技巧。

9.4.1 随机搜索和网格搜索

随机选择比网格化的选择更加有效，而且在实践中也更容易实现。网格搜索（Grid Search）是经典机器学习中应用非常普遍的参数选择方法。但在深度网络中，网格搜索搜寻超参数效率很低，尤其要尝试不同的超参数的组合，通常非常耗时。随着超参数数量的增加，网格搜索的计算消耗将呈指数级增长。而在实际中，一般会存在部分超参数相较于其他超参数对模型存在更大的影响，通过随机搜索，而不是网格化搜索，可以高效、精确地发现这些比较重要的超参数取得较好效果时的取值。

9.4.2 超参数范围

超参数取值范围可以优先在对数尺度上进行搜索，通常可以以 10 为阶数进行尝试，尤

[一] Ulyanov D, Vedaldi A, Lempitsky V. Instance Normalization: The Missing Ingredient for Fast Stylization [J]. arXiv preprint arXiv:1607.08022, 2016.

[一] Wu Y, He K. Group normalization[C]. Proceedings of the European Conference on Computer Vision (ECCV). 2018: 3-19.

其是对于学习率、正则化项的系数等，该方法效果明显，这主要是因为采用倍乘的策略会加强它们在动态训练过程中对梯度值的影响，如代码清单 9-1 所示。例如，当学习率是 0.001 的时候，如果对其固定地增加 0.01，学习率发生了较大的改变，梯度下降的幅度也将随之大幅增加，那么对于学习过程会有很大影响。然而当学习率是 10 的时候，增加 0.01 影响就微乎其微了。因此，比起加上或者减少某些值，以乘积的方式改变学习率的范围更加符合深度网络学习过程。当然，在实际中也存在一些参数（如 Dropout）需要在原始尺度上（0 ~ 1 之间）进行搜索。

代码清单 9-1　超参数范围

```
import numpy as np
#假设调参过程中一些参数的调试范围如下
# 学习率 learning_rate 介于 [0.000001,1] 之间
r = -6*np.random.rand()
learning_rate = 10**r
# 动量 momentum 介于 [0.9,0.999] 之间
m = -3*np.random.rand()
momentum = 1-10**m

#dropout 取值范围为 [0.5,0.8]
dropout = 0.5+0.3*np.random.rand()
```

9.4.3　分阶段搜索

在实践中，另一个有效的策略是先进行粗略范围（如 10^{-6} ~ 10）搜索，然后根据好的结果出现的位置，进一步在该位置附近范围进行更细致的搜索。在粗略范围搜索的阶段，每次训练一个周期即可，这是因为初始时超参数的设定是随机的、无意义的，甚至会让模型无法学习到任何有用的知识。而在细致搜索的阶段，就可以多运行几个周期。

9.4.4　例子：对学习率的调整

学习率是深度学习中相对难设置的超参数。将学习率设置得太小，会导致梯度下降速度过慢，网络收敛慢；而将学习率设置得过大，会导致结果越过最优值，甚至由于震荡而出现梯度爆炸现象。

我们以第 6 章数字识别任务为例说明学习率的影响，如代码清单 9-2 所示。第 6 章实验环节选用的学习率为 0.1/128.0，而保持其他参数和设置不变，分别将学习率设置为 0.00001/128.0 和 1.0/128.0 重新进行实验，实验结果的 cost 图和测试结果记录如图 9-11 ~ 图 9-13 所示。

代码清单 9-2　数字识别实验原始设置

```
optimizer = paddle.optimizer.Momentum(
    learning_rate=0.01 / 128.0,
    momentum=0.9,
    regularization=paddle.optimizer.L2Regularization(rate=0.0005 * 128))
```

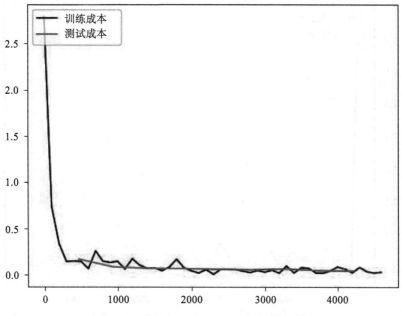

图 9-11　学习率 =0.01/128.0 的实验效果图

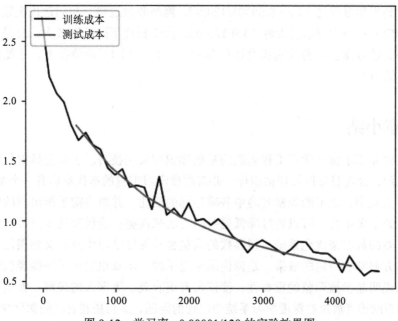

图 9-12　学习率 =0.00001/128 的实验效果图

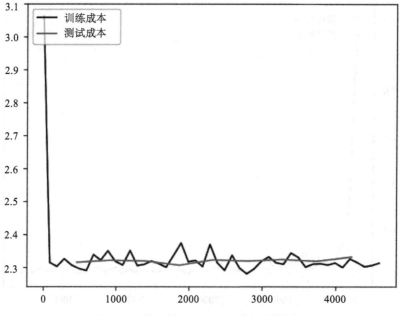

图 9-13　学习率 =1.0/128.0 的实验效果图

可以看到当学习率过小时（0.00001/128.0），网络收敛过慢，相同迭代次数下训练得到的模型效果较差；当学习率过大时（1.0/128.0），由于梯度下降幅度较大，总是越过局部最优值，网络无法收敛。只有在选择合适的学习率（0.1/128.0）的情况下，才能快速而有效地完成网络的训练。

9.5　本章小结

本章主要介绍了深度学习工程实践的基础知识和实用技巧。主要包括如何设计一个合理的实践流程，确定目标以及评估指标，并对深度学习工程的迭代本质有一个基本的认识。在深度学习实验中，要不断观察实验中各项指标的变化，并对当前系统出现的问题做出判断。若系统处于欠拟合，可以通过降低偏差的方法来调整；若模型处于过拟合状态，可以通过降低方差的策略来优化系统。超参数的调整也是深度学习中重要又烦琐的部分，对于降低偏差和方差都有一定的效果，是调优的重要手段，本章也给出了一些经验性建议，并通过例子来说明超参数调整的重要性，使读者有更直观、更深入的理解。希望通过本章的学习，能够帮助读者解决在深度学习系统中出现的问题，成功搭建自己的深度学习系统。

本章参考代码详见 https://github.com/PaddleToturial-v2/DeepLearningAndPaddleTutorial-v2 下 lesson9 子目录。

第三部分 *Part 3*

飞桨实践篇

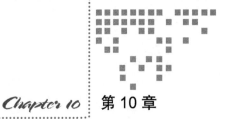

目 标 检 测

　　CV 领域的核心问题之一就是目标检测（Object Detection），它的任务是找出图像中所有感兴趣的目标（物体），确定其位置和大小（包含目标的矩形框）并识别出具体是哪个对象。目标检测广泛应用于机器人导航、智能视频监控、工业检测、遥感监测等诸多领域，通过计算机视觉技术可以减少对人力资本的消耗，具有重要的现实意义。

　　由于深度学习的广泛运用，目标检测算法得到了较为快速的发展。本章选取了当前工业使用频率较高的三个模型进行介绍，它们分别是 R-CNN、YOLO 和 SSD。R-CNN 及在其基础上改进的 Fast R-CNN、Faster R-CNN 在目标检测、人体关键点检测等任务上都取得了很好的效果，但通常较慢。YOLO 等 one-stage 的目标检测算法，将目标定位和目标识别在一个步骤中完成，提升了目标识别的速度。

　　学完本章，希望读者能够掌握以下知识点：

　　1）目标检测的三种经典方法：Faster R-CNN、YOLOv3/SSD；

　　2）两种典型的目标检测网络模型的设计思路和运行过程；

　　3）使用飞桨搭建深度学习目标检测网络模型。

10.1　任务描述

　　目标检测是计算机视觉中的一个重要任务。通俗来讲，目标检测问题概括为：What objects are where？即图像中有什么目标，它们在哪里？

　　利用目标检测技术，能够减少对人力资本的消耗，具有重要的现实意义。目标检测技术广泛应用于智能驾驶、安防、测绘、航空航天等领域。同时，目标检测技术还是实例分割、目标跟踪等计算机视觉问题的基础，因此目标检测自诞生以来就是计算机视觉学科的热门研究分支。目标检测的研究分为两个方向：一是对通用目标检测问题进行研究，其目的是探索一个模拟人类视觉的通用框架，以实现对不同类别目标的检测；二是对目标检测应用的研究，针对特定场景提出不同的目标识别算法。这一类研究并不追求通用，而更希望在特定场景内实现高质量的识别和检测，如安防领域的人脸识别，自动驾驶领域的行人识别等，均是针对特定场景的目标检测问题而进行研究的。

在过去的 20 年内，目标检测经历了"传统方法"到"深度学习方法"的转变，目标检测的精度越来越高，速度越来越快[⊖]。随着深度学习技术的发展，目标检测问题有了新的解决思路。深度学习技术的引入，使得目标检测研究更加深入，应用也更加广泛。1998 年以来目标检测相关出版物的数量统计如图 10-1 所示。

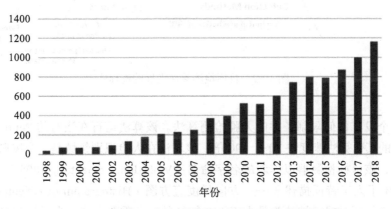

图 10-1　1998 年以来目标检测相关出版物的数量统计[⊖]

目标检测研究的早期，深度学习和大数据革命尚未爆发，彼时的研究者们提出的目标检测算法大多基于人工构建的特征。在当时，由于缺乏图像的表示方法，因此研究者们几乎只能选择设计复杂的特征来表示一幅图。同时，计算机算力的缺乏，也限制了目标检测的理论和应用的发展。

目标检测算法的发展进程如图 10-2 所示。

尽管如此，研究者们也提出了许多目标检测算法。2001 年，P. Viola 与 M. Jones 共同开发出了一种人脸检测的算法[⊜][⑩]。

⊖⊖　Zou Z, Shi Z, Guo Y, et al. Object Detection in 20 Years: A survey[J]. arXiv preprint arXiv:1905.05055, 2019.

⊜　Viola P, Jones M. Rapid object detection using a boosted cascade of simple features [C]. Proceedings of the 2001 IEEE Computer Society Conference on Computer Vision and Pattern Recognition. CVPR 2001, IEEE, 2001, pp. I–I.

⑩　Viola P, Jones M J. Robust real-time face detection[J]. International journal of computer vision, 2004, 57(2): 137–154.

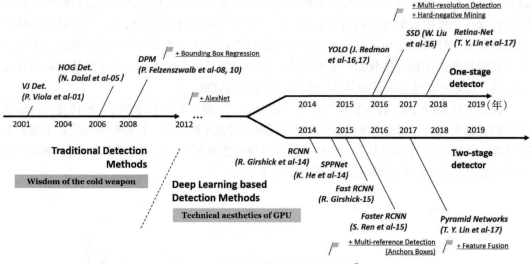

图 10-2　目标检测算法发展的进程⊖

　　这是首个没有任何限制条件的人脸检测算法。该算法运行在当时的 Pentium 3 型 CPU 上，比同期的其他算法速度快 10 ～ 100 倍。该算法在人脸识别领域是一个突破性进展，为了鼓励作者，该目标检测器以作者的名字命名：Viola-Jones detector。2005 年，N.Dalal 与 B.Triggs 提出了人工特征描述子——方向梯度直方图（Histogramm of Oriented Gradients，HOG）。HOG 特征描述子被认为是人工选择特征的一个重要进展，在目标识别领域，特别是行人识别问题方面有着重要的应用。在 HOG 特征描述子被提出之后，很多基于 HOG 的目标检测器便被提出来了。

　　2010—2012 年之间，基于人工特征的目标检测算法逐渐饱和，如 R. Girshick 所说，"2010 年至 2012 年期间（目标检测）的进展变得缓慢"⊖。2012 年，在全世界目睹卷积神经网络的重生之后，研究者将目光放到了深度卷积神经网络上。相比人工特征，深度卷积神经网络能够学习出图像中更加顽健的高阶特征，因此研究者们纷纷考虑将深度卷积神经网络应用到目标检测中。

　　基于深度神经网络的目标检测分为两个分支，"One-Stage"一步走策略与"Two-Stage"两步走策略。

　　"Two-Stage"策略的目标检测算法率先被提出来。所谓 Two-Stage，就是将目标检测分成两个部分，一部分生成候选框，另一部分进行目标定位与分类。R. Girshick 于 2014 年提

⊖　Zou Z, Shi Z, Guo Y, et al. Object Detection in 20 Years: A survey [J]. arXiv preprint arVix: 1905.05055,2019.

⊖　Girshick R, Donahue J, Darrell T, et al. Rich feature hierarchies for accurate object detection and semantic segmentation[C]. Proceedings of the IEEE conference on computer vision and pattern recognition. 2014: 580-587.

出深度卷积神经网络，开启了目标检测的深度学习时代，产生了深远影响。在 R-CNN 提出之后，SPPNet、Feature Pyramid Newworks 等 Two-Stage 目标检测网络相继被提出来，R-CNN 也不甘人后，发展出更快的 Fast R-CNN 和 Faster R-CNN。此外，基于目标检测网络，还发展出了 Mask R-CNN 等语义场景分割的神经网络。

尽管 Two-Stage 策略的目标检测网络在精度和速度上相比传统目标识别算法有很大提升，但是在速度上仍不尽如人意。为了提升目标检测网络的速度，研究者们提出了 One-Stage 策略，即一步走策略。One-Stage 策略使用单一的神经网络，去掉了候选框生成的过程，因此提升了效率。最早的 One-Stage 目标检测器是 2015 年 R. Joseph 提出的 YOLO(You Only Look Once)。One-Stage 策略由于速度优势，目前被广泛应用于实时性要求的场景中，如智能驾驶场景。典型的 One-Stage 目标检测器还有 SSD、RetinaNet 以及 YOLO 的改进版本 YOLOv2、YOLOv3 等。

10.2 常见模型解析

本节主要介绍三个目标检测模型：R-CNN 系列、YOLO 系列和 SSD。

10.2.1 R-CNN 系列

区域卷积神经网络（Region-based Convolutional Network，R-CNN）是微软研究院的 Ross Girshick 提出的一系列深度卷积神经网络目标检测器，它包括 R-CNN、Fast R-CNN 和 Faster R-CNN。R-CNN 是"Two-Stage"策略的典型代表。Ross Girshick 提出 R-CNN 之后，又对其进行了改进，提出了 Fast R-CNN 与 Faster R-CNN，优化了模型的结构，提升了计算速度，使模型更加贴近实际应用。此外，在 Faster R-CNN 的基础上，通过增加 Mask 预测分支（Mask Prediction Branch），构建了用于语义场景分割的卷积神经网络：Mask R-CNN。

（1）R-CNN

R-CNN 使用两步走的策略来解决目标检测问题，如图 10-3 所示。

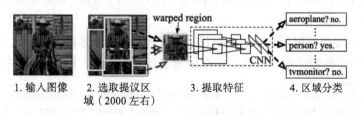

1. 输入图像　2. 选取提议区域（2000 左右）　3. 提取特征　4. 区域分类

图 10-3　R-CNN 目标检测器⊖

⊖　Girshick R, Donahue J, Darrell T, et al. Rich Feature Hierarchies for Accurate Object Detection and Semantic Segmentation [C]. Proceedings of the IEEE conference on Computer Vision and Pattern Recognition. 2014: 580-587.

如图 10-3 所示，R-CNN 目标检测主要分为以下几步[⊖]。

1）选择性搜索兴趣区域（Region of Interest, ROI）。对每一幅图片，使用选择性搜索来选取多个高质量的提议区域（Region Proposal）[⊜]，这个过程大约提取出 2000 个提议区域。

2）特征提取。对每个提议区域进行缩放，将缩放后的提议区域输入 CNN 中提取特征。

3）分类。将特征提取网络得到的结果输出到一个支持向量机分类器中进行分类。

4）边框位置回归。对支持向量机分好类的提议区域做边框回归，训练一个线性回归模型来预测真实边界框，校正原来的建议窗口，生成预测窗口坐标。

R-CNN 目标检测模型对之前的目标识别算法进行了改进，使用预先训练好的深度卷积神经网络模型来提取特征，相比低阶人工特征，卷积神经网络提取出的高阶特征有效地提升了目标检测的精度。如图 10-4 所示，R-CNN 目标检测器在识别率上远超过传统的目标识别算法。

VOC 2007 test	aero	bike	bird	boat	bottle	bus	car	cat	chair	cow	table	dog	horse	mbike	person	plant	sheep	sofa	train	tv	mAP
R-CNN pool$_5$	51.8	60.2	36.4	27.8	23.2	52.8	60.6	49.2	18.3	47.8	44.3	40.8	56.6	58.7	42.4	23.4	46.1	36.7	51.3	55.7	44.2
R-CNN fc$_6$	59.3	61.8	43.1	34.0	25.1	53.1	60.6	52.8	21.7	47.8	42.7	47.8	52.5	58.5	44.6	25.6	48.3	34.0	53.1	58.0	46.2
R-CNN fc$_7$	57.6	57.9	38.5	31.8	23.7	51.2	58.9	51.4	20.0	50.5	40.9	46.0	51.6	55.9	43.3	23.3	48.1	35.3	51.0	57.4	44.7
R-CNN FT pool$_5$	58.2	63.3	37.9	27.6	26.1	54.1	66.9	51.4	26.7	55.5	43.4	43.1	57.7	59.0	45.8	28.1	50.8	40.6	53.1	56.4	47.3
R-CNN FT fc$_6$	63.5	66.0	47.9	37.7	29.9	62.5	70.2	60.2	32.0	57.9	47.0	53.5	60.1	64.2	52.2	31.3	55.0	50.0	57.7	63.0	53.1
R-CNN FT fc$_7$	64.2	69.7	50.0	41.9	32.0	62.6	71.0	60.7	32.7	58.5	46.5	56.1	60.6	66.8	54.2	31.5	52.8	48.9	57.9	64.7	54.2
R-CNN FT fc$_7$ BB	68.1	72.8	56.8	43.0	36.8	66.3	74.2	67.6	34.4	63.5	54.5	61.2	69.1	68.6	58.7	33.4	62.9	51.1	62.5	64.8	58.5
DPM v5 [23]	33.2	60.3	10.2	16.1	27.3	54.3	58.2	23.0	20.0	24.1	26.7	12.7	58.1	48.2	43.2	12.0	21.1	36.1	46.0	43.5	33.7
DPM ST [61]	23.8	58.2	10.5	8.5	27.1	50.4	52.0	7.3	19.2	22.8	18.1	8.0	55.9	44.8	32.4	13.3	15.9	22.8	46.2	44.9	29.1
DPM HSC [62]	32.2	58.3	11.5	16.3	30.6	49.9	54.8	23.5	21.5	27.7	34.0	13.7	58.1	51.6	39.9	12.4	23.5	34.4	47.4	45.2	34.3

Rows 1-3 show R-CNN performance without fine-tuning. Rows 4-6 show results for the CNN pre-trained on ILSVRC 2012 and then fine-tuned (FT) on VOC 2007 trainval. Row 7 includes a simple bounding-box regression stage that reduces localization errors (Section 7.3). Rows 8-10 present DPM methods as a strong baseline. The first uses only HOG, while the next two use different feature learning approaches to augment or replace HOG. All R-CNN results use TorontoNet.

图 10-4　R-CNN 算法对比 DPM 算法[⊜]

然而，R-CNN 仍然有着很多缺点。R-CNN 算法在区域提议步骤中，选择了 2000 多个提议区域，这些区域都要输入到 CNN 中提取特征，这样导致整个目标检测器的时间 – 复杂度较高。经测试，使用 VGG16 卷积网络作为特征提取层时，对一张图片的检测要耗费 47 秒。

基于 R-CNN 存在的缺点，作者在 R-CNN 的基础上进行了改进，由此发展出了 Fast R-CNN。

（2）Fast R-CNN

R-CNN 的主要性能瓶颈在于需要对每个提议区域独立地抽取特征，这会造成区域内有大量的重叠，独立的特征抽取导致了大量的重复计算。因此，Fast R-CNN 对 R-CNN 的一

⊖ Girshick R, Donahue J, Darrell T, et al. Rich Feature Hierarchies for Accurate Object Detection and Semantic Segmentation[C]. Proceedings of the IEEE Conference on Computer Vision and Pattern Recognition. 2014: 580-587.

⊜ Uijlings J R R , K. E. A. Van De Sande K E A, Gevers T, et al. Selective Search for Object Recognition[J]. International Journal of Computer Vision, 2013, 104(2):154-171.

⊜ Girshick R, Donahue J, Darrell T, et al. Rich Feature Hierarchies for Accurate Object Detection and Semantic Segmentation[C]. Proceedings of the IEEE Conference on Computer Vision and Pattern Recognition. 2014: 580-587.

第 10 章 目标检测 ❖ 219

个主要改进在于，首先对整个图像进行特征抽取，然后再选取提议区域，从而减少重复计算。Fast R-CNN 的网络结构如图 10-5 所示。

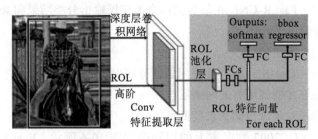

图 10-5　Fast R-CNN 的网络结构⊖

Fast R-CNN 的网络结构分为三部分。

1）特征提取层。特征提取层为深层卷积网络，用于提取高阶特征。在 Fast R-CNN 论文中，使用 VGG 深度神经网络作为特征提取层。

2）ROI 池化层。池化层使用 Max Pooling 来将特征转换为固定大小的 Feature Map。

3）全连接层。全连接层接收 ROI 池化层的输出，输出两个结果给损失层，损失层分别对怕两个结果使用 softmax 回归和 smoothL1 回归，得到目标的类别和位置。

相比 R-CNN，Fast R-CNN 使用多任务损失函数来进行训练，即将分类损失函数与位置损失函数结合为一个损失函数，这样有利于提升网络训练效率，加快目标检测速度。损失函数如下所示：

$$L(p, u, t^u, v) = L_{cls}(p, u) + \lambda[u \geq 1]L_{loc}(t^u, v) \tag{10-1}$$

公式 10-1 中，$L_{cls}(p, u) = -\log(p_u)$ 为分类损失函数，$L_{loc}(t^u, v)$ 为位置损失函数，其定义为：

$$L_{loc}(t^u, v) = \sum_{i \in \{t_i^u - v_i\}} \text{smooth}_{L_1}(t_i^u - v_i) \tag{10-2}$$

其中，$\text{smooth}_{L_1}(x)$ 函数为：

$$\text{smooth}_{L_1}(x) = \begin{cases} 0.5x^2 & \text{如果 } |x|<1 \\ |x| - 0.5 & \text{其他} \end{cases} \tag{10-3}$$

Fast R-CNN 目标检测分为以下几步。

1）选择性搜索。Fast R-CNN 与 R-CNN 中的选择性搜索一样，对每一张输入图像使用选择性搜索，提取约 2000 个提议区域。在 Fast R-CNN 中，这些区域被称为感兴趣区域（Region of Interest）。

2）特征提取。将整张图片输入到卷积神经网络中进行特征提取。

3）卷积映射。将 ROI 映射到最后一层卷积上。

⊖　Girshick R. Fast R-CNN [C]. Proceedings of the IEEE International Conference on Computer Vision. 2015:1440-1448.

4）池化 ROI。Fast R-CNN 中引入了兴趣区域池化层（ROI Pooling），将特征提取层的输出输入到该池化层，以对每个 ROI 提取同样的输出。

5）分类与回归。Fast R-CNN 在最后使用全连接层输出分类结果和 ROI 边框回归结果。

Fast R-CNN 有着以下的优点：

1）有着较高的检测质量；

2）训练过程是"One-Stage"，且使用多任务损失函数；

3）训练过程能够传播到所有的网络层；

4）特征提取阶段对硬盘存储要求较低。

Fast R-CNN 在 VOC2007 数据集上的识别率如图 10-6 所示。Fast R-CNN、R-CNN 与 SPPnet 的运行时间如图 10-7 所示。

method	train set	aero	bike	bird	boat	bottle	bus	car	cat	chair	cow	table	dog	horse	mbike	persn	plant	sheep	sofa	train	tv	mAP
SPPnet BB [11]†	07 \ diff	73.9	72.3	62.5	51.5	44.4	74.4	73.0	74.4	42.3	73.6	57.7	70.3	74.6	74.3	54.2	34.0	56.4	56.4	67.9	73.5	63.1
R-CNN BB [10]	07	73.4	77.0	63.4	45.4	**44.6**	75.1	78.1	79.8	40.5	73.7	62.2	79.4	78.1	73.1	64.2	**35.6**	66.8	67.2	70.4	**71.1**	66.0
FRCN [ours]	07	74.5	78.3	69.2	53.2	36.6	77.3	78.2	82.0	40.7	72.7	67.9	79.6	79.2	73.0	69.0	30.1	65.4	70.2	75.8	65.8	66.9
FRCN [ours]	07 \ diff	74.6	**79.0**	68.6	57.0	39.3	79.5	**78.6**	81.9	**48.0**	74.0	67.4	80.5	80.7	74.1	69.6	31.8	67.1	68.4	75.3	65.5	68.1
FRCN [ours]	07+12	77.0	78.1	**69.3**	59.4	38.3	**81.6**	**78.6**	86.7	42.8	**78.8**	68.9	84.7	82.0	76.6	69.9	31.8	**70.1**	74.8	80.4	70.4	70.0

图 10-6　Fast R-CNN 在 VOC2007 数据集上的识别率⊖

	Fast R-CNN			R-CNN			SPPnet
	S	**M**	**L**	**S**	**M**	**L**	**†L**
训练时间（h）	**1.2**	2.0	9.5	22	28	84	25
train speedup	**18.3 ×**	14.0 ×	8.8 ×	1 ×	1 ×	1 ×	3.4 ×
测试速率（s/im）	0.10	0.15	0.32	9.8	12.1	47.0	2.3
▷ with SVD	**0.06**	0.08	0.22	-	-	-	-
test speedup	98 ×	80 ×	146 ×	1 ×	1 ×	1 ×	20 ×
▷ with SVD	169 ×	150 ×	**213 ×**	-	-	-	-
VOC07 mAP	57.1	59.2	**66.9**	58.5	60.2	66.0	63.1
▷ with SVD	56.5	58.7	66.6	-	-	-	-

图 10-7　Fast R-CNN、R-CNN 与 SPPnet 的运行时间⊖

实验结果表明，Fast R-CNN 在保持了 R-CNN 精度的同时，极大地缩短了目标检测任务的运行时间。根据实验结果，Fast R-CNN 在 Nvidia K40 上平均 0.3 秒处理一张图片。

（3）Faster R-CNN

尽管 Fast R-CNN 相比 R-CNN 来说，在速度上有了巨大的提升，但是它依然只是接近实时的目标检测器。研究者发现，如果将"区域建议"步骤所花费的时间减去之后，R-CNN 目标检测算法就可以实现实时检测。因此，为了进一步提高 R-CNN 系列的计算速度，Ren Shaoqing 等人与 R-CNN 的作者 Girshick 共同提出了 Faster R-CNN。

⊖⊖　Girshick R. Fast R-CNN [C]. Proceedings of the IEEE International Conference on Computer Vision. 2015:1440-1448.

Faster R-CNN 对 Fast R-CNN 进一步做了改进，它将 Fast R-CNN 中的选择性搜索替换成区域提议网络（Region Proposal Network，RPN）。ROI 的选择不再通过传统计算机视觉的选择搜索 RPN 以锚点（Anchors）为起始点，而是通过一个小神经网络来选择区域提议[⊖]。Faster R-CNN 目标检测如图 10-8 所示。

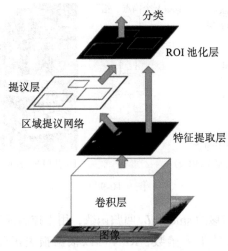

图 10-8　Faster R-CNN 网络结构[⊖]

Faster R-CNN 主体由三个网络结构组成。

1）特征提取层。用来对图像特征进行提取，在论文 *Faster R-CNN* 中使用 VGG 系列卷积神经网络作为特征提取层。

2）区域提议网络。区域建议网络输入特征提取层得到的 Feature Map。特征提取层的 Feature Map 经过区域提议网络之后，能够得到一系列的 ROI 推荐。

3）ROI 池化层。同 Fast R-CNN 中的 ROI 池化层一样，特征提取层得到的 Feature Map 与 RPN 得到的 ROI 输入到 ROI 池化层中，最终通过全连接层得到目标的分类与位置。

Faster R-CNN 的关键在于使用 RPN 来进行区域推荐。为了实现这一关键目标，Faster R-CNN 引入了锚点（Anchors）的概念。锚点，是固定尺寸的边界框，是利用不同尺寸和比例在图片上放置得到的 Box。RPN 中，通过学习相对锚点的偏移 Δx_{center}，Δy_{center}，Δwidth，Δheight 来得到区域建议。

为了训练 RPN，需要对 RPN 设置损失函数。RPN 的损失函数如公式 10-4 所示：

$$L(\{p_i\},\{t_i\}) = \frac{1}{N_{\text{cls}}}\sum_i L_{\text{cls}}(p_i, p_i^*) + \lambda \frac{1}{N_{\text{reg}}}\sum_i p_i^* L_{\text{reg}}(t_i, t_i^*) \tag{10-4}$$

公式 10-4 中，i 表示第 i 个锚点，$L_{\text{cls}}(p_i, p_i^*)$ 为二分类损失函数，其结果表示该锚

⊖⊖　Ren S, He K, Girshick R, et al. Faster R-CNN: Towards Real-Time Object Detection with Region Proposal Networks[C]. Advances in Neural Information Processing Systems. 2015: 91-99.

点所框出的内容是前景还是背景。若锚点所框出的区域与真实目标区域边界框的交并比（Intersection over Union, IoU），即锚点区域与真实目标区域的交集与二者的并集的比例大于 0.5，则该锚点区域的类别认为是前景（foreground）；若 IoU 小于 0.1，则认为是背景（background）。如图 10-9 所示。

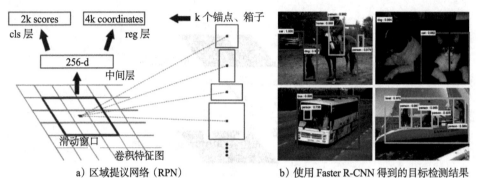

a）区域提议网络（RPN）　　　　b）使用 Faster R-CNN 得到的目标检测结果

图　10-9 ⊖

$L_{reg}(t_i, t_i^*)$ 表示候选框偏移的 smoothL_1 回归函数，用于控制候选框的位置。

上述损失函数是 RPN 的损失函数，RPN 可以根据损失函数单独去训练。然而，在 Faster R-CNN 框架中，RPN 作为整个框架的一个组件，怎样融入 Faster R-CNN 的训练中呢？最简单的办法是，使用数据单独训练出一个 RPN，在 Faster R-CNN 中直接使用训练好的参数。但是，这种方法费时费力，在实际中并不实用。

在实际中，RPN 要与 R-CNN 部分的训练同时进行。作者提出了三种联合训练方式：

1）交替训练（Alternating Training）。将 RPN 与 R-CNN 部分的训练交替进行。在训练时首先使用数据集和预训练结果初始化网络来训练 RPN，再用得到的区域建议来训练 R-CNN 部分。训练好 R-CNN 部分之后，使用训练好的结果再次初始化网络，再训练 RPN。利用第二次训练 RPN 后得到的参数和区域建议，再次初始化网络，训练 R-CNN，最终得到训练结果。

2）近似联合训练（Approximate Joint Training）。将 RPN 与 R-CNN 部分融合为一个网络，即将损失函数都加到一起。在训练中，将 RPN 的损失函数项 $L_{reg}(t_i, t_i^*)$ 得到的梯度舍弃，不参与更新网络参数的权重。

3）非近似联合训练（Not-Approximate Joint Training）。此训练同 Approximate Joint Training 训练方法相同，将损失函数加到一起，但是在更新权重时需要考虑到损失函数项 $L_{reg}(t_i, t_i^*)$ 得到的梯度。

综上所述，Faster R-CNN 整体网络可以分为以下 4 个主要内容。

1）使用基础卷积层提取特征。使用一组基础的卷积网络提取图像的特征图。特征图被

⊖　Ren S, He K, Girshick R, et al. Faster R-CNN: Towards Real-Time Object Detection with Region Proposal Networks [C]. Advances in Neural Information Processing Systems. 2015:91-99.

后续 RPN 层、ROI 层和全连接层共享。

2）使用 RPN 生成候选区域。RPN 用于生成候选区域。该网络通过一组固定的尺寸和比例得到一组锚点，使用 softmax 函数判断锚点属于前景还是背景，再利用区域回归修正锚点，从而获得精确的候选区域。

3）池化并统一特征区域特征图。该层收集输入的特征图和候选区域，将候选区域映射到特征图中并池化为统一大小的区域特征图，送入全连接层判定目标类别。

4）目标判别与位置确定。利用区域特征图计算候选区域的类别，同时再次通过区域回归获得检测框最终的精确位置。

尽管 Faster R-CNN 相比 R-CNN 极大地提升了运行速度，但是由于"Two-Stage"策略自身的缺陷，提议候选框的步骤大大降低了运行速度。根据实验结果，Faster R-CNN 的速度大约在每秒 20 帧左右。Faster R-CNN 的目标检测实验结果如图 10-10 与图 10-11 所示。

model	system	conv	proposal	region-wise	total	rate
VGG	SS + Fast R-CNN	146	1510	174	1830	0.5 fps
VGG	RPN + Fast R-CNN	141	10	47	198	5 fps
ZF	RPN + Fast R-CNN	31	3	25	59	17 fps

图 10-10　RPN+Fast R-CNN 与选择搜索法 +Fast R-CNN 得到的区域建议框数量与速度对比[⊖]

method	# box	data	mAP	areo	bike	bird	boat	bottle	bus	car	cat	chair	cow	table	dog	horse	mbike	person	plant	sheep	sofa	train	tv
SS	2000	07	66.9	74.5	78.3	69.2	53.2	36.6	77.3	78.2	82.0	40.7	72.7	67.9	79.6	79.2	73.0	69.0	30.1	65.4	70.2	75.8	65.8
SS	2000	07+12	70.0	77.0	78.1	69.3	59.4	38.3	81.6	78.6	86.7	42.8	78.8	68.9	84.7	82.0	76.6	69.9	31.8	70.1	74.8	80.4	70.4
RPN*	300	07	68.5	74.1	77.2	67.7	53.9	51.0	75.1	79.2	78.9	50.7	78.0	61.1	79.1	81.9	72.2	75.9	37.2	71.4	62.5	77.4	66.9
RPN	300	07	69.9	70.0	80.6	70.1	57.3	49.9	78.2	80.4	82.0	52.2	75.3	67.2	80.3	79.8	75.0	76.3	39.1	68.3	67.3	81.1	67.6
RPN	300	07+12	73.2	76.5	79.0	70.9	65.5	52.1	83.1	84.7	86.4	52.0	81.9	65.7	84.8	84.6	77.5	76.7	38.8	73.6	73.9	83.0	72.6
RPN	300	COCO+07+12	78.8	84.3	82.0	77.7	68.9	65.7	88.1	88.4	88.9	63.6	86.3	70.8	85.9	87.6	80.1	82.3	53.6	80.4	75.8	86.6	78.9

图 10-11　选择搜索策略的 Fast R-CNN 与 RPN+Fast R-CNN 在 VOC2007 数据集上的表现[⊖]

10.2.2　YOLO

YOLO（You Only Look Once）是"One-Stage"策略的目标检测框架。YOLO 思路与 R-CNN 系列不同，它没有区域提议步骤，而是使用单一的神经网络来预测边界框与目标类别概率。YOLO 目标检测器是一个端到端（End-to-End）的神经网络，输入一张图片，输出为目标的位置和类别。相比"Two-Stage"的 R-CNN 系列，在保证相同精度的情况下，YOLO 的速度可达到每秒 45 帧[⊜]。

YOLO 将目标检测视为一个回归问题，从图像直接回归出目标的类别和边界框。这样，只需看一次图片，就可以预测出目标类别和位置。YOLO 目标检测系统如图 10-12 所示。

⊖⊖　Ren S, He K, Girshick R, et al. Faster R-CNN: Towards Real-Time Object Detection with Region Proposal Networks [C]. Advances in Neural Information Processing Systems. 2015:91-99.

⊜　Redmon J, Divvala S, Girshick R, et al. You only look once: Unified, Real-Time Object Detection[C]. Proceedings of the IEEE Conference on Computer Vision and Pattern Recognition. 2016: 779-788.

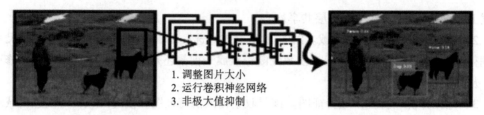

1. 调整图片大小
2. 运行卷积神经网络
3. 非极大值抑制

图 10-12 YOLO 目标检测系统[⊖]

YOLO 目标检测系统输入一张图片。YOLO 首先将图片缩放为 448×448 的分辨率，然后放入一个卷积神经网络中进行处理，预测出目标的类别和位置，最后使用阈值处理来得到最终的结果。

相比图片分类，目标检测问题除了要识别出目标的类别之外，还要找出目标在图中的位置。在 R-CNN 系列中，采用区域建议的方法得到目标可能的位置，再通过回归来找到目标位置。而"One-Stage"策略没有区域建议步骤，那么 YOLO 是如何得到目标位置呢？YOLO 的解决方案是将图片分成 $S×S$ 的栅格，每个栅格预测 B 个边界框和置信度。此外，栅格还要预测落在其中的目标的类别。YOLO 中栅格预测的边界框有 5 个维度：边界框中心 x, y，边界框大小 w, h，边界框置信度 confidence。边界框置信度用交并比（IOU）来表示：confidence = $Pr(Object)*IOU_{pred}^{truth}$，其中，$Pr(Object)$ 表示当前栅格中的内容是待检测的目标的概率。YOLO 对每个栅格进行处理，将目标检测问题视为回归问题，去预测每个栅格对应的边界框和目标类别，即 YOLO 的输出为 $S×S×(B*5+C)$ 的张量。

需要注意的是，YOLO 在训练时，只有目标中心所处的栅格才会承担目标类别预测的功能。

按照上述思路，YOLO 目标检测的网络模型如图 10-13 所示。

YOLO 的网络结构有 24 个卷积层，6 个最大池化层，以及 2 个全连接层。输入的 448×448 的图像经过上述网络处理之后得到一个 7×7×30 的输出。输出的张量表示，每幅图像分为 7×7 个栅格，每个栅格内包含两个边界框、20 个分类，即 $B*5+20=30$。

YOLO 的损失函数为：

$$\lambda_{coord}\sum_{i=0}^{S^2}\sum_{j=0}^{B}\mathrm{II}_{ij}^{obj}[(x_i-\hat{x}_i)^2+(y_i-\hat{y}_i)^2]$$

$$+\lambda_{coord}\sum_{i=0}^{S^2}\sum_{j=0}^{B}\mathrm{II}_{ij}^{obj}\left[\left(\sqrt{w_i}-\sqrt{\hat{w}_i}\right)^2+\left(\sqrt{h_i}-\sqrt{\hat{h}_i}\right)^2\right]$$

$$+\sum_{i=0}^{S^2}\sum_{j=0}^{B}\mathrm{II}_{ij}^{obj}\left(C_i-\hat{C}_i\right)^2+\lambda_{noobj}\sum_{i=0}^{S^2}\sum_{j=0}^{B}\mathrm{II}_{ij}^{noobj}(C_i-\hat{C}_i)^2$$

$$+\sum_{i=0}^{S^2}\mathrm{II}_{i}^{obj}\sum_{c\in classes}(p_i(c)-\hat{p}_i(c))^2 \tag{10-5}$$

⊖ Redmon J, Divvala S, Girshick R, et al. You only look once: Unified, Real-Time Object Detection [C]. Proceedings of the IEEE Conference on Computer Vision and Pattern Recognition. 2016: 779-788.

上述公式中，前两项为边界框的位置相对于真实位置的回归损失函数，II_{ij}^{obj} 表示 Pr(Object)，若真实目标的中心落在当前的栅格中，则等于 1，否则为 0。公式的 3 项和 4 项为置信度的回归损失函数，C_i 为第 i 个栅格的 IOU。需要注意的是，第 4 项中的 II_{ij}^{noobj} 与之前的 II_{ij}^{obj} 相反，只有当目标的中心不在栅格中，它才等于 1。公式的第 5 项为分类损失函数。

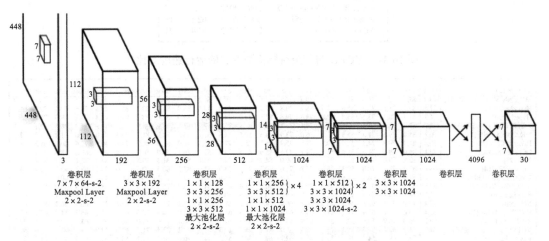

图 10-13　目标检测的 YOLO 网络模型[⊖]

有了损失函数之后，就可以根据数据进行训练，得到模型参数。

输入的图像经过 YOLO 网络的处理后，可以得到一系列边界框和当前框内的目标属于每个类别的概率。为了预测目标类别，YOLO 在测试时将输出的分类概率与边界框的置信度相乘，得到该边界框内对某个类的置信度：

$$\mathrm{Pr}(\mathrm{Class}_i|\mathrm{Object})*\mathrm{Pr}(\mathrm{Object})*\mathrm{IOU}_{pred}^{truth} = \mathrm{Pr}(\mathrm{Class}_i)*\mathrm{IOU}_{pred}^{truth} \qquad （10\text{-}6）$$

在得到这个置信度之后，使用一个阈值进行过滤，删去置信度较低的值，再对剩下的做非极大值抑制，最终得到识别结果。

相比 R-CNN 系列，YOLO 最大的优点就是无须区域提议步骤，直接对整张图片进行回归，速度快了很多（如图 10-14、如图 10-15 所示）。R-CNN 需要区域提议的原因在于，若对整张图片的特征进行分类，那么目标周围的不相关背景再经过最后一层卷积之后，空间维度信息都被压缩成了一个点，而这样包含了背景信息和前景信息的点会使得损失函数中包含了过多的干扰，从而影响训练的准确性。而在 YOLO 中，卷积的输出不再是一个单独的点，而是 7×7 个点，可以给每个点都单独标注上原图对应区域的目标标签，这样在训练时，能够指引每个点按照各自区域内的目标去收敛，不再受背景的干扰。

⊖　Redmon J, Divvala S, Girshick R, et al. You only look once: Unified, Real-Time Object Detection [C]. Proceedings of the IEEE Conference on Computer Vision and Pattern Recognition. 2016:779-788.

Real-Time Detectors	Train	mAP	FPS
100Hz DPM [31]	2007	16.0	100
30Hz DPM [31]	2007	26.1	30
Fast YOLO	2007+2012	52.7	155
YOLO	2007+2012	**63.4**	45
Less Than Real-Time			
Fastest DPM [38]	2007	30.4	15
R-CNN Minus R [20]	2007	53.5	6
Fast R-CNN [14]	2007+2012	70.0	0.5
Faster R-CNN VGG-16[28]	2007+2012	73.2	7
Faster R-CNN ZF [28]	2007+2012	62.1	18
YOLO VGG-16	2007+2012	66.4	21

图 10-14　YOLO 与其余目标检测算法的运行速度对比⊖

VOC 2012 test	mAP	aero	bike	bird	boat	bottle	bus	car	cat	chair	cow	table	dog	horse	mbike	person	plant	sheep	sofa	train	tv
MR_CNN_MORE_DATA [11]	73.9	85.5	82.9	76.6	57.8	62.7	79.4	77.2	86.6	55.0	79.1	62.2	87.0	83.4	84.7	78.9	45.3	73.4	65.8	80.3	74.0
HyperNet_VGG	71.4	84.2	78.5	73.6	55.6	53.7	78.7	79.8	87.7	49.6	74.9	52.1	86.0	81.7	83.3	81.8	48.6	73.5	59.4	79.9	65.7
HyperNet_SP	71.3	84.1	78.3	73.3	55.5	53.6	78.6	79.6	87.5	49.5	74.9	52.1	85.6	81.6	83.2	81.6	48.4	73.2	59.3	79.7	65.6
Fast R-CNN + YOLO	70.7	83.4	78.5	73.5	55.8	43.4	79.1	73.1	89.4	49.4	75.5	57.0	87.5	80.9	81.0	74.7	41.8	71.5	68.5	82.1	67.2
MR_CNN_S_CNN [11]	70.7	85.0	79.6	71.5	55.3	57.7	76.0	73.9	84.6	50.5	74.3	61.7	85.5	79.9	81.7	76.4	41.0	69.0	61.2	77.7	72.1
Faster R-CNN [28]	70.4	84.9	79.8	74.3	53.9	49.8	77.5	75.9	88.5	45.6	77.1	55.3	86.9	81.7	80.9	79.6	40.1	72.6	60.9	81.2	61.5
DEEP_ENS_COCO	70.1	84.0	79.4	71.6	51.9	51.1	74.1	72.1	88.6	48.3	73.4	57.8	86.1	80.0	80.7	70.4	46.6	69.6	68.8	75.9	71.4
NoC [29]	68.8	82.8	79.0	71.6	52.3	53.7	74.1	69.0	84.9	46.9	74.3	53.1	85.0	81.3	79.5	72.2	38.9	72.4	59.5	76.7	68.1
Fast R-CNN [14]	68.4	82.3	78.4	70.8	52.3	38.7	77.8	71.6	89.3	44.2	73.0	55.0	87.5	80.5	80.8	72.0	35.1	68.3	65.7	80.4	64.2
UMICH_FGS_STRUCT	66.4	82.9	76.1	64.1	44.6	49.4	70.3	71.2	84.6	42.7	68.6	55.8	82.7	77.1	79.9	68.7	41.4	69.0	60.0	72.0	66.2
NUS_NIN_C2000 [7]	63.8	80.2	73.8	61.9	43.7	43.0	70.3	67.6	80.7	41.9	69.7	51.7	78.2	75.2	76.9	65.1	38.6	68.3	58.0	68.7	63.3
BabyLearning [7]	63.2	78.0	74.2	61.3	45.7	42.7	68.2	66.8	80.2	40.6	70.0	49.8	79.0	74.5	77.9	64.0	35.3	67.9	55.7	68.7	62.6
NUS_NIN	62.4	77.9	73.1	62.6	39.5	43.3	69.1	66.4	78.9	39.1	68.1	50.0	77.2	71.3	76.1	64.7	38.4	66.9	56.2	66.9	62.7
R-CNN VGG BB [13]	62.4	79.6	72.7	61.9	41.2	41.9	65.9	66.4	84.6	38.5	67.2	46.7	82.0	74.8	76.0	65.2	35.6	65.4	54.2	67.4	60.3
R-CNN VGG [13]	59.2	76.8	70.9	56.6	37.5	36.9	62.9	63.6	81.1	35.7	64.3	43.9	80.4	71.6	74.0	60.0	30.8	63.4	52.0	63.5	58.7
YOLO	57.9	77.0	67.2	57.7	38.3	22.7	68.3	55.9	81.4	36.2	60.8	48.5	77.2	72.3	71.3	63.5	28.9	52.2	54.8	73.9	50.8
Feature Edit [33]	56.3	74.6	69.1	54.4	39.1	33.1	65.2	62.7	69.7	30.8	56.0	44.6	70.0	64.4	71.1	60.2	33.3	61.3	46.4	61.7	57.8
R-CNN BB [13]	53.3	71.8	65.8	52.0	34.1	32.6	59.6	60.0	69.8	27.6	52.0	41.7	69.6	61.3	68.3	57.8	29.6	57.8	40.9	59.3	54.1
SDS [16]	50.7	69.7	58.4	48.5	28.3	28.8	61.3	57.5	70.8	24.1	50.7	35.9	64.9	59.1	65.8	57.1	26.0	58.8	38.6	58.9	50.7
R-CNN [13]	49.6	68.1	63.8	46.1	29.4	27.9	56.6	57.0	65.9	26.5	48.7	39.5	66.2	57.3	65.4	53.2	26.2	54.5	38.1	50.6	51.6

图 10-15　YOLO 的目标检测 mAP 精度对比⊖

　　尽管 YOLO 在实时性上打败了 R-CNN，使得其在工业上应用广泛，但 YOLO 仍然有一些缺点。YOLO 增强了边界框的约束性，并且每个边界框只能拥有一个类别，因此限制了 YOLO 对重叠目标的检测能力。此外，由于 YOLO 模型是从数据中学习出边界框，因此 YOLO 很难生成训练数据中不存在的、不寻常的边界框比例。最后，在训练过程中，YOLO 所采用的损失函数对小边界框与大边界框一视同仁，即误差的权重视为相同。然而在现实中，小边界框的误差往往会产生很大的影响。这些缺陷都影响了 YOLO 的准确率。为了改进 YOLO 的缺陷，作者后续发展了 YOLOv2 与 YOLOv3。

　　YOLOv2 在第一代的基础上，进行了三点改进⊜：

　　1）特征提取网络改为了 Daknet-19，并去掉 YOLOv1 的全连接层。Darknet-19 由 19 层组成，仅仅包括卷积层和池化层，去掉了 YOLOv1 中包含的全连接层，在增加了计算效率的同时可以方便输入不同尺寸的图片进行训练。

　　2）引入锚点。YOLOv2 在网络中引入了 Faster R-CNN 中锚点的概念，使用了锚点来

　　⊖⊜　Redmon J, Divvala S, Girshick R, et al. You only look once: Unified, Real-Time Object Detection [C]. Proceedings of the IEEE Conference on Computer Vision and Pattern Recognition. 2016: 779-788.

　　⊜　Redmon J, Farhadi A. YOLO9000: Better, Faster, Stronger[C]. Proceedings of the IEEE Conference on Computer Vision and Pattern Recognition. 2017: 7263-7271.

进行边界框的预测。

3）YOLOv2 还使用了批量归一化的方法，加速训练收敛。

在这些改进的基础上，YOLOv2 在 VOC 数据集上的平均准确率由 63.4% 提升到了 78.6%。

尽管如此，YOLOv2 相比 YOLOv1，mAP 准确率提升明显，但是 YOLOv2 对小目标识别效果不佳。为了提升对小目标识别的效果，YOLO 再一次进行了改进，即 YOLOv3。YOLOv3 使用 DarkNet53 作为特征提取网络，同时借鉴了 FPN(Feature Pyramid Networks) 的思想，通过一系列的卷积层和上采样对各尺度的特征图进行融合，即在 YOLOv3 中将最后三个卷积层连接到最后的输出层中，以实现多尺度目标的检测，由此提升了小目标的检测效果⊖。它在保持了 YOLO 速度优势的同时，着重提升了模型精度，尤其是加强了对小目标、重叠遮挡目标的识别，补齐了 YOLO 的短板，是目前速度和精度均衡的目标检测网络。YOLOv3 网络结构如图 10-16 所示。

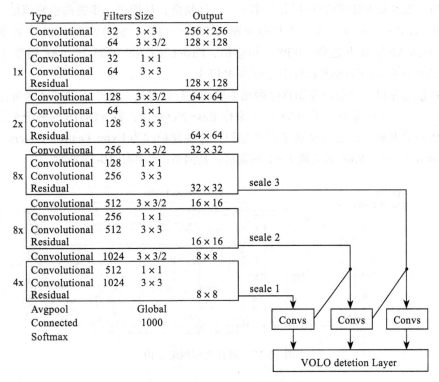

图 10-16　YOLOv3 网络结构⊖

⊖⊝　Redmon J, Farhadi A. YOLOv3: An Incremental Improvement[J]. arXiv preprint arXiv:1804.02767, 2018.

10.2.3 SSD

SSD（Single Shot MultiBox Detector）是 Wei Liu 等人于 2016 年提出的一种单一神经网络的目标检测器。SSD 算法是 One-Stage 目标检测方法的代表之一，检测速度快于 YOLOv1、Faster R-CNN 等目标检测器，且精度也有所提升[⊖]。

SSD 的核心思想之一，是将边界框的输出空间离散为默认边界框，在默认框上进行分类预测和边界框调整。这些默认边界框有着不同的长宽比和比例，在预测时，网络会根据每个默认框中每个对象类别的存在情况生成分数，并对该框进行调整以更好地匹配对象形状。在以 Faster R-CNN 为代表的一系列目标检测器中，都遵循"设定边界框→对每个边界框进行像素或特征重采样→分类"的过程，这一过程极大地降低了计算速度。SSD 目标检测器消除了边界框推荐和重采样过程，显著提升了运算速度。此外，SSD 还采用了一些小技巧，如使用一个小的卷积过滤器来预测包围盒位置中的对象类别和偏移量，使用独立的预测器（过滤器）来检测不同的长宽比，并将这些过滤器应用到网络后期的特征映射上，这些小技巧可以使得 SSD 能够在低分辨率下实现高精度，从而进一步提高检测速度。经过测试，使用 Nvidia Titan X，输入图片分辨率为 512×512 时，SSD 在 VOC2007 数据集上能够在 74.3%mAP 精度下达到 59FPS。相应的，Faster R-CNN 在 73.2%mAP 精度下速度为 7FPS，YOLO 在 63.4%mAP 精度下速度为 45FPS。

SSD 模型是以一个前馈卷积神经网络为基础进行改进的，这个前馈神经网络称为 Base Network。在 SSD 论文中，采用 VGG16 来作 Base Network，将 VGG16 的两个全连接层转换成了普通的卷积层，之后又接了多个卷积，这些卷积称为 Extra Feature Layers。最后用一个 Global Average Pool 来变成 1×1 的输出。其网络结构如图 10-17 所示。

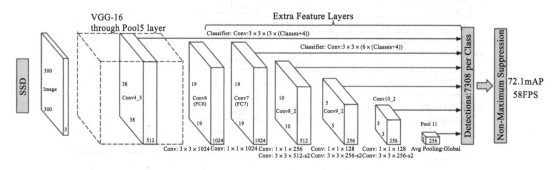

图 10-17　SSD 模型网络结构

如图 10-17 所示，在 Base Network 之后，增加了 6 个卷积层，这些卷积层的大小逐次减小，承担了三个任务。

1）多尺度检测和预测。采用类似 YOLOv3 的网络结构，将 Extra Feature Layers 的 6

⊖ Liu W, Anguelov D, Erhan D, et al. SSD: Single Shot Multibox Detector[C]. European Conference on Computer Vision. Springer, Cham, 2016: 21-37.

个卷积层连接到最后的输出层，能够实现对不同尺度的目标检测和预测。

2）使用卷积核预测。对于 Extra Feature Layer 中的每个层，都采用一系列卷积核进行预测。例如，对 Extra Feature Layer 中的某个 $m \times n \times p$ 的卷积层，采用 $3 \times 3 \times p$ 进行卷积操作，在每个位置上得到一个值，该值可以是属于某一类的分类得分，也可以是相对 Defualt Box 坐标的偏移。当每个位置都进行卷积操作之后，产生了一组输出值。

3）对于网络顶部的多个功能映射，我们将一组默认的边界框与每个功能映射单元关联起来。默认框以卷积方式平铺 feature map，因此每个框相对于其相应单元格的位置是固定的。在每个 feature map 单元格中，我们预测相对于单元格中的默认框形状的偏移量，以及每个类的分类得分，这些分数表示每个框中存在一个类实例。例如，对于给定位置上除 k 之外的每个方块，我们计算其属于 c 类分数和相对于原始默认方块形状的 4 个偏移量，使得 $(c + 4)k$ 个过滤器被应用在 feature map 的每个位置上。若 feature map 的规模为 $m \times n$，则这一步将产生 $(c + 4) \cdot kmn$ 个输出。默认框即 Fast R-CNN 中使用的锚框，但是在 SSD 中，将这些锚框应用于不同分辨率 feature map 上。在不同的 feature map 上使用不同的默认框形状，可以有效地离散可能的输出框形状空间。

SSD 的模型中，有三个关键点：多尺度特征映射、默认框和损失函数。

1. 多尺度特征映射

SSD 算法中使用到了 conv4_3、conv1_7、conv8_2、conv7_2、conv8_2、conv9_2、conv10_2、conv11_2 这些大小不同的 feature map，其目的是为了能够准确地检测到不同尺度的物体，因为在低层的 feature map，感受野比较小，高层的感受野比较大，在不同的 feature map 进行卷积，可以达到多尺度的目的。

2. 默认框

SSD 中的默认框和 Faster-R-CNN 中的锚点机制很相似。就是预设一些目标预选框，后续通过 softmax 分类与边界框回归来获得真实目标的位置。SSD 在不同尺度的 feature map 上使用不同的默认框。以 feature map 上每个点的中点为中心（offset=0.5），生成一系列同心的默认框（然后中心点的坐标会乘以 step，相当于从 feature map 位置上映射回原图位置）。假定我们使用 m 个不同大小的 feature map 来做预测，设最底层的 feature map 的 scale 值为 $s_{\min} = 0.2$，最高层的为 $s_{\max} = 0.95$，则每一层 feature map 的默认框 scale 可通过公式 10-7 计算得到：

$$s_k = s_{\min} + \frac{s_{\max} - s_{\min}}{m - 1}(k - 1) \tag{10-7}$$

得到每一层的默认框 scale 之后，使用不同的 ratio 值，如 [1,2,3,1/2,1/3]，通过公式 10-8 计算默认框的宽度 w 和高度 h。

$$w_k^a = s_k \sqrt{a_r}, \quad h_k^a = s_k / \sqrt{a_r} \tag{10-8}$$

对于 ratio = 0 的情况，指定 scale 为：

$$s_k = \sqrt{s_k s_{k+1}} \tag{10-9}$$

由此，我们得到了 6 种不同的默认框。

3. 损失函数

与常见的目标检测模型的目标函数相同，SSD 算法的目标函数分为两部分：计算相应的默认框中的目标类别的 confidence loss 以及相应的位置回归。总体损失函数由位置损失函数（loc）和分类置信度损失函数（conf）的加权和构成，如公式 10-10 所示：

$$L(x,c,l,g) = \frac{1}{N}\big(L_{cont}(x,c) + \alpha L_{loc}(x,l,g)\big) \tag{10-10}$$

其中，N 为匹配到的默认框的数量；而 α 用于调整置信度损失函数和位置损失函数之间的比例。式中，位置损失函数采用 Smooth L1 loss，如公式 10-11 所示：

$$L_{loc}(x,l,g) = \sum_{i \in Pos}^{N} \sum_{m \in cx,cy,w,h} x_{ij}^{k} \text{smooth}_{L1}(l_i^m - \hat{g}_j^m)$$

$$\hat{g}_j^{cx} = \frac{g_j^{cx} - d_i^{cx}}{d_i^w \hat{g}_j^{cy}} = \frac{g_j^{cy} - d_i^{cy}}{d_i^h}$$

$$\hat{g}_j^w = \log\left(\frac{g_j^w}{d_i^w}\right)$$

$$\hat{g}_j^h = \log\left(\frac{g_j^h}{d_i^h}\right) \tag{10-11}$$

分类置信度损失函数是典型的 softmax loss：

$$L_{conj}(x,c) = -\sum_{i \in Pos}^{N} x_{ij}^p \log(\hat{c}_i^p) - \sum_{i \in Neg} \log(\hat{c}_i^0), \text{where} \hat{c}_i^p = \frac{\exp(c_i^p)}{\sum_p \exp(c_i^p)} \tag{10-12}$$

综合以上，按照上述损失函数，对训练集进行训练，就可以得出训练模型。

R-CNN 作为"Two-Stage"策略的典型算法，有着较高的精度，但由于候选框的存在，使得算法的时间效率较低。研究者对 R-CNN 进行了改进，提出了 Fast R-CNN 与 Faster R-CNN，在保持精度的同时提高了运行效率。

YOLO 与 SSD 作为"One-Stage"的典型算法。YOLO 省去了候选框的选择过程，在算法时间效率上有着较大的优势，但是在检测精度上有待提高。为了解决这个问题，研究者对 YOLO 进行了两次改进，引入了部分 R-CNN 中的思想，提高了检测精度，尤其是多尺度目标的检测精度。SSD 结合了 YOLO 与 R-CNN 中的一些思想，并针对多尺度目标检测的问题，较好地平衡了检测精度和运算速度。

10.3 PaddleDetection 应用实践

通过上文的学习，读者已经深入理解 Faster R-CNN、YOLO 与 SSD 三种目标检测算法，本节将使用飞桨来训练 Faster R-CNN 与 YOLOv3，并利用训练好的 YOLOv3 模型来解决实际问题。

在 PaddleDetection 实验中，除飞桨之外，还需要依赖多个第三方库，如 Cython、OpenCV 等，这些第三方库在本实验中也起到了较为重要的作用，读者可自行上网搜索，了解并安装这些依赖库，飞桨检测库的地址为 https://github.com/PaddlePaddle/PaddleDetection。

10.3.1 Faster-R-CNN

本节使用 MS-COCO 数据集来训练 Faster R-CNN 目标检测算法。

MS-COCO 数据集是微软构建的一个计算机视觉领域的数据集。MS-COCO 数据集收集了大量包含常见物体的日常场景图片，并提供像素级的实例标注以更精确地评估检测和分割算法的效果。MS-COCO 适用于目标检测和场景分割任务的训练与测试。

MS-COCO 的检测任务共含有 80 个类，这些数据被分为 train/val/test 三个部分，数据规模分别为 80k/40k/40k。在学术界较为通用的划分是使用 train 部分和 35k 的 val 子集作为训练集（trainval35k），使用剩余的 val 作为测试集（minival）。除此之外，COCO 官方也保留了一部分 test 数据作为比赛的评测集。

本实验代码路径为 https://github.com/PaddleToturial-v2/DeepLearningAndPaddleTutorial-v2/tree/master/lesson10/fastrcnn，本实验的全部命令行假定在 fastrcnn 文件夹中。

1. 代码准备

飞桨官方已经提供了利用 R-CNN 进行目标检测任务的代码，可从 GitHub 中获取该代码：

```
git clone https://github.com/PaddlePaddle/models.git
```

在下载代码之后，可以开始对 R-CNN 进行训练和测试。

2. 数据准备

飞桨的 R-CNN 目标识别代码中提供了数据下载的脚本，可使用该脚本直接下载数据集。

```
cd dataset/coco./download.sh
```

MS-COCO 数据集的目录结构如下：

```
data/coco/
├── annotations
│   ├── instances_train2014.json
│   ├── instances_train2017.json
│   ├── instances_val2014.json
│   ├── instances_val2017.json
│   ...
├── train2017
│   ├── 000000000009.jpg
│   ├── 000000580008.jpg
```

```
│   ...
├───  val2017
│   ├───  000000000139.jpg
│   ├───  000000000285.jpg
│   ...
```

其中，annotations 中包含每张图片的标签信息，train2017 与 val2017 中分别包含训练集与数据集的图片。

在下载好 MS-COCO 数据集后，还需要下载 cocoapi。cocoapi 可在 GitHub 上获取 (https://github.com/cocodataset/cocoapi.git)。

```
git clone https://github.com/cocodataset/cocoapi.git
cd cocoapi/PythonAPI
# if cython is not installed
pip install Cython
# Install into global site-packages
make install
# Alternatively, if you do not have permissions or prefer
# not to install the COCO API into global site-packages
python2 setup.py install -user
```

3. 模型训练

数据集准备好之后，即可按照如下步骤训练模型。

（1）下载预训练模型

本案例中，需要使用 Resnet-50 预训练模型，可以采用如下命令下载预训练模型：

```
sh ./pretrained/download.sh
```

通过初始化 pretrained_model 加载预训练模型。同时在参数微调时也采用该设置加载已训练模型。请在训练前确认预训练模型的下载与加载是否正确，否则在训练过程中，Loss 值可能会变为"NaN"这样的无效值。

（2）安装 cocoapi

MS-COCO 数据集提供了 API 来进行数据读取等操作，因此需要先下载 cocoapi：

```
git clone https://github.com/cocodataset/cocoapi.git
cd cocoapi/PythonAPI
# if cython is not installed
pip install Cython
# Install into global site-packages
make install
# Alternatively, if you do not have permissions or prefer
# not to install the COCO API into global site-packages
python2 setup.py install --user
```

（3）启动训练

完成预训练模型下载和数据集 API 安装之后，接下来就可以训练模型了。由于本案例是目标检测任务，因此我们执行 Faster R-CNN 的训练脚本：

```
python -m paddle.distributed.launch --selected_gpus=0,1,2,3,4,5,6,7  --log_
dir ./mylog train_dyg.py \
    --model_save_dir=output/ \
    --pretrained_model=${path_to_pretrain_model} \
```

```
--data_dir=${path_to_data}
```

其中，model_save_dir 为训练好的模型文件存储位置，pretrained_model 为预训练模型的路径，data_dir 为数据集路径。另外，可通过设置参数 MASK_ON 选择训练 Faster R-CNN 模型还是 Mask R-CNN 模型，该项在本案例中为 False。

多卡训练时，通过设置"export CUDA_VISIBLE_DEVICES=0,1,2,3,4,5,6,7"来给出可使用的 GPU 数量及 ID，通过参数项"--selected_gpus=0,1,2,3,4,5,6,7"来选择要使用的 GPU 的 ID。对于 Windows 用户，需要将参数 parallel 设置为 False，将 fluid.ParallelExecutor 替换为 fluid.Executor。具体参数说明可以通过 help 参数查看：

```
python train_dyg.py --help
```

在飞桨的 Faster R-CNN 模型的训练与测试中，可以通过更改 rcnn/config.py 中的参数来调整训练过程。

本案例采用的训练策略如下所述：

1）采用 momentum 优化算法训练，momentum=0.9。

2）权重衰减系数为 0.0001，前 500 轮学习率从 0.00333 线性增加至 0.01。在 120000、160000 轮时使用 0.1、0.01 乘子进行学习率衰减，最多训练 180000 轮。同时我们也提供了 2x 模型，该模型采用更多的迭代轮数进行训练，训练 360000 轮，学习率在 240000、320000 轮衰减，其他参数不变，训练最大轮数和学习率策略可以在 config.py 中对 max_iter 和 lr_steps 进行设置。

3）非基础卷积层卷积 bias 学习率为整体学习率 2 倍。

4）基础卷积层中，affine_layers 参数不更新，res2 层参数也不更新。

4. 模型评估

在训练结束之后，需要评估模型的性能指标。本案例采用 MS-COCO 官方评估。在项目代码中，eval_coco_map.py 是评估模块的主要执行程序，调用该程序进行模型评估：

```
#Faster R-CNN
python eval_coco_map.py \
  --dataset=coco2017 \
  --pretrained_model=${path_to_trained_model} \
  --MASK_ON=False
```

其中，pretrained_model 为训练好的模型的路径。

表 10-1 为模型评估结果。

表 10-1 模型评估结果

模型	RoI 处理方式	批量大小	迭代次数	mAP
Fluid RoIPool minibatch padding	RoIPool	8	180000	0.316
Fluid RoIPool no padding	RoIPool	8	180000	0.318
Fluid RoIAlign no padding	RoIAlign	8	180000	0.348
Fluid RoIAlign no padding 2x	RoIAlign	8	360000	0.367

结合表 10-1，有几点需要补充：

❑ End2End Faster R-CNN：使用 RoIPool，不对图像做填充处理。

❑ End2End Faster R-CNN RoIAlign 1x：使用 RoIAlign，不对图像做填充处理。

❑ End2End Faster R-CNN RoIAlign 2x：使用 RoIAlign，不对图像做填充处理。训练 360000 轮，学习率在 240000、320000 轮衰减。

通过模型评估可以得到模型的性能指标，可根据性能指标的评价来对网络训练进行调整，直到得到满足需求的模型。

5. 模型推断

在训练好合适的模型之后，即可通过模型推断来解决实际中的目标检测任务。在本案例中，infer.py 是主要执行程序，通过如下命令调用：

```
python infer.py \
    --pretrained_model=${path_to_trained_model} \
    --image_path=dataset/coco/val2017/000000000139.jpg \
    --draw_threshold=0.6
```

其中，pretrained_model 为训练好的模型，image_path 为要进行推断的图片路径。预测可视化结果如图 10-18 所示。

图 10-18   Faster R-CNN 预测可视化结果

10.3.2 YOLOv3

本部分使用 MS-COCO 数据集来训练 Faster R-CNN 目标检测算法。与前例一样，使用 MS-COCO 数据集来训练模型。飞桨中使用了文献 *Bag of Freebies for Training Object Detection Neural Networks* 中提出的图像增强和标签平滑（Label Smoothing）等优化方法，精度优于 darknet 框架的实现版本。

本实验代码路径为：https://github.com/PaddleToturial-v2/DeepLearningAndPaddleTutorial-v2/tree/master/lesson10/ yolov3，本实验的全部命令行假定在 yolov3 文件夹中。

1. 数据准备

本实验使用 MS-COCO 数据集训练模型，数据准备部分与上一个实验相同。

```
python dataset/coco/download.py
```

数据目录结构如下：

```
dataset/coco/
├──    annotations
│      ├──    instances_train2014.json
│      ├──    instances_train2017.json
│      ├──    instances_val2014.json
│      ├──    instances_val2017.json
│      ...
├──    train2017
│      ├──    000000000009.jpg
│      ├──    000000580008.jpg
│      ...
├──    val2017
│      ├──    000000000139.jpg
│      ├──    000000000285.jpg
│      ...
```

2. 模型训练

数据准备好之后，按照如下步骤来训练模型。

（1）下载预训练模型

使用 DarkNet-53 预训练模型。执行下述指令来下载预训练模型：

```
sh ./weights/download.sh
```

（2）安装 cocoapi

本实验同样需要使用 cocoapi 来对数据集进行操作。cocoapi 的安装与上一个实验相同，这里不再赘述。

（3）启动训练

数据和预训练模型下载完成之后，可以开始训练模型：

```
python train.py \
   --model_save_dir=output/ \
   --pretrain=${path_to_pretrain_model} \
   --data_dir=${path_to_data} \
   --class_num=${category_num}
```

其中，model_save_dir、pretrain、data_dir 分别为训练完成的模型存储位置、预训练模型的路径、数据集的路径，class_num 为目标类别的数量。

同样，在本实验的 config.py 文件中，可以修改配置量来对训练过程进行调整。

本实验的训练策略如下所述：

❑ 采用 momentum 优化算法训练 YOLOv3，momentum=0.9。

❑ 学习率采用 warmup 算法，前 4000 轮学习率从 0.0 线性增加至 0.001。在 400000、450000 轮时使用 0.1、0.01 乘子进行学习率衰减，最大训练 500000 轮。

❑ 通过设置 --syncbn=True 可以开启同步批处理正则化（Synchronized batch normalization），
   提升训练精度。

飞桨支持多进程、多卡进行模型训练，本实验也不例外。启动多卡训练的步骤如下：

通过设置"export CUDA_VISIBLE_DEVICES=0,1,2,3,4,5,6,7"指定本次训练为 8 卡
GPU 训练。在终端中运行以下命令来设置使用编号为 0、1、2、3 的 GPU 来训练，每张卡的
batch size 为 16。

```
python -m paddle.distributed.launch --selected_gpus=0,1,2,3 --started_
port=9999 train.py --batch_size=16 --use_data_parallel=1
```

执行训练开始时，会得到如下输出，每次迭代打印的 log 数与指定卡数一致：

```
Iter 2, loss 9056.620443, time 3.21156
Iter 3, loss 7720.641968, time 1.63363
Iter 4, loss 6736.150391, time 2.70573
...
```

YOLOv3 模型总 batch size 为 64，这里使用 4 个 GPU，每个 GPU 上的 batch size 为 16。

3. 模型评估

本实验的模型评估同样采用 COCO 的官方评估方法。执行下述命令来启动评估：

```
python eval.py \
    --dataset=coco2017 \
    --weights=${path_to_weights} \
    --class_num=${category_num}
```

评估结果如图 10-19 所示。

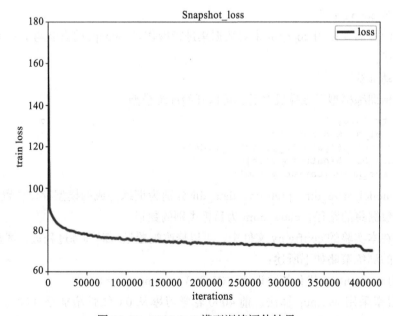

图 10-19　YOLOv3 模型训练评估结果

4. 模型推断及可视化

本实验的模型推断执行 infer.py 程序，调用示例如下：

```
python infer.py \
    --dataset=coco2017 \
    --weights=${path_to_weights} \
    --class_num=${category_num} \
    --image_path=data/COCO17/val2017/ \
    --image_name=000000000139.jpg \
    --draw_thresh=0.5
```

模型推断结果如图 10-20 所示。

图 10-20　YOLOv3 预测可视化结果

10.4　本章小结

基于深度卷积神经网络的目标检测算法分为两种策略："One-Stage"与"Two-Stage"。前者是将目标检测分成两个部分，一部分生成候选框，另一部分进行目标定位与分类；而后者直接一步到位，通过单一的步骤，直接确定目标的位置和类别。

本章首先对目标检测进行了描述，介绍了目标检测的任务，就是找出图片中的某个物体（目标）的位置并识别它的类型。接着对三种经典的目标检测算法进行了介绍，三种算法是基于深度学习的目标检测算法的开创性研究成果，很多后续工作都基于这三种算法。最后介绍了如何使用飞桨来训练 Faster R-CNN 和 YOLOv3 的网络模型，来进行目标检测任务。

基于深度学习的目标检测算法依然在向前发展，目前众多研究者将目光投向迁移学习、强化学习等方向，推动目标检测朝着更高的精度、更快的速度、更广泛的普适性发展。

本章的参考代码见 https://github.com/PaddleToturial-v2/DeepLearningAndPaddleTutorial-v2 下 lesson10 子目录。

Chapter 11 第 11 章

图 像 生 成

生成式对抗网络（Generative Adversarial Network，GAN）已经被证明可以较好地提高图片的视觉效果和真实性，在图像生成、图像翻译以及文本转图像任务中均取得了杰出的表现。本章将对常见的生成对抗网络模型进行介绍，并结合具体的代码示例向读者展示如何利用飞桨框架搭建生成对抗网络模型。

学完本章，希望读者能够掌握以下知识点：

1）生成对抗网络的基本概念；

2）对经典的生成对抗网络有基本的认识；

3）使用飞桨复现经典的生成对抗网络。

11.1 任务描述

11.1.1 图像生成

图像生成是指使用一定的方法（或模型），从无到有地生成一张全新的符合要求的图像。图像生成的应用领域非常广泛，可以在图像识别任务中发挥作用，帮助模型更好地理解图像，在虚拟现实领域也有应用。此外，图像生成最直观的应用方式是生成具有特定属性的图片，在内容创建，如艺术创作和仿真方面有较广泛的应用场景。图像生成还被广泛应用于科学研究领域，主要是数据增强应用，如通过图像生成方法扩充数据集，使得某些样本量稀少的数据集大大增强，目前图像生成领域已有所成果，将继续朝着更加逼真、丰富和多样的方向发展。

根据 GAN 所拥有的生成器和判别器的数量，可以将 GAN 图像生成的方法概括为三类：

直接方法、迭代方法和分层方法。早期的 GAN 都遵循一个简单的原则，即直接在模型中使用一个生成器和判别器，因结构是直接的，被称为直接法，这一方法设计简洁、实现简单，经常效果也比较好，其代表模型有 GAN、DCGAN、InfoGAN 等。分层法的主要思想是将图像分成两部分，如"样式 - 结构"和"前景 - 背景"，然后在其模型中使用两个生成器和两个鉴别器，其中不同的生成器生成图像的不同部分，然后再结合起来。两个生成器之间的关系可以是并联的或串联的，代表模型是 SS-GAN。迭代法使用具有相似甚至相同结构的多个生成器，经过迭代生成从粗到细的图像，代表模型为 LAPGAN。

11.1.2 图像 - 图像转换

图像到图像的转换可以定义为将一个场景的可能表示转换成另一个场景的问题，如语义分割图映射到真实场景图，或从真实场景图映射到语义分割图。此问题与风格迁移有关，采用内容图像和样式图像并输出具有内容图像的内容和样式图像的样式的图像。图像到图像转换可以被视为风格迁移的概括，因其不仅限于转移图像的风格，还可以操纵对象的属性。

图像到图像的转换可分为有监督和无监督两类，根据生成结果的多样性又可分为一对一生成和一对多生成两类。在经典 GAN 中，因为输出仅依赖于随机噪声，所以无法控制生成的内容。但 cGAN 的提出使得研究者可以在随机噪声中添加固定条件，从而使得生成的图像由 $G(z, y)$ 定义。条件 y 可以是任何信息，如图像标注、对象的属性，或者图片，最具代表性的模型是 pix2pix，这属于有监督类。在无监督类中，由于没有充分的条件信息和 paired image，使得网络可能将相同的输入映射成不同的输出，这导致我们的输入不能得到想要的输出，此类 GAN 的改进代表模型是 CycleGAN，其遵循一个基本的思想，即是生成的图像再用逆映射生成与输入图像尽可能接近的结果。因此，CycleGAN 在转换中使用两个生成器和两个判别器，两个生成器进行相反的转换，试图在转换周期后保留输入图像。

11.1.3 文本 - 图像转换

不同于图像生成或者图像转换，文本到图像的转换是 GAN 的最新应用方向之一，任务被定义为利用输入的文本作为限定条件使得模型生成含有对应输入文本含义的图片。从文本描述生成图片，本身具有较强的多样性，文本中一个词语的变化可能会导致生成的图像中大量的像素发生改变。这些发生改变的像素之间的关联却很难被发现。

目前比较优秀的文本 - 图像转换模型如 StackGAN 可以做到根据输入的文本生成相对精准、自然的图像。这类模型与其他 GAN 的图像应用模型的主要差别在于，在生成器中添加了一个对文本进行编码的模块，此外，在判别器中新增了一个判别目标是否匹配的步骤，算法流程与普通的应用于图像的 GAN 稍有不同。需要指出的是，在当前阶段，研究人员们普遍认为，生成模型并不能准确捕捉到给定任务的"语义"，也就是说它们其实并不能很好地理解词的意义。

11.2 模型概览

11.2.1 图像生成

图像生成是生成式对抗网络最早期的应用，指的是从无到有地生成一张"真实"的图像，本节通过介绍最常见的 GAN 和 cGAN 两个模型来使读者能够对生成式对抗网络在图像生成方向的应用有个基本的认知和了解。

1. GAN

GAN[一]顾名思义是一种通过对抗的方式，去学习数据分布的生成模型。其中，"对抗"指的是生成网络（Generator）和判别网络（Discriminator）的相互对抗。这里以生成图片为例进行说明。

1）生成网络（G）：接收一个随机的噪声 z，尽可能地生成近似样本的图像，记为 G(z)。

2）判别网络（D）：接收一张输入图片 x，尽可能去判别该图像是真实样本还是网络生成的假样本，判别网络的输出 D(x) 代表 x 为真实图片的概率。如果 D(x) =1 说明判别网络认为该输入一定是真实图片，如果 D(x) = 0 说明判别网络认为该输入一定是假图片。

在训练的过程中，两个网络互相对抗，最终形成了一个动态的平衡，上述过程用公式 11-1 来描述为：

$$\min_G \max_D V(\mathrm{D},\mathrm{G}) = E_{x\sim P_{\mathrm{data}}(x)}[\log \mathrm{D}(x)] + E_{z\sim p_z(z)}[\log(1-\mathrm{D}(\mathrm{G}(z)))] \tag{11-1}$$

在最理想的情况下，G 可以生成与真实样本极其相似的图片 G(z)，而 D 很难判断这张生成的图片是否为真，只能对图片的真假进行随机猜测，即 D(G(z))=0.5。

图 11-1 展示了生成对抗网络的训练过程，其中，真实样本分布、生成样本分布以及判别模型分别对应图中的黑线、绿线和蓝线。在训练开始时，判别模型无法很好地区分真实样本和生成样本。接下来我们固定生成模型，去优化判别模型，优化结果如图 11-1(b) 所示。可以看出，此时判别模型已经可以较好地区分生成数据和真实数据。第三步是固定判别模型，改进生成模型，试图让判别模型无法区分生成图片与真实图片，在这个过程中，可以看出由模型生成的图片分布与真实图片分布更加接近。反复迭代更新生成模型与判别模型，直到最终收敛，生成分布和真实分布重合，判别模型无法区分真实图片与生成图片。

2. cGAN

cGAN[二]的网络结构与原始的 GAN 并无差异，只是对输入的噪声信息加入了额外的指导条件。相对于最原始的 GAN，cGAN 可以通过更改输入的条件信息，使模型生成我们所需要的图片。cGAN 不仅可以支持单个标签的生成任务，同时也支持多标签的图像生成任

[一] Goodfellow I, Pouget-Abadie J, Mirza M, et al. Generative Adversarial Networks[C]. Advances in Neural Information Processing Systems. 2014:2672-2680.

[二] Mirza M, Osindero S. Conditional Generative Adversarial Nets [J]. arXiv preprint arXiv:1411.1784, 2014.

务，网络架构如图 11-2 所示。

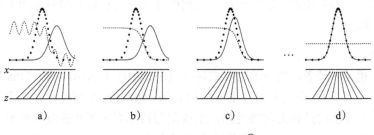

图 11-1　GAN 训练过程[⊖]

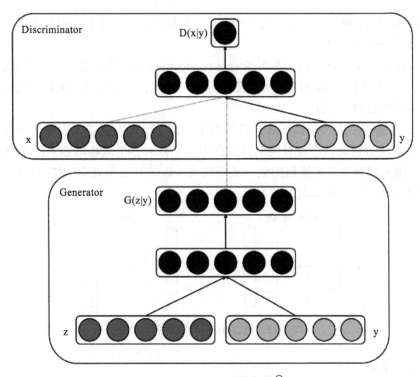

图 11-2　cGAN 网络架构[⊖]

11.2.2　图像 - 图像

图像翻译任务是生成对抗网络另一个较为典型的应用，具体指的是通过对抗网络来实现不同图片域之间的相互转换，其不仅限于实现图片的风格迁移任务，也可以较好地完成

⊖　Goodfellow I, Pouget-Abadie J, Mirza M, et al. Generative Adversarial Networks [C]. Advances in Neural Information Processing Systems. 2014:2672-2680.

⊖　Mirza M, Osindero S. Conditional Generative Adversarial Nets [J]. arXiv preprint arXiv: 1411.1784, 2014.

对图像属性的编辑。本节选取了 Pix2Pix、CycleGAN、StarGAN、AttGAN，以及 STGAN 这 5 个典型模型，希望读者能够对生成对抗网络在风格迁移以及属性编辑上的应用有一个较为系统的了解。

1. Pix2Pix

Pix2Pix [⊖]也是一种条件约束的生成式对抗网络，不同于 cGAN，Pix2Pix 输入的条件是一张图片，并引入了 L1 损失去引导生成器的训练。Pix2Pix 以前也存在较多图像到图像的翻译算法，这些算法均是暴力的通过降低生成图与目标真实图片的欧式距离来对网络进行训练，这不可避免地会造成结果的模糊。为了解决这一问题，Pix2Pix 在论文中提出了以下创新点：

❑ 将传统的 L1 损失和 cGAN 进行结合，较好地解决了图像翻译中只使用 L1 或 L2 损失造成的模糊问题；

❑ 生成器选择 U-Net 结构，并引入 skip-connections 保证生成结果的细节信息；

❑ 判别器选择 PatchGAN，通过对图像的每一块进行真假判断，更好地保证了生成图片局部信息的真实性。

Pix2Pix 网络利用成对的训练数据进行训练，为了使用判别器去更好地引导生成器生成符合输入条件的结果，作者对判别器同样引入了限制，生成器的输入的条件同样也作为判别器的输入对判别效果进行约束，从而模型可以较好地完成图片到图片的转换任务。Pix2Pix 的生成器网络架构如图 11-3 所示。

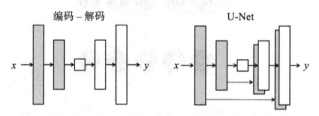

图 11-3　Pix2Pix 生成器网络架构[⊖]

2. CycleGAN

CycleGAN [⊜]不同于传统的单向的生成对抗网络，由两个生成网络和两个判别网络组成，并构成了一个循环网络，整体架构如图 11-4 所示。生成网络 A 的输入为 A 类风格的图片并输出 B 类风格的图片，生成网络 B 的输入为 B 类风格的图片并输出 A 类风格的图片。两个判别器分别判断生成器结果的真实性以及结果的风格是否与目标域的风格一致。生成网络损失函数由 LSGAN 的损失函数、重构损失函数和一致性损失函数组成，判别网络的

⊖⊖　Isola P, Zhu J Y, Zhou T, et al. Image-to-Image Translation with Conditional Adversarial Networks [C]. Proceedings of the IEEE Conference on Computer Vision and Pattern Recognition. 2017:1125-1134.

⊜　Zhu J Y, Park T, Isola P, et al. Unpaired Image-to-Image Translation using cycle-consistent Adversarial Networks[C]. Proceedings of the IEEE International Conference on Computer Vision. 2017: 2223-2232.

损失函数由 LSGAN 的损失函数组成。论文的主要贡献如下：

❑ 设计了循环网络，较好地解决了图像翻译任务中数据集较少的问题；
❑ 实现了图片到图片之间的风格转换、物体转化、季节转换等应用；
❑ 引入了一致性损失函数（Identity Loss），较好地保证了两个生成器功能的独立性，并提高了生成器生成结果的质量。

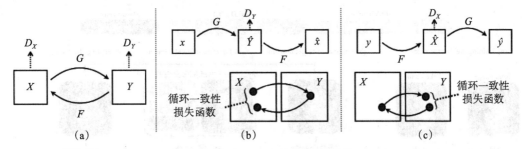

图 11-4　CycleGAN 结构示意图❍

CycleGAN 较好地完成了两个图片域之间的风格转换任务，即使没有成对图片的数据集，也可以直接利用两个不同域的数据集对网络进行训练。CycleGAN 只能完成两个特定数据集之间的转换，且一致性损失函数（Identity Loss）限制了生成网络 A 只能完成图片风格由 A 到 B 的转换，生成网络 B 只能完成由 B 到 A 的转换。如果读者想完成不同数据集之间的转换，则需要每次利用两个不同的数据集对网络重新进行训练。

3. StarGAN

StarGAN ❍ 的引入是为了解决图片多领域之间的转换问题，CycleGAN 等只解决了图片两个领域之间的转换，对于 K 个领域之间的转换就至少需要训练 $K \times (K-1)$ 个模型，这具有很大的局限性。StarGAN 的核心贡献即实现了使用单个模型去完成多领域图片之间的相互转换，论文的创新点如下：

❑ 提出全新的 StarGAN 网络架构，实现了只使用单个生成器和判别器完成多个图片域之间的转换；
❑ 引入控制信息，通过判别器判断图片的真假以及域标签来实现多域转换；
❑ 利用掩模向量法成功学习多个数据集之间的图像转换。

StarGAN 的具体的流程如下：将图片和目标域作为输入传递给生成器 G，得到转换结果，将转换结果送入判别器，判别器同时判断结果的真实性，以及所属域的正确性。最后

❍　Zhu J Y, Park T, Isola P, et al. Unpaired Image-to-Image Translation using Cycle-Consistent Adversarial Networks [C]. Proceedings of the IEEE International Conference on Computer Vision. 2017:2223-2232.

❍　Choi Y, Choi M, Kim M, et al. Stargan: Unified Generative Adversarial Networks for Multi-Domain Image-to-Image Translation[C]. Proceedings of the IEEE Conference on Computer Vision and Pattern Recognition. 2018: 8789-8797.

将产生的结果与原始图片域作为输入，传递给生成器，重建原始图片。StarGAN 的损失函数由普通的对抗损失函数、将结果映射回原图的重建损失函数，以及判断是否转换到特定域的分类损失函数组成。StarGAN 采用了多数据集的训练方式，具体流程如图 11-5 所示。图中的 Mask Vector，表示图片来源于哪个数据集。多数据集的训练方式以及图片域分类损失的引导使得 StarGAN 较好地完成了使用单个模型进行多个图片域相互转换的任务。

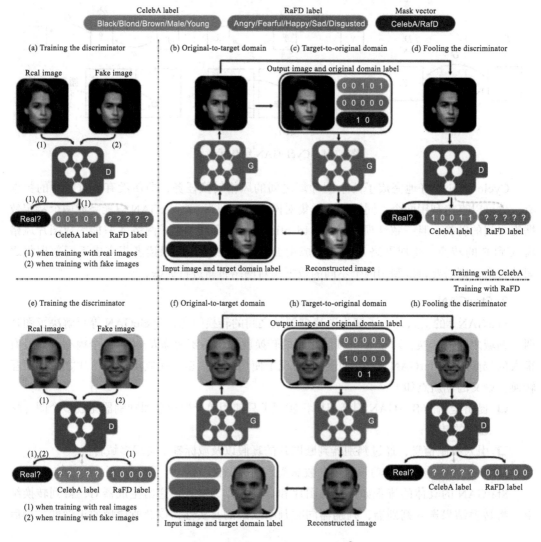

图 11-5　StarGAN 流程示意图⊖

⊖　Choi Y, Choi M, Kim M, et al. Stargan: Unified Generative Adversarial Networks for Multi-Domain Image-to-Image Translation [C]. Proceedings of the IEEE Conference on Computer Vision and Pattern Recognition. 2018: 8789-8797.

4. AttGAN

AttGAN[⊖]也是一种典型的基于生成式对抗网络的图像翻译算法，其主要研究的内容是人脸属性编辑，支持通过头发颜色、表情、胡须和年龄等人脸属性对输入的人脸进行编辑，网络结构如图 11-6 所示。不同于 CycleGAN 等将图片和目标域拼接直接送入生成器的做法，AttGAN 将目标属性与生成器的编码器提取得到的特征图共同送入解码器以得到最终结果。论文主要的创新点如下：

❑ 丢弃了严格的属性独立约束，依靠属性分类误差来引导网络；

❑ 利用网络编码器提取的潜在空间与属性相结合，使得迁移后的属性更加准确；

❑ 可以控制属性强度，自然地完成图片的转换。

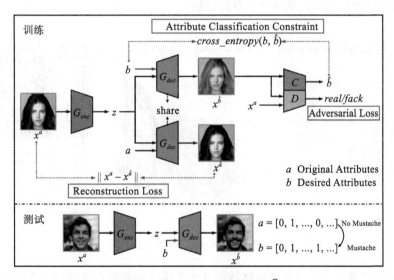

图 11-6　AttGAN 流程示意图[⊖]

AttGAN 首先对输入的人脸图片进行编码，得到编码 z。然后将目标属性 b 与编码 z 共同送入解码器得到最终的生成结果。为了进一步地提高模型属性编辑的精度和准确度，论文丢弃了现存的严格的属性独立约束条件，引入属性分类器来约束属性的修改。此外，为了强化解码器的属性编辑能力，论文在训练过程中不仅将输入转换为目标属性，还根据输入图片的原始属性对输入图片进行重建。AttGAN 不仅可以精准地编辑人面部各种属性，还可以控制属性转换的强度，自然地完成风格的转换。

⊖⊖ He Z, Zuo W, Kan M, et al. Attgan: Facial Attribute Editing by only Changing What You Want [J]. IEEE Transactions on Image Processing 2019, 28(11): 5464-5478.

5. STGAN

STGAN[⊖]是建立在 ATTGAN 基础上的人脸属性编辑模型，网络结构如图 11-7 所示。虽然 ATTGAN 已经在人脸属性编辑上取得了较好的效果，然而面对较为复杂的属性转换时，ATTGAN 产生的结果会丢失较多的细节信息。STGAN 为了实现高精度的人脸属性编辑，在其基础上引入了以下内容：

- ❑ 差分属性标签，即将目标属性与当前属性的差异值作为模型的输入来简化训练过程，增强了属性转换的灵活性；
- ❑ 探究了 Skip Connection 的作用，通过实验分析了其影响以及局限性；
- ❑ 引入选择性传输单元替代 Skip Connection，在保证了细节信息传递的同时，提高了模型属性操作能力以及最终结果的质量。

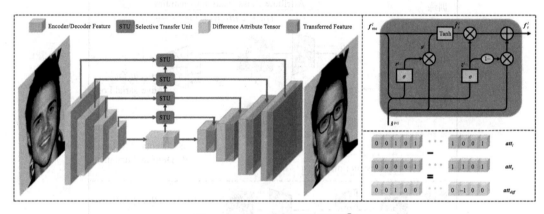

图 11-7　STGAN 框架示意图[⊖]

STGAN 通过将目标属性和源属性的差异作为编码器的输入使模型将关注点放到需要改变的属性上。为了进一步去除完整目标属性向量中的一些冗余属性，论文提出使用选择性传输单元（STU）替代传统的 Skip Connection，只将需要操作的属性从编码器传递到解码器中。差异输入向量以及选择性传输单元二者相互结合，较好地提升了模型操作属性的精度以及灵活性，也使得 STGAN 具备了高精度编辑人脸属性的能力。

11.2.3　文本 - 图像

不同于图像到图像的转换任务，因文本具有较强的多样性，因此文本中某个词语的变化容易给生成结果带来极大的改变。因此文本向图片的转换任务也更加难以实现。本节对目前效果较好的 StackGAN 网络进行介绍，希望读者可以对生成对抗网络在文本转图片的

⊖⊖　Liu M, Ding Y, Xia M, et al. STGAN: A Unified Selective Transfer Network for Arbitrary Image Attribute Editing [C]. Proceedings of the IEEE Conference on Computer Vision and Pattern Recognition. 2019:3673-3682.

应用上有一个基本的了解。

StackGAN[一]解决文本向图像的转换问题，其网络结构如图 11-8 所示，虽然 cGAN 也可以完成文本 – 图像的转换任务，然而由于网络结构本身的限制，cGAN 只能完成较为简单的图片生成，且无法产生高分辨率的图片。为了使模型更加稳定，得到更高分辨率的结果，StackGAN 做出了以下改进：

- ❑ 将模型分为两个阶段，由两个生成器和两个判别器组成；
- ❑ 第一阶段产生低分辨率结果，与条件共同送入第二阶段，得到最终结果；
- ❑ 条件增强技术，将高维度的条件编码映射到低维度的高斯空间，提高生成器学习的连续性，增强了模型的稳定性。

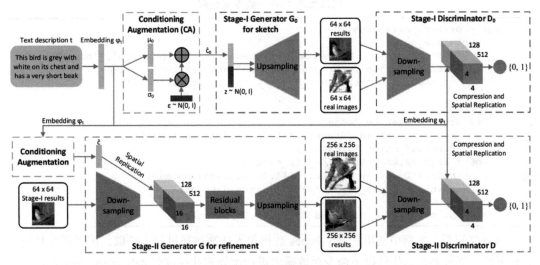

图 11-8　StackGAN 网络结构[一]

StackGAN 将生成过程分成两个阶段，第一阶段与标准的条件生成对抗网络（cGAN）并无较大差异，输入均为随机的高斯噪声以及条件向量。为了增强稳定性，StackGAN 引入了条件增强技术，将高维度的条件向量映射到低维度的高斯空间中。条件增强技术不仅提升了模型的稳定性，增强过程中引入的随机性也较好地增加了生成结果的多样性。第二阶段则是对第一阶段的低分辨率结果进行修正，使生成结果中的目标更加鲜明，细节更加突出。StackGAN 较好地完成了文本 – 图像转换的任务，并在鸟类、鲜花数据集上均可以生成高质量的高分辨率结果。

───────────

⊖⊖　Zhang H, Xu T, Li H, et al. Stackgan: Text to Photo-Realistic Image Synthesis with Stacked Generative Adversarial Networks [C]. Proceedings of the IEEE International Conference on Computer Vision. 2017:5907- 5915.

11.3　PaddleGAN 应用实践

本节利用飞桨框架复现了 cGAN、DCGAN、Pix2Pix、CycleGAN、StarGAN、AttGAN 以及 STGAN。为了方便叙述，本节以 CycleGAN 为例进行介绍，其余模型的代码可从章节末尾的 GitHub 链接获取。

11.3.1　数据准备

首先是数据准备，我们在 download.py 提供了 CycleGAN 支持的数据集的获取方式，具体如代码清单 11-1 所示。读者可通过命令行参数 --dataset 指定自己想要下载的数据集。

代码清单 11-1　数据集获取

```
args = parser.parse_args()
    cycle_pix_dataset = [
        'apple2orange', 'summer2winter_yosemite', 'horse2zebra', 'monet2photo',
        'cezanne2photo', 'ukiyoe2photo', 'vangogh2photo', 'maps',
        'facades', 'iphone2dslr_flower', 'ae_photos', 'mini'
    ]

    if args.dataset == 'mnist':
        print('Download dataset: {}'.format(args.dataset))
        download_mnist('./data/')
    elif args.dataset in cycle_pix_dataset:
        print('Download dataset: {}'.format(args.dataset))
        download_cycle_pix('./data/', args.dataset)
    else:
        print('Please download by yourself, thanks')
```

因版权问题，本例中使用的 cityscapes 数据集无法直接通过脚本获取，读者需要从官方自行下载，下载完之后执行以下命令对数据集进行预处理并存放到 data/cityscapes 处。

```
python prepare_cityscapes_dataset.py --gtFine_dir ./gtFine/ --leftImg8bit_dir
./leftImg8bit --output_dir ./data/cityscapes/
```

11.3.2　参数设置

为了方便读者更好地控制模型的训练参数，我们在 train.py 中定义了所有可用的命令行，如代码清单 11-2 所示。读者可以通过 train.py 中已经提供的命令行参数来对模型的训练以及测试的相关参数进行调整。比如通过 epoch 来控制训练的迭代次数，通过 batch_size 来控制每一个迭代所输入的图片的数量等。读者也可以通过调用 utility.py 中的 add_arguments 函数来增加自己的命令行参数。

代码清单 11-2　参数设置

```
def add_arguments(argname, type, default, help, argparser, **kwargs):
    """Add argparse's argument.
    Usage:
    .. code-block:: python
```

```
            parser = argparse.ArgumentParser()
            add_argument("name", str, "Jonh", "User name.", parser)
            args = parser.parse_args()
    """
    type = distutils.util.strtobool if type == bool else type
    argparser.add_argument(
        "--" + argname,
        default=default,
        type=type,
        help=help + ' Default: %(default)s.',
        **kwargs)


add_arg('batch_size',        int,    1,        "Minibatch size.")
add_arg('epoch',             int,    200,      "The number of epoched to be
trained.")
add_arg('output',            str,    "./output_0", "The directory the model
and the test result to be saved to.")
add_arg('init_model',        str,    None,     "The init model file of
directory.")
add_arg('save_checkpoints',  bool,   True,     "Whether to save checkpoints.")
```

11.3.3　网络结构定义

我们使用飞桨最新的动态图框架搭建模型。首先是网络的生成器，网络的输入为待转换图片，输出为目标域风格的图片。具体代码如代码清单 11-3 所示，我们这里选择了 resnet9blocks 生成器架构。

代码清单 11-3　CycleGAN 生成器

```
class build_generator_resnet_9blocks(fluid.dygraph.Layer):
    def __init__(self, input_channel):
        super(build_generator_resnet_9blocks, self).__init__()

        self.conv0 = conv2d(
            num_channels=input_channel,
            num_filters=32,
            filter_size=7,
            stride=1,
            padding=0,
            stddev=0.02)
        self.conv1 = conv2d(
            num_channels=32,
            num_filters=64,
            filter_size=3,
            stride=2,
            padding=1,
            stddev=0.02)
        self.conv2 = conv2d(
            num_channels=64,
            num_filters=128,
            filter_size=3,
            stride=2,
```

```
                padding=1,
                stddev=0.02)
        self.build_resnet_block_list=[]
        dim = 128
        for i in range(9):
            Build_Resnet_Block = self.add_sublayer(
                "generator_%d" % (i+1),
                build_resnet_block(dim))
            self.build_resnet_block_list.append(Build_Resnet_Block)
        self.deconv0 = DeConv2D(
            num_channels=dim,
            num_filters=32*2,
            filter_size=3,
            stride=2,
            stddev=0.02,
            padding=[1, 1],
            outpadding=[0, 1, 0, 1],
            )
        self.deconv1 = DeConv2D(
            num_channels=32*2,
            num_filters=32,
            filter_size=3,
            stride=2,
            stddev=0.02,
            padding=[1, 1],
            outpadding=[0, 1, 0, 1])
        self.conv3 = conv2d(
            num_channels=32,
            num_filters=input_channel,
            filter_size=7,
            stride=1,
            stddev=0.02,
            padding=0,
            relu=False,
            norm=False,
            use_bias=True)

    def forward(self,inputs):
        pad_input = fluid.layers.pad2d(inputs, [3, 3, 3, 3], mode="reflect")
        y = self.conv0(pad_input)
        y = self.conv1(y)
        y = self.conv2(y)
        for build_resnet_block_i in self.build_resnet_block_list:
            y = build_resnet_block_i(y)
        y = self.deconv0(y)
        y = self.deconv1(y)
        y = fluid.layers.pad2d(y,[3,3,3,3],mode="reflect")
        y = self.conv3(y)
        y = fluid.layers.tanh(y)
        return y
```

然后是判别器网络，判别器网络由五个卷积层组成，具体的代码如代码清单 11-4 所示。

代码清单 11-4　CycleGAN 判别器

```
class build_gen_discriminator(fluid.dygraph.Layer):
    def __init__(self, input_channel):
        super(build_gen_discriminator, self).__init__()

        self.conv0 = conv2d(
            num_channels=input_channel,
            num_filters=64,
            filter_size=4,
            stride=2,
            stddev=0.02,
            padding=1,
            norm=False,
            use_bias=True,
            relufactor=0.2)
        self.conv1 = conv2d(
            num_channels=64,
            num_filters=128,
            filter_size=4,
            stride=2,
            stddev=0.02,
            padding=1,
            relufactor=0.2)
        self.conv2 = conv2d(
            num_channels=128,
            num_filters=256,
            filter_size=4,
            stride=2,
            stddev=0.02,
            padding=1,
            relufactor=0.2)
        self.conv3 = conv2d(
            num_channels=256,
            num_filters=512,
            filter_size=4,
            stride=1,
            stddev=0.02,
            padding=1,
            relufactor=0.2)
        self.conv4 = conv2d(
            num_channels=512,
            num_filters=1,
            filter_size=4,
            stride=1,
            stddev=0.02,
            padding=1,
            norm=False,
            relu=False,
            use_bias=True)

    def forward(self,inputs):
        y = self.conv0(inputs)
        y = self.conv1(y)
        y = self.conv2(y)
```

```
        y = self.conv3(y)
        y = self.conv4(y)
        return y:
```

定义完生成器架构和判别器架构以后，我们同样采用动态图框架搭建 CycleGAN 的网络架构，如代码清单 11-5 所示。

代码清单 11-5　CycleGAN 整体架构

```
class Cycle_Gan(fluid.dygraph.Layer):
    def __init__(self, input_channel, istrain=True):
        super (Cycle_Gan, self).__init__()

        self.build_generator_resnet_9blocks_a = build_generator_resnet_9blocks
(input_channel)
        self.build_generator_resnet_9blocks_b = build_generator_resnet_9blocks
(input_channel)
        if istrain:
            self.build_gen_discriminator_a = build_gen_discriminator(input_channel)
            self.build_gen_discriminator_b = build_gen_discriminator(input_channel)

    def forward(self,input_A,input_B,is_G,is_DA,is_DB):

        if is_G:
            fake_B = self.build_generator_resnet_9blocks_a(input_A)
            fake_A = self.build_generator_resnet_9blocks_b(input_B)
            cyc_A = self.build_generator_resnet_9blocks_b(fake_B)
            cyc_B = self.build_generator_resnet_9blocks_a(fake_A)

            diff_A = fluid.layers.abs(
                fluid.layers.elementwise_sub(
                    x=input_A,y=cyc_A))
            diff_B = fluid.layers.abs(
                fluid.layers.elementwise_sub(
                    x=input_B, y=cyc_B))
            cyc_A_loss = fluid.layers.reduce_mean(diff_A) * lambda_A
            cyc_B_loss = fluid.layers.reduce_mean(diff_B) * lambda_B
            cyc_loss = cyc_A_loss + cyc_B_loss

            fake_rec_A = self.build_gen_discriminator_a(fake_B)
            g_A_loss = fluid.layers.reduce_mean(fluid.layers.square(fake_rec_A-1))

            fake_rec_B = self.build_gen_discriminator_b(fake_A)
            g_B_loss = fluid.layers.reduce_mean(fluid.layers.square(fake_rec_B-1))
            G = g_A_loss + g_B_loss
            idt_A = self.build_generator_resnet_9blocks_a(input_B)
            idt_loss_A = fluid.layers.reduce_mean(fluid.layers.abs(fluid.layers.
elementwise_sub(x = input_B , y = idt_A))) * lambda_B * lambda_identity

            idt_B = self.build_generator_resnet_9blocks_b(input_A)
            idt_loss_B = fluid.layers.reduce_mean(fluid.layers.abs(fluid.layers.
elementwise_sub(x = input_A , y = idt_B))) * lambda_A * lambda_identity
            idt_loss = fluid.layers.elementwise_add(idt_loss_A,idt_loss_B)
            g_loss = cyc_loss + G + idt_loss
            return fake_A,fake_B,cyc_A,cyc_B,g_A_loss,g_B_loss,idt_loss_
```

```
A,idt_loss_B,cyc_A_loss,cyc_B_loss,g_loss

    if is_DA:

        ### D
        rec_B = self.build_gen_discriminator_a(input_A)
        fake_pool_rec_B = self.build_gen_discriminator_a(input_B)

        return rec_B, fake_pool_rec_B

    if is_DB:

        rec_A = self.build_gen_discriminator_b(input_A)

        fake_pool_rec_A = self.build_gen_discriminator_b(input_B)


        return rec_A, fake_pool_rec_A
```

其中，__init__ 函数定义了 CycleGAN 的网络组成，CycleGAN 包含两个生成器（self.
build_generator_resnet_9blocks_a 和 self. build_generator_resnet_9blocks_b）和两个判别器
（self.build_gen_discriminator_a 和 self.build_gen_discriminator_b）。在模型定义的时候，只
需要传入输出图片的通道数 input_channel。forward 函数定义了模型的调用过程。forward
函数的输入包含图片域 A 的图片 input_A，图片域 B 的图片 input_B，以及函数输出的控制
变量 is_G、is_DA 和 is_DB，并计算得到 input_A、input_B 的转换结果 fake_A、fake_B 以
及对应的损失函数。如果 is_G 为 True，函数返回 CycleGAN 生成器的转换结果以及相应
的损失；如果 is_DA 为 True，返回判别器 A 的预测结果以及相应的损失；如果 is_DB 为
True，返回判别器 B 的预测结果以及相应的损失。

11.3.4　模型训练

首先是数据读取模块，我们在 data_reader.py 针对 CycleGAN 支持的数据集定义了数据
读取函数，包括训练集的数据读取函数和测试集的数据读取函数。因 CycleGAN 训练时用
到 A 和 B 两个不同风格的数据集，所以我们定义了 a_reader、b_reader 两个数据读取函数用
于训练集数据的读取，如代码清单 11-6 所示。

代码清单 11-6　数据读取

```
def reader_creater(list_file, cycle=True, shuffle=True, return_name=False):
    images = [IMAGES_ROOT + line for line in open(list_file, 'r').readlines()]

    while True:
        if shuffle:
            np.random.shuffle(images)
        for file in images:
            file = file.strip("\n\r\t ")
            image = Image.open(file)
```

```
                        ## Resize
                        image = image.resize((286, 286), Image.BICUBIC)
                        ## RandomCrop
                        i = np.random.randint(0, 30)
                        j = np.random.randint(0, 30)
                        image = image.crop((i, j , i+256, j+256))
                        # RandomHorizontalFlip
                        sed = np.random.rand()
                        if sed > 0.5:
                            image = ImageOps.mirror(image)
                        # ToTensor
                        image = np.array(image).transpose([2, 0, 1]).astype('float32')
                        image = image / 255.0
                        # Normalize, mean=[0.5,0.5,0.5], std=[0.5,0.5,0.5]
                        image = (image - 0.5) / 0.5

                        if return_name:
                            yield image[np.newaxis, :], os.path.basename(file)
                        else:
                            yield image
                if not cyclea_reader(shuffle=True):
    """
    Reader of images with A style for training.
    """
    return reader_creater(A_LIST_FILE, shuffle=shuffle)


def b_reader(shuffle=True):
    """
    Reader of images with B style for training.
    """
    return reader_creater(B_LIST_FILE, shuffle=shuffle)


def a_test_reader():
    """
    Reader of images with A style for test.
    """
    return reader_creater(A_TEST_LIST_FILE, cycle=False, return_name=True)


def b_test_reader():
    """
    Reader of images with B style for test.
    """
    return reader_creater(B_TEST_LIST_FILE, cycle=False, return_name=True)
```

然后是数据读取器、优化器以及模型等训练配置的实例化，如代码清单11-7所示。

代码清单11-7　训练配置

```
A_pool = ImagePool()
B_pool = ImagePool()
A_reader = paddle.batch(
    data_reader.a_reader(shuffle=shuffle), args.batch_size)()
```

```
B_reader = paddle.batch(
    data_reader.b_reader(shuffle=shuffle), args.batch_size)()
A_test_reader = data_reader.a_test_reader()
B_test_reader = data_reader.b_test_reader()

cycle_gan = Cycle_Gan(input_channel=data_shape[1], istrain=True)

losses = [[], []]
t_time = 0

vars_G = cycle_gan.build_generator_resnet_9blocks_a.parameters() +
cycle_gan.build_generator_resnet_9blocks_b.parameters()
vars_da = cycle_gan.build_gen_discriminator_a.parameters()
vars_db = cycle_gan.build_gen_discriminator_b.parameters()

optimizer1 = optimizer_setting(vars_G)
optimizer2 = optimizer_setting(vars_da)
optimizer3 = optimizer_setting(vars_db)
```

完成训练配置构建以后即为模型的训练过程，模型不断地从 a_reader,、b_reader 获取到训练数据，并调用 cycle_gan 的 forward 函数去分别获取生成器 G、判别器 A、判别器 B 的预测结果以及损失函数，并不断对模型进行迭代更新，训练过程中的一些日志信息会直接输出到控制台中，模型参数会根据命令行的参数设置将这些信息保存到指定路径。更多细节可参见代码清单 11-8 所示的训练过程。

代码清单 11-8　训练过程

```
for epoch in range(args.epoch):
        batch_id = 0
        for i in range(max_images_num):

            data_A = next(A_reader)
            data_B = next(B_reader)

            s_time = time.time()
            data_A = np.array(
                [data_A[0].reshape(3, 256, 256)]).astype("float32")
            data_B = np.array(
                [data_B[0].reshape(3, 256, 256)]).astype("float32")
            data_A = to_variable(data_A)
            data_B = to_variable(data_B)

            # optimize the g_A network
            fake_A, fake_B, cyc_A, cyc_B, g_A_loss, g_B_loss, idt_loss_A,
idt_loss_B, cyc_A_loss, cyc_B_loss, g_loss = cycle_gan(
                data_A, data_B, True, False, False)

            g_loss_out = g_loss.numpy()

            g_loss.backward()

            optimizer1.minimize(g_loss)
            cycle_ganfake_pool_B = B_pool.pool_image(fake_B).numpy()
```

```
fake_pool_B = np.array(
    [fake_pool_B[0].reshape(3, 256, 256)]).astype("float32")
fake_pool_B = to_variable(fake_pool_B)

fake_pool_A = A_pool.pool_image(fake_A).numpy()
fake_pool_A = np.array(
    [fake_pool_A[0].reshape(3, 256, 256)]).astype("float32")
fake_pool_A = to_variable(fake_pool_A)

# optimize the d_A network
rec_B, fake_pool_rec_B = cycle_gan(data_B, fake_pool_B, False,
                                                True, False)
d_loss_A = (fluid.layers.square(fake_pool_rec_B) +
                fluid.layers.square(rec_B - 1)) / 2.0
d_loss_A = fluid.layers.reduce_mean(d_loss_A)

d_loss_A.backward()
optimizer2.minimize(d_loss_A)
cycle_gan.clear_gradients()

# optimize the d_B network

rec_A, fake_pool_rec_A = cycle_gan(data_A, fake_pool_A, False,
                                                False, True)
d_loss_B = (fluid.layers.square(fake_pool_rec_A) +
                fluid.layers.square(rec_A - 1)) / 2.0
d_loss_B = fluid.layers.reduce_mean(d_loss_B)

d_loss_B.backward()
optimizer3.minimize(d_loss_B)

cycle_gan.clear_gradients()
```

11.3.5　模型测试

我们通过运行 infer.py 可以测试自己已经训练好的模型。infer.py 同样加入了许多命令行参数，可以通过传入不同的参数来对模型进行测试。命令行参数展示如代码清单 11-9 所示，读者可通过 init_model 指定模型储存的位置，通过 output 指定生成结果的输出位置等。

代码清单 11-9　测试参数

```
add_arg('input',        str,   "./image/testA/123_A.jpg",   "input image")
add_arg('output',       str,   "./output_0", "The directory the model and
the test result to be saved to.")
add_arg('init_model',   str,   './output_0/checkpoints/0',   "The init
model file of directory.")
add_arg('input_style',  str,   "A",           "A or B")
```

CycleGAN 测试时的命令示例如下：

```
CUDA_VISIBLE_DEVICES=0  init_model="./output_0/checkpoints/199" --input="./
image/testA/123_A.jpg" \
    --input_style=A
```

该命令完成了真实街景向分割图像的转换，效果如图 11-9 所示。

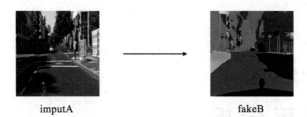

imputA   fakeB

图 11-9 CycleGAN 训练结果

11.4 本章小结

本章主要从图像生成、图像翻译、文本－图像转换三个方面对主流的生成对抗网络进行了介绍，讲解了不同方法的核心创新点以及贡献。此外，本章还介绍了如何利用飞桨框架来搭建生成对抗网络架构，并以 CycleGAN 为例对代码进行了详细讲解。希望读者通过对本章的学习可以对主流的生成对抗网络有一个详细的了解，并能熟练掌握利用飞桨框架搭建生成对抗网络模型。

本章的参考代码见 https://github.com/PaddleToturial-v2/DeepLearningAndPaddleTutorial-v2下 lesson11 子目录。

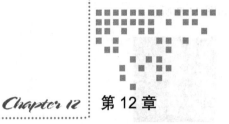

情 感 分 析

情感分析是自然语言处理（Natural Language Process，NLP）众多任务中的一个任务。情感、观点、态度、情绪是情感分析的对象，而这些主观思想无时无刻不影响着人类的活动。由于社交网络的快速发展，人类拥有了巨量的情感数据记录，而伴随着数据科学研究的进步，情感分析领域得到了广泛发展[⊖]。

情感分析任务包含情感分类、观点抽取、观点问答和观点摘要等。本章将以情感分类任务为例，首先介绍了情感分类的研究目的与应用场景，然后介绍了词袋模型（Bag of Words，BOW）与深度双向长短期记忆网络（Deep Bidirectional LSTM，DB-LSTM）两个关于情感分类的文本表示模型，并且从原理与结构两个方面对模型进行分析。最后展示了如何在飞桨框架上使用 DB-LSTM 模型完成情感分类任务。

学完本章，希望读者能够掌握以下知识点：

1）情感分析任务的两种经典文本表示方法：BOW、DB-LSTM；

2）通过飞桨框架完成情感分类任务。

12.1 任务描述

自 2000 年来，伴随着信息技术、社交媒体的快速发展，形成了大量的互联网数据。这些数据中蕴含了人们对产品、服务、话题等事务的情感与观点。从中挖掘和分析有用的情感信息，对于了解用户、掌握舆情等具有重要意义。因此，情感分析已经成为自然语言处理中最活跃的领域之一。

情感分析所研究的是夹带在文本语义中的主观情感，在数据挖掘、Web 挖掘、文本挖

⊖ 刘兵 . 情感分析：挖掘观点、情感和情绪 [M]. 北京：机械工业出版社，2017.

掘和信息检索方面都有涉及。情感分析的应用也从计算机科学横跨至管理科学和社会科学，舆情监控、挖掘潜在客户、用户满意度调查等都是情感分析的重要应用场景。

12.2 算法原理解析

情感分类任务的目标是对文本所携带的主观倾向度进行预测。而根据所预测的主观倾向度形式的不同，可以将情感分类任务划分为两种：当情感分类任务的预测值为离散值（常常划分为积极/消极/中性）时，可以将情感分类任务转化为多分类问题；当其预测值为连续值时，此时情感分类任务的结果为一划定区间中的某一实数（例如，电影打分，1 ~ 10 分评分），可以将情感分类任务转化为回归预测问题。

情感分析任务通常分为文本表示和分类方法两个问题。在本节中以三分类的情感分类任务为例，从模型结构与原理两方面介绍并分析了 BOW 与 DB-LSTM 两种文本表示方法。

12.2.1 BOW

BOW 是一种简单的文本表示模型。BOW 将文本转化为 d 维样本空间的一个向量 $x=(X_1 ; X_2 ; X_3 ; \cdots ; X_d)$，向量的维数 d 等于词语表中词语的个数，其中，X_i 表示词语表中第 i 个词语在文本中出现的频率。

情感分析在本质上是一个文本分类问题。传统的文本分类任务主要是将文本分成几个特定的类别（如体育、政治、娱乐等），在这种分类任务中，文本中那些与类别相关的词语（如篮球、政策、明星等）往往能够当作分类的重要考量。在情感分析中"好""坏""满意""失望"等能够表明情感或观点的词语在情感分类任务中显得更为重要。对于词语而言，其重要性随着它在文本中出现的次数成正比增加，而 BOW 完成的词频统计任务既能完成对类别关键词的提取，又能对词语出现的频率进行统计。在深度学习的方法出现前，BOW 是情感分类任务中主流的文本表示方法。

然而，BOW 只是将文本当作词的无序集合进行统计，忽略了文本中词语的顺序、语法和句法。当为文本做情感分类时，往往需要联系上下文，或者挖掘词语之间的深层关系。因此 BOW 并不能很好地表示文本的语义信息。随着词汇量的增加，文本向量表示的维数也随之增加。当我们面对一个非常大的词语表时，词袋模型会产生许多稀疏向量，而稀疏向量在建模时需要更多的内存和计算资源，进而加大了模型训练的难度。针对这些问题，有研究者提出了词向量模型等方法，在这里不再详述。

12.2.2 DB-LSTM

传统的 RNN 模型对于历史输入数据（上文）有着很好的记忆能力，但却忽略了未来的输入数据（下文）。为了解决这个问题我们在 7.2.3 节中展示了 BIRNN 模型，通过采用两个 RNN 层，一个正向处理文本数据，一个反向处理文本数据，并且将两个 RNN 共同连接到同一个输入层与输出层。这样的结构使得 BIRNN 网络的输出层得到了两个 RNN 层的输出组合,而这两个组合数据分别代表着当前位置"过去"与"将来"的信息。因此 BIRNN 能够很好地捕捉上下文的信息。

在这一节中我们展示的模型同样采用了两种不同处理方向的循环神经网络。为了避免使用传统 RNN 带来的梯度消失与梯度爆炸的特性,我们选取 LSTM 替代 RNN,并且不同于 BIRNN,我们只将第一个 LSTM 层连接到输入层,最后一个 LSTM 层连接到输出层,之后我们将多个 LSTM 层堆叠起来,将每个 LSTM 层的输出在经过反向处理后都当作下一个 LSTM 层的输入。这样我们就搭建了一个深度双向长短期记忆网络(Deep/Stacked Bidirectional LSTM,DB-LSTM)。

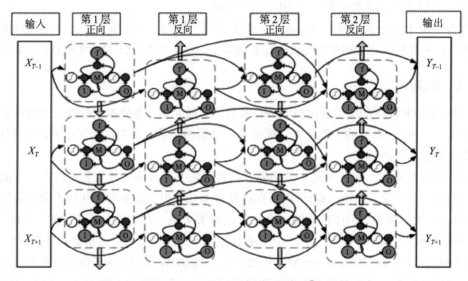

图 12-1　DB-LSTM 简单模型[⊖]

图 12-1 展示了一个使用 4 个 LSTM 层组合成的 DB-LSTM 模型。模型中第 1 层使用了正向 LSTM 处理输入数据,第 2 层使用一个反向的 LSTM,并且将第 1 层的输出当作第二层的输入,然后又将第二层的输出传送给更高层,以此循环往复。

DB-LSTM 不仅继承了 LSTM 能够解决梯度消失与梯度爆炸的特性与 BIRNN 能够获取上下文信息的优点,并且与 LSTM、BIRNN 相比,DB-LSTM 通过构建类似 DNN 结构的深层网络模型以挖掘文本数据中更深层次的意义,让 DB-LSTM 具有更好的模型表达能力。因此,DB-LSTM 相比 LSTM、BIRNN 的学习能力更为强大。

图 12-2 展示了一个使用 3 个 LSTM 层构成的 DB-LSTM 解决文本分类问题的模型结构。奇数层 LSTM 正向,偶数层 LSTM 反向,高一层的 LSTM 使用低一层的 LSTM 及之前

⊖ Li R, Wu Z, Meng H, et al. DBLSTM-Based Multi-Task Learning for Pitch Transformation in Voice Conversion [C]. 2016 10th International Symposium on Chinese Spoken Language Processing (ISCSLP). IEEE. 2016:1-5.

所有层的信息作为输入，对最高层的 LSTM 序列使用时间维度上的最大池化即可得到文本的定长向量表示，最后将文本表示连接至 softmax 构建分类模型。

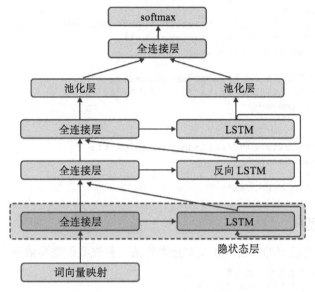

图 12-2　DB-LSTM 用于文本分类

12.3　情感分析应用实践

情感分析的应用场景十分广泛，如把用户在购物网站（亚马逊、天猫、淘宝等）、旅游网站、电影评论网站上发表的评论分成正面评论和负面评论；或为了分析用户对于某一产品的整体使用感受，抓取产品的用户评论并进行情感分析等。本节将介绍如何在飞桨平台上使用 DB-LSTM 模型完成情感分析任务。

12.3.1　数据集下载

本实验采用 IMDB 情感分析数据集，其分别包含 25000 个已标注过的电影评论的训练集与测试集。其中，负面评论的得分小于等于 4，正面评论的得分大于等于 7，满分 10 分。

数据目录结构如下：

```
aclImdb
|- test
    |-- neg
    |-- pos
|- train
    |-- neg
|-- pos
```

可以通过以下代码下载数据集。

```
def download():
    # 通过 python 的 requests 类，下载存储在 https://dataset.bj.bcebos.com/imdb%2FaclImdb_
    # v1.tar.gz 的文件
    corpus_url = "https://dataset.bj.bcebos.com/imdb%2FaclImdb_v1.tar.gz"
    web_request = requests.get(corpus_url)
    corpus = web_request.content

    # 将下载的文件写在当前目录的 aclImdb_v1.tar.gz 文件内
    with open("./aclImdb_v1.tar.gz", "wb") as f:
        f.write(corpus)
    f.close()

if not (os.path.exists("./aclImdb_v1.tar.gz")):
    print("downloading")
    download()
    print("finish download")
```

12.3.2 配置模型

在本次示例中会使用 DB-LSTM 文本分类算法。首先我们需要搭建一个 LSTM 模块。

```
# 使用飞桨实现一个长短时记忆模型
class SimpleLSTMRNN(fluid.Layer):
    def __init__()
    def forward()
```

在模型构造过程中，首先在 __init__() 函数中定义模型在训练过程中需要用到的变量或组件。

```
def __init__(self,hidden_size,num_steps,num_layers=1,init_scale=0.1,is_
reverse=False,dropout=None):

        # 这个模型有几个参数：
        # 1. hidden_size，表示 embedding-size，或者是记忆向量的维度
        # 2. num_steps，表示这个长短时记忆网络最多可以考虑多长的时间序列
        # 3. num_layers，表示这个长短时记忆网络内部有多少层，我们知道，给定一个形状为
        #    [batch_size, seq_len, embedding_size] 的输入，
        # 长短时记忆网络会输出一个同样为 [batch_size, seq_len, embedding_size] 的输出，
        #    我们可以把这个输出再链到一个新的长短时记忆网络上，
        # 如此叠加多层长短时记忆网络，有助于学习更复杂的句子甚至是篇章
        # 4. init_scale，表示网络内部的参数的初始化范围，长短时记忆网络内部用了很多 tanh、
        # sigmoid 等激活函数，这些函数对数值精度非常敏感，
        # 因此我们一般只使用比较小的初始化范围，以保证效果

        super(SimpleLSTMRNN, self).__init__()
        self._hidden_size = hidden_size
        self._num_layers = num_layers
        self._init_scale = init_scale
        self._dropout = dropout
        self._input = None
        self._num_steps = num_steps
        self.cell_array = []
```

```
    self.hidden_array = []
    self.is_reverse=is_reverse

    # weight_1_arr 用于存储不同层的长短时记忆网络中，不同门的 W 参数
    self.weight_1_arr = []
    self.weight_2_arr = []
    # bias_arr 用于存储不同层的长短时记忆网络中，不同门的 b 参数
    self.bias_arr = []
    self.mask_array = []

    # 通过使用 create_parameter 函数，创建不同长短时记忆网络层中的参数
    # 我们总共需要 8 个形状为 [_hidden_size, _hidden_size] 的 W 向量
    # 和 4 个形状为 [_hidden_size] 的 b 向量，因此，我们在声明参数的时候，
    # 一次性声明一个大小为 [self._hidden_size * 2, self._hidden_size * 4] 的参数
    # 和一个大小为 [self._hidden_size * 4] 的参数，这样做的好处是，
    # 可以使用一次矩阵计算，同时计算 8 个不同的矩阵乘法，以便加快计算速度
    for i in range(self._num_layers):
        weight_1 = self.create_parameter(
            attr=fluid.ParamAttr(
                initializer=fluid.initializer.UniformInitializer(
                    low=-self._init_scale, high=self._init_scale)),
            shape=[self._hidden_size * 2, self._hidden_size * 4],
            dtype="float32",
            default_initializer=fluid.initializer.UniformInitializer(
                low=-self._init_scale, high=self._init_scale))
        self.weight_1_arr.append(self.add_parameter('w_%d' % i, weight_1))
        bias_1 = self.create_parameter(
            attr=fluid.ParamAttr(
                initializer=fluid.initializer.UniformInitializer(
                    low=-self._init_scale, high=self._init_scale)),
            shape=[self._hidden_size * 4],
            dtype="float32",
            default_initializer=fluid.initializer.Constant(0.0))
        self.bias_arr.append(self.add_parameter('b_%d' % i, bias_1))
```

在传播函数中根据 LSTM 原理搭建模型。

```
# 定义 LSTM 网络的前向计算逻辑，飞桨会自动根据前向计算结果，给出反向结果
    def forward(self, input_embedding, init_hidden=None, init_cell=None):
        self.cell_array = []
        self.hidden_array = []

        # 输入有三个信号：
        # 1. input_embedding，即输入句子的 embedding 表示，是一个形状为 [batch_size,
        # seq_len, embedding_size] 的张量
        # 2. init_hidden，表示 LSTM 每一层的初始 h 的值，有时候，我们需要显式地指定这个值，
        # 在不需要的时候，就可以把这个值设置为空
        # 3. init_cell，表示 LSTM 中每一层的初始 c 的值，有时候，我们需要显式地指定这个值，
        # 在不需要的时候，就可以把这个值设置为空

        # 我们需要通过 slice 操作，把每一层的初始 hidden 和 cell 值拿出来，
        # 并存储在 cell_array 和 hidden_array 中
        for i in range(self._num_layers):
            pre_hidden = fluid.layers.slice(
```

```
                        init_hidden, axes=[0], starts=[i], ends=[i + 1])
                pre_cell = fluid.layers.slice(
                        init_cell, axes=[0], starts=[i], ends=[i + 1])
                pre_hidden = fluid.layers.reshape(
                        pre_hidden, shape=[-1, self._hidden_size])
                pre_cell = fluid.layers.reshape(
                        pre_cell, shape=[-1, self._hidden_size])
                self.hidden_array.append(pre_hidden)
                self.cell_array.append(pre_cell)

        # res 记录了 LSTM 中每一层的输出结果 (hidden)
        res = []
        for index in range(self._num_steps):
                # 首先需要通过 slice 函数，拿到输入 tensor input_embedding 中当前位置的词的
                # 向量表示，并把这个词的向量表示转换为一个大小为 [batch_size, embedding_
                # size] 的张量
                if self.is_reverse:
                        i = input_embedding.shape[1] - 1 - i
                self._input = fluid.layers.slice(
                        input_embedding, axes=[1], starts=[index], ends=[index + 1])
                self._input = fluid.layers.reshape(
                        self._input, shape=[-1, self._hidden_size])

                # 计算每一层的结果，从下而上
                for k in range(self._num_layers):
                        # 首先获取每一层 LSTM 对应上一个时间步的 hidden、cell，以及当前层的 W 和 b 参数
                        pre_hidden = self.hidden_array[k]
                        pre_cell = self.cell_array[k]
                        weight_1 = self.weight_1_arr[k]
                        bias = self.bias_arr[k]

                        # 我们把 hidden 和拿到的当前步的 input 拼接在一起，便于后续计算
                        nn = fluid.layers.concat([self._input, pre_hidden], 1)

                        # 将输入门、遗忘门、输出门等对应的 W 参数和输入 input 和 pre-hidden 相乘
                        # 我们通过一步计算，就同时完成了 8 个不同的矩阵运算，提高了运算效率
                        gate_input = fluid.layers.matmul(x=nn, y=weight_1)

                        # 将 b 参数也加入前面的运算结果中
                        gate_input = fluid.layers.elementwise_add(gate_input, bias)

                        # 通过 split 函数，将每个门得到的结果拿出来
                        i, j, f, o = fluid.layers.split(
                                gate_input, num_or_sections=4, dim=-1)

                        # 把输入门、遗忘门、输出门等对应的权重作用在当前输入 input 和 pre-hidden 上
                        c = pre_cell * fluid.layers.sigmoid(f) + fluid.layers.sigmoid
                                (i) * fluid.layers.tanh(j)
                        m = fluid.layers.tanh(c) * fluid.layers.sigmoid(o)

                        # 记录当前步骤的计算结果，m 是当前步骤需要输出的 hidden，c 是当前步骤需要输
                        # 出的 cell
                        self.hidden_array[k] = m
                        self.cell_array[k] = c
```

```
            self._input = m

            # 一般来说，我们有时会在 LSTM 的结果内加入 dropout 操作，
            # 这样会提高模型的训练鲁棒性
            if self._dropout is not None and self._dropout > 0.0:
                self._input = fluid.layers.dropout(
                    self._input,
                    dropout_prob=self._dropout,
                    dropout_implementation='upscale_in_train')

        res.append(
            fluid.layers.reshape(
                self._input, shape=[1, -1, self._hidden_size]))
    if self.is_reverse:
        res = res[::-1]

    # 计算长短时记忆网络的结果并返回，包括:
    # 1. real_res: 每个时间步上不同层的 hidden 结果
    # 2. last_hidden: 最后一个时间步中，每一层的 hidden 的结果，形状为: [batch_size,
    # num_layers, hidden_size]
    # 3. last_cell: 最后一个时间步中，每一层的 cell 的结果，形状为: [batch_size,
    # num_layers, hidden_size]

    real_res = fluid.layers.concat(res, 0)
    # real_res shape:[127, 128, 256]

    real_res = fluid.layers.transpose(x=real_res, perm=[1, 0, 2])
    # real_res shape:[128, 127, 256]

    last_hidden = fluid.layers.concat(self.hidden_array, 1)
    last_hidden = fluid.layers.reshape(
        last_hidden, shape=[-1, self._num_layers, self._hidden_size])
    last_hidden = fluid.layers.transpose(x=last_hidden, perm=[1, 0, 2])
    # last_hidden shape:[1, 128, 256]
    last_cell = fluid.layers.concat(self.cell_array, 1)
    last_cell = fluid.layers.reshape(
        last_cell, shape=[-1, self._num_layers, self._hidden_size])
    last_cell = fluid.layers.transpose(x=last_cell, perm=[1, 0, 2])

    return real_res, last_hidden, last_cell
```

LSTM 模型定义完成后，就可以搭建基于 LSTM 的 DB-LSTM 模型了。

```
class Stacked_BiLSTM(fluid.Layer):
    def __init__(self,
                 hidden_size,
                 vocab_size,
                 class_num=2,
                 num_layers=1,
                 num_steps=128,
                 init_scale=0.1,
                 batch_size=128,
                 embedding_size=256,
                 stacked_num=3,
                 dropout=None):
```

```
# 这个模型的参数分别为:
# 1. hidden_size, 表示 embedding-size、hidden 和 cell 向量的维度
# 2. vocab_size, 模型可以考虑的词表大小
# 3. class_num, 情感类型个数, 可以是 2 分类, 也可以是多分类
# 4. num_steps, 表示这个情感分析模型最大可以考虑的句子长度
# 5. init_scale, 表示网络内部的参数的初始化范围,
# 长短时记忆网络内部用了很多 tanh、sigmoid 等激活函数, 这些函数对数值精度非常敏感,
# 因此我们一般只使用比较小的初始化范围, 以保证效果

super(Stacked_BiLSTM, self).__init__()
self.hidden_size = hidden_size
self.vocab_size = vocab_size
self.class_num = class_num
self.init_scale = init_scale
self.num_layers = num_layers
self.num_steps = num_steps
self.dropout = dropout
self.batch_size = batch_size
self.embedding_size = embedding_size
self.stacked_num = stacked_num
self.embedding = Embedding(
    size=[self.vocab_size + 1, self.embedding_size],
    dtype='float32',
    param_attr=fluid.ParamAttr(learning_rate=30),
    is_sparse=False)
self._lstm1 = SimpleLSTMRNN(
    hidden_size,
    num_steps,
    num_layers=num_layers,
    init_scale=init_scale,
    dropout=dropout,
    is_reverse=False)
self._lstm2 = SimpleLSTMRNN(
    hidden_size,
    num_steps,
    num_layers=num_layers,
    init_scale=init_scale,
    dropout=dropout,
    is_reverse=True)
self.fc = Linear(input_dim=self.hidden_size, output_dim=self.hidden_size)
self._fc_prediction = Linear(input_dim=self.hidden_size,
                             output_dim=self.class_num,
                             act="softmax")
```

在这里我们定义的 DB-LSTM 模型由多个隐藏层组合而成，每个隐藏层由一个全连接层与 LSTM 层构成，其中全连接层的输入为对模型输入的时序数据或上一隐藏层的输出，LSTM 层的输入为当前隐藏层中全连接层的输出，而全连接层与 LSTM 层输出的张量和构成当前隐藏层的输出。

具体代码实现如下：

```
def forward(self, input, label):
    # 首先我们需要定义 LSTM 的初始 hidden 和 cell, 这里我们使用 0 来初始化这个序列的记忆
    init_hidden_data = np.zeros(
```

```
        (1, self.batch_size, self.embedding_size), dtype='float32')
init_cell_data = np.zeros(
        (1, self.batch_size, self.embedding_size), dtype='float32')

# 将这些初始记忆转换为飞桨可计算的向量，并设置 stop-gradient=True，避免这些向量被
# 更新，从而影响训练效果
init_hidden = fluid.dygraph.to_variable(init_hidden_data)
init_hidden.stop_gradient = True
init_cell = fluid.dygraph.to_variable(init_cell_data)
init_cell.stop_gradient = True

init_h = fluid.layers.reshape(
        init_hidden, shape=[self.num_layers, -1, self.hidden_size])

init_c = fluid.layers.reshape(
        init_cell, shape=[self.num_layers, -1, self.hidden_size])

# 将输入的句子的 mini-batch input，转换为词向量表示
x_emb = self.embedding(input)

x_emb = fluid.layers.reshape(
        x_emb, shape=[-1, self.num_steps, self.hidden_size])
if self.dropout is not None and self.dropout > 0.0:
        x_emb = fluid.layers.dropout(
            x_emb,
            dropout_prob=self.dropout,
            dropout_implementation='upscale_in_train')

fc_out = self.fc(x_emb)
# 使用 LSTM 网络，把每个句子转换为向量表示
rnn_out, last_hidden, last_cell = self._lstm1(fc_out, init_h,
                                                        init_c)
inputs=[fc_out,rnn_out]
# rnn_out shape:[128, 127, 256]  last_hidden shape:[1, 128, 256]

for i in range(2,self.stacked_num+1):
        fc_hidden =self.fc(inputs[0])
        fc_lstm_hidden=self.fc(inputs[1])
        fc_out=fc_hidden+fc_lstm_hidden
        if i%2==0:
            rnn_out, last_hidden, last_cell = self._lstm2(fc_out, init_h, init_c)
        else :
            rnn_out, last_hidden, last_cell = self._lstm1(fc_out, init_h, init_c)
        inputs=[fc_out,rnn_out]

fc_last=fluid.layers.reduce_max(inputs[0],dim=1)
lstm_last=fluid.layers.reduce_max(inputs[1],dim=1)

last_hidden=fc_last+lstm_last

last_hidden = fluid.layers.reshape(
        last_hidden, shape=[-1, self.hidden_size])
# 将每个句子的向量表示，通过矩阵计算，映射到具体的情感类别上
projection = fluid.layers.matmul(last_hidden, self.softmax_weight)
```

```
        projection = fluid.layers.elementwise_add(projection, self.softmax_bias)
        projection = fluid.layers.reshape(
            projection, shape=[-1, self.class_num])
        pred = fluid.layers.softmax(projection, axis=-1)

        # 根据给定的标签信息，计算整个网络的损失函数，这里我们可以直接使用分类任务中常使用的
        # 交叉熵来训练网络
        loss = fluid.layers.softmax_with_cross_entropy(
            logits=projection, label=label, soft_label=False)
        loss = fluid.layers.reduce_mean(loss)

        # 最终返回预测结果 pred，和网络的 loss
        return pred, loss
```

12.3.3 训练模型

本节实现了对训练和测试数据的格式化，并且把数据载入训练模型训练。

1. 定义训练环境

定义本次训练是在 CPU 上还是在 GPU 上：

```
use_cuda = False    #在 CPU 上进行训练
place = fluid.CUDAPlace(0) if use_cuda else fluid.CPUPlace()
```

2. 数据准备

定义好了模型，接下来需要准备数据，并对数据预处理。

```
def load_imdb(is_training):
    data_set = []

    #aclImdb_v1.tar.gz 解压后是一个目录，我们可以使用 Python 的 rarfile 库进行解压，训练数据和
    # 测试数据已经经过切分，其中训练数据的地址为：./aclImdb/train/pos/ 和 ./aclImdb/
    #train/neg/，分别存储着正向情感的数据和负向情感的数据，我们把数据依次读取出来，并放到
    #data_set 里，data_set 中每个元素都是一个二元组，(句子, label)，其中 label=0 表示负向
    # 情感，label=1 表示正向情感

    for label in ["pos", "neg"]:
        with tarfile.open("./aclImdb_v1.tar.gz") as tarf:
            path_pattern = "aclImdb/train/" + label + "/.*\.txt$" if is_training \
                else "aclImdb/test/" + label + "/.*\.txt$"
            path_pattern = re.compile(path_pattern)
            tf = tarf.next()
            while tf != None:
                if bool(path_pattern.match(tf.name)):
                    sentence = tarf.extractfile(tf).read().decode()
                    sentence_label = 0 if label == 'neg' else 1
                    data_set.append((sentence, sentence_label))
                tf = tarf.next()

    return data_set

train_corpus = load_imdb(True)
test_corpus = load_imdb(False)
```

```
for i in range(5):
    print("sentence %d, %s" % (i, train_corpus[i][0]))
    print("sentence %d, label %d" % (i, train_corpus[i][1]))
```

一般来说，在自然语言处理中，需要先对语料切词，这里我们可以使用空格把每个句子切成若干词的序列，代码如下：

```
def data_preprocess(corpus):
    data_set = []
    for sentence, sentence_label in corpus:
            # 这里有一个小技巧是把所有的句子转换为小写，从而减小词表的大小
            # 一般来说这样的做法有助于效果提升
            sentence = sentence.strip().lower()
            sentence = sentence.split(" ")

            data_set.append((sentence, sentence_label))

    return data_set

train_corpus = data_preprocess(train_corpus)
test_corpus = data_preprocess(test_corpus)
print(train_corpus[:5])
```

在切词后，需要构造一个词典，把每个词都转化成一个 ID，以便用于后续的神经网络训练。代码如下：

```
# 在 CPU 上进行训练
# 构造词典，统计每个词的频率，并根据频率将每个词转换为一个整数 id
    def build_dict(corpus):
        word_freq_dict = dict()
        for sentence, _ in corpus:
            for word in sentence:
                if word not in word_freq_dict:
                    word_freq_dict[word] = 0
                word_freq_dict[word] += 1

        word_freq_dict = sorted(word_freq_dict.items(), key=lambda x: x[1],
reverse=True)

        word2id_dict = dict()
        word2id_freq = dict()

        # 一般来说，我们把 oov 和 pad 放在词典前面，给它们一个比较小的 id，这样比较方便记忆，
        # 并且易于后续扩展词表
        #"[oov]" 表示词表中没有覆盖到的词。之所以使用 "[oov]" 这个符号，是为了处理某一些词，
        # 在测试数据中有，但训练数据没有的现象。
        word2id_dict['[oov]'] = 0
        word2id_freq[0] = 1e10

        word2id_dict['[pad]'] = 1
        word2id_freq[1] = 1e10

        for word, freq in word_freq_dict:
```

```
                word2id_dict[word] = len(word2id_dict)
                word2id_freq[word2id_dict[word]] = freq

        return word2id_freq, word2id_dict


    word2id_freq, word2id_dict = build_dict(train_corpus)
    vocab_size = len(word2id_freq)
    print("there are totoally %d different words in the corpus" % vocab_size)
    for _, (word, word_id) in zip(range(50), word2id_dict.items()):
        print("word %s, its id %d, its word freq %d" % (word, word_id,
word2id_freq[word_id]))
```

在完成 word2id 词典假设之后，我们还需要进一步处理原始语料，把语料中的所有句子都处理成 ID 序列，代码如下：

```
# 在 CPU 上进行训练
# 把语料转换为 id 序列
def convert_corpus_to_id(corpus, word2id_dict):
    data_set = []
    for sentence, sentence_label in corpus:
            # 将句子中的词逐个替换成 id，如果句子中的词不在词表内，则替换成 oov
            # 这里需要注意，一般来说我们可能需要查看一下 test-set 中，句子 oov 的比例，
            # 如果存在过多 oov 的情况，那就说明我们的训练数据不足或者切分存在巨大偏差，需要调整
            sentence = [word2id_dict[word] if word in word2id_dict \
                        else word2id_dict['[oov]'] for word in sentence]
            data_set.append((sentence, sentence_label))
    return data_set


train_corpus = convert_corpus_to_id(train_corpus, word2id_dict)
test_corpus = convert_corpus_to_id(test_corpus, word2id_dict)
print("%d tokens in the corpus" % len(train_corpus))
print(train_corpus[:5])
print(test_corpus[:5])
```

接下来，我们就可以通过截断和填充把原始语料中的每个句子转换成一个固定长度的句子，并将所有数据整理成 mini-batch，用于训练模型，代码如下：

```
# 在 CPU 上进行训练
# 编写一个迭代器，每次调用这个迭代器都会返回一个新的 batch，用于训练或者预测
def build_batch(word2id_dict, corpus, batch_size, epoch_num, max_seq_len,
shuffle = True):

    # 模型将会接收两个输入：
    # 1. 一个形状为 [batch_size, max_seq_len] 的张量，sentence_batch，代表了一个
    # mini-batch 的句子。
    # 2. 一个形状为 [batch_size, 1] 的张量,sentence_label_batch，每个元素都是非 0 即 1，
    # 代表了每个句子的情感类别（正向或者负向）
    sentence_batch = []
    sentence_label_batch = []

    for _ in range(epoch_num):

        # 每个 epcoh 前都 shuffle 一下数据，有助于提高模型训练的效果
```

```
    # 但是对于预测任务，不要做数据 shuffle
    if shuffle:
        random.shuffle(corpus)

    for sentence, sentence_label in corpus:
        sentence_sample = sentence[:min(max_seq_len, len(sentence))]
        if len(sentence_sample) < max_seq_len:
            for _ in range(max_seq_len - len(sentence_sample)):
                sentence_sample.append(word2id_dict['[pad]'])

            # 飞桨 1.7 要求输入数据必须是形状为 [batch_size, max_seq_len, 1] 的张量，
            # 在飞桨的后续版本中不再存在类似的要求
            sentence_sample = [[word_id] for word_id in sentence_sample]

            sentence_batch.append(sentence_sample)
            sentence_label_batch.append([sentence_label])

            if len(sentence_batch) == batch_size:
                yield np.array(sentence_batch).astype("int64"), np.array(sentence_label_batch).astype("int64")
                sentence_batch = []
                sentence_label_batch = []

    if len(sentence_batch) == batch_size:
        yield np.array(sentence_batch).astype("int64"), np.array(sentence_label_batch).astype("int64")

for _, batch in zip(range(10), build_batch(word2id_dict,
                    train_corpus, batch_size=3, epoch_num=3, max_seq_len=30)):
    print(batch)
```

接下来我们就可以训练模型了。当训练结束以后，可以使用测试集合评估一下当前模型的效果，代码如下：

```
import paddle.fluid as fluid
import net
# 开始训练
batch_size = 128
epoch_num = 5
embedding_size = 256
step = 0
learning_rate = 0.01
max_seq_len = 128

with fluid.dygraph.guard():
    # 创建一个用于情感分类的网络实例, sentiment_classifier
    sentiment_classifier = net.Stacked_BiLSTM(
            embedding_size, vocab_size, num_steps=max_seq_len)
    # 创建优化器 AdamOptimizer, 用于更新这个网络的参数
    adam = fluid.optimizer.AdamOptimizer(learning_rate=learning_rate,
parameter_list=sentiment_classifier.parameters())

    for sentences, labels in build_batch(
```

```
                        word2id_dict, train_corpus, batch_size, epoch_num, max_seq_len):

            sentences_var = fluid.dygraph.to_variable(sentences)
            labels_var = fluid.dygraph.to_variable(labels)
            pred, loss = sentiment_classifier(sentences_var, labels_var)

            loss.backward()
            adam.minimize(loss)
            sentiment_classifier.clear_gradients()

            step += 1
            if step % 10 == 0:
                print("step %d, loss %.3f" % (step, loss.numpy()[0]))

    # 我们希望在网络训练结束以后评估一下训练好的网络的效果
    # 通过 eval() 函数，将网络设置为 eval 模式，在 eval 模式中，网络不会进行梯度更新
    # sentiment_classifier.eval()
    # 这里我们需要记录模型预测结果的准确率
    # 对于二分类任务来说，准确率的计算公式为：
    # (true_positive + true_negative) /
    # (true_positive + true_negative + false_positive + false_negative)
    tp = 0.
    tn = 0.
    fp = 0.
    fn = 0.
    for sentences, labels in build_batch(
                word2id_dict, test_corpus, batch_size, 1, max_seq_len):

        sentences_var = fluid.dygraph.to_variable(sentences)
        labels_var = fluid.dygraph.to_variable(labels)

        # 获取模型对当前 batch 的输出结果
        pred, loss = sentiment_classifier(sentences_var, labels_var)

        # 把输出结果转换为 numpy array 的数据结构
        # 遍历这个数据结构，比较预测结果和对应 label 之间的关系，并更新 tp、tn、fp 和 fn
        pred = pred.numpy()
        for i in range(len(pred)):
            if labels[i][0] == 1:
                if pred[i][1] > pred[i][0]:
                    tp += 1
                else:
                    fn += 1
            else:
                if pred[i][1] > pred[i][0]:
                    fp += 1
                else:
                    tn += 1

# 输出最终评估的模型效果
print("the acc in the test set is %.3f" % ((tp + tn) / (tp + tn + fp + fn)))
```

12.4　本章小结

　　本章首先介绍了情感分析任务的内容、研究目的以及研究背景；其次介绍了 BOW 和 DB-LSTM 两个文本表示方法；最后介绍了如何在飞桨框架上使用 DB-LSTM 模型完成情感分类任务。

　　本章的参考代码见 https://github.com/PaddleToturial-v2/DeepLearningAndPaddleTutorial-v2 下 lesson12 子目录。

机 器 翻 译

机器翻译（Machine Transformation）又称为自动翻译，是利用计算机把一种自然源语言转变为另一种自然目标语言的过程。它是自然语言处理的一个分支，与计算语言学、自然语言理解之间存在着紧密联系。

本章将简要介绍机器翻译的相关概念，重点介绍 Transformer 网络结构，以及 Transformer 在飞桨上的实现。

学完本章，希望读者能掌握以下知识点：

1）了解机器翻译的概念；

2）熟悉 Transformer 的结构、原理，知道其他的神经网络翻译架构；

3）会在飞桨上运行 Transformer 模型。

13.1　任务描述

随着当今世界信息量的急剧增加和国际交流的日益频繁，语言障碍已经成为制约 21 世纪社会全球化发展的一个重要因素[○]。因此，解决语言障碍对于国家乃至于世界都有着重要意义。而人工翻译远不能满足当下的需求，这使得用机器翻译来协助人工翻译的需求变得更加强烈。同时，近几年来深度学习的发展也为机器翻译带来了新的解决方法，各种深度神经网络架构开始在机器翻译任务中不断取得突破性成就。不久前，论文 *Attention is all you need* 中提出的 Transformer 模型更是取代了 LSTM 在机器翻译中的重要地位，因此了解并掌握 Transformer 就显得极为重要。

⊖　宗成庆.统计自然语言处理（第 2 版）[M].北京：清华大学出版社.

13.2 算法原理解析

传统的机器翻译主要基于统计翻译方法，一般能够达到较高的精确度，但是在译文流畅度上有很大的不足，往往只翻译出对应单词的意思而忽略了句子的整体信息。近几年出现了很多基于神经网络的机器翻译架构，在译文流畅度和精确度上均有较好的表现。目前，主流的神经网络翻译架构有 RNN、LSTM、GRU、CNN 和 Transformer 等。从 RNN 到 LSTM 再到 GRU，这是一个不断进化的过程，后者都弥补了前者的缺陷。截止到 2017 年年初，这三种架构仍然是很多翻译模型的主流架构。而在不久后，CNN 和 Transformer 问世。CNN 通过不断卷积，并且在结构中加入注意力机制，使其取得了不错的翻译表现。而 Transformer 则完全基于注意力机制，在翻译表现上同样能达到很好的效果。经过优化后，基于 Transformer 的翻译模型在翻译表现上要优于其他所有模型，成为翻译模型中的翘楚。

13.2.1 Seq2Seq

Seq2Seq 模型着力于将一个固定长度的输入映射为一个固定长度的输出，输入和输出的长度可能不同。举例说明：英文句子"what is your name?"的长度为 4 个 symbol，而将其翻译成中文句子"你叫什么名字?"后，该中文句子的长度为 6 个 Symbol。很明显，一个常规的 LSTM 网络是无法做到这些的，而 Seq2Seq 可以做到。

Seq2Seq 模型由三部分构成：编码器、编码器向量和解码器。图 13-1 所示为 Seq2Seq 的模型结构。

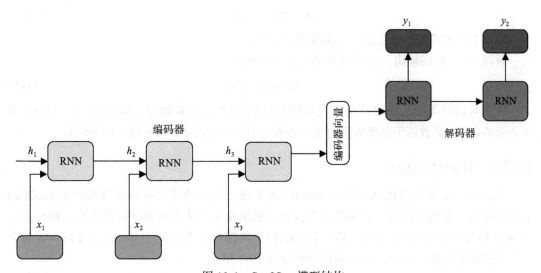

图 13-1 Seq2Seq 模型结构

1. 编码器

编码器由多个循环单元（LSTM 或 GRU）堆叠而成，每一个单元都接收序列中的一个元素，收集有关该元素的信息并向前传播。

在问答题（Question-Answering Problem）中，输入序列是问题中所有单词的集合，每个单词都被表示为 x_i，i 表示该单词的顺序。

隐藏状态的计算如式（13-1）所示：

$$h_t = f(W^{(hh)}h_{t-1} + W^{(hx)}x_t) \tag{13-1}$$

这个公式计算出来的结果就是一个普通的循环神经网络的输出，它仅对前一个隐藏状态 h_{t-1} 和输入向量 x_t 给予了适当的权重并加以运算。

2. 编码器向量

编码器向量是模型的编码器产生的最终隐藏状态。它也是由式（13-1）计算得到的，这个向量旨在封装所有输入元素的信息，以帮助解码器做出准确的预测，并充当了模型解码器部分的初始隐藏状态。

3. 解码器

解码器由几个循环单元堆叠而成，每个单元都在时间步为 t 时预测一个输出 y_t。每个循环单元都接收一个来自前一个单元的隐藏状态，产生并输出自己的隐藏状态。在问答题中，输出序列是答案中所有单词的集合，每个单词都被表示为 y_i，其中 i 是该单词的顺序。

隐藏状态 h_t 的计算如式（13-2）所示：

$$h_t = f(W^{(hh)}h_{t-1}) \tag{13-2}$$

下一个隐藏状态仅通过前一个隐藏状态得到。

时间步为 t 时的输出 y_t 的计算如式（13-3）所示：

$$y_t = \text{softmax}(W^S h_t) \tag{13-3}$$

使用当前时间步的隐藏状态以及对应的权重 $W(S)$ 来计算输出。Softmax（在 13.2.2 节中会简单介绍）函数用于创建概率向量，来确定最后的输出（如问答题中的单词）。

13.2.2　Transformer

Transformer 最初是由 Ashish Vaswani [⊖] 等人提出的一种用以完成机器翻译的 Seq2Seq 学习任务的全新网络结构，它完全基于注意力机制来实现从序列到序列的建模。相比于以往 NLP 模型中使用 RNN 或者编码 – 解码结构，其具有计算复杂度小、并行度高、容易学习长程依赖等优势。Transformer 网络结构如图 13-2 所示。

⊖　Vaswani A, Shazeer N, Parmar N, et al. Attention is All You Need[C]. Advances in Neural Information Processing Systems. 2017: 5998-6008.

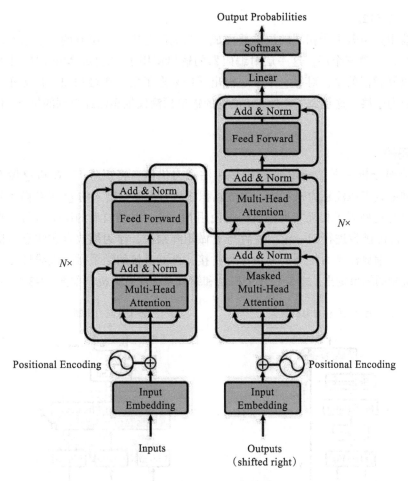

图 13-2 Transformer 网络结构

Transformer 由一个编码器和一个解码器构成。编码器将一个由符号表示的序列 $x = (x_1, ..., x_n)$ 作为输入，将其转化为一个连续型表示的序列 $z = (z_1, ..., z_n)$。对于每个给定的 z，解码器将依次生成序列 $y = (y_1, ..., y_n)$ 中的每一个元素，且将当前生成的元素作为输入传入解码器，并与 z 共同决定下一个生成的元素。

编码器由若干个相同的层堆叠而成，每一层中有两个子层。两个子层中的第一层是一个多头注意力机制，第二层是一个简单的基于位置的全连接前向反馈神经网络。每个子层后都采用了残差连接，以及对层的归一化操作。所以每一个子层的输出为：

$$\text{LayerNorm}(x + \text{Sublayer}(x)) \qquad (13-4)$$

其中，x 是输入，$\text{Sublayer}(x)$ 是子层的输出，$x + \text{Sublayer}(x)$ 表示残差连接的输出。

在论文 *attention is all you need* 中，研究人员为了便于残差连接，规定模型中的所有子层（包括嵌入层）的输出的维度都应该为 512。也就是说，词向量的维度（embedding_ dimension）为 512。

解码器也是由若干个相同的层堆叠而成。与编码器中每一层有两个子层不同，解码器在此之上插入了第三个层，这一层对编码器的输出使用了 Masked Multi-Head Attention 机制。与编码器相似的是，对每一个子层输出同样采取了残差连接和归一化操作。解码器更改了自注意力子层，这是为了让处于 i 位置的输出预测仅依靠已经得到的位于 i 位置之前的输出。

1. 编码器

首先简要分析一下 Transformer 的多头注意力机制。将矩阵 V、K 和 Q 做 h 次线性变换后输入到缩放点积注意力机制中。缩放点积注意力机制对输入的 Q 和 K 做矩阵乘法运算后，将结果与比例因子相乘实现缩放，再使用 Masking 对缩放后的结果进行处理，然后将结果用 Softmax 函数进行归一化，最后与 V 做矩阵乘法，作为缩放点积注意力机制的结果输出。将 h 个缩放注意力机制的输出进行拼接，再对拼接的结果做一次线性变换，作为多头注意力机制的结果输出。多头注意力机制和缩放点积注意力机制如图 13-3 所示。

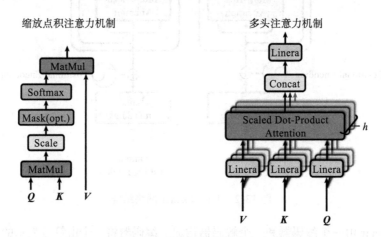

缩放点积注意力机制　　　　　多头注意力机制

图 13-3　多头注意力机制和缩放点积注意力机制

接下来详细介绍 Transformer 的多头注意力机制，首先简单介绍一下涉及的参数。

❑ batch_size：训练数据的批大小。为了简化说明，这里 batch_size = 1。

❑ Embedding_dimension：表示词嵌入的维度，在 Transformer 中设置为 512，这里 embedding_dimension = 6。

❑ Sequence_length：在一个 batch 的输入中，字符序列的长度可能是不一样的，故将其设置为序列长度的最大值。

❑ h：多头注意力的头数，在 Transformer 中设置为 8，这里设置为 3。

❑ d_{model}：模型的维度，在 Transformer 中设置为 512，与其词向量维度 embedding_dimension 相同，这里设置为 6。

❑ d_k：$d_k = d_{model}/h$，注意力机制中 **K** 向量矩阵的维度，这里设置为 2。

❑ d_v：$d_v = d_{model}/h$，注意力机制中 **V** 向量矩阵的维度，这里设置为 2。

Transformer 编码器结构如图 13-4 所示。

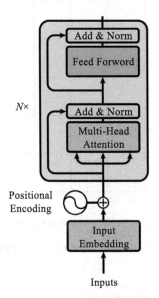

图 13-4 Transformer 编码器结构

模型的输入由多个 batch 构成，每一个 batch 由一批数量为 batch_size、长度为 sequence_length 的字符序列构成。图 13-5 中是由一批数量为 batch_size、长度为 sequence_length 的序列构成的 batch。由于一个 batch 中序列的长度可能不同，且 sequence_length 是该 batch 中最长序列的长度，因此对于长度小于 sequence_length 的序列需要进行填充（Padding）。填充的具体操作会在词嵌入中进行说明。

接下来对每个字符做词嵌入（Word Embedding），得到如图 13-6 所示的维度为 [sequence_length, embedding_dimension] 的向量矩阵，其中每一个小立方体表示对应字符的词向量在对应维度的取值（1 或 0）。

词嵌入可以将每个字符用一个向量来表示，常见的词向量维度有 256、512 和 1024。

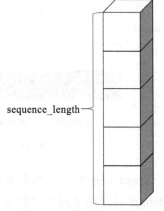

图 13-5 模型的一个输入 batch（实际上 batch 是一个维度为 [batch_size, sequence_length] 的二维张量）

在进行词嵌入时，需要对长度小于 sequence_length 的序列进行填充，如图 13-7 所示。将标记为 null 的字符的词嵌入用 0 填充，保证在之后的矩阵乘法中不会产生影响。但是仅仅使用填充方法是不够的，还需要使用 Masking 方法来进一步抵消填充步骤对多头注意力机制的影响，具体的 Masking 步骤会在后面给出。

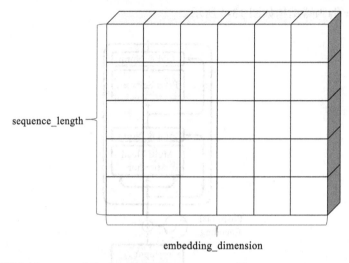

图 13-6　经过词嵌入后，input 成为一个维度为 [batch_size, sequence_length, embedding_dimension] 的三维张量

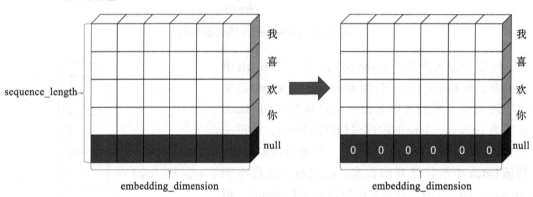

图 13-7　对标记为 null 的部分进行填充

由于 Transformer 中没有循环和卷积，因此为了让 Transformer 利用到序列中字符的顺序，需要向编码器中输入每个字符的绝对或相对位置信息。为了达到这个目的，Transformer 使用了位置嵌入（Positional Encoding）。因为位置嵌入的维度与词嵌入的维度相同，故直接将两者相加，得到最终的编码器的输入 X，X 的维度为 [sequence_length, embedding_dimension / h]，也可写作 [sequence_length, d_k]，如图 13-8 所示。

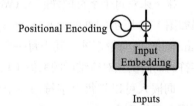

图 13-8　对 Inputs 进行词嵌入和位置嵌入后相加作为编码器的输入

位置嵌入由以下的函数得到：

$$\mathrm{PE}_{(\mathrm{pos},\, 2i)} = \sin(\mathrm{pos}/10\,000^{2i/d_{\mathrm{model}}}) \tag{13-5}$$

$$\mathrm{PE}_{(\mathrm{pos},\, 2i+1)} = \cos(\mathrm{pos}/10\,000^{2i/d_{\mathrm{model}}}) \tag{13-6}$$

其中，pos 表示该字符的位置，I 表示维度，d_{model} 是词嵌入的维度，即 embedding_dimension。位置嵌入的每个维度对应正弦曲线，波长形成了从 2π 到 $10\,000 \times 2\pi$ 的几何级数。注意，奇数维和偶数维的函数是不同的。

接下来对 X 做线性变换。多头注意力的头数 h 代表进行线性映射的次数，每次映射的方法都不相同。解析中取 $h = 3$，也就是说存在三组不同的 W^Q、W^K 和 W^V。图 13-9 所示为一组用于线性变换的权重矩阵，它们的维度均为 [embedding_dimension, embedding_dimension / h]，这些矩阵是通过学习得到的。

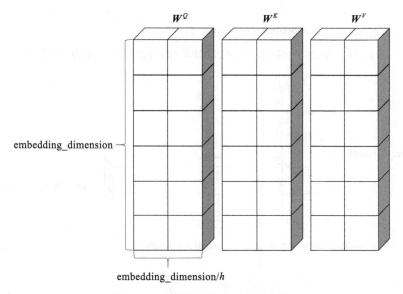

图 13-9　用于线性变换的权重矩阵

这里的线性变换就是将 X 分别与 W^Q、W^K 和 W^V 做矩阵乘法运算，得到 Q、K 和 V，即放缩点积注意力机制的输入。如图 13-10 所示，这三个矩阵的维度均为 [sequence_length, embedding_dimension / h]。

将 Q、K 和 V 作为参数传入放缩点积注意力机制后，首先进行矩阵乘法，即计算 Q 与 K^T 的点积。图 13-10 中的矩阵依次为 Q 和 K^T，它们的维度分别为 [sequence_length, embedding_dimension / h] 和 [embedding_dimension / h, sequence_length]。经过计算后得到图 13-11 中的矩阵，该矩阵的维度为 [sequence_length, sequence_length]。

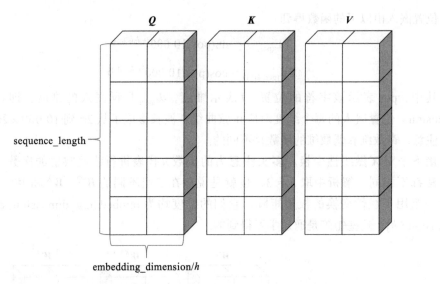

图 13-10　经过线性变换得到的三个矩阵作为放缩点积注意力机制的输入

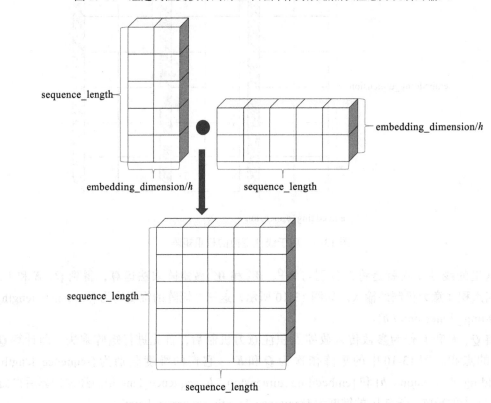

图 13-11　矩阵点积运算

在进行下一步之前，先要对点积的结果进行放缩，否则会出现梯度消失的情况，使归一化函数的结果出现偏差。这里进行缩放的方式是将点积的结果与比例因子 $\frac{1}{\sqrt{d_k}}$ 相乘。

这里解释一下乘以比例因子 $\frac{1}{\sqrt{d_k}}$ 的原因：

假设 q 和 k 服从期望为 0，方差为 1 的标准正态分布，那么它们的点积 $q \cdot k = \sum_{i=1}^{d_k} q_i k_i$ 将服从期望为 0，方差为 d_k 的正态分布。为了使 softmax 归一化后的结果更加稳定，需要将其转化为标准正态分布，即用点积减去期望 "0" 再除以标准差 $\sqrt{d_k}$。

接下来需要对乘以比例因子的点积用 softmax 函数做归一化处理，这里先简单介绍一下 softmax 函数。

softmax 函数是 sigmoid 函数的拓展，其中，sigmoid 函数用来表示二值型变量的分布。softmax 函数最常用作分类器的输出，来表示 n 个不同类上的概率分布。softmax 函数也可以在模型内部使用，比如 Transformer。

$$\text{softmax}(z)_i = \frac{\exp(z_i)}{\sum_j \exp(z_j)} \tag{13-7}$$

在进行 Softmax 函数归一化之前，这里首先要解决的是之前填充步骤遗留下来的问题。如图 13-12 中阴影部分所示，经过点积和与比例因子相乘的运算后，这部分的立方体代表的值均为 0，这是填充操作导致的。但是将这些数据放入 softmax 函数中，得到的值并不为 0。这会对 softmax 函数的输出产生影响，因此需要对这部分进行 Masking 处理，以抵消在 softmax 函数中的影响。这里采用的 Masking 方法是对矩阵的这一部分加上偏置，这个偏置是一个绝对值很大的负数。因为 $\exp(-\infty)$ 的值趋近于 0，其对 softmax 函数的输出产生的影响可以忽略不计，这样就解决了填充步骤留下的问题。

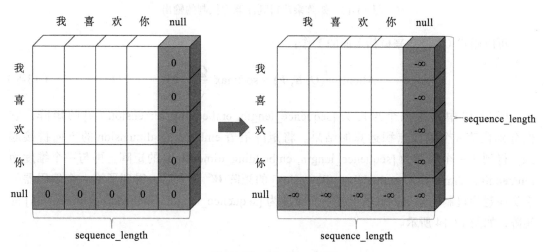

图 13-12 Masking 处理

　　将归一化后的矩阵与 *V* 做乘法运算后，得到一个维度为 [sequence_length, embedding_dimension / h] 的矩阵。图 13-13 中左边的矩阵表示经过 softmax 函数归一化后的矩阵，右边表示矩阵 *V*。

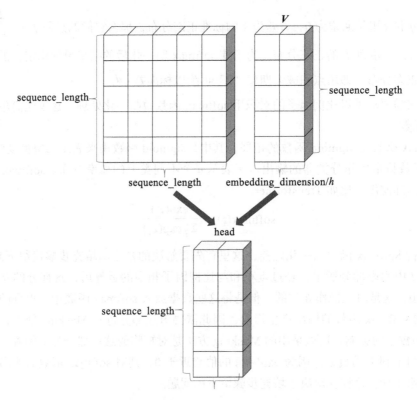

图 13-13　矩阵乘法得到注意力机制的输出

　　可以用式（13-8）来概括上面的工作：

$$\text{Attention}(\boldsymbol{Q}, \boldsymbol{K}, \boldsymbol{V}) = \text{softmax} \frac{\boldsymbol{Q}\boldsymbol{K}^{\text{T}}}{\sqrt{d_k}} \boldsymbol{V} \tag{13-8}$$

　　图 13-12 中共有三个维度为 [sequence_length, embedding_dimension / h] 的矩阵，它们分别代表 h 个缩放点积运算的结果。将矩阵沿着 embedding_dimension 的方向拼接起来，得到了一个维度为 [sequence_length, embedding_dimension] 的矩阵。再与一个维度为 [embedding_dimension, embedding_dimension] 的矩阵 $\boldsymbol{W}^O$ 相乘后，得到了第一个编码器的多头注意力机制的输出，该输出是一个维度为 [sequence_length，embedding_dimension] 的矩阵，如图 13-14 所示。

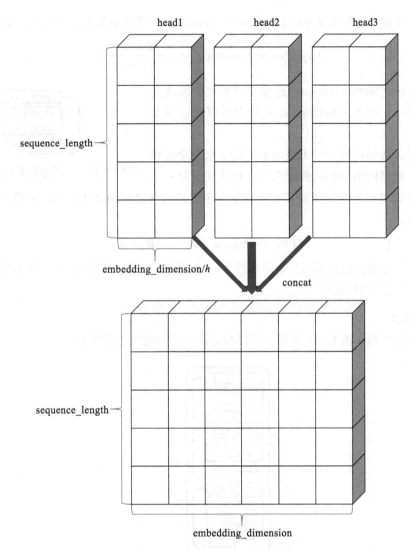

图 13-14　多头注意力机制的 concat 操作

可以用式（13-9）来概括上面进行的所有步骤：

$$\text{MultiHead}(\boldsymbol{Q}, \boldsymbol{K}, \boldsymbol{V}) = \text{concat}(\text{head}_1, \cdots, \text{head}_n)\boldsymbol{W}^O$$
$$\text{where head}_i = \text{Attention}(\boldsymbol{Q}\boldsymbol{W}_i^Q, \boldsymbol{K}\boldsymbol{W}_i^K, \boldsymbol{V}\boldsymbol{W}_i^V) \tag{13-9}$$

编码器的多头注意力子层如图 13-15 所示。

在得到多头注意力机制后，需要进行残差连接[⊖]，以防止梯度消失。因为 X 和多头注意力机制的输出维度相同，所以直接将两者相加即可实现残差连接。

⊖　He K, Zhang X, Ren S, et al. Deep Residual Learning for Image Recognition[C]. Proceedings of the IEEE Conference on Computer Vision and Pattern Recognition. 2016: 770-778.

对残差连接的结果需要进行 Layer Normalization 以促进模型收敛，如式（13-10）所示：

$$\text{LayerNormalization}(x_i) = \alpha \times \frac{x_i - \mu_\text{L}}{\sigma_\text{L}^2 + \varepsilon} + \beta \qquad (13\text{-}10)$$

对于 Layer Normalization，这里不再赘述，需要了解更多关于 Layer Normalization 的知识可以阅读参考文献[⊖]。

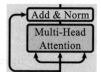

到这里，解码器的一个子层结束，接下来是全连接前馈网络。前馈网络用相同的方法独立地作用于每一个

图 13-15　编码器的多头注意力子层

位置，该方法由两个线性变换和一个处于两个线性变换之间的 ReLU 激活函数构成，如式（13-11）所示：

$$\text{FFN}(x) = \max(0, xW_1 + b_1)W_2 + b_2 \qquad (13\text{-}11)$$

需要注意的是，虽然不同位置的线性变换是相同的，但是不同层（编码器和解码器均由 6 个层构成）之间的参数是不同的。

2. 解码器

解码器的结构如图 13-16 所示，可以与编码器的结构图对比学习。

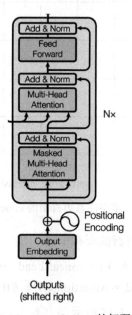

图 13-16　Transformer 的解码器结构

解码器是在编码器的基础上加入了一个 Masked Multi-Head Attention 子层，以及作用于该子层的残差连接和 Layer Normalization。

⊖　Ba J L, Kiros J R, Hinton G E. Layer Normalization[J]. arXiv preprint arXiv:1607.06450, 2016.

在之前提到过，在编码器将一个由字符表示的序列 $x = (x_1, ..., x_n)$ 转化为一个连续型表示的序列 $z = (z_1, ..., z_n)$ 后，解码器将根据 z 中的每个元素对应生成 $y = (y_1, ..., y_n)$。但是生成过程并不是并行的，而是依次生成，且生成 y_i 依赖于 z 和已经生成的 y_i ($j < i$)。

而 Masked Multi-Head Attention 就是为了防止解码器获取到序列后对信息进行的操作。

13.3 机器翻译应用实践

13.3.1 数据准备

公开数据集：WMT 翻译大赛是机器翻译领域最具权威的国际评测大赛，其中英德翻译任务提供了一个中等规模的数据集，这个数据集是较多论文中使用的数据集，也是 Transformer 论文中用到的一个数据集。这里将 WMT'16 EN-DE 数据集作为示例介绍。运行 gen_data.sh 脚本进行 WMT'16 EN-DE 数据集的下载和预处理（时间较长，建议后台运行）。数据处理过程主要包括 Tokenize 和 BPE 编码（Byte-Pair Encoding）。运行成功后，将会生成文件夹 gen_data，其目录结构如下：

```
.
├── wmt16_ende_data          # WMT16 英德翻译数据
├── wmt16_ende_data_bpe      # BPE 编码的 WMT16 英德翻译数据
├── mosesdecoder             # Moses 机器翻译工具集，包含了 Tokenize、BLEU 评估等脚本
└── subword-nmt              # BPE 编码的代码
```

这里也整理提供了一份处理好的 WMT'16 EN-DE 数据以供使用，其中包含词典（vocab_all.bpe.32000 文件）、训练所需的 BPE 数据（train.tok.clean.bpe.32000.en-de 文件）、预测所需的 BPE 数据（newstest2016.tok.bpe.32000.en-de 等文件）和相应的评估预测结果所需的 tokenize 数据（newstest2016.tok.de 等文件）。

自定义数据：如果需要使用自定义数据，本项目程序中可直接支持的数据格式为制表符 \t 分隔的源语言和目标语言句子对，句子中的 token 之间使用空格分隔。提供以上格式的数据文件（可以分多个 part，数据读取支持文件通配符）和相应的词典文件即可直接运行。

13.3.2 模型配置

1. 定义多头注意力机制的线性变换

飞桨的 Linear 函数可以接收高维输入，省略手动展平输入向量的操作。多头注意力机制中线性变换的具体实现如代码清单 13-1 所示。

代码清单 13-1 多头注意力机制中线性变换的具体实现

```
# compute q ,k ,v
keys = queries if keys is None else keys
values = keys if values is None else values
```

```
q = self.q_fc(queries)
k = self.k_fc(keys)
v = self.v_fc(values)
```

其变换函数定义如代码清单 13-2 所示。

代码清单 13-2　多头注意力机制线性变换函数定义

```
self.q_fc = Linear(input_dim=d_model,
                   output_dim=d_key * n_head,
                   bias_attr=False)
self.k_fc = Linear(input_dim=d_model,
                   output_dim=d_key * n_head,
                   bias_attr=False)
self.v_fc = Linear(input_dim=d_model,
                   output_dim=d_value * n_head,
                   bias_attr=False)
```

2. 定义维度变换

为了利用多头注意力机制，需要对线性变换得到的结果进行 reshape 和转置。比如对维度为 [batch_size, sequence_length, h * (embedding_dimension / h)] 的张量，需要将其转换成维度为 [batch_size, h, sequence_length, embedding_dimension] 的张量。layers.reshape() 可以完成 reshape 操作，而 layers.transpose() 可以完成转置操作，如代码清单 13-3 所示。

代码清单 13-3　多头注意力机制中维度变换的具体实现

```
# split head
q = layers.reshape(x=q, shape=[0, 0, self.n_head, self.d_key])
q = layers.transpose(x=q, perm=[0, 2, 1, 3])
k = layers.reshape(x=k, shape=[0, 0, self.n_head, self.d_key])
k = layers.transpose(x=k, perm=[0, 2, 1, 3])
v = layers.reshape(x=v, shape=[0, 0, self.n_head, self.d_value])
v = layers.transpose(x=v, perm=[0, 2, 1, 3])

if cache is not None:
    cache_k, cache_v = cache["k"], cache["v"]
    k = layers.concat([cache_k, k], axis=2)
    v = layers.concat([cache_v, v], axis=2)
    cache["k"], cache["v"] = k, v
```

3. 定义缩放点积注意力机制

attn_bias 参数的作用是对 encoder 和 decoder 多头注意力机制子层中的 padding 部分和 decoder 中 Masked Multi-Head Attention 子层的位于当前字符后的字符进行掩膜操作。参数 alpha 用于实现对矩阵的缩放，其默认值为 1，这里设置为 d_key **–0.5，也就是 $\frac{1}{\sqrt{d_k}}$，如代码清单 13-4 所示。

代码清单 13-4　缩放点积注意力机制的具体实现

```
# scale dot product attention
product = layers.matmul(x=q,
                        y=k,
                        transpose_y=True,
                        alpha=self.d_model**-0.5)
if attn_bias is not None:
    product += attn_bias
weights = layers.softmax(product)
if self.dropout_rate:
    weights = layers.dropout(weights,
                             dropout_prob=self.dropout_rate,
                             is_test=False)
out = layers.matmul(weights, v)
```

4. 定义合并操作

将 h 个维度合并到 embedding_dimension/h 维度中，形成维度为 [batch_size, sequence_length, h * (embedding_dimension / h)] 的张量，与维度变换的操作刚好相反，如代码清单 13-5 所示。

代码清单 13-5　多头注意力机制中合并操作的具体实现

```
# combine heads
out = layers.transpose(out, perm=[0, 2, 1, 3])
out = layers.reshape(x=out, shape=[0, 0, out.shape[2] * out.shape[3]])
```

根据之前定义的 4 种方式定义多头注意力机制，如代码清单 13-6 所示。

代码清单 13-6　多头注意力机制的具体实现

```
# project to output
out = self.proj_fc(out)
return out
```

其映射函数如代码清单 13-7 所示。

代码清单 13-7　多头注意力机制的映射函数

```
self.proj_fc = Linear(input_dim=d_value * n_head,
                      output_dim=d_model,
                      bias_attr=False)
```

13.3.3　模型训练

以 WMT 翻译大赛提供的英德翻译数据为例，可以执行如代码清单 13-8 所示命令进行模型训练。

代码清单 13-8　配置模型训练需要的参数

```
# 配置训练用到的各项参数
export CUDA_VISIBLE_DEVICES=0
```

```
python -u train.py \
  --epoch 30 \
  --src_vocab_fpath gen_data/wmt16_ende_data_bpe/vocab_all.bpe.32000 \
  --trg_vocab_fpath gen_data/wmt16_ende_data_bpe/vocab_all.bpe.32000 \
  --special_token '<s>' '<e>' '<unk>' \
  --training_file gen_data/wmt16_ende_data_bpe/train.tok.clean.bpe.32000.en-de \
  --batch_size 4096
```

以上命令中传入了执行训练（do_train）、训练轮数（epoch）和训练数据文件路径（注意请正确设置，支持通配符）等参数，更多参数的使用以及支持的模型超参数可以参见transformer.yaml 配置文件，其中默认提供了 Transformer base model 的配置，如需调整，可以在配置文件中更改或通过命令行传入（命令行传入内容将覆盖配置文件中的设置）。可以通过如代码清单 13-9 所示命令来训练 Transformer 中的 big model。

代码清单 13-9　训练 Transformer 中的 big model

```
# 打开垃圾回收以节省内存
export FLAGS_eager_delete_tensor_gb=0.0
# 配置训练用到的各项参数
export CUDA_VISIBLE_DEVICES=0,1,2,3,4,5,6,7

python -u main.py \
  --do_train True \
  --epoch 30 \
  --src_vocab_fpath gen_data/wmt16_ende_data_bpe/vocab_all.bpe.32000 \
  --trg_vocab_fpath gen_data/wmt16_ende_data_bpe/vocab_all.bpe.32000 \
  --special_token '<s>' '<e>' '<unk>' \
  --training_file gen_data/wmt16_ende_data_bpe/train.tok.clean.bpe.32000.en-de \
  --batch_size 4096 \
  --n_head 16 \
  --d_model 1024 \
  --d_inner_hid 4096 \
  --prepostprocess_dropout 0.3
```

训练时默认使用所有 GPU，可以通过 CUDA_VISIBLE_DEVICES 环境变量来设置使用的 GPU 数目。也可以只使用 CPU 训练（通过参数 --use_cuda False 设置），但训练速度相对较慢。在执行训练时若提供了 save_param 和 save_checkpoint（默认为 trained_params 和 trained_ckpts），则每迭代一定次数后（通过参数 save_step 设置，默认为 10 000）将分别保存当前训练的参数值和检查点（checkpoint）到相应目录，并在每迭代一定次数后（通过参数 print_step 设置，默认为 100）打印如下的日志到标准输出：

```
[2019-08-02 15:30:51,656 INFO train.py:262] step_idx: 150100, epoch: 32,
batch: 1364, avg loss: 2.880427, normalized loss: 1.504687, ppl: 17.821888,
speed: 3.34 step/s
[2019-08-02 15:31:19,824 INFO train.py:262] step_idx: 150200, epoch: 32,
batch: 1464, avg loss: 2.955965, normalized loss: 1.580225, ppl: 19.220257,
speed: 3.55 step/s
[2019-08-02 15:31:48,151 INFO train.py:262] step_idx: 150300, epoch: 32,
batch: 1564, avg loss: 2.951180, normalized loss: 1.575439, ppl: 19.128502,
speed: 3.53 step/s
[2019-08-02 15:32:16,401 INFO train.py:262] step_idx: 150400, epoch: 32,
```

```
batch: 1664, avg loss: 3.027281, normalized loss: 1.651540, ppl: 20.641024,
speed: 3.54 step/s
[2019-08-02 15:32:44,764 INFO train.py:262] step_idx: 150500, epoch: 32,
batch: 1764, avg loss: 3.069125, normalized loss: 1.693385, ppl: 21.523066,
speed: 3.53 step/s
[2019-08-02 15:33:13,199 INFO train.py:262] step_idx: 150600, epoch: 32,
batch: 1864, avg loss: 2.869379, normalized loss: 1.493639, ppl: 17.626074,
speed: 3.52 step/s
[2019-08-02 15:33:41,601 INFO train.py:262] step_idx: 150700, epoch: 32,
batch: 1964, avg loss: 2.980905, normalized loss: 1.605164, ppl: 19.705633,
speed: 3.52 step/s
[2019-08-02 15:34:10,079 INFO train.py:262] step_idx: 150800, epoch: 32,
batch: 2064, avg loss: 3.047716, normalized loss: 1.671976, ppl: 21.067181,
speed: 3.51 step/s
[2019-08-02 15:34:38,598 INFO train.py:262] step_idx: 150900, epoch: 32,
batch: 2164, avg loss: 2.956475, normalized loss: 1.580735, ppl: 19.230072,
speed: 3.51 step/s
```

13.3.4 模型测试

以英德翻译数据为例，模型训练完成后可以执行如代码清单 13-10 所示命令对指定文件中的文本进行翻译。

代码清单 13-10　生成测试数据并用已经训练好的模型进行测试

```
# 配置测试用到的各项参数
export CUDA_VISIBLE_DEVICES=0
python -u predict.py \
  --src_vocab_fpath gen_data/wmt16_ende_data_bpe/vocab_all.bpe.32000 \
  --trg_vocab_fpath gen_data/wmt16_ende_data_bpe/vocab_all.bpe.32000 \
  --special_token '<s>' '<e>' '<unk>' \
  --predict_file gen_data/wmt16_ende_data_bpe/newstest2014.tok.bpe.32000.en-de \
  --batch_size 32 \
  --init_from_params trained_params/step_100000 \
  --beam_size 5 \
  --max_out_len 255 \
  --output_file predict.txt
```

由 predict_file 指定的文件中文本的翻译结果会输出到 output_file 指定的文件中。执行预测时需要设置 init_from_params 来给出模型所在目录，更多参数的使用可以在 transformer.yaml 文件中查阅注释说明并进行更改设置。注意，若在执行预测时设置了模型超参数，应与模型训练时的设置一致，如若训练时使用 big model 的参数设置，则预测时对应类似如代码清单 13-11 所示命令。

代码清单 13-11　使用 big model 进行测试

```
# 配置测试用到的各项参数
export CUDA_VISIBLE_DEVICES=0
python -u predict.py \
  --src_vocab_fpath gen_data/wmt16_ende_data_bpe/vocab_all.bpe.32000 \
  --trg_vocab_fpath gen_data/wmt16_ende_data_bpe/vocab_all.bpe.32000 \
  --special_token '<s>' '<e>' '<unk>' \
```

```
--predict_file gen_data/wmt16_ende_data_bpe/newstest2014.tok.bpe.32000.en-de \
--batch_size 32 \
--init_from_params trained_params/step_100000 \
--beam_size 5 \
--max_out_len 255 \
--output_file predict.txt \
--n_head 16 \
--d_model 1024 \
--d_inner_hid 4096 \
--prepostprocess_dropout 0.3
```

13.3.5 模型评估

预测结果中每行输出是对应行输入中得分最高的翻译。对于使用 BPE 的数据，预测出的翻译结果也将是 BPE 表示的数据，要还原成原始的数据（这里指 tokenize 后的数据）才能进行正确评估。评估过程如代码清单 13-12 所示，BLEU 是翻译任务常用的自动评估方法指标。

代码清单 13-12　评估模型

```
# 还原 predict.txt 中的预测结果为 tokenize 后的数据
sed -r 's/(@@ )|(@@ ?$)//g' predict.txt > predict.tok.txt
# 若无 BLEU 评估工具，需先进行下载
# git clone https://github.com/moses-smt/mosesdecoder.git
# 以英德翻译 newstest2014 测试数据为例
perl gen_data/mosesdecoder/scripts/generic/multi-bleu.perl gen_data/wmt16_
ende_data/newstest2014.tok.de < predict.tok.txt# git clone
```

评估结果如下：

```
BLEU = 26.35, 57.7/32.1/20.0/13.0 (BP=1.000, ratio=1.013, hyp_len=63903, ref_
len=63078)
```

使用本项目中提供的内容，英德翻译 base model 和 big model 在八卡训练 100K 次迭代后，测试有大约如表 13-1 所示的 BLEU 值。

表 13-1　测试结果

测试集	newstest2014	newstest2015	newstest2016
Base	26.35	29.07	33.30
Big	27.07	30.09	34.38

本章的参考代码保存在 https://github.com/PaddleToturial-v2/DeepLearningAndPaddleTutorial-v2 下 lesson13 子目录下。

13.4　本章小结

本章介绍了机器翻译的相关知识，重点学习了 Transformer 的原理及其在飞桨平台上的实现。读者掌握 Transformer 的底层实现，将有助于理解其他机器翻译模型。

第 14 章 | *Chapter 14*

语 义 表 示

本章主要从语义角度入手，选取了当下语义处理结果表现较为优秀的两种模型进行介绍。首先介绍了 ERNIE 和 ELMo 两个算法的结构和实现原理。然后选取 ERNIE 来进行实体识别，并将其结果与其他手段进行的实体识别进行对比。

学完本章，希望读者能够掌握以下知识点：

1）ERNIE 和 ELMo 的原理；

2）ERNIE 的使用方法，并能够举一反三地进行相关实验。

14.1　任务描述

在自然语言处理方面，如何让计算机识别和理解人类的语言，并且模拟人类思维方式去思考和推理问题，是完成"人工智能"这个人类伟大理想的重要举措。近年来，语义表示在自然语言处理领域受到越来越广泛的关注。研究者们也提出了诸多语义表示模型，但是这些模型大部分是对英文文本进行处理，而对中文文本进行处理的模型很少且处理的效果不尽人意。所以，找出一种能够处理英文和中文都具有较好效果的算法，变得尤为重要。百度在传统模型的基础上，不断创新优化，提出了 ERNIE 算法。该算法在处理中文文本和英文文本方面，无论是速度还是结果，相较于传统算法都有了显著的提升。

14.2　常见模型解析

14.2.1　ELMo

ELMo（Embeddings from Language Model）的核心是一个双向的 LSTM 语言模型，它最早出现在 2018 年 NAACL 会议上，华盛顿大学实验室发表的名为 *Deep Contextualized Word Representations* ⊖的论文，如图 14-1 所示。

	Source	Nearest Neighbors
GloVe	play	playing, game, games, played, players, plays, player, Play, football, multiplayer
biLM	Chico Ruiz made a spectacular play on Alusik 's grounder {…}	Kieffer , the only junior in the group , was commended for his ability to hit in the clutch , as well as his all-round excellent play .
	Olivia De Havilland signed to do a Broadway play for Garson {…}	{…} they were actors who had been handed fat roles in a successful play , and had talent enough to fill the roles competently , with nice understatement .

Table 4: Nearest neighbors to "play" using GloVe and the context embeddings from a biLM.

图 14-1　论文中的案例⊖

这个语言模型主要的作用是提出了一种新的训练词向量的方法。相较于传统的谷歌的 word2vec 算法，ELMo 更注重一个词在上下文中的含义，其能够包含丰富的句法和语义信息，并且能够对多义词进行建模，因而获得的词向量不再是单独的一个。以"play"这个词为例，传统的 Glove 算法只能匹配到"play"这个词的不同形式和少量的相近词语，而 ELMo 算法构建的双向语言模型可以将"play"这个词按照不同语境分为"演出"和"表现"等不同的意思，再按照不同的语义匹配相近词语，进而实现一词多义的建模。

下面介绍 ELMo 实现方法的原理。所谓的双向，主要是由一个前向语言模型和一个后向语言模型构成。首先训练一个双向的 LSTM 模型，然后对这两个语言模型求极大似然，就能够得到相应的目标函数，具体结构由图 14-2 所示。

前向语言模型主要采用的是当前词语（计算概率的公式中表示为 $t(k)$，后文采用 token 来代表当前词语）前面的信息，来估计该词语的信息。即通过对 token 的概率进行建模来计算序列的概率，计算概率的公式如下：

$$p(t_1, t_2, \cdots, t_N) = \prod_{k=1}^{N} p(t_k \mid t_1, t_2, \cdots, t_{k-1}) \tag{14-1}$$

⊖⊖　Matthew E. Peters, Mark Neumann, Mohit Iyyer, Matt Gardner, Christopher Clark. Kenton Lee Deep Contextualized Word Representations [J]. 22 Mar 2018.

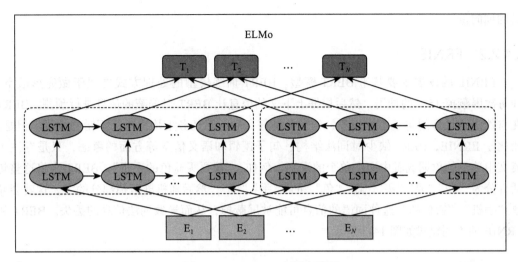

图 14-2 LSTM 双向语言模型

同理，后向语言模型采用的是当前词语（计算概率的公式中表示为 $t(k)$，论文原文中表示为 token）后面的信息，来估计该词语的信息，计算概率的公式如下：

$$p(t_1, t_2, \cdots, t_N) = \prod_{k=1}^{N} p(t_k \mid t_{k+1}, t_{k+2}, \cdots, t_N) \tag{14-2}$$

两种语言模型都采用神经语言模型计算得到的 x_k^{LM} 值来代表上下文无关的 token，然后借助前 LSTM 的 L 层传递这个值。在每个位置 k 处，每一层 LSTM 上都输出相应的与上下文相关的表征 $\vec{h}_{k,j}^{\text{LM}}$，用顶层 LSTM 输出的 $\vec{b}_{k,L}^{\text{LM}}$ 来预测带有 Softmax 层的下一个标记 t_{k+1}。两个语言模型通过 biLM 进行连接，通过取二者的极大似然值来计算目标函数。目标函数公式如下：

$$\sum_{k=1}^{N} (\log p(t_k \mid t_1, t_2 \cdots, t_{k-1}) + \log p(t_k \mid t_{k+1}, t_{k+2}, \cdots, t_N)) \tag{14-3}$$

在训练好双向的 LSTM 语言模型之后，对于每个词语而言，LSTM 模型的每一层中都会有前向和后向两个方向的向量输出。如果假设 LSTM 模型有 R 层，则每个词语可以得到 $2R+1$ 个输出向量，用 h_{kj}^{LM} 来表示。当得到 $2R+1$ 个向量后，ELMo 会对每一个输出的词汇向量赋予一个权重，然后对这些词汇向量进行线性加权，得到最终的 ELMo 向量。具体的公式如下：

$$\text{ELMo}_k^{\text{task}} = E(R_k; \Theta^{\text{task}}) = \gamma^{\text{task}} \sum_{j=0}^{L} s_j^{\text{task}} h_{k,j}^{\text{LM}} \tag{14-4}$$

在实际的 NLP 任务中，需要得到一个单词的词向量。往往先通过具体的 NLP 任务的模型为每个词汇或字符初始化一个词向量，然后再将其与 ELMo 向量进行拼接，进而得到最后的词向量。

14.2.2 ERNIE

ERNIE 的发展主要基于 BERT 模型。BERT 训练模型的处理方式类似于做完形填空，即每次屏蔽掉 15% 的词语，然后根据上下文的信息让 BERT 对屏蔽的信息进行预测。BERT 在自然语言处理的句子匹配任务、句子分类任务和问答任务上均取得了不错的效果。但是，相比于 ERNIE，BERT 缺少对词法结构、句子逻辑和语义信息等方面的考虑，只是专注于英文中单个的单词或者中文中单个的汉字。例如，"我要买蓝色的手机"，BERT 会将这整句话拆分为 "我""要""买""蓝""色""的""手""机"，然后随机屏蔽掉部分的字，这就会导致 "手机""蓝色的"这种词语的信息可能被屏蔽掉，从而导致词法信息的丢失。BERT 和 ERNIE 的不同模式如图 14-3 所示。

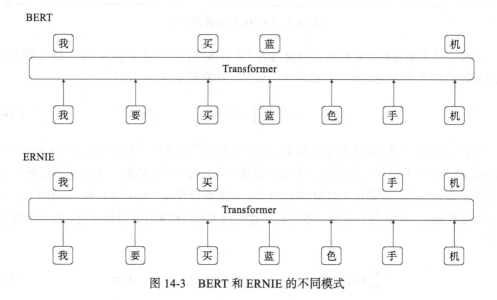

图 14-3　BERT 和 ERNIE 的不同模式

而且，拆分为单个汉字也会导致整个句子的语法信息遭到破坏，进而影响到最后训练出的词向量的效果。ERNIE 模型通过对词和实体等语义单元的掩码，使得模型学习完整概念的语义表示，极大地增强了通用语义表示能力，在多项任务中均取得了大幅度超越 BERT 的效果。

ERINE 目前有 1.0 和 2.0 两个版本。ERINE2.0 主要是在 BERT 的基础上对 ERINE1.0 进行了改进，相比于 BERT，ERNIE 1.0 改进了两种 Masking 策略。一种是基于 Phrase（在这里是短语比如 a series of, written 等）的 Masking 策略；另一种是基于 Entity（在这里是人名、位置、组织、产品等名词比如 Apple, J.K. Rowling）的 Masking 策略。在 ERNIE 中，将由多个字组成的 Phrase 或者 Entity 当成一个统一单元，相比于 Bert 基于字的 Mask，这个单元当中的所有字在训练时统一被 Mask。相比于将知识类的 Query 映射成向量后直接加起来，ERNIE 通过统一 Mask 的方式可以潜在地学习到知识的依赖以及更长的语义依赖，以此来让模型更具泛化性。

为了进一步提升自然语言处理任务的效果，百度在 ERNIE1.0 的基础上研发了 ERNIE2.0，如图 14-4 所示，ERNIE 2.0 框架是基于预训练和微调的架构构建的。与传统的以少量的预训练目标进行训练的方法不同，ERNIE 2.0 不断地引入各种各样的预训练任务，以帮助模型有效地学习词汇、句法和语义的表示。除此之外，该框架通过多任务学习不断更新预训练模型。连续预训练过程可以分为两个步骤，即构建无监督预训练任务和通过多任务学习增量地更新 ERNIE 模型。由于不同的任务是一个序列，因此模型在学习新任务时能记住已经学过的知识。当被赋予新任务时，框架可以根据其掌握的先前训练参数对预训练模型进行微调，以适应各种语言理解任务。

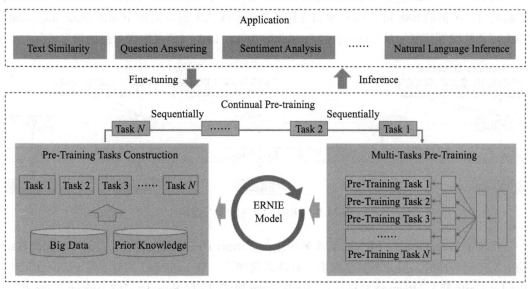

图 14-4　ERNIE 的框架图

连续的预训练过程包含两个步骤：一是需要不断构建涉及大数据和先验知识的无监督预训练任务；二是通过多任务学习逐步更新 ERNIE 模型。

预训练任务构建的种类较多，包括单词感知任务、结构感知任务和语义感知任务。所有这些预训练任务都依赖于自我监督或弱监督的信号，这些信号可以从海量数据中获得，无须人工注释。

对于多任务预训练，ERNIE 2.0 框架以连续学习的方法来训练所有的任务，即首先利用简单的任务来训练初始模型，然后不断引入新的预训练任务来升级模型。添加新任务时，通常初始化上一个任务的参数。每当引入一个新任务时，都将使用先前的任务对其进行培训，以确保该模型不会忘记所学的知识。这样使得 ERNIE2.0 框架能够不断学习并积累在此过程中获得的知识，进而让模型在新任务中表现得更好。如图 14-5 所示，ERNIE2.0 连续学习架构包含了一系列共享文本 Encoding Layers 来解码上下文信息，这些 Encoder Layers 的参数可以被所有的预训练任务更新。下面具体介绍连续学习的框架。首先将要训练的一句话拆分为多个词，即图 14-5 所示的 Token1、Token2 等，其中 CLS 为标识位，用来表示分类任务就像 Transformer 的一般的 Encoder（Transformer 的 Encoder 层详解请参见 Transformer 章节）。然后将这些单词通过 ERNIE2.0 的 Encoder 层，通过 Encoder 层中的 Self-Attention 和 Feedforward 神经网络的处理，进而得到对应的向量 V0、V1 等。接着对得到的向量计算损失函数统计相关误差。这里有两种类型的损失函数，一种是序列级别的损失即 Sequence-Level Loss，另一种是词语级别的损失即 Token-Level Loss。其中，Sequence-Level Loss 主要对应语法级别和语义级别的损失；Token-Level Loss 主要对应词汇级别的误差；一个或多个句子级别的损失函数可以和多个词语级别的损失函数结合来共同更新模型。不同的 task id 来标示预训练任务，task id 从 1 到 N 对应下面的 Structure-Aware Tasks（语法级别信息的学习任务）和 Semantic-Aware Tasks（语义级别信息的学习任务）。

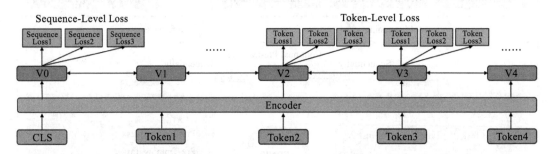

图 14-5　ERNIE2.0 连续学习架构

相较于 Transformer，ERNIE 基本采用 Transformer 的 Encoder 部分，并且 Encoder 在结构上是完全一样的，但并不共享权重，具体区别如下：Transformer 拥有 6 层 Encoder，512 Hidden Units 和 8 Attention Heads；ERNIE Base 拥有 12 层 Encoder，768 Hidden Units 和 12 Attention Heads；ERNIE Large 拥有 24 层 Encoder，1024 Hidden Units 和 16 Attention Heads。从输入上看，第一个输入是一个特殊的 CLS，CLS 表示分类任务，类似于 Transformer 中一般的 Encoder，ERINE 将这一序列的 Words 输入到 Encoder 中。每层使用 Self-Attention，Feed-Word Network，然后把结果传入到下一个 Encoder。ERNIE 的 Encoder 结构概况如图 14-6 所示。

下面将具体讲解 ERNIE 的 Encoder。Encoder 由两层构成，首先流入 Self-Attention Layer，随后 Self-Attention Layer 的输出流入 Feed-Forward 神经网络（此处不再赘述 Self-Attention Layer 和 Feed-Forward，详解请参见 Transformer 章节）。最下层的 Encoder 的输入

是 Embedding（Embedding 为词嵌入，词嵌入是一种词表示形式，可将人类对语言的理解与机器的理解联系起来。词嵌入是 n 维空间中文本的分布式表示，它对于解决大多数 NLP 问题至关重要）的向量，其他 Encoder 的输入是更下层的 Encoder 的输出。一般设置输入向量的维度为 512，也可以自己设置其他维度。Encoder 的详细结构如图 14-7 所示。

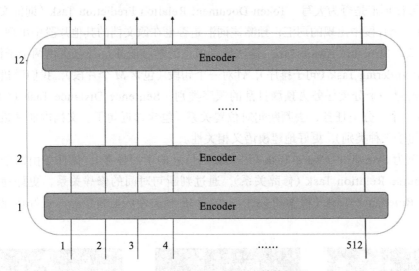

图 14-6　ERNIE 的 Encoder 结构概况

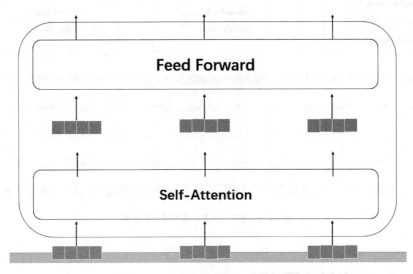

图 14-7　ERNIE 的 Encoder 结构详解

　　ERNIE 主要对三种不同的任务进行训练和学习，如图 14-8 所示。下面进行逐一的介绍。

　　任务一为 Word-Aware Task（词汇级别信息的学习任务）：该任务主要由三个子任务构

成。Knowledge Masking Task，ERNIE 1.0 中已经引入了 phrase & named entity 知识增强 Masking 策略。相较于 Sub-Word Masking（知识掩码预测），该策略可以更好地捕捉输入样本局部和全局的语义信息。Capitalization Prediction Task（大小写预测），针对英文首字母大写词汇（如 Apple）所包含的特殊语义信息，可以在英文 Pre-Training 训练中构造一个分类任务去学习该词汇是否为大写。Token-Document Relation Prediction Task（词汇文章关系预测），针对一个片段中出现的词汇，预测该词汇是否也在原文档的其他片段中出现。

任务二为 Structure-Aware Task（语法级别信息的学习任务）：该任务由两个子任务构成。Sentence Reordering Task（句子排序），针对一个句段（包含 M 个片段），我们随机打乱片段的顺序，通过一个分类任务去预测打乱的顺序类别。Sentence Distance Task（句子距离预测），通过一个三分类任务，去判断句对位置关系（包含邻近句子、文档内非邻近句子、非同文档内句子三种类别），更好地建模语义相关性。

任务三为 Semantic-Aware Task（语义级别信息的学习任务），该任务由两个子任务构成。Discourse Relation Task（修辞关系），通过判断句对间的修辞关系，更好地学习句间语义。IR Relevance Task（检索相关性），学习 IR 相关性弱监督信息，更好地建模句对相关性。

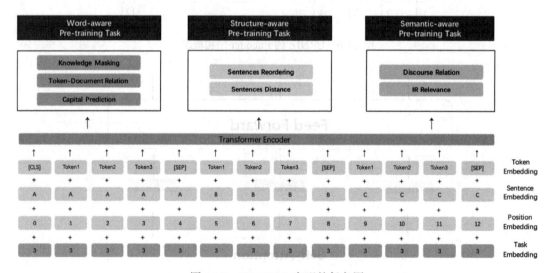

图 14-8　ERNIE2.0 实现的任务图

14.3　ERNIE 应用实践

ERNIE 工业的应用效果主要体现在两个方面。一是体现在 PaddleNLP 的开源工具集上。相比于现今使用较为普遍的其他工具集，PaddleNLP 在中文词法分析上的准确率提升了 4.1%，文本情感分类准确率提升了 3.6%，机器阅读理解准确率提升了 6.5%，文本对话理解准确率提升了 2.0%。二是体现在运用 ERNIE 算法后的一些产品，相较于以往的性能有了一定的提升。例如，搜索智能问答的召回率提升了 7.0%，搜索 CTR 预估的相关性提升了 2.7%，好看视频的推荐相关性提升了 8.0%，度小满用户风控的准确率提升了 1.5%。

ERNIE 依赖于 Paddle Fluid 1.5，安装后需要及时地将 CUDA、cuDNN、NCCL2 等动态库路径加入环境变量 LD_LIBRARY_PATH 之中，否则训练过程中会报相关的库错误（具体的操作请参见飞桨章节）。ERNIE 的其他依赖列详见 requirements.txt 文件（文件 GitHub 路径见本章结尾），可使用以下命令安装：

```
pip install -r requirements.txt
```

14.3.1 数据准备

目前的数据主要分为中文数据和英文数据两种类型。中文数据可以通过以下网站进行下载（https://ernie.bj.bcebos.com/task_data_zh.tgz）。英文数据由于数据集协议问题，在这里无法直接提供英文数据集。GLUE 的数据下载方式请参考 GLUE 官网上的下载代码（https://gist.github.com/W4ngatang/60c2bdb54d156a41194446737ce03e2e）。

假设所有数据集下载放置的路径为 $GLUE_DATA。在数据下载完毕后，执行 sh ./script/en_glue/preprocess/cvt.sh $GLUE_DATA 将完成所有数据的格式转换，默认转换后的数据会输出到文件夹 ./glue_data_processed/ 中。

14.3.2 模型配置

一共有 5 种模型可供选择。分别是包含预训练模型参数的 ERNIE 1.0 中文 Base 模型（下载地址为 https://ernie.bj.bcebos.com/ERNIE_stable.tgz）；包含预训练模型参数、词典 vocab.txt、模型配置 ernie_config.json 的 ERNIE 1.0 中文 Base 模型（下载地址为 https://baidu-nlp.bj.bcebos.com/ERNIE_stable-1.0.1.tar.gz）；包含预训练模型参数、词典 vocab.txt、模型配置 ernie_config.json 的 ERNIE 1.0 中文 Base 模型（max_len=512）（下载地址为 https://ernie.bj.bcebos.com/ERNIE_1.0_max-len-512.tar.gz）；包含预训练模型参数、词典 vocab.txt、模型配置 ernie_config.json 的 ERNIE 2.0 英文 Base 模型（下载地址为 https://ernie.bj.bcebos.com/ERNIE_Base_en_stable-2.0.0.tar.gz）以及包含预训练模型参数、词典 vocab.txt、模型配置 ernie_config.json 的 ERNIE 2.0 英文 Large 模型（下载地址为 https://ernie.bj.bcebos.com/ERNIE_Large_en_stable-2.0.0.tar.gz）。

在实验中可以发现，不同的任务对应的 Batch Size 会影响任务的最终效果，因此在这里列出了具体实验中我们使用的具体配置。在具体的实验运行时，请注意本地 GPU 卡数。在表 14-1 的 Batch Size 一栏，"（Base）"指 ERNIE Base 模型微调时使用的参数，未特殊标明则表示 ERNIE Large 和 ERNIE Base 使用同样的 Batch Size。

表 14-1　不同任务对应的相关配置

任务	Batch Size	GPU 卡数
CoLA	32 / 64 (Base)	1
SST-2	64 / 256 (Base)	8
STS-B	128	8
QQP	256	8
MNLI	256 / 512 (Base)	8
QNLI	256	8
RTE	16 / 4 (Base)	1
MRPC	16 / 32 (Base)	2
WNLI	8	1
XNLI	65 536 (Tokens)	8
CMRC2018	64	8 (Large) / 4 (Base)
DRCD	64	8 (large) / 4 (Base)
MSRA-NER(SIGHAN 2006)	16	1
ChnSentiCorp	24	1
LCQMC	32	1
BQ Corpus	64	1
NLPCC2016-DBQA	64	8

注：MNLI 和 QNLI 的任务中，使用了 32 GB 显存的 V100。除此之外的显卡皆为 22 GB 的 P40。

14.3.3　模型训练

首先要考虑多进程训练与 fp16 混合精度的问题。使用 finetune_launch.py 脚本来启动多进程训练，多进程训练可以提升充分利用多核 CPU/ 多卡 GPU 的能力来加速 finetune 过程。finetune_launch.py 需要放在原来 finetune 脚本前面，同时指定每个节点的进程数（--nproc_per_node），以及每个节点上的 GPU 卡号 --selected_gpus，其数量一般与进程数 CUDA_VISIBLE_DEVICES 相同，且从 0 开始编号（参考 script/zh_task/ernie_base/run_xnli.sh），只需在训练脚本中加入 --use_fp16 true 即可启用 fp16 混合精度训练（确保您的硬件支持 Tensor Core 技术）。ERNIE 会将计算 Op 转换成 fp16 精度，同时仍然使用 fp32 精度存储参数。ERNIE 使用动态 Loss Scale 来避免梯度消失。在 XNLI 任务上可以观察到大约 60% 的加速。

其次可以对 Fine-Tune 任务进行训练。该任务主要分为单句和句对分类任务和序列标注任务。

对于单句和句对分类任务，首先分类或者回归任务的逻辑都封装在 run_classifier.py 文件中。为了方便地复现上述的实验效果，该项目将每个任务与其对应的超参封装到了任务对应的 shell 文件中。下面提供了中英文情感分析 ChnSentiCorp、SST-2 和 LCQMC 的运行示例。在运行前，请预先下载好对应的预训练模型。在单句分类任务中，以 ChnSentiCorp

情感分类数据集作为单句分类任务示例，假设下载数据并解压后的路径为 /home/task_data/，则在该目录中应该存在文件夹 ChnSentiCorp，其训练数据路径为 /home/task_data/chnsenticorp/train.tsv，该数据格式为包含两个字段的 tsv 文件，两个字段分别为：text_a 和 label，示例数据如下：

```
label   text_a
...
0    当当网名不符实，订货多日不见送货，询问客服只会推托，只会要求用户再下订单。如此服务留不住
顾客的。去别的网站买书服务更好。
0    XP 的驱动不好找！我 17 号提的货，现在就降价了 100 元，而且还送杀毒软件！
1    ＜荐书＞ 推荐所有喜欢＜红楼＞的红迷们一定要收藏这本书，要知道当年我听说这本书的时候，花很
长时间去图书馆找和借都没能如愿，所以这次一看到当当有，马上买了，红迷们也要记得备货哦！
...
```

假设下载的模型路径为 /home/model/，则该目录中有名为 Params 的文件夹。在执行任务前，需要提前设置环境变量：

```
export TASK_DATA_PATH=/home/task_data/
export MODEL_PATH=/home/model/
```

执行 sh script/zh_task/ernie_base/run_ChnSentiCorp.sh 即可开始 Fine-tune，执行结束后会输出以下所示的在验证集和测试集上的测试结果：

```
[dev evaluation] ave loss: 0.303819, acc:0.943333, data_num: 1200, elapsed
time: 16.280898 s, file: /home/task_data/chnsenticorp/dev.tsv, epoch: 9,
steps: 4001
[dev evaluation] ave loss: 0.228482, acc:0.958333, data_num: 1200, elapsed
time: 16.023091 s, file: /home/task_data/chnsenticorp/test.tsv, epoch: 9,
steps: 4001
```

再以一个英文的数据集 SST-2 为例，文件的格式和中文文件的格式类似。假设经过转换完数据之后（详情请见模型训练章节）得到的路径为 /home/glue_data_processed/，其训练数据路径为 /home/glue_data_processed/SST-2/train.tsv，该文件同样要有两列，分别为 text_a 和 label，示例数据如下：

```
label   text_a
0    hide new secretions from the parental units
0    contains no wit , only labored gags
1    that loves its characters and communicates something rather beautiful
 about human nature
0    remains utterly satisfied to remain the same throughout
0    on the worst revenge-of-the-nerds clichés the filmmakers could dredge up
0    that 's far too tragic to merit such superficial treatment
1    demonstrates that the director of such hollywood blockbusters as patriot
 games can still turn out a small , personal film with an emotional wallop .
1    of saucy
```

同样在运行前设置环境变量：

```
export TASK_DATA_PATH=/home/glue_data_processed/
export MODEL_PATH=/home/model/
```

执行 sh script/en_glue/ernie_large/SST-2/task.sh，可以观测到类似以下内容的日志：

```
epoch: 3, progress: 22456/67349, step: 3500, ave loss: 0.015862, ave acc:
0.984375, speed: 1.328810 steps/s
[dev evaluation] ave loss: 0.174793, acc:0.957569, data_num: 872, elapsed
time: 15.314256 s file: ./data/dev.tsv, epoch: 3, steps: 3500
testing ./data/test.tsv, save to output/test_out.tsv
```

在句对分类任务中，以 LCQMC 语义相似度任务作为句对分类任务示例，数据格式为包含 3 个字段的 tsv 文件，3 个字段分别为：text_a text_b label，示例数据如下：

```
text_a   text_b  label
谁知道她是网络美女吗？   爱情这杯酒谁喝都会醉是什么歌      0
这腰带是什么牌子     护腰带什么牌子好      0
```

执行 sh script/zh_task/ernie_base/run_lcqmc.sh 即可开始 Fine-Tuning，执行结束后会输出以下所示的在验证集和测试集上的测试结果：

```
[dev evaluation] ave loss: 0.299115, acc:0.900704, data_num: 8802, elapsed
time: 32.327663 s, file: ./task_data/lcqmc/dev.tsv, epoch: 2, steps: 22387
[dev evaluation] ave loss: 0.374148, acc:0.878080, data_num: 12500, elapsed
time: 39.780520 s, file: ./task_data/lcqmc/test.tsv, epoch: 2, steps: 22387
```

在阅读理解任务中，以 DRCD 为示例，首先将数据转换成 SQUAD 格式：

```
{
 "version": "1.3",
 "data": [
   {
     "paragraphs": [
       {
         "id": "1001-11",
         "context": "广州是京广铁路、广深铁路、广茂铁路、广梅汕铁路的终点站。2009 年末，
武广客运专线投入运营，多单元列车覆盖 980 千米的路程，最高时速可达 350 千米 / 小时。2011 年 1 月
7 日，广珠城际铁路投入运营，平均时速可达 200 千米 / 小时。广州铁路、长途汽车和渡轮直达香港，广九
直通车从广州东站开出，直达香港九龙红磡站，总长度约 182 千米，车程在两小时内。繁忙的长途汽车每
年会从城市中的不同载客点把旅客接载至香港。在珠江靠市中心的北航道有渡轮线路，用于近江居民直接渡
江而无须乘坐公交或步行过桥。南沙码头和莲花山码头间每天都有高速双体船往返，渡轮也开往中港客运码
头和港澳码头。"
         "qas": [
           {
             "question": "广珠城际铁路平均每小时可以走多远？",
             "id": "1001-11-1",
             "answers": [
               {
                 "text": "200 千米 ",
                 "answer_start": 104,
                 "id": "1"
               }
             ]
           }
         ]
       }
     ]
   }
 ],
 "id": "1001",
```

```
        "title": " 广州 "
      }
  ]
}
```

执行 sh script/zh_task/ernie_base/run_drcd.sh 即可开始 Finetune，执行结束后会输出以下所示的在验证集和测试集上的测试结果：

```
[dev evaluation] em: 88.450624, f1: 93.749887, avg: 91.100255, question_num: 3524
[test evaluation] em: 88.061838, f1: 93.520152, avg: 90.790995, question_num: 3493
```

14.3.4 模型评估

我们以命名实体识别任务进行举例说明，采用 MSRA-NER (SIGHAN2006) 数据集（MSRA-NER (SIGHAN2006) 该数据集由微软亚研院发布，其目标是识别文本中具有特定意义的实体，包括人名、地名、机构名。）进行测试。测试效果如表 14-2 所示。

表 14-2　测试效果展示

数据集	MSRA-NER(SIGHAN2006)	
评估指标	f1-score	
	dev	test
BERT Base	94.0	92.6
ERNIE 1.0 Base	95.0 (+1.0)	93.8 (+1.2)
ERNIE 2.0 Base	95.2 (+1.2)	93.8 (+1.2)
ERNIE 2.0 Large	96.3 (+2.3)	95.0 (+2.4)

本章的参考代码见 https://github.com/PaddleToturial-v2/DeepLearningAndPaddleTutorial-v2 下 lesson14 子目录。

14.4　本章小结

本章介绍了语义表示的相关知识，重点学习了 ERNIE 的原理与使用方法，帮助读者理解并掌握相关内容。

Chapter 13   第 15 章

个性化推荐

推荐系统（Recommender System）是向用户建议有用物品的软件工具和技术，它运用数据分析、数据挖掘等技术，对用户浏览信息或商品进行智能推荐，也是机器学习，尤其是深度学习算法的重要应用场景。本章首先介绍了个性化推荐系统的重要实用价值；其次介绍了基于内容过滤推荐、协同过滤推荐两种经典的个性化推荐方法；然后介绍了 YouTube 使用的深度神经网络推荐系统、融合推荐系统两种典型的深度学习推荐网络系统；最后以构建电影推荐系统为例，详述了深度学习推荐网络模型在飞桨上的具体实现。

学完本章，希望读者能够掌握以下知识点：

1）个性化推荐的两种经典方法——基于内容过滤推荐、协同过滤推荐的工作原理；

2）两种典型的深度学习推荐网络模型的设计思路和运行过程；

3）使用飞桨搭建深度学习推荐网络模型。

15.1   问题描述

当今时代，用户获取有价值信息的成本大大增加，人们迫切希望能够获取自己感兴趣的信息和商品，推荐系统应运而生。

个性化推荐系统是高级的、智能的信息过滤系统（Information Filtering System）。它的应用范围很广，信息流推荐、电子商务平台、音乐网站的"猜你喜欢"功能都是个性化推荐系统的实际应用案例。推荐系统通过对用户行为和商品属性进行分析、挖掘，发现用户的个性化需求与兴趣特点，将用户可能感兴趣的信息或商品推荐给用户。不同于搜索引擎根据用户需求被动返回信息的运行过程，推荐系统根据用户历史行为主动为用户提供精准的推荐信息。

15.2　传统推荐方法

根据 Robin Burke 在 *Hybrid Web Recommender Systems* 中提出的分类法，传统的推荐方法被划分为 6 种不同的推荐方法，下面主要介绍常用的 3 种方法：

1）基于内容的推荐（Content-based Recommendation）；

2）协同过滤推荐（Collaborative Filtering Recommendation）；

3）混合推荐（Hybrid Recommendation）。

本章将以个性化电影推荐系统为应用案例为读者介绍这几种常见的传统推荐方法，电影推荐是基于用户对电影的评分数据完成的，评分数据样例请见表 15-1（评分的分数范围是 0 ~ 5 分，"?"表示未获得评分数据）。

表 15-1　用户对电影评分

电影名	小红（1）	小张（2）	小李（3）	小杨（4）
甜蜜蜜（1）	5	5	0	0
爱你到天荒地老（2）	5	?	?	0
忠犬八公（3）	?	4	0	?
速度与激情（4）	0	0	5	4
红海行动（5）	0	0	5	?

下面将会出现的符号的具体含义说明参见表 15-2。

表 15-2　符号含义对照说明

符号	含义
n_u	表示用户数量
n_m	表示电影数量
$r(i, j)$	如果等于 1，则表示用户 j 对电影 i 进行了评分
$y(i, j)$	表示用户 j 对电影 i 的评分
$m(j)$	表示用户 j 评过分的电影的总数

基于表 15-1 的评分数据，可以求得 $n_u = 4$, $n_m = 5$, $y^{(1,1)} = 5$。

15.2.1　基于内容的推荐

基于内容的推荐系统通过分析一系列用户之前已评分物品的文档和描述，从而基于用户已评分对象的特征建立模型或个人信息。个人信息是用户兴趣的结构化描述，并且被应用在推荐新的、感兴趣的物品中。推荐的主要处理过程是将用户个人信息的特征和内容对象的特征相匹配，结果就是用户对某个对象感兴趣程度的评价。

下面将结合上述的个性化电影推荐系统案例，为读者介绍基于内容的推荐方法的主要步骤。

1. 获取特征向量

下面为每部电影提取两个属性特征作为推荐依据，即 x_1（浪漫指数，代表电影的浪漫程度）和 x_2（动作指数，代表电影的动作程度），用 n 表示特征维度（$n=2$）。此外，每一部电影都加上一个特征偏置项，该项是不代表属性的固定值，记为 $x_0 = 1$。因此，每一部电影都有一个 3×1 维度的特征向量，如第一部电影（《甜蜜蜜》）：$\boldsymbol{x}^{(1)} = [1, 0.9, 0.1]^T$，代表该电影的浪漫指数是 0.9，动作指数是 0.1。对于表 15-1 中的所有电影，可以得到电影的特征向量组为 $\{x^1, x^2, x^3, x^4, x^5\}$。

2. 用户评分表示

用户 j 对电影 i 的评分预测可以表示为 $(\boldsymbol{\theta}^j)^T \boldsymbol{x}^i$，其中，$\boldsymbol{\theta}^j$ 表示用户 j 的电影类型喜好参数构成的向量，这个向量恰好是模型需要学习的参数，其在此应用场景下的意义是用户 j 对于浪漫类电影和动作类电影的喜好程度。例如，用户小红喜欢看浪漫电影，不喜欢看动作电影，其对应的电影类型喜好参数向量 $\boldsymbol{\theta}^i = [0, 5, 0]^T$，则用户 Alice 对第一部电影的评分预测为 $(\boldsymbol{\theta}^{(1)})^T \boldsymbol{x}_1 = 0 \times 1 + 5 \times 0.9 + 0 \times 0.1 = 4.5$。

3. 目标函数

完成上述变量的定义和说明之后，下一步需要定义目标函数。目标函数的优化使用线性回归模型，对每个用户而言，该线性回归模型的成本函数为预测误差（预测评分和真实评分的差值）的平方和，再加上正则化项：

$$\min_{\theta^{(j)}} \frac{1}{2} \sum_{i:r(i,j)=1} ((\boldsymbol{\theta}^{(j)})^T \boldsymbol{x}^{(i)} - y^{(i,j)})^2 + \frac{\lambda}{2} \sum_{k=1}^{n} (\theta_k^{(j)})^2 \qquad (15\text{-}1)$$

式（15-1）中，求和符号下的限制条件表示目标函数只计算那些用户评过分的电影。$\theta_k^{(j)}$ 表示电影类型喜好参数向量 $\boldsymbol{\theta}^{(j)}$ 的第 k 项。

构建一个推荐系统，需要预测所有用户对不同电影的喜好，因此推荐系统需要学习优化所有用户的电影类型喜好参数向量，推荐系统模型的全局成本函数等于每个用户对应的线性回归模型的成本函数之和：

$$\min_{\theta^{(1)} \ldots \theta^{(n_u)}} \frac{1}{2} \sum_{j=1}^{n_u} \sum_{i:r(i,j)=1} ((\boldsymbol{\theta}^{(j)})^T \boldsymbol{x}^{(i)} - y^{(i,j)})^2 + \frac{\lambda}{2} \sum_{j=1}^{n_u} \sum_{k=1}^{n} (\theta_k^{(j)})^2 \qquad (15\text{-}2)$$

4. 训练优化

完成目标函数的定义之后，需要确定优化目标函数的方法，此处选用梯度下降算法迭代优化目标函数。因为参数向量对应特征向量中的偏置项，该项是人为设定的固定值，不需要正则化，所以根据是否等于 0 分别列出迭代公式：

$$\text{当 } k = 0, \quad \theta_k^{(j)} := \theta_k^{(j)} - \alpha \sum_{i:r(i,j)=1} ((\boldsymbol{\theta}^{(j)})^T \boldsymbol{x}^{(i)} - y^{(i,j)}) \boldsymbol{x}_k^{(i)} \qquad (15\text{-}3)$$

$$\text{当 } k \neq 0, \quad \theta_k^{(j)} := \theta_k^{(j)} - \alpha (\sum_{i:r(i,j)=1} ((\boldsymbol{\theta}^{(j)})^T \boldsymbol{x}^{(i)} - y^{(i,j)}) \boldsymbol{x}_k^{(i)} + \lambda \boldsymbol{\theta}_k^{(j)}) \qquad (15\text{-}4)$$

式（15-3）与式（15-4）中，α 是学习率，与 α 做乘法的因子是由成本函数对 $\theta_k^{(j)}$ 求

导所得。

15.2.2　协同过滤推荐

协同过滤推荐方法基于用户对商品的评分或其他行为（如购买）模式来为用户提供个性化的推荐，而不需要了解用户或者商品的大量信息。这种方法是找到与用户有相同品位的用户，然后将相似用户过去喜欢的物品推荐给用户。协同过滤推荐是应用最广泛的推荐方法之一，它可以分为多个子类：基于用户（User-Based）的推荐、基于物品（Item-Based）的推荐、基于社交网络关系（Social-Based）的推荐、基于模型（Model-based）的推荐等。

在 15.2.1 节基于内容的推荐方法中，推荐系统根据每部电影的类型特征值学习了表征用户对不同类型电影喜好的参数向量，预测了用户对电影的评分并依此进行推荐。但是在现实应用中，得到推荐系统电影数据库中所有电影的类型特征值是很困难的，人为标定这些特征值费时费力，也容易掺杂主观因素。如果每部电影的特征值是未知的，但用户对不同类型电影喜好的参数向量是已知的，是否可以学习得出每部电影的类型特征值呢？

根据 15.2.1 节的内容，类比两种情况的求解思路，可以得出上述问题的目标函数：

$$\min_{x^{(1)},\cdots,x^{(n_m)}} \frac{1}{2}\sum_{i=1}^{n_m}\sum_{j:r(i,j)=1}((\boldsymbol{\theta}^{(j)})^{\mathrm{T}}\boldsymbol{x}^{(i)}-y^{(i,j)})^2+\frac{\lambda}{2}\sum_{i=1}^{n_m}\sum_{k=1}^{n}(\boldsymbol{x}_k^{(i)})^2 \tag{15-5}$$

> **注意** 累计符号的上限由 n_u 变成了 n_m。

由此可知，对于一个电影推荐系统，初始化用户参数向量 $\boldsymbol{\theta}$，然后可以迭代求出所有的电影特征值 $\boldsymbol{x}$ 和用户参数向量 $\boldsymbol{\theta}$，这就是初始的协同过滤方法的基本思路。如果将已知 $\boldsymbol{\theta}$ 求 $\boldsymbol{x}$ 和已知 $\boldsymbol{x}$ 求 $\boldsymbol{\theta}$ 的两个目标函数进行改进，就可以得到同时学习 $\boldsymbol{\theta}$ 和 $\boldsymbol{x}$ 的目标函数。

1. 目标函数

对比已知 $\boldsymbol{\theta}$ 求 $\boldsymbol{x}$ 和已知 $\boldsymbol{x}$ 求 $\boldsymbol{\theta}$ 的两个目标函数，不难发现两个函数预测误差平方和项相同，求和限制条件不同，正则化项不同。改进后的联合学习目标函数使用相同的预测误差平方和项，改变求和的限制条件，并保留不同的正则化项，融合了两个目标函数中所有的成本项，具体如下：

$$\min J(\boldsymbol{x}^{(1)},\cdots,\boldsymbol{x}^{(n_m)},\boldsymbol{\theta}^{(1)},\cdots,\boldsymbol{\theta}^{(n_u)})$$
$$=\frac{1}{2}\sum_{(i,j):r(i,j)=1}((\boldsymbol{\theta}^{(j)})^{\mathrm{T}}\boldsymbol{x}^{(i)}-y^{(j,j)})^2+\frac{\lambda}{2}\sum_{i=1}^{n_m}\sum_{k=1}^{n}(\boldsymbol{x}_k^{(i)})^2+\frac{\lambda}{2}\sum_{j=1}^{n_u}\sum_{k=1}^{n}(\boldsymbol{\theta}_k^{(j)})^2 \tag{15-6}$$

2. 训练优化

优化上述目标函数时，首先将 $\boldsymbol{x}^{(1)},\cdots,\boldsymbol{x}^{(n_m)},\boldsymbol{\theta}^{(1)},\cdots,\boldsymbol{\theta}^{(n_u)}$ 在较小范围内进行随机初始化，然后应用梯度下降算法迭代优化目标函数。迭代公式如下：

$$\boldsymbol{x}_k^{(i)}:=\boldsymbol{x}_k^{(i)}-\alpha\left(\sum_{j:r(i,j)=1}((\boldsymbol{\theta}^{(j)})^{\mathrm{T}}\boldsymbol{x}^{(i)}-y^{(i,j)})\boldsymbol{\theta}_k^{(j)}+\lambda\boldsymbol{x}_k^{(i)}\right) \tag{15-7}$$

$$\theta_k^{(j)} := \theta_k^{(j)} - \alpha(\sum_{i:r(i,j)=1}((\theta^{(j)})^{\mathrm{T}} \boldsymbol{x}^{(i)} - y^{(i,j)})\boldsymbol{x}_k^{(i)} + \lambda\theta_k^{(j)}) \qquad (15\text{-}8)$$

待目标函数收敛时，迭代完成，$(\theta^{(j)})^{\mathrm{T}}\boldsymbol{x}_i$ 即为推荐系统的期望输出（用户 j 给电影 i 的评分）。

在上述两种推荐方法中通过学习得到的特征矩阵 $\boldsymbol{x}$ 包含了电影的重要数据信息，有时这些信息隐含着某些不易被人读懂的属性和关系，但是依然需要把特征矩阵 $\boldsymbol{x}$ 作为重要的电影推荐依据。例如，如果一位用户正在观看电影 $\boldsymbol{x}^{(i)}$，推荐模型可以依据给定的相似性度量方法（例如，比较向量之间的欧氏距离），找到与 $\boldsymbol{x}^{(i)}$ 相似的电影 $\boldsymbol{x}^{(j)}$ 推荐给该用户。

> 注意 在协同过滤推荐方法中，不需要设置额外的特征偏置项，所以有 $\boldsymbol{x}, \theta \in \boldsymbol{R}^n$。

15.2.3 混合推荐

混合推荐系统是一种将多个算法或推荐系统单元组合在一起的技术。推荐系统的各个组成部分可以以流水线方式串行连接，也可以并行运行一同输出结果。在实际工程应用中，多采用组合推荐方法。

组合策略选取的最重要原则就是结合不同算法和模型的优点，并克服它们的缺陷和问题。在 Robin Burke 的 *Hybrid Recommender Systems: Survey and Experiments* 中，将混合推荐方法划分为 7 种不同的混合策略，这 7 种组合策略的基本概念如下。

1）加权（Weight）：对多种推荐预测结果加权求和作为最终的推荐预测结果。

2）变换（Switch）：根据不同的问题背景和实际情况，变换选择不同的推荐方法。

3）交叉混合（Mixed）：同时采用多种推荐方法，给出多种推荐预测结果供用户参考决策。

4）特征组合（Feature Combination）：对来自不同推荐数据源的特征进行组合，再应用到另一种推荐方法中。

5）层叠（Cascade）：先选用一种推荐方法产生粗糙的推荐预测结果，再在此推荐结果的基础上使用第二种推荐方法产生更精确的推荐预测结果。

6）特征扩充（Feature Augmentation）：一种推荐方法产生的特征信息补充到另一种推荐方法的特征输入中。

7）元级别（Meta-Level）：一种推荐方法产生的模型作为另一种推荐方法的输入。

15.3 深度学习推荐方法

15.3.1 YouTube 的深度神经网络推荐系统

YouTube 是世界上最大的视频上传、分享和发现网站，YouTube 推荐系统为超过 10 亿用户从不断增长的视频库中推荐个性化的内容，系统由两个神经网络组成，分别是候选生成网络和排序网络。候选生成网络从百万量级的视频库中生成上百个候选视频；排序网络对候选视频进行打分排序，输出排名最高的数十个结果。下面将分别对上述的两个神经网络进行介绍。

1. 候选生成网络

候选生成网络（Candidate Generation Network）的核心思想是将推荐问题建模为一个类别数极大的多分类问题。以 YouTube 视频推荐系统为例，对于一个 YouTube 用户，可以选用的分类类别包括以下两类：一是历史行为信息，包括用户观看历史（视频 ID）、搜索词记录（Search Tokens）等；二是用户属性信息，包括人口学信息（如地理位置、用户登录设备）、二值特征（如性别、是否登录）和连续特征（如用户年龄）等。通过上述分类类别，推荐系统对视频库中所有视频分别进行分类，得到每一类别的分类结果（每一个视频的推荐概率），最终输出概率较高的几百个视频。

下面介绍候选生成网络的主要运行过程。首先，将用户历史行为信息映射为向量后取平均值得到固定长度的表示；同时，输入用户属性信息中的人口学信息，并将二值特征和连续特征进行归一化处理，用以优化新用户的推荐效果。其次，将所有特征表示拼接为一个特征向量，并输入给非线性 MLP（Multi Layer Perception，多层感知器，功能介绍详见第 14 章内容）处理。MLP 的输出分别流向训练和预测两个模块，在训练模块，MLP 的输出流向 Softmax 分类层，与所有视频特征一同做分类；在预测模块，计算 MLP 的输出（用户的综合特征）与所有视频的相似度，取相似度最高的 k 个输出视频作为候选生成网络的预测结果。候选生成网络结构如图 15-1 所示。

对于给定用户，其想要观看视频的概率预测模型为：

$$P(\omega = i \mid \boldsymbol{u}) = \frac{e^{v_{i,u}}}{\sum_{j \in V} e^{v_{j,u}}} \qquad (15\text{-}9)$$

式（15-9）中，V 为视频库集合，ω 为此刻用户要观看的视频，v_i 为视频库中第 i 个视频的特征表示，$\boldsymbol{u}$ 为用户 U 的特征表示。v_i 和 $\boldsymbol{u}$ 为长度相等的向量，对两者做点积操作可以通过全连接层实现。

Softmax 分类的类别数非常多，为了保证一定的计算效率，在运行网络时需要采用以下策略：① 在训练阶段，对负样本类别进行采样，降低实际计算类别的规模至数千个；② 在推荐预测阶段，不采用 Softmax 的归一化计算分类方式（不影响结果），将计算类别得分问题简化为点积空间中的最近邻（Nearest Neighbor）搜索问题，取与用户兴趣特征 $\boldsymbol{u}$ 最相近的 k 个视频作为候选的预测结果。

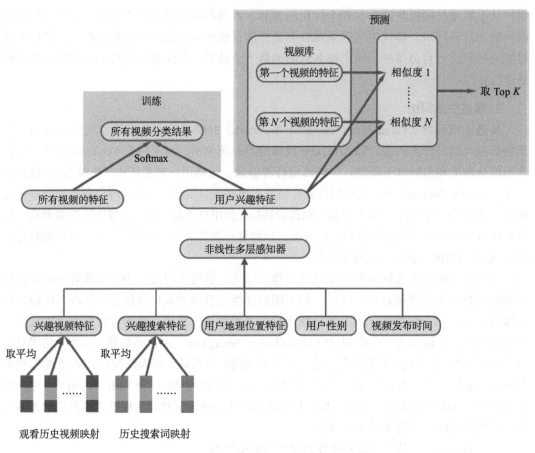

图 15-1　候选生成网络结构

2. 排序网络

排序网络（Ranking Network）的结构类似于候选生成网络，但是它的优势是对候选预测结果进行更细致的得分计算和结果排序。类比于传统广告排序方法中的特征提取，排序网络也构造了大量用于视频排序的相关特征（如视频 ID、上次观看时间等）。特征处理与候选生成网络的不同之处在于排序网络的输出端是一个加权逻辑回归模型，它计算所有候选视频的预测得分，按分值大小排序后将分值较高的一些视频推荐给用户。

15.3.2　融合推荐系统

融合推荐系统是一个应用深度神经网络结构的个性化电影推荐系统，它融合了用户和电影的多项特征，通过深度神经网络处理后进行用户喜爱电影的预测和推荐。下面介绍融合推荐模型中应用的重要技术，并详细描述融合推荐模型的运行过程。

1. 词向量

词向量技术是推荐系统、搜索引擎、广告系统等互联网服务必不可少的基础技术，多用于这些服务的自然语言处理过程中。在互联网服务中，一个常见的任务是要比较两个词或者两段文本之间的相关性，要完成这个任务就需要把词或文字表示成计算机能识别和处理的"语言"，在机器学习领域中通常会选择词向量模型来解决这一问题。通过词向量模型可将一个词语映射为一个维度较低的实数向量，例如：

Embedding(情人节)=[0.3,4.2, –1.5,⋯]

Embedding(玫瑰花)=[0.2,5.6, –2.3,⋯]

在这组映射得到的实数向量表示中，两个语义（或用法）上相似的词对应的词向量应该"更像"，所以"情人节"和"玫瑰花"这两个表面看来不相关的词因其语境的相关性而有较高的相似度。

2. 文本卷积神经网络

在第 14 章中，本书对卷积神经网络做了系统、全面的介绍，并对其在计算机视觉领域中的应用进行了详细叙述。卷积神经网络可以有效地提取、抽象得到高级的特征表示。实践表明，卷积神经网络能高效地处理图像问题和文本问题。

卷积神经网络主要由卷积层和池化层组成，其应用及组合方式灵活多变、种类繁多。在融合推荐模型中，选择文本卷积神经网络（Text Convolutional Neural Networks，T-CNN）用于学习电影名称的表示，网络结构如图 15-2 所示。

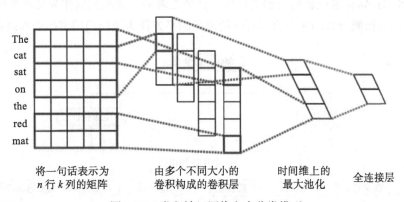

将一句话表示为　　　由多个不同大小的　　　时间维上的　　　全连接层
n 行 k 列的矩阵　　　卷积构成的卷积层　　　最大池化

图 15-2　卷积神经网络文本分类模型

假设待处理句子的长度为 n，其中，第 i 个词的词向量为 $x_i \in R^k$，k 为维度大小。

1）词向量拼接操作：将每 h 个词向量拼接成一个大小为的词窗口，记为 $x_{i:i+h-1}$，它表示词向量序列 x_i, x_{i+1}, ⋯, x_{i+h-1} 的拼接，其中，i 表示词窗口中第一个词在待处理句子中的位置，取值范围为 $1 \sim n-h+1$，$x_{i:i+h-1} \in R^{hk}$。

2）卷积操作：把卷积核 $\omega \in R^{hk}$ 作用于包含 h 个词的窗口 $x_{i:i+h-1}$，得到特征向量 c_i

$= f(\omega \cdot x_{i:i+h-1} + b)$，其中，$b \in R$ 为偏置项（Bias），f 为非线性激活函数，如 sigmoid 函数。将卷积核作用于待处理句子中所有的词窗口 $x_{1:h}$, $x_{2:h+1}$, $\cdots$, $x_{n-h+1:n}$，生成一个特征图（Feature Map）：

$$c = [c_1, c_2, \cdots, c_{n-h+1}], c \in R^{n-h+1} \tag{15-10}$$

3）池化操作：对特征图采用时间维度上的最大池化（Max Pooling Over Time）操作，得到此卷积核对应待处理句子的特征向量 $\hat{c}$，它是特征图中所有特征的最大值：

$$\hat{c} = \max(c) \tag{15-11}$$

3. 系统模型概览

融合推荐系统模型如图 15-3 所示，主要包括以下步骤。

1）模型输入：使用用户特征和电影特征作为神经网络的输入。

用户特征融合了 4 类属性特征信息，分别为用户 ID、性别、职业和年龄。

电影特征融合了 3 类属性特征信息，分别为电影 ID、电影类型 ID 和电影名称。

2）用户特征处理：将用户的 4 类属性特征信息分别映射为 256 维的向量表示，然后分别输入全连接层并将输出结果相加。

3）电影特征处理：将电影 ID 以类似用户属性特征信息的方式进行处理，电影类型 ID 直接转换为向量的形式，电影名称用文本卷积神经网络输出其定长向量表示，然后将三个属性的特征向量分别输入全连接层并将输出结果相加。

4）得到用户特征和电影特征的向量后，计算二者的余弦相似度作为推荐系统的预测分数。最后，用该预测分数和用户真实评分的差异的平方作为该回归模型的成本函数。

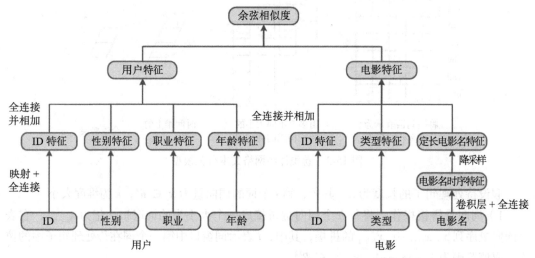

图 15-3　融合推荐系统模型

15.4　个性化推荐系统在飞桨上的实现

本节以一个电影评分模型为例展开介绍。

15.4.1　数据准备

ml-1m 是 GroupLens Research 从 MovieLens 网站上收集并提供的电影评分数据集，包含了 6000 多位用户对近 3900 个电影的共 100 万条评分数据，评分均为 1 ~ 5 的整数，其中每部电影的评分数据至少有 20 条。该数据集包含 3 个数据文件，具体如下所示。

- ❑ users.dat：存储用户属性信息的 txt 格式文件。
- ❑ movies.dat：存储电影属性信息的 txt 格式文件。
- ❑ ratings.dat：存储电影评分信息的 txt 格式文件。

电影海报图像在 posters 文件夹下，海报图像的名字以 mov_id + 电影 ID + .png 的方式命名。由于这里的电影海报图像有缺失，所以整理了一个新的评分数据文件，新的文件中包含的电影均是有海报数据的，换句话说，本次实验使用的数据集在 ml-1m 基础上增加了两份数据。

- ❑ posters/：包含电影海报图像。
- ❑ new_rating.txt：存储包含海报图像的新评分数据文件。

本次实验中，数据处理一共包含如下 6 步：

1）读取用户数据，存储到字典；

2）读取电影数据，存储到字典；

3）读取评分数据，存储到字典；

4）读取海报数据，存储到字典；

5）将各个字典中的数据拼接，形成数据读取器；

6）划分训练集和验证集，生成迭代器，每次提供一个批次的数据。

流程如图 15-4 所示。

1. 用户数据处理

用户数据文件 user.dat 中的数据格式为：UserID::Gender::Age::Occupation::Zip-code。存储形式如图 15-5 所示。

在图 15-5 中，每一行表示一个用户的数据，以 :: 隔开，第一列到最后一列分别表示 UserID、Gender、Age、Occupation、Zip-code。各数据对应关系如表 15-3 所示。

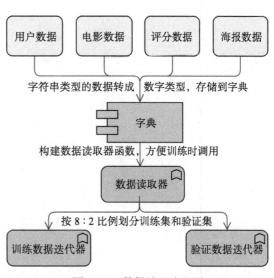

图 15-4　数据处理流程图

```
1::F::1::10::48067
2::M::56::16::70072
3::M::25::15::55117
4::M::45::7::02460
5::M::25::20::55455
6::F::50::9::55117
7::M::35::1::06810
8::M::25::12::11413
9::M::25::17::61614
10::F::35::1::95370
11::F::25::1::04093
12::M::25::12::32793
13::M::45::1::93304
14::M::35::0::60126
15::M::25::7::22903
16::F::35::0::20670
```

图 15-5 用户数据存储格式

表 15-3 用户数据对应关系说明

数据类别	数据说明	数据示例
UserID	每个用户的数字代号	1、2、3 等序号
Gender	F 表示女性，M 表示男性	F 或 M
Age	用数字表示各个年龄段	1: "Under 18" 18: "18 ~ 24" 25: "25 ~ 34" 35: "35 ~ 44" 45: "45 ~ 49" 50: "50 ~ 55" 56: "56+"
Occupation	用数字表示不同职业	0: "other" or not specified 1: "academic/educator" 2: "artist" 3: "clerical/admin" 4: "college/grad student" 5: "customer service" 6: "doctor/health care" 7: "executive/managerial" 8: "farmer" 9: "homemaker" 10: "K-12 student" 11: "lawyer" 12: "programmer" 13: "retired" 14: "sales/marketing" 15: "scientist" 16: "self-employed" 17: "technician/engineer" 18: "tradesman/craftsman"

（续）

数据类别	数据说明	数据示例
Occupation	用数字表示不同职业	19: "unemployed" 20: "writer"
Zip-code	邮政编码，与用户所处的地理位置有关。在本次实验中，不使用这个数据	48067

比如 82::M::25::17::48380 表示 ID 为 82 的用户，性别为男，年龄为 25 ~ 34 岁，职业为 technician/engineer。

首先，读取用户信息文件中的数据，具体如代码清单 15-1、代码清单 15-2 所示。

代码清单 15-1　解压数据集

```
# 解压数据集
!cd work && unzip -o -q ml-1m.zip
```

代码清单 15-2　读取数据

```
import numpy as np
usr_file = "./work/ml-1m/users.dat"
# 打开文件，读取所有行到 data 中
with open(usr_file, 'r') as f:
    data = f.readlines()
# 打印 data 的数据长度、第一条数据、数据类型
print("data 数据长度是: ",len(data))
print(" 第一条数据是: ", data[0])
print(" 数据类型: ", type(data[0]))
```

运行后的输出结果如下所示：

```
data 数据长度是: 6040
第一条数据是: 1::F::1::10::48067
数据类型: <class 'str'>
```

观察以上结果，用户数据一共有 6040 条，数据以 :::::: 分隔，是字符串类型。为了方便后续数据读取，区分用户的 ID、年龄、职业等数据，一个简单的方式是将数据存储到字典中。另外从前文了解到，文本数据无法直接输入神经网络中进行计算，所以需要将字符串类型的数据转换成数字类型。另外，用户的性别 F、M 是字母数据，这里需要转换成数字表示。

定义如下函数实现字母转数字，将性别 M、F 转成数字 0、1 表示，如代码清单 15-3 所示。

代码清单 15-3　性别转换函数

```
def gender2num(gender):
    return 1 if gender == 'F' else 0
print(" 性别 M 用数字 {} 表示 ".format(gender2num('M')))
print(" 性别 F 用数字 {} 表示 ".format(gender2num('F')))
```

输出结果如下所示：

```
性别 M 用数字 0 表示
```

性别 F 用数字　1　表示

接下来把用户数据的字符串类型的数据转成数字类型，并存储到字典中，如代码清单 15-4 所示。

代码清单 15-4　转换性别类型数据并存入字典

```
usr_info = {}
max_usr_id = 0
# 按行索引数据
for item in data:
    # 去除每一行中和数据无关的部分
    item = item.strip().split("::")
    usr_id = item[0]
    # 将字符数据转成数字并保存在字典中
    usr_info[usr_id] = {'usr_id': int(usr_id),
                        'gender': gender2num(item[1]),
                        'age': int(item[2]),
                        'job': int(item[3])}
    max_usr_id = max(max_usr_id, int(usr_id))
print("用户 ID 为 3 的用户数据是: ", usr_info['3'])
```

输出结果如下所示：

用户 ID 为 3 的用户数据是: {'usr_id': 3, 'gender': 0, 'age': 25, 'job': 15}

至此，就完成了用户数据的处理。

下面看一个完整的例子，如代码清单 15-5 所示。

代码清单 15-5　用户数据处理完整代码

```
import numpy as np

def get_usr_info(path):
    # 性别转换函数，M-0, F-1
    def gender2num(gender):
        return 1 if gender == 'F' else 0

    # 打开文件，读取所有行到 data 中
    with open(path, 'r') as f:
        data = f.readlines()
    # 建立用户信息的字典
    use_info = {}

    max_usr_id = 0
    # 按行索引数据
    for item in data:
        # 去除每一行中和数据无关的部分
        item = item.strip().split("::")
        usr_id = item[0]
        # 将字符数据转成数字并保存在字典中
        use_info[usr_id] = {'usr_id': int(usr_id),
                            'gender': gender2num(item[1]),
                            'age': int(item[2]),
                            'job': int(item[3])}
```

```
        max_usr_id = max(max_usr_id, int(usr_id))

    return use_info, max_usr_id

usr_file = "./work/ml-1m/users.dat"
usr_info, max_usr_id = get_usr_info(usr_file)
print("用户数量:", len(usr_info))
print("最大用户ID:", max_usr_id)
print("第1个用户的信息是: ", usr_info['1'])
```

输出结果如下所示：

```
用户数量：6040
最大用户ID：6040
第1个用户的信息是: {'usr_id': 1, 'gender': 1, 'age': 1, 'job': 10}
```

从上面的结果可以得出，一共有 6040 个用户，其中 ID 为 1 的用户信息是 {'usr_id'：[1]，'gender'：[1]，'age'：[1]，'job'：[10]}，表示用户的性别序号是 1（女），年龄序号是 1（Under 18），职业序号是 10（K-12 student），且都已处理成数字类型。

2. 电影数据处理

电影信息包含在 movies.dat 中，数据格式为：MovieID::Title::Genres，保存的格式与用户数据相同，每一行表示一条电影数据信息，如图 15-6 所示。

```
movies.dat      ×
 1  1::Toy Story (1995)::Animation|Children's|Comedy
 2  2::Jumanji (1995)::Adventure|Children's|Fantasy
 3  3::Grumpier Old Men (1995)::Comedy|Romance
 4  4::Waiting to Exhale (1995)::Comedy|Drama
 5  5::Father of the Bride Part II (1995)::Comedy
 6  6::Heat (1995)::Action|Crime|Thriller
 7  7::Sabrina (1995)::Comedy|Romance
 8  8::Tom and Huck (1995)::Adventure|Children's
 9  9::Sudden Death (1995)::Action
10  10::GoldenEye (1995)::Action|Adventure|Thriller
11  11::American President, The (1995)::Comedy|Drama|Romance
12  12::Dracula: Dead and Loving It (1995)::Comedy|Horror
13  13::Balto (1995)::Animation|Children's
14  14::Nixon (1995)::Drama
15  15::Cutthroat Island (1995)::Action|Adventure|Romance
16  16::Casino (1995)::Drama|Thriller
```

图 15-6　电影数据格式

各数据对应关系如表 15-4 所示。

表 15-4　电影数据对应关系说明

数据类别	数据说明	数据示例
MovieID	每部电影的数字代号	1、2、3 等序号
Title	每部电影的名字和首映时间	比如 Toy Story（1995）
Genres	电影的种类，每部电影不止一个类别，不同类别以"|"隔开	比如：Animation| Children's|Comedy 包含的类别有：Action, Adventure, Animation, Children's, Comedy, Crime, Documentary, Drama, Fantasy, Film-Noir, Horror, Musical, Mystery, Romance, Sci-Fi, Thriller, War, Western

首先，读取电影信息文件里的数据。需要注意的是，电影数据的存储方式和用户数据不同，在读取电影数据时，需要指定编码方式为 ISO-8859-1，如代码清单 15-6 所示。

代码清单 15-6　获取数据格式

```
movie_info_path = "./work/ml-1m/movies.dat"
# 打开文件，编码方式选择 ISO-8859-1，读取所有数据到 data 中
with open(movie_info_path, 'r', encoding="ISO-8859-1") as f:
    data = f.readlines()

# 读取第一条数据，并打印
item = data[0]
print(item)
item = item.strip().split("::")
print("movie ID:", item[0])
print("movie title:", item[1][:-7])
print("movie year:", item[1][-5:-1])
print("movie genre:", item[2].split('|'))
```

输出结果如下所示：

```
1::Toy Story (1995)::Animation|Children's|Comedy
movie ID: 1
movie title: Toy Story
movie year: 1995
movie genre: ['Animation', "Children's", 'Comedy']
```

从上述代码可以看出每条电影数据都是以 :: 分隔，是字符串类型。与处理用户数据的方式类似，这里也需要将字符串类型的数据转换成数字类型，并存储到字典中。不同的是，在用户数据处理中，把性别数据 M、F 处理成 0、1，而电影数据中 Title 和 Genres 都是长文本信息，为了便于后续神经网络计算，需要把其中每个单词都拆分出来，不同的单词用对应的数字序号指代。所以需要对这些数据进行如下处理：

1）统计电影 ID 信息；

2）统计电影名字的单词，并给每个单词一个数字序号；

3）统计电影类别单词，并给每个单词一个数字序号；

4）保存电影数据到字典中，方便根据电影 ID 进行索引。

具体实现方式如下所示。

（1）统计电影 ID 信息

将电影 ID 信息存到字典中，并获得电影 ID 的最大值，如代码请单 15-7 所示。

代码清单 15-7　处理电影 ID

```
movie_info_path = "./work/ml-1m/movies.dat"
# 打开文件，编码方式选择 ISO-8859-1，读取所有数据到 data 中
with open(movie_info_path, 'r', encoding="ISO-8859-1") as f:
    data = f.readlines()

movie_info = {}
for item in data:
```

```
    item = item.strip().split("::")
    # 获得电影的 ID 信息
    v_id = item[0]
    movie_info[v_id] = {'mov_id': int(v_id)}
max_id = max([movie_info[k]['mov_id'] for k in movie_info.keys()])
print("电影的最大 ID 是: ", max_id)
```

输出如下:

```
电影的最大 ID 是: 3952
```

（2）统计电影名字的单词，并给每个单词一个数字序号

不同于用户数据，电影数据中包含文字数据，可是，神经网络模型是无法直接处理文本数据的，可以借助自然语言处理中词嵌入的方式完成文本到数字向量之间的转换。按照词嵌入的步骤，首先，需要将每个单词用数字代替，然后利用 Embedding 的方式完成数字到映射向量之间的转换。在这步数据处理中只需要完成文本到数字的转换。

接下来，把电影名字的单词用数字代替。在读取电影数据的同时，统计不同的单词，从数字 1 开始对不同单词进行标号，如代码清单 15-8 所示。

代码清单 15-8　处理电影标题

```
# 用于记录电影 title 每个单词对应哪个序号
movie_titles = {}
# 记录电影名字包含的单词最大数量
max_title_length = 0
# 对不同的单词从 1 开始计数
t_count = 1
# 按行读取数据并处理
for item in data:
    item = item.strip().split("::")
    # 1. 获得电影的 ID 信息
    v_id = item[0]
    v_title = item[1][:-7]  # 去掉 title 中年份数据
    v_year = item[1][-5:-1]
    titles = v_title.split()
    # 获得 title 最大长度
    max_title_length = max((max_title_length, len(titles)))

    # 2. 统计电影名字的单词，并给每个单词一个序号，放在 movie_titles 中
    for t in titles:
        if t not in movie_titles:
            movie_titles[t] = t_count
            t_count += 1

    v_tit = [movie_titles[k] for k in titles]
    # 保存电影 ID 数据和 title 数据到字典中
    movie_info[v_id] = {'mov_id': int(v_id),
                        'title': v_tit,
                        'years': int(v_year)}

print("最大电影 title 长度是: ", max_title_length)
ID = 1
# 读取第一条数据，并打印
```

```
item = data[0]
item = item.strip().split("::")
print(" 电影 ID:", item[0])
print(" 电影 title:", item[1][:-7])
print("ID 为 1 的电影数据是: ", movie_info['1'])
```

输出如下:

```
最大电影 title 长度是: 15
电影 ID: 1
电影 title: Toy Story
ID 为 1 的电影数据是: {'mov_id': 1, 'title': [1, 2], 'years': 1995}
```

考虑年份对衡量两个电影的相似度没有太大影响，后续神经网络处理时，并不使用年份数据。

（3）统计电影类别的单词，并给每个单词一个数字序号

下面参考处理电影名字的方式来处理电影类别，并给不同类别的单词标记不同的数字序号，如代码清单 15-9 所示。

代码清单 15-9　处理电影类别

```
# 用于记录电影类别每个单词对应哪个序号
movie_titles, movie_cat = {}, {}

max_title_length = 0
max_cat_length = 0

t_count, c_count = 1, 1
# 按行读取数据并处理
for item in data:
    item = item.strip().split("::")
    # 1. 获得电影的 ID 信息
    v_id = item[0]
    cats = item[2].split('|')

    # 获得电影类别数量的最大长度
    max_cat_length = max((max_cat_length, len(cats)))

    v_cat = item[2].split('|')
    # 3. 统计电影类别单词，并给每个单词一个序号，放在 movie_cat 中
    for cat in cats:
        if cat not in movie_cat:
            movie_cat[cat] = c_count
            c_count += 1
    v_cat = [movie_cat[k] for k in v_cat]

    # 保存电影 ID 数据和 title 数据到字典中
    movie_info[v_id] = {'mov_id': int(v_id),
                        'category': v_cat}

print(" 电影类别数量最多是: ",  max_cat_length)
ID = 1
# 读取第一条数据，并打印
item = data[0]
```

```
item = item.strip().split("::")
print(" 电影 ID:", item[0])
print(" 电影种类 category:", item[2].split('|'))
print("ID 为 1 的电影数据是: ", movie_info['1'])
```

输出如下：

```
电影类别数量最多是: 6
电影 ID: 1
电影种类 category: ['Animation', "Children's", 'Comedy']
ID 为 1 的电影数据是: {'mov_id': 1, 'category': [1, 2, 3]}
```

（4）保存电影数据到字典中，方便根据电影 ID 进行索引

注意，在保存电影数据到字典前，由于每部电影的名字和类别的单词数量不一样，所以转换成数字表示时，还需要通过补 0 将其补全成固定数据长度。原因是这些数据作为神经网络的输入，其维度会影响第一层网络的权重维度初始化，这就要求输入数据的维度是定长的，即通过补 0 使输入变为定长输入。当然，补 0 并不会影响神经网络运算的最终结果。

从上面内容可知：最大电影名字长度是 15，最大电影类别长度是 6，即 15 和 6 分别表示电影名字、类别包含的最大单词数量，当输入的电影名字、类别长度没有到达定长时，需要通过补 0 使电影名字的列表长度为 15，使电影种类的列表长度补齐为 6，如代码请单 15-10 所示。

代码清单 15-10　统一数据长度

```
# 建立三个字典，分别存放电影 ID、名字和类别
movie_info, movie_titles, movie_cat = {}, {}, {}
# 对电影名字、类别中不同的单词从 1 开始标号
t_count, c_count = 1, 1

count_tit = {}
# 按行读取数据并处理
for item in data:
    item = item.strip().split("::")
    # 1. 获得电影的 ID 信息
    v_id = item[0]
    v_title = item[1][:-7] # 去掉 title 中年份数据
    cats = item[2].split('|')
    v_year = item[1][-5:-1]

    titles = v_title.split()
    # 2. 统计电影名字的单词，并给每个单词一个序号，放在 movie_titles 中
    for t in titles:
        if t not in movie_titles:
            movie_titles[t] = t_count
            t_count += 1
    # 3. 统计电影类别单词，并给每个单词一个序号，放在 movie_cat 中
    for cat in cats:
        if cat not in movie_cat:
            movie_cat[cat] = c_count
            c_count += 1
```

```
    # 补 0 使电影名称对应的列表长度为 15
    v_tit = [movie_titles[k] for k in titles]
    while len(v_tit)<15:
        v_tit.append(0)
    # 补 0 使电影种类对应的列表长度为 6
    v_cat = [movie_cat[k] for k in cats]
    while len(v_cat)<6:
        v_cat.append(0)
    # 4. 保存电影数据到 movie_info 中
    movie_info[v_id] = {'mov_id': int(v_id),
                        'title': v_tit,
                        'category': v_cat,
                        'years': int(v_year)}

print(" 电影数据数量: ", len(movie_info))
ID = 2
print(" 原始的电影 ID 为 {} 的数据是: ".format(ID), data[ID-1])
print(" 电影 ID 为 {} 的转换后数据是: ".format(ID), movie_info[str(ID)])
```

输出如下:

```
电影数据数量: 3883
原始的电影 ID 为 2 的数据是: 2::Jumanji (1995)::Adventure|Children's|Fantasy
电影 ID 为 2 的转换后数据是: {'mov_id': 2, 'title': [3, 0, 0, 0, 0, 0, 0, 0, 0, 0,
0, 0, 0, 0, 0], 'category': [4, 2, 5, 0, 0, 0], 'years': 1995}
```

下面来看一个完整的电影数据处理示例，如代码清单 15-11 所示。

代码清单 15-11 完整数据处理

```
def get_movie_info(path):
    # 打开文件，编码方式选择 ISO-8859-1，读取所有数据到 data 中
    with open(path, 'r', encoding="ISO-8859-1") as f:
        data = f.readlines()
    # 建立三个字典，分别用户存放电影所有信息，电影的名字信息、类别信息
    movie_info, movie_titles, movie_cat = {}, {}, {}
    # 对电影名字、类别中不同的单词计数
    t_count, c_count = 1, 1
    # 初始化电影名字和种类的列表
    titles = []
    cats = []
    count_tit = {}
    # 按行读取数据并处理
    for item in data:
        item = item.strip().split("::")
        v_id = item[0]
        v_title = item[1][:-7]
        cats = item[2].split('|')
        v_year = item[1][-5:-1]

        titles = v_title.split()
        # 统计电影名字的单词，并给每个单词一个序号，放在 movie_titles 中
        for t in titles:
            if t not in movie_titles:
                movie_titles[t] = t_count
                t_count += 1
```

```
# 统计电影类别单词，并给每个单词一个序号，放在 movie_cat 中
for cat in cats:
    if cat not in movie_cat:
        movie_cat[cat] = c_count
        c_count += 1
# 补 0 使电影名称对应的列表长度为 15
v_tit = [movie_titles[k] for k in titles]
while len(v_tit)<15:
    v_tit.append(0)
# 补 0 使电影种类对应的列表长度为 6
v_cat = [movie_cat[k] for k in cats]
while len(v_cat)<6:
    v_cat.append(0)
# 保存电影数据到 movie_info 中
movie_info[v_id] = {'mov_id': int(v_id),
                    'title': v_tit,
                    'category': v_cat,
                    'years': int(v_year)}
    return movie_info, movie_cat, movie_titles


movie_info_path = "./work/ml-1m/movies.dat"
movie_info, movie_cat, movie_titles = get_movie_info(movie_info_path)
print(" 电影数量: ", len(movie_info))
ID = 1
print(" 原始的电影 ID 为 {} 的数据是: ".format(ID), data[ID-1])
print(" 电影 ID 为 {} 的转换后数据是: ".format(ID), movie_info[str(ID)])

print(" 电影种类对应序号: 'Animation':{} 'Children's':{} 'Comedy':{}".format(movie_
cat['Animation'], movie_cat["Children's"], movie_cat['Comedy']))
print(" 电影名称对应序号: 'The':{} 'Story':{} ".format(movie_titles['The'], movie_
titles['Story']))
```

输出结果如下所示：

```
电影数量: 3883
原始的电影 ID 为 1 的数据是: 1::Toy Story (1995)::Animation|Children's|Comedy

电影 ID 为 1 的转换后数据是: {'mov_id': 1, 'title': [1, 2, 0, 0, 0, 0, 0, 0, 0, 0,
0, 0, 0, 0, 0], 'category': [1, 2, 3, 0, 0, 0], 'years': 1995}
电影种类对应序号: 'Animation':1 'Children's':2 'Comedy':3
电影名称对应序号: 'The':26 'Story':2
```

从上面的结果来看，ml-1m 数据集中一共有 3883 部不同的电影，每部电影的信息包含电影 ID、电影名称、电影类别等内容，且均已处理成数字类型。

3. 评分数据处理

有了用户数据和电影数据后，还需要获得用户对电影的评分数据，ml-1m 数据集的评分数据在 ratings.dat 文件中。评分数据格式为 UserID::MovieID::Rating::Timestamp，如图 15-7 所示。

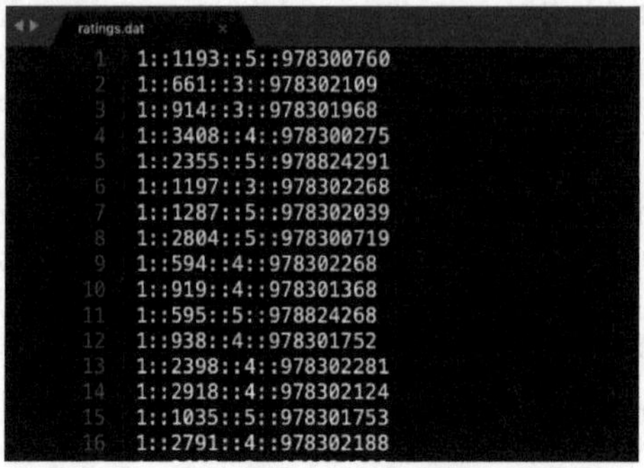

图 15-7　评分数据处理

这份数据很容易理解，如 1::1193::5:978300760 表示 ID 为 1 的用户对 ID 为 1193 的电影的评分是 5。注意，978300760 表示 Timestamp 数据，是标注数据时记录的时间信息，对当前任务来说并没有作用，可以忽略。

接下来，读取评分文件里的数据，如代码清单 15-12 所示。

代码清单 15-12　读取评分文件数据

```
use_poster = False
if use_poster:
    rating_path = "./work/ml-1m/new_rating.txt"
else:
    rating_path = "./work/ml-1m/ratings.dat"
# 打开文件，读取所有行到 data 中
with open(rating_path, 'r') as f:
    data = f.readlines()
# 打印 data 的数据长度，以及第一条数据中的用户 ID、电影 ID 和评分信息
item = data[0]

print(item)

item = item.strip().split("::")
usr_id,movie_id,score = item[0],item[1],item[2]
print("评分数据条数: ", len(data))
print("用户 ID: ", usr_id)
print("电影 ID: ", movie_id)
print("用户对电影的评分: ", score)
```

输出如下所示；
```
1::1193::5::978300760

评分数据条数: 1000209
用户 ID: 1
电影 ID: 1193
用户对电影的评分: 5
```

从以上统计结果来看，一共有 1000209 条评分数据。电影评分数据不包含文本信息，可以将数据直接存到字典中。

下面将评分数据封装到 get_rating_info() 函数中，并返回评分数据的信息，如代码清单 15-13 所示。

代码清单 15-13　处理评分数据

```python
def get_rating_info(path):
    # 打开文件，读取所有行到 data 中
    with open(path, 'r') as f:
        data = f.readlines()
    # 创建一个字典
    rating_info = {}
    for item in data:
        item = item.strip().split("::")
        # 处理每行数据，分别得到用户 ID、电影 ID 和评分
        usr_id,movie_id,score = item[0],item[1],item[2]
        if usr_id not in rating_info.keys():
            rating_info[usr_id] = {movie_id:float(score)}
        else:
            rating_info[usr_id][movie_id] = float(score)
    return rating_info

# 获得评分数据
#rating_path = "./work/ml-1m/ratings.dat"
rating_info = get_rating_info(rating_path)
print("ID 为 1 的用户一共评价了 {} 个电影 ".format(len(rating_info['1'])))
```

输出结果如下：

ID 为 1 的用户一共评价了 53 个电影

4. 海报图像读取

电影发布时都会发布电影海报，海报图像的名字以 "mov_id" + 电影 ID + ".jpg" 的方式命名。因此可以用电影 ID 去索引对应的海报图像。海报图像示例如 15-8 所示。

a）电影 ID-2296 的海报

b）电影 ID-2291 的海报

图 15-8　海报示例

可以从新的评分数据文件 new_rating.txt 中获取到电影 ID，进而索引图像，如代码清单 15-14 所示。

代码清单 15-14　读取电影海报

```
from PIL import Image
import matplotlib.pyplot as plt

# 使用海报图像和不使用海报图像的文件路径不同，处理方式相同
use_poster = True
if use_poster:
    rating_path = "./work/ml-1m/new_rating.txt"
else:
    rating_path = "./work/ml-1m/ratings.dat"

with open(rating_path, 'r') as f:
    data = f.readlines()

# 从新的 rating 文件中收集所有的电影 ID
mov_id_collect = []
for item in data:
    item = item.strip().split("::")
    usr_id,movie_id,score = item[0],item[1],item[2]
    mov_id_collect.append(movie_id)


# 根据电影 ID 读取图像
poster_path = "./work/ml-1m/posters/"

# 显示 mov_id_collect 中第几个电影 ID 的图像
idx = 1

poster = Image.open(poster_path+'mov_id{}.jpg'.format(str(mov_id_collect[idx])))

plt.figure("Image") # 图像窗口名称
plt.imshow(poster)
plt.axis('on') # 关掉坐标轴为 off
plt.title("poster with ID {}".format(mov_id_collect[idx])) # 图像题目
plt.show()
```

输出如下所示：

```
<Figure size 640x480 with 1 Axes>
```

5. 构建数据读取器

至此已经分别处理了用户、电影和评分数据，接下来要利用这些处理好的数据构建一个数据读取器，方便在训练神经网络时直接调用。

首先，构造一个函数，把读取并处理后的数据整合到一起，即在 rating 数据中补齐用户和电影的所有特征字段，如代码清单 15-15 所示。

代码清单 15-15　数据读取器

```
def get_dataset(usr_info, rating_info, movie_info):
    trainset = []
    # 按照评分数据的 key 值索引数据
    for usr_id in rating_info.keys():
```

```
        usr_ratings = rating_info[usr_id]
        for movie_id in usr_ratings:
            trainset.append({'usr_info': usr_info[usr_id],
                             'mov_info': movie_info[movie_id],
                             'scores': usr_ratings[movie_id]})
    return trainset

dataset = get_dataset(usr_info, rating_info, movie_info)
print(" 数据集总数据数: ", len(dataset))
```

输出如下所示:

数据集总数据数: 1000209

接下来构建数据读取器函数 load_data(),先看一下整体结构,如代码清单 15-16 所示。

代码清单 15-16 数据读取器加载数据函数的整体结构

```
import random
def load_data(dataset=None, mode='train'):
    """ 定义一些超参数等等 """
    # 定义数据迭代加载器
    def data_generator():
        """ 定义数据的处理过程 """
        data  = None
        yield data
    # 返回数据迭代加载器
    return data_generator
```

完整的数据读取器函数实现,核心是将多个样本数据合并到一个列表(batch),当该列表达到 batchsize 后,以 yield 的方式返回(Python 数据迭代器)。

在进行批次数据拼合的同时,完成数据格式和数据尺寸的转换。

1)由于飞桨框架的网络接入层要求将数据先转换成 np.array 的类型,再转换成框架内置变量 variable 的类型,所以在数据返回前,需将所有数据均转换成 np.array 的类型,方便后续处理。

2)每个特征字段的尺寸也需要根据网络输入层的设计进行调整。根据之前的分析,用户和电影的所有原始特征可以分为四类:ID 类(用户 ID、电影 ID、性别、年龄、职业)、列表类(电影类别)、文本类(电影名称)和图像类(电影海报)。因为每种特征后续接入的网络层方案不同,所以要求它们的数据尺寸也不同。这里初步了解即可,后续还会对其进行详细讲解。

关于数据尺寸,有几点需要说明。

❑ ID 类(用户 ID、电影 ID、性别、年龄、职业)处理成(256,1)的尺寸,以便后续接入 Embedding 层。第一个维度的 256 是 batchsize,第二个维度是 1,因为 Embedding 层要求输入数据的最后一维为 1。

❑ 列表类(电影类别)处理成(256,6,1)的尺寸,6 是电影类别的最大个数,以便后续接入全连接层。

- □ 文本类（电影名称）处理成（256,1,15,1）的尺寸，15 是电影名称的最大单词数，以便接入 2D 卷积层。2D 卷积层要求输入数据为四维，对应图像数据是批次大小、通道数、图像的长、图像的宽，其中 RGB 的彩色图像是 3 通道，灰度图像是单通道。
- □ 图像类（电影海报）处理成（256,3,64,64）的尺寸，以便接入 2D 卷积层。图像的原始尺寸是 180×270 的彩色图像，需使用 resize 函数压缩成 64×64 的尺寸，以减少网络计算。

定义数据迭代器，如代码清单 15-17 所示。

代码清单 15-17　数据迭代器

```python
import random
use_poster = False
def load_data(dataset=None, mode='train'):

    # 定义数据迭代 Batch 大小
    BATCHSIZE = 256

    data_length = len(dataset)
    index_list = list(range(data_length))
    # 定义数据迭代加载器
    def data_generator():
        # 训练模式下，打乱训练数据
        if mode == 'train':
            random.shuffle(index_list)
        # 声明每个特征的列表
        usr_id_list,usr_gender_list,usr_age_list,usr_job_list = [], [], [], []
        mov_id_list,mov_tit_list,mov_cat_list,mov_poster_list = [], [], [], []
        score_list = []
        # 索引遍历输入数据集
        for idx, i in enumerate(index_list):
            # 获得特征数据保存到对应特征列表中
            usr_id_list.append(dataset[i]['usr_info']['usr_id'])
            usr_gender_list.append(dataset[i]['usr_info']['gender'])
            usr_age_list.append(dataset[i]['usr_info']['age'])
            usr_job_list.append(dataset[i]['usr_info']['job'])

            mov_id_list.append(dataset[i]['mov_info']['mov_id'])
            mov_tit_list.append(dataset[i]['mov_info']['title'])
            mov_cat_list.append(dataset[i]['mov_info']['category'])
            mov_id = dataset[i]['mov_info']['mov_id']

            if use_poster:
                # 不使用图像特征时，不读取图像数据，加快数据读取速度
                poster = Image.open(poster_path+'mov_id{}.jpg'.format(str(mov_id)))
                poster = poster.resize([64, 64])
                if len(poster.size) <= 2:
                    poster = poster.convert("RGB")

                mov_poster_list.append(np.array(poster))

            score_list.append(int(dataset[i]['scores']))
            # 如果读取的数据量达到当前的 batch 大小，就返回当前批次
```

```
            if len(usr_id_list)==BATCHSIZE:
                # 转换列表数据为数组形式，reshape 到固定形状，使数据的最后一维是 1
                usr_id_arr = np.expand_dims(np.array(usr_id_list), axis=-1)
                usr_gender_arr = np.expand_dims(np.array(usr_gender_list), axis=-1)
                usr_age_arr = np.expand_dims(np.array(usr_age_list), axis=-1)
                usr_job_arr = np.expand_dims(np.array(usr_job_list), axis=-1)

                mov_id_arr = np.expand_dims(np.array(mov_id_list), axis=-1)

                mov_cat_arr = np.reshape(np.array(mov_cat_list), [BATCHSIZE,
6, 1]).astype(np.int64)
                mov_tit_arr = np.reshape(np.array(mov_tit_list), [BATCHSIZE,
1, 15, 1]).astype(np.int64)

                if use_poster:
                    mov_poster_arr = np.reshape(np.array(mov_poster_list)/127.5
- 1, [BATCHSIZE, 3, 64, 64]).astype(np.float32)
                else:
                    mov_poster_arr = np.array([0.])

                scores_arr = np.reshape(np.array(score_list), [-1, 1]).
astype(np.float32)

                # 返回当前批次数据
                yield [usr_id_arr, usr_gender_arr, usr_age_arr, usr_job_arr], \
                    [mov_id_arr, mov_cat_arr, mov_tit_arr, mov_poster_
arr], scores_arr

                # 清空数据
                usr_id_list, usr_gender_list, usr_age_list, usr_job_list = [],
[], [], []
                mov_id_list, mov_tit_list, mov_cat_list, score_list = [], [],
[], []
                mov_poster_list = []
    return data_generator
```

load_data() 函数通过输入的数据集，处理数据并返回一个数据迭代器。

将数据集按照 8∶2 的比例划分训练集和验证集，可以分别得到训练数据迭代器和验证数据迭代器，如代码清单 15-18 所示。

代码清单 15-18　划分训练集和数据集

```
dataset = get_dataset(usr_info, rating_info, movie_info)
print(" 数据集总数量: ", len(dataset))

trainset = dataset[:int(0.8*len(dataset))]
train_loader = load_data(trainset, mode="train")
print(" 训练集数量: ", len(trainset))

validset = dataset[int(0.8*len(dataset)):]
valid_loader = load_data(validset, mode='valid')
print(" 验证集数量:", len(validset))
```

输出如下：

```
数据集总数量: 1000209
训练集数量: 800167
验证集数量: 200042
```

调用数据迭代器，如代码清单 15-19 所示。

代码清单 15-19　调用数据迭代器

```
for idx, data in enumerate(train_loader()):
    usr_data, mov_data, score = data

    usr_id_arr, usr_gender_arr, usr_age_arr, usr_job_arr = usr_data
    mov_id_arr, mov_cat_arr, mov_tit_arr, mov_poster_arr = mov_data
    print("用户 ID 数据尺寸 ", usr_id_arr.shape)
    print("电影 ID 数据尺寸 ", mov_id_arr.shape, ", 电影类别 genres 数据的尺寸 ", mov_
cat_arr.shape, ", 电影名字 title 的尺寸 ", mov_tit_arr.shape)
    Break
```

输出如下：

```
用户 ID 数据尺寸 (256, 1)
电影 ID 数据尺寸 (256, 1) , 电影类别 genres 数据的尺寸 (256, 6, 1) , 电影名字 title 的尺
寸 (256, 1, 15, 1)
```

至此，数据准备工作已经完成，下面讲解如何设计模型。

15.4.2　模型设计

神经网络模型设计是电影推荐任务中重要的一环。它的作用是提取并利用图像、文本或者语音的特征来完成分类、检测、文本分析等任务。在电影推荐任务中，将设计一个神经网络模型，提取用户数据、电影数据的特征向量，然后计算这些向量的相似度，并利用相似度的大小去完成推荐。

根据前面章节中对建模思路的分析，神经网络模型的设计包含如下步骤。

1）分别将用户、电影的多个特征数据转换成特征向量。

2）针对这些特征向量，使用全连接层或者卷积层进一步提取特征。

3）将用户、电影的多个数据的特征向量融合成一个向量表示，方便进行相似度计算。

4）计算特征之间的相似度。

依据这个思路，设计一个简单的电影推荐神经网络模型，如图 15-9 所示。

该网络结构包含如下内容。

1）提取用户特征和电影特征作为神经网络的输入，其中：

❑ 用户特征包含 4 个属性信息，分别是用户 ID、性别、职业和年龄；

❑ 电影特征包含 3 个属性信息，分别是电影 ID、电影类型和电影名称。

2）提取用户特征。使用 Embedding 层将用户 ID 映射为向量表示，输入全连接层，并对其他 3 个属性做类似处理，然后将 4 个属性的特征分别全连接并相加。

3）提取电影特征。将电影 ID 和电影类型映射为向量表示，输入全连接层，用文本卷积神经网络得到电影名字的定长向量表示，然后将 3 个属性的特征表示分别全连接并相加。

4）得到用户和电影的向量表示后，计算二者的余弦相似度作为个性化推荐系统的打分，最后，将用该相似度打分和用户真实打分的均方差作为该回归模型的损失函数。

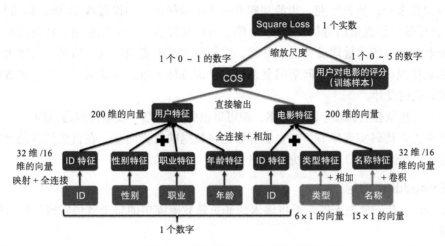

图 15-9　电影推荐神经网络模型

衡量相似度的计算有多种方式，比如计算余弦相似度、皮尔森相关系数、Jaccard 相似系数等，或者通过计算欧氏距离、曼哈顿距离、明可夫斯基距离等方式计算相似度。本节使用余弦相似度计算特征之间的相似度。余弦相似度是一种简单、好用的向量相似度计算方式，通过计算向量之间的夹角余弦值来评估向量的相似度。

1. 为何如此设计网络

网络的主体框架已经在第 1 章中做出了分析，但还有一些细节没有确定。

（1）如何将"数字"转变成"向量"？

如第 13 章提到的，可使用词嵌入（Embedding）的方式将数字转变成向量。

（2）如何合并多个向量的信息？例如：如何将用户 4 个特征（ID、性别、年龄、职业）的向量合并成一个向量？

最简单的方式是先将不同特征向量（ID 32 维、性别 16 维、年龄 16 维、职业 16 维）通过 4 个全连接层映射到 4 个等长的向量（200 维），再将 4 个等长的向量按位相加得到 1 个包含全部信息的向量。

电影类型的特征是多个数字转变成多个向量（6 个），也可以通过该方式合并成 1 个向量。

（3）如何处理文本信息？

前面第 13 章提到，处理文本信息时使用卷积神经网络（CNN）和长短记忆神经网络（LSTM）会有较好的效果。鉴于电影标题是相对简单的短文本，所以这里使用卷积网络结构来处理电影标题。

（4）尺寸大小应该如何设计？

这涉及信息熵的理念：越丰富的信息，维度越高。所以，信息量较少的原始特征可以用更短的向量表示，例如性别、年龄和职业这 3 个特征向量均设置成 16 维，而用户 ID 和电影 ID 这样较多信息量的特征设置成 32 维。可以将综合了 4 个原始用户特征的向量和综合了 3 个电影特征的向量均设计成 200 维，以便蕴含更丰富的信息。当然，尺寸大小并没有一贯的最优规律，需要根据问题的复杂程度、训练样本量、特征的信息量等多方面信息探索出最有效的设计。

将设计思想结合上面几个细节方案，即可得出前文图 15-9 展示的网络结构。

接下来进入代码实现环节，首先看看如何将数据映射为向量。在自然语言处理中，常使用词嵌入（Embedding）的方式完成向量变换。

2. Embedding 介绍

Embedding 是一个嵌入层，可将输入的非负整数矩阵中的每个数值转换为具有固定长度的向量。

在 NLP 任务中，更希望把输入文本映射成向量表示，以便后续使用神经网络对数据进行处理。在 15.4.1 节中已经将用户和电影的特征用数字表示，这里通过 Embedding 完成数字到向量的映射。

飞桨已经支持 Embedding 的 API，该接口根据输入从 Embedding 矩阵中查询对应的 Embedding 信息，并根据输入参数 size (vocab_size, emb_size) 自动构造一个二维 embedding 矩阵。该 API 的重要参数如下所示，更多详细介绍可参见 Embedding API 接口文档。

函数形式为 fluid.dygraph.Embedding(size, param_attr)，其中：

❏ size (tuple|list)：Embedding 矩阵的维度。size 中必须包含两个元素，第一个元素是用来表示输入单词的最大数值，第二个元素是输出 embedding 的维度。

❏ param_attr (ParamAttr)：指定 Embedding 权重参数属性。ParamAttr 是飞桨定义的类型。

调用 Embedding API 的具体流程如代码清单 15-20 所示。

代码清单 15-20　调用 Embedding API

```
import paddle.fluid as fluid
import paddle.fluid.dygraph as dygraph
from paddle.fluid.dygraph import Linear, Embedding, Conv2D
import numpy as np

# 创建飞桨动态图的工作空间
with dygraph.guard():
    # 声明用户的最大 ID，在此基础上加 1（算上数字 0）
    USR_ID_NUM = 6040 + 1
    # 声明 Embedding 层，将 ID 映射为 32 长度的向量
    usr_emb = Embedding(size=[USR_ID_NUM, 32], is_sparse=False)
    # 声明输入数据，将其转成 variable，输入数据的最后一维必须是 1
```

```
arr_1 = np.array([1], dtype="int64").reshape((-1, 1))
print(arr_1)
arr_pd1 = dygraph.to_variable(arr_1)
print(arr_pd1)
# 计算结果
emb_res = usr_emb(arr_pd1)
# 打印结果
print(" 数字 1 的 embedding 结果是: ", emb_res.numpy(), "\n 形状是: ", emb_res.
shape)
```

输出如下：

```
[[1]]
name generated_var_0, dtype: VarType.INT64 shape: [1, 1]      lod: {}
    dim: 1, 1
    layout: NCHW
    dtype: int64_t
    data: [1]

数字 1 的 embedding 结果是:  [[[-0.02356571 -0.01092202  0.02600463 -0.00450702
0.01505079
    -0.00601721 -0.02376368 -0.01189321 -0.02048155  0.00182131
    -0.03045286  0.02855805 -0.02539498  0.012505    0.00590571
    -0.01520004  0.03070632  0.0107495   0.00754192  0.00869276
    -0.0110989  -0.02570133 -0.00188765 -0.02844696 -0.01866005
    -0.01986563 -0.00197036  0.00259019 -0.00593987  0.00038105
    -0.02560765 -0.00633747]]]
形状是: [1, 1, 32]
```

使用 Embedding 时，需要注意 size 这个参数。size 是包含两个整数元素的列表或者元组。第一个元素为 vocab_size（词表大小），第二个为 emb_size（embedding 层维度）。使用的 ml-1m 数据集的用户 ID 最大为 6040，考虑到 0 的存在，所以这里需要将 Embedding 的输入 size 的第一个维度设置为 6041（=6040+1）。emb_size 表示将数据映射为 emb_size 维度的向量。这里将用户 ID 数据 1 转换成了维度为 32 的向量表示。32 是设置的超参数，读者可以自行调整大小。

通过上面的代码，可以简单了解 Embedding 的工作方式，但是 Embedding 层是如何将数字映射为高维度向量的呢？

实际上，与 Conv2D、FC 层一样，Embedding 层也有可学习的权重，通过矩阵相乘的方式对输入数据进行映射。Embedding 中将输入映射成向量的实际步骤如下：

1）将输入数据转换成 one-hot 格式的向量；

2）one-hot 向量和 Embedding 层的权重进行矩阵相乘得到 Embedding 的结果。

用 Embedding 对数据进行映射的具体过程如代码清单 15-21 所示。

代码清单 15-21　用 Embedding 层对数据进行映射

```
# 创建飞桨动态图的工作空间
with dygraph.guard():
    # 声明用户的最大 ID，在此基础上加 1（算上数字 0）
    USR_ID_NUM = 10
```

```
# 声明 Embedding 层，将 ID 映射为 16 长度的向量
usr_emb = Embedding(size=[USR_ID_NUM, 16], is_sparse=False)
# 定义输入数据，输入数据为不超过 10 的整数，将其转成 variable，输入数据的最后一维必须是 1
arr = np.random.randint(0, 10, (3)).reshape((-1, 1)).astype('int64')
print("输入数据是: ", arr)
arr_pd = dygraph.to_variable(arr)
emb_res = usr_emb(arr_pd)
print("默认权重初始化 embedding 层的映射结果是: ", emb_res.numpy())

# 观察 Embedding 层的权重
emb_weights = usr_emb.state_dict()
print(emb_weights.keys())

print("\n查看 embedding 层的权重形状: ", emb_weights['weight'].shape)

# 声明 Embedding 层，将 ID 映射为 16 长度的向量，自定义权重初始化方式
# 定义 MSRA 初始化方式
init = fluid.initializer.MSRAInitializer(uniform=False)
param_attr = fluid.ParamAttr(initializer=init)

usr_emb2 = Embedding(size=[USR_ID_NUM, 16], param_attr=param_attr)
emb_res = usr_emb2(arr_pd)
print("\nMSRA 初始化权重 embedding 层的映射结果是: ", emb_res.numpy())
```

输出如下：

```
输入数据是: [[3]
 [3]
 [5]]
默认权重初始化 embedding 层的映射结果是: [[[ 0.07319915 -0.31181502 -0.217157  -0.3967479
-0.41047537
   -0.11882892 -0.20110556  0.04288924 -0.14914796 -0.4794957
   0.14784402 -0.01217031 -0.44350785  0.24657476  0.40264207
   -0.42123187]]

 [[ 0.07319915 -0.31181502 -0.217157   -0.3967479   -0.41047537
   -0.11882892 -0.20110556  0.04288924 -0.14914796 -0.4794957
   0.14784402 -0.01217031 -0.44350785  0.24657476  0.40264207
   -0.42123187]]

 [[ 0.12367958 -0.08126739 -0.03898087 -0.46018332  0.43012017
   0.11361349  0.1676197  -0.42571393  0.24998796 -0.08895245
   -0.1469143  -0.2648496  0.39830798 -0.18379673 -0.3121131
   -0.19391838]]]
odict_keys(['weight'])

查看 embedding 层的权重形状: [10, 16]

MSRA 初始化权重 embedding 层的映射结果是: [[[-0.21339308  0.23698589  0.17333241
0.02846701 -0.07353761
   0.46638224  0.4562641  0.05782131  0.36201525 -0.00333217
   -0.11395334  0.43728846 -0.6661781  -0.29415572 -0.44087017
   -0.05057243]]

 [[-0.21339308  0.23698589  0.17333241  0.02846701 -0.07353761
   0.46638224  0.4562641   0.05782131  0.36201525 -0.00333217
```

```
    -0.11395334  0.43728846 -0.6661781  -0.29415572 -0.44087017
    -0.05057243]]

  [[ 0.34478924 -0.5796076  -0.02870371 -0.032929   -0.3829431
     0.6351127   0.72117573  0.27278185  0.2895902  -0.00816591
    -0.187917    0.02802097  0.00138107 -0.5020734   0.04628478
     0.28527454]]]
```

　　上述代码中，在 [0, 10] 范围内随机产生了 3 个整数，数据的最大值为整数 9，最小为
0。因此，输入数据映射为每个 one-hot 向量的维度是 10，定义 Embedding 权重的第一个维
度 USR_ID_NUM 为 10。

　　这里的输入参数 shape 是 [3, 1]，Embedding 层的权重形状则是 [10, 16]。在计算时，首
先将输入数据转换成 one-hot 向量，one-hot 向量的长度与 Embedding 层的输入参数 size 的
第一个维度有关。比如这里设置为 10，所以输入数据将被转换成维度为 [3, 10] 的 one-hot
向量，参数 size 决定了 Embedding 层的权重形状。然后，维度为 [3, 10] 的 one-hot 向量与
维度为 [10, 16] 的 Embedding 权重相乘，得到最终维度为 [3, 16] 的映射向量。

　　这里也可以对 Embeding 层的权重进行初始化，如果不设置，则采用默认的初始化
方式。

　　神经网络处理文本数据时，需要用数字代替文本，而 Embedding 层则是将数字数据映
射成高维向量，以方便后续卷积、全连接、LSTM 等网络层对数据进行处理。接下来开始
设计用户和电影数据的特征提取网络。

3. 用户特征提取网络

用户特征提取的神经网络结构如图 15-10 所示。

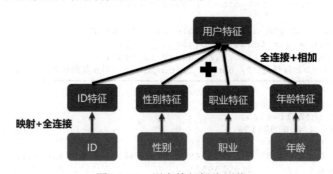

图 15-10　用户特征提取网络

用户特征网络主要包括：

1）将用户 ID 数据映射为向量表示，通过全连接层得到 ID 特征；

2）将用户性别数据映射为向量表示，通过全连接层得到性别特征；

3）将用户职业数据映射为向量表示，通过全连接层得到职业特征；

4）将用户年龄数据影射喂向量表示，通过全连接层得到年龄特征；

5）融合 ID、性别、职业、年龄特征，得到用户的特征表示。

在用户特征计算网络中，对每个用户数据做 Embedding 处理，然后经过一个全连接层，使用 ReLU 激活函数得到用户的所有特征，将特征整合后再经过一个全连接层得到最终的用户数据特征，该特征的维度是 200 维，用于和电影特征计算相似度。

（1）用户 ID 特征提取

构建用户 ID 的特征提取网络，包括两个部分。首先，使用 Embedding 将用户 ID 映射为向量，然后，使用一层全连接层和 ReLU 激活函数进一步提取用户 ID 特征。相比电影类别、电影名称，用户 ID 只包含一个数字，数据更为简单。注意，这里需要考虑将用户 ID 映射为多少维度的向量合适，使用维度过大的向量容易造成信息冗余，维度过小又不足以表示该用户的特征。理论上来说，如果使用二进制表示用户 ID，用户最大 ID 是 6040，小于 2 的 13 次方，因此，使用 13 维度的向量已经足够，为了让不同 ID 的向量更具区分性，可以选择将用户 ID 映射为 32 维的向量。

用户 ID 特性提取的具体过程如代码清单 15-22 所示。

代码清单 15-22　用户 ID 特征提取

```
# 自定义一个用户 ID 数据
usr_id_data = np.random.randint(0, 6040, (2)).reshape((-1)).astype('int64')
print(" 输入的用户 ID 是 :", usr_id_data)
# 创建飞桨动态图的工作空间
with dygraph.guard():
    USR_ID_NUM = 6040 + 1
    # 定义用户 ID 的 embedding 层和 fc 层
    usr_emb = Embedding([USR_ID_NUM, 32], is_sparse=False)
    usr_fc = Linear(input_dim=32, output_dim=32)

    usr_id_var = dygraph.to_variable(usr_id_data)
    usr_id_feat = usr_fc(usr_emb(usr_id_var))
    usr_id_feat = fluid.layers.relu(usr_id_feat)
    print("用户 ID 的特征是: ", usr_id_feat.numpy(), "\n 其形状是: ", usr_id_feat.shape)
```

输出如下：

```
输入的用户 ID 是 : [3511 4125]
用户 ID 的特征是: [[0.01574198 0.          0.          0.          0.02548438 0.01829206
  0.          0.00267444 0.03974488 0.          0.0125479  0.01635006
  0.          0.01348757 0.00099145 0.00921841 0.02927484 0.0277753
  0.02781798 0.          0.00259031 0.          0.00221091 0.
  0.          0.          0.          0.          0.          0.
  0.01300182 0.02627602]
 [0.          0.01970843 0.00200395 0.          0.02862134 0.
  0.          0.01341773 0.01240196 0.          0.03665136 0.02436131
  0.          0.02451975 0.          0.00382315 0.          0.
  0.01831124 0.          0.          0.          0.00175647 0.0095302
  0.00249144 0.          0.00717024 0.          0.          0.
  0.          0.0216652 ]]
其形状是: [2, 32]
```

注意，将用户 ID 映射为 one-hot 向量时，Embedding 层参数 size 的第一个参数是在用户最大 ID 的基础上加 1。原因很简单，由 15.4.1 节可知，用户 ID 是从 1 开始计数的，最大的用户 ID 是 6040。同时，通过 Embedding 映射输入数据时，是先把输入数据转换成 one-hot 向量，而只有一个 1 的向量才被称为 one-hot 向量，比如，0 用 4 维的 on-hot 向量表示是 [1, 0 ,0 ,0]，4 维的 one-hot 向量最大只能表示 3。所以，要用 one-hot 向量表示数字 6040，至少需要用 6041 维度的向量。

（2）用户性别特征提取

接下来构建用户性别的特征提取网络，同用户 ID 特征提取步骤类似，使用 Embedding 层和全连接层提取用户性别特征。不同于用户 ID 有成千上万种数据，性别只有两种可能，所以不需要使用高维度的向量表示用户性别特征，将用户性别用 16 维的向量表示即可，如代码清单 15-23 所示。

代码清单 15-23　用户性别特征提取

```
# 自定义一个用户性别数据
usr_gender_data = np.array((0, 1)).reshape(-1).astype('int64')
print(" 输入的用户性别是：", usr_gender_data)
# 创建飞桨动态图的工作空间
with dygraph.guard():
    # 用户的性别用 0，1 表示
    # 性别最大 ID 是 1，所以 Embedding 层 size 的第一个参数设置为 1 + 1 = 2
    USR_ID_NUM = 2
    # 对用户性别信息做映射，并紧接着一个 FC 层
    USR_GENDER_DICT_SIZE = 2
    usr_gender_emb = Embedding([USR_GENDER_DICT_SIZE, 16])
    usr_gender_fc = Linear(input_dim=16, output_dim=16)

    usr_gender_var = dygraph.to_variable(usr_gender_data)
    usr_gender_feat = usr_gender_fc(usr_gender_emb(usr_gender_var))
    usr_gender_feat = fluid.layers.relu(usr_gender_feat)
    print(" 用户性别特征的数据特征是：", usr_gender_feat.numpy(), "\n 其形状是：",
usr_gender_feat.shape)
    print("\n 性别 0 对应的特征是：", usr_gender_feat.numpy()[0, :])
    print(" 性别 1 对应的特征是：", usr_gender_feat.numpy()[1, :])
```

输出如下：

```
输入的用户性别是：[0 1]
用户性别特征的数据特征是：[[0.023137    0.          0.          0.05907416 0.1018934  0.
  0.          0.00924867 0.32423887 0.27837008 0.5539641  0.
  0.          0.          0.          0.09197924]
 [0.23991962 0.25170493 0.          0.47101367 0.0232828  0.
  0.          0.0052276  0.          0.10090257 0.4415601  0.
  0.          0.17549343 0.29906213 0.15026219]]
其形状是：[2, 16]
性别 0 对应的特征是：[0.023137    0.          0.          0.05907416 0.1018934  0.
  0.          0.00924867 0.32423887 0.27837008 0.5539641  0.
  0.          0.          0.          0.09197924]
性别 1 对应的特征是：[0.23991962 0.25170493 0.          0.47101367 0.0232828  0.
  0.          0.0052276  0.          0.10090257 0.4415601  0.
  0.          0.17549343 0.29906213 0.15026219]
```

（3）用户年龄特征提取

构建用户年龄的特征提取网络，同样采用 Embedding 层和全连接层的方式。在 15.4.1 节列出了用户年龄数据分布，可知用户年龄最大值为 56，这里仍将用户年龄用 16 维的向量表示，如代码清单 15-24 所示。

代码清单 15-24　用户年龄特征提取

```
# 自定义一个用户年龄数据
usr_age_data = np.array((1, 18)).reshape(-1).astype('int64')
print("输入的用户年龄是:", usr_age_data)
# 创建飞桨动态图的工作空间
with dygraph.guard():
    # 对用户年龄信息做映射,并紧接着一个 FC 层
    # 年龄的最大 ID 是 56,所以 Embedding 层 size 的第一个参数设置为 56 + 1 = 57
    USR_AGE_DICT_SIZE = 56 + 1

    usr_age_emb = Embedding([USR_AGE_DICT_SIZE, 16])
    usr_age_fc = Linear(input_dim=16, output_dim=16)

    usr_age = dygraph.to_variable(usr_age_data)
    usr_age_feat = usr_age_emb(usr_age)
    usr_age_feat = usr_age_fc(usr_age_feat)
    usr_age_feat = fluid.layers.relu(usr_age_feat)

    print("用户年龄特征的数据特征是: ", usr_age_feat.numpy(), "\n 其形状是: ", usr_age_feat.shape)
    print("\n 年龄 1 对应的特征是: ", usr_age_feat.numpy()[0, :])
    print("年龄 18 对应的特征是: ", usr_age_feat.numpy()[1, :])
```

输出如下：

```
输入的用户年龄是 : [ 1 18]
用户年龄特征的数据特征是: [[0.         0.06744663 0.07139666 0.22798921 0.00418518
0.11958582
 0.         0.0862837  0.         0.         0.         0.
 0.         0.         0.         0.10500401]
 [0.02628775 0.01366574 0.27162912 0.18385436 0.         0.03725404
 0.         0.00666845 0.1811573  0.01687878 0.         0.06251942
 0.02582079 0.00176389 0.         0.         ]]
其形状是: [2, 16]

年龄 1  对应的特征是: [0.         0.06744663 0.07139666 0.22798921 0.00418518
0.11958582
 0.         0.0862837  0.         0.         0.         0.
 0.         0.         0.         0.10500401]
年龄 18 对应的特征是: [0.02628775 0.01366574 0.27162912 0.18385436 0.         0.03725404
 0.         0.00666845 0.1811573  0.01687878 0.         0.06251942
 0.02582079 0.00176389 0.         0.         ]
```

（4）用户职业特征提取

参考用户年龄的处理方式实现用户职业的特征提取，同样采用 Embedding 层和全连接层的方式提取特征。由上一节信息可以得知用户职业的最大数字表示是 20，如代码清单 15-25 所示。

代码清单 15-25　用户职业特征提取

```
# 自定义一个用户职业数据
usr_job_data = np.array((0, 20)).reshape(-1).astype('int64')
print(" 输入的用户职业是 :", usr_job_data)
# 创建飞桨动态图的工作空间
with dygraph.guard():
    # 对用户职业信息做映射，并紧接着一个 FC 层
    # 用户职业的最大 ID 是 20，所以 Embedding 层 size 的第一个参数设置为 20 + 1 = 21
    USR_JOB_DICT_SIZE = 20 + 1
    usr_job_emb = Embedding([USR_JOB_DICT_SIZE, 16])
    usr_job_fc = Linear(input_dim=16, output_dim=16)

    usr_job = dygraph.to_variable(usr_job_data)
    usr_job_feat = usr_job_emb(usr_job)
    usr_job_feat = usr_job_fc(usr_job_feat)
    usr_job_feat = fluid.layers.relu(usr_job_feat)

    print(" 用户年龄特征的数据特征是: ", usr_job_feat.numpy(), "\n 其形状是: ", usr_
job_feat.shape)
    print("\n 职业 0 对应的特征是: ", usr_job_feat.numpy()[0, :])
    print(" 职业 20 对应的特征是: ", usr_job_feat.numpy()[1, :])
```

输出如下：

```
输入的用户职业是 : [ 0 20]
用户年龄特征的数据特征是: [[0.         0.40867782 0.24240115 0.19596662 0.         0.
  0.11957636 0.         0.         0.         0.
  0.41132662 0.20574303 0.         0.         ]
 [0.         0.         0.18979335 0.00341304 0.
  0.15170634 0.         0.40536746 0.01424695 0.         0.00384581
  0.         0.1786537 0.         0.01656975]]
其形状是: [2, 16]

职业 0 对应的特征是: [0.         0.40867782 0.24240115 0.19596662 0.         0.
  0.11957636 0.         0.         0.         0.
  0.41132662 0.20574303 0.         0.         ]
职业 20 对应的特征是: [0.         0.         0.         0.18979335 0.00341304 0.
  0.15170634 0.         0.40536746 0.01424695 0.         0.00384581
  0.         0.1786537 0.         0.01656975]
```

（5）用户特征融合

特征融合是一种常用的特征增强手段，通过结合不同特征的长处，达到取长补短的目的。简单的融合方式有：特征（加权）相加、特征级联、特征正交等。此处使用特征融合是为了将用户的多个特征融合到一起，用单个向量表示每个用户，更方便计算用户与电影的相似度。上文使用 Embedding 层加全连接层的方式分别得到了用户 ID、性别、年龄、职业的特征向量，这里可以使用全连接层将每个特征映射到固定长度，然后相加，得到融合特征。具体代码如代码清单 15-26 所示。

代码清单 15-26　用户特征融合

```
with dygraph.guard():
```

```
FC_ID = Linear(32, 200, act='tanh')
FC_GENDER = Linear(16, 200, act='tanh')
FC_AGE = Linear(16, 200, act='tanh')
FC_JOB = Linear(16, 200, act='tanh')

# 收集所有的用户特征
_features = [usr_id_feat, usr_job_feat, usr_age_feat, usr_gender_feat]
_features = [k.numpy() for k in _features]
_features = [dygraph.to_variable(k) for k in _features]

id_feat = FC_ID(_features[0])
job_feat = FC_JOB(_features[1])
age_feat = FC_AGE(_features[2])
genger_feat = FC_GENDER(_features[-1])

# 对特征求和
usr_feat = id_feat + job_feat + age_feat + genger_feat
print("用户融合后特征的维度是: ", usr_feat.shape)
```

输出如下:

用户融合后特征的维度是: [2, 200]

这里使用全连接层进一步提取特征,而不是直接相加得到用户特征的原因有两点:

❑ 用户每个特征数据维度不一致,无法直接相加;

❑ 用户每个特征仅使用一层全连接层,特征提取不充分,多使用一层全连接层能进一步提取特征。而且,这里用高维度(200维)的向量表示用户特征,能包含更多信息,每个用户特征之间的区分也更明显。

上述实现中需要对每个特征都使用一个全连接层,实现较为复杂。一种简单的替换方式是:先将每个用户特征沿着长度维度进行级联,然后使用一个全连接层获得整个用户特征向量,两种方式的对比如图 15-11 所示。

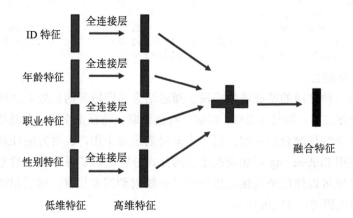

a) 方式 1- 特征逐个全连接后相加

图　15-11

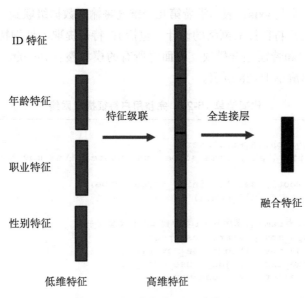

b）方式 2- 特征级联后使用全连接

图　15-11（续）

　　两种方式均可实现向量的合并，虽然两者的数学公式不同，但它们的表达能力是类似的。

　　下面是方式 2 的代码实现，如代码清单 15-27 所示。

代码清单 15-27　特征级联后使用全连接

```
with dygraph.guard():
    usr_combined = Linear(80, 200, act='tanh')

    # 收集所有的用户特征
    _features = [usr_id_feat, usr_job_feat, usr_age_feat, usr_gender_feat]

    print("打印每个特征的维度: ", [f.shape for f in _features])

    _features = [k.numpy() for k in _features]
    _features = [dygraph.to_variable(k) for k in _features]


    # 对特征沿着最后一个维度级联
    usr_feat = fluid.layers.concat(input=_features, axis=1)
    usr_feat = usr_combined(usr_feat)
    print("用户融合后特征的维度是: ", usr_feat.shape)
```

输出如下：

```
打印每个特征的维度: [[2, 32], [2, 16], [2, 16], [2, 16]]
用户融合后特征的维度是: [2, 200]
```

上述代码中使用了 fluid.layers.concat() 这个 API，该 API 有两个参数，一个是列表形式的输入数据，另一个是 axis，表示沿着第几个维度将输入数据级联到一起。

至此就完成了用户特征提取网络的设计，包括 ID 特征提取、性别特征提取、年龄特征提取、职业特征提取和特征融合模块。下面将所有的模块整合到一起，放到 Python 类中，完整代码实现如代码清单 15-28 所示。

代码清单 15-28　完整用户特征提取网络

```
import random
class Model(dygraph.layers.Layer):
    def __init__(self, name_scope, use_poster, use_mov_title, use_mov_cat,
use_age_job):
        super(Model, self).__init__(name_scope)
        name = self.full_name()

        # 将传入的 name 信息和 bool 型参数添加到模型类中
        self.use_mov_poster = use_poster
        self.use_mov_title = use_mov_title
        self.use_usr_age_job = use_age_job
        self.use_mov_cat = use_mov_cat

        # 使用上节定义的数据处理类，获取数据集的信息，并构建训练和验证集的数据迭代器
        Dataset = MovieLen(self.use_mov_poster)
        self.Dataset = Dataset
        self.trainset = self.Dataset.train_dataset
        self.valset = self.Dataset.valid_dataset
        self.train_loader = self.Dataset.load_data(dataset=self.trainset, mode='train')
        self.valid_loader = self.Dataset.load_data(dataset=self.valset, mode='valid')

        """ define network layer for embedding usr info """
        USR_ID_NUM = Dataset.max_usr_id + 1
        # 对用户 ID 做映射，并紧接着一个 FC 层
        self.usr_emb = Embedding([USR_ID_NUM, 32], is_sparse=False)
        self.usr_fc = Linear(32, 32)

        # 对用户性别信息做映射，并紧接着一个 FC 层
        USR_GENDER_DICT_SIZE = 2
        self.usr_gender_emb = Embedding([USR_GENDER_DICT_SIZE, 16])
        self.usr_gender_fc = Linear(16, 16)

        # 对用户年龄信息做映射，并紧接着一个 FC 层
        USR_AGE_DICT_SIZE = Dataset.max_usr_age + 1
        self.usr_age_emb = Embedding([USR_AGE_DICT_SIZE, 16])
        self.usr_age_fc = Linear(16, 16)

        # 对用户职业信息做映射，并紧接着一个 FC 层
        USR_JOB_DICT_SIZE = Dataset.max_usr_job + 1
        self.usr_job_emb = Embedding([USR_JOB_DICT_SIZE, 16])
        self.usr_job_fc = Linear(16, 16)

        # 新建一个 FC 层，用于整合用户数据信息
        self.usr_combined = Linear(80, 200, act='tanh')

    # 定义计算用户特征的前向运算过程
```

```python
    def get_usr_feat(self, usr_var):
        """ get usr features"""
        # 获取到用户数据
        usr_id, usr_gender, usr_age, usr_job = usr_var
        # 将用户的 ID 数据经过 embedding 和 FC 计算, 得到的特征保存在 feats_collect 中
        feats_collect = []
        usr_id = self.usr_emb(usr_id)
        usr_id = self.usr_fc(usr_id)
        usr_id = fluid.layers.relu(usr_id)
        feats_collect.append(usr_id)

        # 计算用户的性别特征, 并保存在 feats_collect 中
        usr_gender = self.usr_gender_emb(usr_gender)
        usr_gender = self.usr_gender_fc(usr_gender)
        usr_gender = fluid.layers.relu(usr_gender)
        feats_collect.append(usr_gender)
        # 选择是否使用用户的年龄 - 职业特征
        if self.use_usr_age_job:
            # 计算用户的年龄特征, 并保存在 feats_collect 中
            usr_age = self.usr_age_emb(usr_age)
            usr_age = self.usr_age_fc(usr_age)
            usr_age = fluid.layers.relu(usr_age)
            feats_collect.append(usr_age)
            # 计算用户的职业特征, 并保存在 feats_collect 中
            usr_job = self.usr_job_emb(usr_job)
            usr_job = self.usr_job_fc(usr_job)
            usr_job = fluid.layers.relu(usr_job)
            feats_collect.append(usr_job)

        # 将用户的特征级联, 并通过 FC 层得到最终的用户特征
        print([f.shape for f in feats_collect])
        usr_feat = fluid.layers.concat(feats_collect, axis=1)
        usr_feat = self.usr_combined(usr_feat)
        return usr_feat

# 下面使用定义好的数据读取器, 实现从用户数据读取到用户特征计算的流程:
## 测试用户特征提取网络
with dygraph.guard():
    model = Model("Usr", use_poster=False, use_mov_title=True, use_mov_
cat=True, use_age_job=True)
    model.eval()

    data_loader = model.train_loader

    for idx, data in enumerate(data_loader()):
        # 获得数据, 并转为动态图格式
        usr, mov, score = data
        # 只使用每个 Batch 的第一条数据
        usr_v = [[var[0]] for var in usr]

        print("输入的用户 ID 数据: {}\n 性别数据: {}  \n 年龄数据: {}  \n 职业数据 {}".
format(*usr_v))

        usr_v = [dygraph.to_variable(np.array(var)) for var in usr_v]
```

```
usr_feat = model.get_usr_feat(usr_v)
print("计算得到的用户特征维度是: ", usr_feat.shape)
break
```

输出如下：

```
##Total dataset instances:  1000209
##MovieLens dataset information:
usr num: 6040
movies num: 3883
输入的用户 ID 数据：[2928]
性别数据：[0]
年龄数据：[25]
职业数据 [2]
[[1, 32], [1, 16], [1, 16], [1, 16]]
计算得到的用户特征维度是: [1, 200]
```

上面使用了向量级联 + 全连接的方式实现了 4 个用户特征向量的合并，下面会用到另外一种向量合并的方式（向量相加）处理电影类型的特征。

4. 电影特征提取网络

接下来构建提取电影特征的神经网络，与用户特征网络的结构不同，电影的名称和类别均有多个数字信息，在构建网络时，对这两类特征的处理方式也不同。电影特征提取网络如图 15-12 所示。

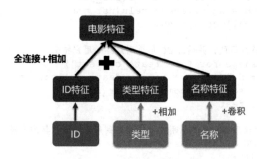

图 15-12　电影特征提取网络

电影特征网络主要包括：

1）将电影 ID 数据映射为向量表示，通过全连接层得到 ID 特征；

2）将电影类别数据映射为向量表示，对电影类别的向量求和得到类别特征；

3）将电影名称数据映射为向量表示，通过卷积层计算得到名称特征。

（1）电影 ID 特征提取

与计算用户 ID 特征的方式类似，通过如下方式实现电影 ID 特性提取，电影 ID 的最大值是 3952（上文中提到），具体代码如代码清单 12-29 所示。

代码清单 15-29　电影 ID 特征提取

```
# 自定义一个电影 ID 数据
```

```
mov_id_data = np.array((1, 2)).reshape(-1).astype('int64')
with dygraph.guard():
    # 对电影 ID 信息做映射, 并紧接着一个 FC 层
    MOV_DICT_SIZE = 3952 + 1
    mov_emb = Embedding([MOV_DICT_SIZE, 32])
    mov_fc = Linear(32, 32)

    print("输入的电影 ID 是 :", mov_id_data)
    mov_id_data = dygraph.to_variable(mov_id_data)
    mov_id_feat = mov_fc(mov_emb(mov_id_data))
    mov_id_feat = fluid.layers.relu(mov_id_feat)
    print("计算的电影 ID 的特征是 ", mov_id_feat.numpy(), "\n 其形状是: ", mov_id_
feat.shape)
    print("\n 电影 ID 为 {}  计算得到的特征是: {}".format(mov_id_data.numpy()[0],
mov_id_feat.numpy()[0]))
    print("电影 ID 为 {} 计算得到的特征是: {}".format(mov_id_data.numpy()[1], mov_
id_feat.numpy()[1]))
```

输出如下:

```
输入的电影 ID 是 : [1 2]
计算的电影 ID 的特征是 [[0.00380746 0.           0.00747952 0.           0.01460832 0.
 0.         0.02644686 0.00881469 0.02714742 0.           0.
 0.         0.00490084 0.           0.011464   0.           0.02438358
 0.         0.05181156 0.00271468 0.02482769 0.00856254 0.
 0.         0.         0.         0.00127167 0.           0.
 0.01114944 0.00792265]
 [0.02830652 0.           0.           0.00845328 0.01861141 0.
 0.05202583 0.           0.00567936 0.00591309 0.01148433 0.
 0.         0.01830137 0.02531591 0.00357616 0.           0.
 0.02856203 0.           0.01485681 0.           0.03657161 0.00311763
 0.02794975 0.01535434 0.           0.01469669 0.           0.01319524
 0.00011042 0.          ]]
其形状是: [2, 32]

电影 ID 为 1 计算得到的特征是: [0.00380746 0.           0.00747952 0.           0.01460832 0.
 0.         0.02644686 0.00881469 0.02714742 0.           0.
 0.         0.00490084 0.           0.011464   0.           0.02438358
 0.         0.05181156 0.00271468 0.02482769 0.00856254 0.
 0.         0.         0.         0.00127167 0.           0.
 0.01114944 0.00792265]
电影 ID 为 2 计算得到的特征是: [0.02830652 0.           0.           0.00845328 0.01861141 0.
 0.05202583 0.           0.00567936 0.00591309 0.01148433 0.
 0.         0.01830137 0.02531591 0.00357616 0.           0.
 0.02856203 0.           0.01485681 0.           0.03657161 0.00311763
 0.02794975 0.01535434 0.           0.01469669 0.           0.01319524
 0.00011042 0.         ]
```

（2）电影类别特征提取

与电影 ID 数据不同的是, 每部电影有多个类别, 提取类别特征时, 如果对每个类别数据都使用一个全连接层, 电影最多的类别数是 6, 会导致类别特征提取网络参数过多而不利于学习。所以, 我们使用如下处理方式提取电影类别特征:

1）通过 Embedding 网络层将电影类别数字映射为特征向量;

2）对 Embedding 后的向量沿着类别数量维度求和，得到一个类别映射向量；

3）通过一个全连接层计算类别特征向量。

前面 15.4.1 节已经提到，每部电影的类别数量是不固定的，且一部电影最大的类别数量是 6，类别数量不足 6 的要通过补 0 到 6。因此，每个类别的数据维度是 6，每个电影类别有 6 个 Embedding 向量。如果希望用一个向量表示电影类别，可以对电影类别数量维度降维，即对 6 个 Embedding 向量通过求和的方式降维，得到电影类别的向量表示，如代码清单 15-30 所示。

代码清单 15-30　电影类别特征提取

```
# 自定义一个电影类别数据
mov_cat_data = np.array(((1, 2, 3, 0, 0, 0), (2, 3, 4, 0, 0, 0))).reshape(2,
-1).astype('int64')
with dygraph.guard():
    # 对电影 ID 信息做映射，并紧接着一个 FC 层
    MOV_DICT_SIZE = 6 + 1
    mov_emb = Embedding([MOV_DICT_SIZE, 32])
    mov_fc = Linear(32, 32)

    print("输入的电影类别是 :", mov_cat_data[:, :])
    mov_cat_data = dygraph.to_variable(mov_cat_data)
    # 1. 通过 Embedding 映射电影类别数据；
    mov_cat_feat = mov_emb(mov_cat_data)
    # 2. 对 Embedding 后的向量沿着类别数量维度进行求和，得到一个类别映射向量；
    mov_cat_feat = fluid.layers.reduce_sum(mov_cat_feat, dim=1, keep_
dim=False)

    # 3. 通过一个全连接层计算类别特征向量。
    mov_cat_feat = mov_fc(mov_cat_feat)
    mov_cat_feat = fluid.layers.relu(mov_cat_feat)
    print("计算的电影类别的特征是 ", mov_cat_feat.numpy(), "\n 其形状是: ", mov_cat_
feat.shape)
    print("\n 电影类别为 {} 计算得到的特征是:{}".format(mov_cat_data.numpy()[0, :],
mov_cat_feat.numpy()[0]))
    print("\n 电影类别为 {} 计算得到的特征是:{}".format(mov_cat_data.numpy()[1, :],
mov_cat_feat.numpy()[1]))
```

输出如下：

```
输入的电影类别是 : [[1 2 3 0 0 0]
 [2 3 4 0 0 0]]
计算的电影类别的特征是 [[0.90278137 0.         0.94548154 0.         0.7049405  0.
  0.27492756 0.03842919 0.9897252  1.01082    0.         0.3386654
  0.18409352 0.82094765 0.5298293  0.         0.2218847  0.
  0.         0.         1.3233504  0.04408928 1.1701669  0.2378062
  0.         0.         1.1962037  0.7447211  0.         0.
  0.         0.        ]
 [1.0059301  0.         0.8874374  0.         0.65209347 0.
  1.2931696  0.31240582 0.87398815 0.78633493 0.         0.76689285
  0.41179708 0.46684998 0.26156023 0.         0.3482998  0.
  0.         0.         1.332893   0.         1.0292114  0.43722948
  0.         0.08801231 0.31832567 0.30345434 0.5541737  0.
```

```
     0.          0.          ]]
其形状是: [2, 32]

电影类别为 [1 2 3 0 0 0] 计算得到的特征是: [0.90278137 0.          0.94548154 0.
0.7049405  0.
 0.27492756 0.03842919 0.9897252  1.01082    0.          0.3386654
 0.18409352 0.82094765 0.5298293  0.          0.2218847  0.
 0.          0.          1.3233504  0.04408928 1.1701669  0.2378062
 0.          0.          1.1962037  0.7447211  0.
 0.          0.          ]

电影类别为 [2 3 4 0 0 0] 计算得到的特征是: [1.0059301  0.          0.8874374  0.
0.65209347 0.
 1.2931696  0.31240582 0.87398815 0.78633493 0.          0.76689285
 0.41179708 0.46684998 0.26156023 0.          0.3482998  0.
 0.          0.          1.332893   0.          1.0292114  0.43722948
 0.          0.08801231 0.31832567 0.30345434 0.5541737  0.
 0.          0.          ]
```

因为待合并的 6 个向量具有相同的维度,所以直接按位相加即可得到综合的向量表示。
当然也可以采用向量级联的方式,将 6 个 32 维的向量级联成 192 维的向量,再通过全连接
层压缩成 32 维度,但这样代码实现上要臃肿一些。

(3)电影名称特征提取

与电影类别数据一样,电影名称可以包含多个单词。对于电影名称特征提取的处理方
式是:

1)通过 Embedding 映射电影名称数据,得到对应的特征向量;

2)对 Embedding 后的向量使用卷积层 + 全连接层进一步提取特征;

3)对特征降采样,降低数据维度。

提取电影名称特征时使用了卷积层 + 全连接层的方式,这是因为电影名称单词较多,
其最大单词数量是 15,如果采用和电影类别同样的处理方式,即沿着数量维度求和,显然
会损失很多信息,考虑到 15 这个维度较高,可以使用卷积层进一步提取特征,同时通过控
制卷积层的步长,降低电影名称特征的维度。

但是,简单经过一两层卷层积 + 全连接层后,电影名称特征的维度依然很大,为了得
到更低维度的特征向量,有两种降维方式:一种是利用求和降采样的方式,另一种是继续
使用神经网络层进行特征提取并逐渐降低特征维度。这里采用"简单求和"的降采样方式,
通过飞桨的 reduce_sum API 实现,如代码清单 15-31 所示。

代码清单 15-31 电影名称特征提取

```
# 自定义两个电影名称数据
mov_title_data = np.array((((1, 2, 3, 4, 0, 0, 0, 0, 0, 0, 0, 0, 0, 0, 0),
                           (2, 3, 4, 5, 0, 0, 0, 0, 0, 0, 0, 0, 0, 0, 0)))).
reshape(2, 1, 15).astype('int64')
with dygraph.guard():
    # 对电影名称做映射, 紧接着 FC 和 pool 层
    MOV_TITLE_DICT_SIZE = 1000 + 1
```

```
    mov_title_emb = Embedding([MOV_TITLE_DICT_SIZE, 32], is_sparse=False)
    mov_title_conv = Conv2D(1, 1, filter_size=(3, 1), stride=(2, 1), padding=0,
act='relu')
    # 使用 3 * 3 卷积层代替全连接层
    mov_title_conv2 = Conv2D(1, 1, filter_size=(3, 1), stride=1, padding=0,
act='relu')

    mov_title_data = dygraph.to_variable(mov_title_data)
    print("电影名称数据的输入形状: ", mov_title_data.shape)
    # 1. 通过 Embedding 映射电影名称数据;
    mov_title_feat = mov_title_emb(mov_title_data)
    print("输入通过 Embedding 层的输出形状: ", mov_title_feat.shape)
    # 2. 对 Embedding 后的向量使用卷积层进一步提取特征;
    mov_title_feat = mov_title_conv(mov_title_feat)
    print("第一次卷积之后的特征输出形状: ", mov_title_feat.shape)
    mov_title_feat = mov_title_conv2(mov_title_feat)
    print("第二次卷积之后的特征输出形状: ", mov_title_feat.shape)

    batch_size = mov_title_data.shape[0]
    # 3. 最后对特征进行降采样, ;
    mov_title_feat = fluid.layers.reduce_sum(mov_title_feat, dim=2, keep_
dim=False)
    print("reduce_sum 降采样后的特征输出形状: ", mov_title_feat.shape)

    mov_title_feat = fluid.layers.relu(mov_title_feat)
    mov_title_feat = fluid.layers.reshape(mov_title_feat, [batch_size, -1])
    print("电影名称特征的最终特征输出形状: ", mov_title_feat.shape)

    print("\n 计算的电影名称的特征是 ", mov_title_feat.numpy(), "\n 其形状是: ", mov_
title_feat.shape)
    print("\n 电影名称为 {} 计算得到的特征是:{}".format(mov_title_data.numpy()[0,:,
0], mov_title_feat.numpy()[0]))
    print("\n 电影名称为 {} 计算得到的特征是:{}".format(mov_title_data.numpy()[1,:,
0], mov_title_feat.numpy()[1]))
```

输出如下:

```
电影名称数据的输入形状: [2, 1, 15]
输入通过 Embedding 层的输出形状: [2, 1, 15, 32]
第一次卷积之后的特征输出形状: [2, 1, 7, 32]
第二次卷积之后的特征输出形状: [2, 1, 5, 32]
reduce_sum 降采样后的特征输出形状: [2, 1, 32]
电影名称特征的最终特征输出形状: [2, 32]

计算的电影名称的特征是 [[0.0320248  0.03832126 0.         0.         0.         0.
  0.         0.01488265 0.         0.         0.         0.
  0.         0.03727353 0.02013248 0.         0.         0.01441978
  0.00365456 0.         0.00116357 0.00783006 0.         0.
  0.         0.         0.         0.         0.         0.0047379
  0.02190487 0.         ]
 [0.02940748 0.03069749 0.         0.         0.         0.
  0.         0.01248995 0.         0.0015157  0.         0.
  0.         0.05366978 0.         0.         0.         0.0243385
  0.         0.         0.00031154 0.00477934 0.         0.
  0.00916854 0.         ]]
```

其形状是：[2, 32]

电影名称为 [1] 计算得到的特征是：[0.0320248 0.03832126 0.   0.   0.   0.
 0.   0.01488265 0.   0.   0.   0.
 0.   0.03727353 0.02013248 0.   0.   0.01441978
 0.00365456 0.   0.00116357 0.00783006 0.   0.0047379
 0.02190487 0.   ]

电影名称为 [2] 计算得到的特征是：[0.02940748 0.03069749 0.   0.   0.   0.
 0.   0.01248995 0.   0.0015157 0.   0.
 0.   0.05366978 0.   0.   0.   0.0243385
 0.   0.   0.00031154 0.00477934 0.   0.
 0.   0.   0.00916854 0.   ]

上述代码中，通过 Embedding 层已经获得了维度是 [batch，1，15，32] 的电影名称特征向量，因此，该特征可以视为通道数量为 1 的特征图，很适合使用卷积层进一步提取特征。这里使用两个 3×1 大小的卷积核的卷积层提取特征，输出通道保持不变，仍然是 1。特征维度中 15 是电影名称数量的维度，使用 3×1 的卷积核，由于卷积感受野的原因，进行卷积时会综合多个名称的特征，同时设置卷积的步长参数 stride 为 (2, 1)，即可对名称数量维度降维，且保持每个名称的向量长度不变，防止过度压缩每个名称特征的信息。

从输出结果来看，第一个卷积层之后的输出特征维度依然较大，可以使用第二个卷积层进一步提取特征。获得第二个卷积的特征后，特征的维度已经从 7×32，降低到了 5×32，因此可以直接使用求和（向量按位相加）的方式沿着电影名称维度进行降采样（5*32 -> 1*32），得到最终的电影名称特征向量。

需要注意的是，降采样后的数据尺寸依然比下一层要求的输入向量多出一维 [2, 1, 32]，所以最终输出前需调整下形状。

（4）电影特征融合

与用户特征融合方式相同，电影特征融合采用特征级联加全连接层的方式，将电影特征用一个 200 维的向量表示，如代码清单 15-32 所示。

代码清单 15-32　电影特征维度转换

```
with dygraph.guard():
    mov_combined = Linear(96, 200, act='tanh')

    # 收集所有的用户特征
    _features = [mov_id_feat, mov_cat_feat, mov_title_feat]
    _features = [k.numpy() for k in _features]
    _features = [dygraph.to_variable(k) for k in _features]

    # 对特征沿着最后一个维度级联
    mov_feat = fluid.layers.concat(input=_features, axis=1)
    mov_feat = mov_combined(mov_feat)
    print("用户融合后特征的维度是: ", mov_feat.shape)
```

输出如下：

用户融合后特征的维度是：[2, 200]

至此就完成了电影特征提取的网络设计，包括电影 ID 特征提取、电影类别特征提取、电影名称特征提取。

下面将这些模块整合到一个 Python 类中，得到完整代码，如代码清单 15-33 所示。

代码清单 15-33　电影特征融合

```
class MovModel(dygraph.layers.Layer):
    def __init__(self, name_scope, use_poster, use_mov_title, use_mov_cat,
use_age_job):
        super(MovModel, self).__init__(name_scope)
        name = self.full_name()

        # 将传入的 name 信息和 bool 型参数添加到模型类中
        self.use_mov_poster = use_poster
        self.use_mov_title = use_mov_title
        self.use_usr_age_job = use_age_job
        self.use_mov_cat = use_mov_cat

        # 获取数据集的信息，并构建训练和验证集的数据迭代器
        Dataset = MovieLen(self.use_mov_poster)
        self.Dataset = Dataset
        self.trainset = self.Dataset.train_dataset
        self.valset = self.Dataset.valid_dataset
        self.train_loader = self.Dataset.load_data(dataset=self.trainset,
mode='train')
        self.valid_loader = self.Dataset.load_data(dataset=self.valset,
mode='valid')

        """ define network layer for embedding usr info """
        # 对电影 ID 信息做映射，并紧接着一个 FC 层
        MOV_DICT_SIZE = Dataset.max_mov_id + 1
        self.mov_emb = Embedding([MOV_DICT_SIZE, 32])
        self.mov_fc = Linear(32, 32)

        # 对电影类别做映射
        CATEGORY_DICT_SIZE = len(Dataset.movie_cat) + 1
        self.mov_cat_emb = Embedding([CATEGORY_DICT_SIZE, 32], is_
sparse=False)
        self.mov_cat_fc = Linear(32, 32)

        # 对电影名称做映射
        MOV_TITLE_DICT_SIZE = len(Dataset.movie_title) + 1
        self.mov_title_emb = Embedding([MOV_TITLE_DICT_SIZE, 32], is_
sparse=False)
        self.mov_title_conv = Conv2D(1, 1, filter_size=(3, 1), stride=(2,1),
padding=0, act='relu')
        self.mov_title_conv2 = Conv2D(1, 1, filter_size=(3, 1), stride=1,
padding=0, act='relu')

        # 新建一个 FC 层，用于整合电影特征
        self.mov_concat_embed = Linear(96, 200, act='tanh')
```

```
# 定义电影特征的前向计算过程
def get_mov_feat(self, mov_var):
    """ get movie features"""
    # 获得电影数据
    mov_id, mov_cat, mov_title, mov_poster = mov_var
    feats_collect = []
    # 获得batchsize的大小
    batch_size = mov_id.shape[0]
    # 计算电影ID的特征，并存在feats_collect中
    mov_id = self.mov_emb(mov_id)
    mov_id = self.mov_fc(mov_id)
    mov_id = fluid.layers.relu(mov_id)
    feats_collect.append(mov_id)

    # 如果使用电影的种类数据，计算电影种类特征的映射
    if self.use_mov_cat:
        # 计算电影种类的特征映射，对多个种类的特征求和得到最终特征
        mov_cat = self.mov_cat_emb(mov_cat)
        print(mov_title.shape)
        mov_cat = fluid.layers.reduce_sum(mov_cat, dim=1, keep_dim=False)

        mov_cat = self.mov_cat_fc(mov_cat)
        feats_collect.append(mov_cat)

    if self.use_mov_title:
        # 计算电影名字的特征映射，对特征映射使用卷积计算最终的特征
        mov_title = self.mov_title_emb(mov_title)
        mov_title = self.mov_title_conv2(self.mov_title_conv(mov_title))

        mov_title = fluid.layers.reduce_sum(mov_title, dim=2, keep_dim=False)
        mov_title = fluid.layers.relu(mov_title)
        mov_title = fluid.layers.reshape(mov_title, [batch_size, -1])
        feats_collect.append(mov_title)

    # 使用一个全连接层，整合所有电影特征，映射为一个200维的特征向量
    mov_feat = fluid.layers.concat(feats_collect, axis=1)
    mov_feat = self.mov_concat_embed(mov_feat)
    return mov_feat
```

由上述电影特征处理的代码可以观察到如下内容。

❑ 电影ID特征的计算方式和用户ID的计算方式相同。

❑ 对于包含多个元素的电影类别数据，会将所有元素的映射向量求和的结果作为最终的电影类别特征表示。考虑到电影类别的数量有限，这里采用简单的求和特征融合方式。

❑ 对于电影的名称数据，其包含的元素数量多于电影种类元素数量，所以采用卷积计算的方式，之后再将计算的特征沿着数据维度求和。读者也可自行设计该部分特征计算网络，并观察最终训练结果。

下面使用定义好的数据读取器，实现从电影数据中得到电影特征的计算流程，如代码清单15-34所示。

代码清单 15-34 获取电影特征

```
## 测试电影特征提取网络
with dygraph.guard():
    model = MovModel("Mov", use_poster=False, use_mov_title=True, use_mov_
cat=True, use_age_job=True)
    model.eval()

    data_loader = model.train_loader

    for idx, data in enumerate(data_loader()):
        # 获得数据，并转为动态图格式，
        usr, mov, score = data
        # 只使用每个 Batch 的第一条数据
        mov_v = [var[0:1] for var in mov]

        _mov_v = [np.squeeze(var[0:1]) for var in mov]
        print(" 输入的电影 ID 数据: {}\n 类别数据: {} \n 名称数据: {} ".format(*_mov_v))
        mov_v = [dygraph.to_variable(var) for var in mov_v]
        mov_feat = model.get_mov_feat(mov_v)
        print(" 计算得到的电影特征维度是: ", mov_feat.shape)
        break
```

输出如下：

```
##Total dataset instances:  1000209
##MovieLens dataset information:
usr num: 6040
movies num: 3883
输入的电影 ID 数据: 2716
类别数据: [ 3 11  0  0  0  0]
名称数据: [3838    0    0    0    0    0    0    0    0    0    0    0    0    0    0
    0]
[1, 1, 15]
计算得到的电影特征维度是: [1, 200]
```

5. 相似度计算

计算得到用户特征和电影特征后，还需要进行特征之间的相似度计算。如果一个用户对某部电影很感兴趣，并给了五分评价，那么该用户和电影对应的特征之间的相似度是很高的。

衡量向量距离（相似度）有多种方案：欧氏距离、曼哈顿距离、切比雪夫距离、余弦相似度等，本节使用忽略尺度信息的余弦相似度构建相关性矩阵。余弦相似度又称余弦相似性，是通过计算两个向量的夹角余弦值来评估它们的相似度，如图 15-13 所示，两条直线表示两个向量，它们之间的夹角可以用来表示相似度大小，角度为 0 时，余弦值为 1，表示完全相似。

余弦相似度的公式为：

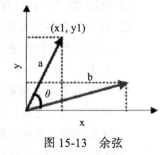

图 15-13 余弦

$$similarity = \cos(\theta) = \frac{A \cdot B}{A + B} = \frac{\sum_i^n A_i \times B_i}{\sqrt{\sum_i^n (A_i)^2 + \sum_i^n (B_i)^2}} \tag{15-12}$$

下面是计算相似度的实现方式：输入用户的特征和电影特征，计算出两者的相似度。另外，将用户对电影的评分作为衡量相似度的标准，由于相似度的数据范围是 [0, 1]，还需要把计算的相似度扩大到评分数据范围，评分分为 1~5 共 5 个档次，所以需要将相似度扩大 5 倍。可以使用飞桨已实现的 scale API 对输入数据进行缩放。同时可以使用 cos_sim API 计算余弦相似度。具体代码如代码清单 15-35 所示。

代码清单 15-35　计算相似度

```
def similarty(usr_feature, mov_feature):
    res = fluid.layers.cos_sim(usr_feature, mov_feature)
    res = fluid.layers.scale(res, scale=5)
    return usr_feat, mov_feat, res

# 使用上文计算得到的用户特征和电影特征计算相似度

with fluid.dygraph.guard():
    _sim = similarty(usr_feat, mov_feat)
    print("相似度是: ", np.squeeze(_sim[-1].numpy()))
```

输出如下：

相似度是: -0.91126823

从结果中发现相似度很小，主要有以下原因：

1）神经网络并没有训练，模型参数都是随机初始化的，提取出的特征没有规律性；

2）计算相似度的用户数据和电影数据相关性很小。

完整的模型设计过程如代码清单 15-36 所示。

代码清单 15-36　完整模型设计

```
class Model(dygraph.layers.Layer):
    def __init__(self, name_scope, use_poster, use_mov_title, use_mov_cat,
use_age_job):
        super(Model, self).__init__(name_scope)
        name = self.full_name()

        # 将传入的 name 信息和 bool 型参数添加到模型类中
        self.use_mov_poster = use_poster
        self.use_mov_title = use_mov_title
        self.use_usr_age_job = use_age_job
        self.use_mov_cat = use_mov_cat

        # 获取数据集的信息，并构建训练和验证集的数据迭代器
        Dataset = MovieLen(self.use_mov_poster)
        self.Dataset = Dataset
        self.trainset = self.Dataset.train_dataset
        self.valset = self.Dataset.valid_dataset
```

```
        self.train_loader = self.Dataset.load_data(dataset=self.trainset,
mode='train')
        self.valid_loader = self.Dataset.load_data(dataset=self.valset,
mode='valid')

        """ define network layer for embedding usr info """
        USR_ID_NUM = Dataset.max_usr_id + 1
        # 对用户 ID 做映射，并紧接着一个 FC 层
        self.usr_emb = Embedding([USR_ID_NUM, 32], is_sparse=False)
        self.usr_fc = Linear(32, 32)

        # 对用户性别信息做映射，并紧接着一个 FC 层
        USR_GENDER_DICT_SIZE = 2
        self.usr_gender_emb = Embedding([USR_GENDER_DICT_SIZE, 16])
        self.usr_gender_fc = Linear(16, 16)

        # 对用户年龄信息做映射，并紧接着一个 FC 层
        USR_AGE_DICT_SIZE = Dataset.max_usr_age + 1
        self.usr_age_emb = Embedding([USR_AGE_DICT_SIZE, 16])
        self.usr_age_fc = Linear(16, 16)

        # 对用户职业信息做映射，并紧接着一个 FC 层
        USR_JOB_DICT_SIZE = Dataset.max_usr_job + 1
        self.usr_job_emb = Embedding([USR_JOB_DICT_SIZE, 16])
        self.usr_job_fc = Linear(16, 16)

        # 新建一个 FC 层，用于整合用户数据信息
        self.usr_combined = Linear(80, 200, act='tanh')

        """ define network layer for embedding usr info """
        # 对电影 ID 信息做映射，并紧接着一个 FC 层
        MOV_DICT_SIZE = Dataset.max_mov_id + 1
        self.mov_emb = Embedding([MOV_DICT_SIZE, 32])
        self.mov_fc = Linear(32, 32)

        # 对电影类别做映射
        CATEGORY_DICT_SIZE = len(Dataset.movie_cat) + 1
        self.mov_cat_emb = Embedding([CATEGORY_DICT_SIZE, 32], is_sparse=False)
        self.mov_cat_fc = Linear(32, 32)

        # 对电影名称做映射
        MOV_TITLE_DICT_SIZE = len(Dataset.movie_title) + 1
        self.mov_title_emb = Embedding([MOV_TITLE_DICT_SIZE, 32], is_sparse=False)
        self.mov_title_conv = Conv2D(1, 1, filter_size=(3, 1), stride=(2,1),
padding=0, act='relu')
        self.mov_title_conv2 = Conv2D(1, 1, filter_size=(3, 1), stride=1,
padding=0, act='relu')

        # 新建一个 FC 层，用于整合电影特征
        self.mov_concat_embed = Linear(96, 200, act='tanh')

    # 定义计算用户特征的前向运算过程
    def get_usr_feat(self, usr_var):
        """ get usr features"""
        # 获取到用户数据
```

```
        usr_id, usr_gender, usr_age, usr_job = usr_var
        # 将用户的 ID 数据经过 embedding 和 FC 计算，得到的特征保存在 feats_collect 中
        feats_collect = []
        usr_id = self.usr_emb(usr_id)
        usr_id = self.usr_fc(usr_id)
        usr_id = fluid.layers.relu(usr_id)
        feats_collect.append(usr_id)

        # 计算用户的性别特征，并保存在 feats_collect 中
        usr_gender = self.usr_gender_emb(usr_gender)
        usr_gender = self.usr_gender_fc(usr_gender)
        usr_gender = fluid.layers.relu(usr_gender)
        feats_collect.append(usr_gender)
        # 选择是否使用用户的年龄 - 职业特征
        if self.use_usr_age_job:
            # 计算用户的年龄特征，并保存在 feats_collect 中
            usr_age = self.usr_age_emb(usr_age)
            usr_age = self.usr_age_fc(usr_age)
            usr_age = fluid.layers.relu(usr_age)
            feats_collect.append(usr_age)
            # 计算用户的职业特征，并保存在 feats_collect 中
            usr_job = self.usr_job_emb(usr_job)
            usr_job = self.usr_job_fc(usr_job)
            usr_job = fluid.layers.relu(usr_job)
            feats_collect.append(usr_job)

        # 将用户的特征级联，并通过 FC 层得到最终的用户特征
        usr_feat = fluid.layers.concat(feats_collect, axis=1)
        usr_feat = self.usr_combined(usr_feat)
        return usr_feat

    # 定义电影特征的前向计算过程
    def get_mov_feat(self, mov_var):
        """ get movie features"""
        # 获得电影数据
        mov_id, mov_cat, mov_title, mov_poster = mov_var
        feats_collect = []
        # 获得 batchsize 的大小
        batch_size = mov_id.shape[0]
        # 计算电影 ID 的特征，并存在 feats_collect 中
        mov_id = self.mov_emb(mov_id)
        mov_id = self.mov_fc(mov_id)
        mov_id = fluid.layers.relu(mov_id)
        feats_collect.append(mov_id)

        # 如果使用电影的种类数据，计算电影种类特征的映射
        if self.use_mov_cat:
            # 计算电影种类的特征映射，对多个种类的特征求和得到最终特征
            mov_cat = self.mov_cat_emb(mov_cat)
            mov_cat = fluid.layers.reduce_sum(mov_cat, dim=1, keep_dim=False)

            mov_cat = self.mov_cat_fc(mov_cat)
            feats_collect.append(mov_cat)

        if self.use_mov_title:
```

```
# 计算电影名字的特征映射，对特征映射使用卷积计算最终的特征
mov_title = self.mov_title_emb(mov_title)
mov_title = self.mov_title_conv2(self.mov_title_conv(mov_title))
mov_title = fluid.layers.reduce_sum(mov_title, dim=2, keep_dim=False)
mov_title = fluid.layers.relu(mov_title)
mov_title = fluid.layers.reshape(mov_title, [batch_size, -1])
feats_collect.append(mov_title)

# 使用一个全连接层，整合所有电影特征，映射为一个200维的特征向量
mov_feat = fluid.layers.concat(feats_collect, axis=1)
mov_feat = self.mov_concat_embed(mov_feat)
return mov_feat

# 定义个性化推荐算法的前向计算
def forward(self, usr_var, mov_var):
    # 计算用户特征和电影特征
    usr_feat = self.get_usr_feat(usr_var)
    mov_feat = self.get_mov_feat(mov_var)
    # 根据计算的特征计算相似度
    res = fluid.layers.cos_sim(usr_feat, mov_feat)
    # 将相似度的范围扩大到和电影评分相同数据范围
    res = fluid.layers.scale(res, scale=5)
    return usr_feat, mov_feat, res
```

下一节将开始训练模型，让这个网络能够输出有效的用户特征向量和电影特征向量。

15.4.3 模型训练

首先需要定义好训练的模型配置，包括是否使用GPU、设置损失函数、选择优化器以及学习率等。在本次实验中，由于数据较为简单，可以选择在CPU上训练，优化器使用Adam，学习率设置为0.01，一共训练5个epoch。

然而，针对推荐算法的网络，如何设计损失函数呢？通过前文我们了解到，可以用交叉熵损失函数进行分类，通过损失函数的大小衡量算法当前分类的准确性。在推荐算法中，没有一个准确的度量既能衡量推荐的好坏并具备可导性质，又能监督神经网络的训练。在电影推荐中，可以作为标签的只有评分数据，因此可以将评分数据作为监督信息，将神经网络的输出作为预测值，使用均方差（Mean Square Error）损失函数去训练网络模型。

> 注意 使用均方差损失函数即使用回归的方式完成模型训练，这里电影的评分数据只有5个，是否可以使用分类损失函数完成训练？事实上，评分数据应该是一个连续数据，比如，评分3和评分4是接近的，如果使用分类的方式，则评分3和评分4是两个类别，容易割裂评分间的连续性。

整个训练过程和一般的模型训练大同小异，这里不再赘述，具体代码如代码清单15-37～代码清单15-39所示。

代码清单 15-37　模型配置

```
def train(model):
    # 配置训练参数
    use_gpu = False
    lr = 0.01
    Epoches = 10

    place = fluid.CUDAPlace(0) if use_gpu else fluid.CPUPlace()
    with fluid.dygraph.guard(place):
        # 启动训练
        model.train()
        # 获得数据读取器
        data_loader = model.train_loader
        # 使用 adam 优化器，学习率使用 0.01
        opt = fluid.optimizer.Adam(learning_rate=lr, parameter_list=model.
parameters())

        for epoch in range(0, Epoches):
            for idx, data in enumerate(data_loader()):
                # 获得数据，并转为动态图格式
                usr, mov, score = data
                usr_v = [dygraph.to_variable(var) for var in usr]
                mov_v = [dygraph.to_variable(var) for var in mov]
                scores_label = dygraph.to_variable(score)
                # 计算出算法的前向计算结果
                _, _, scores_predict = model(usr_v, mov_v)
                # 计算 loss
                loss = fluid.layers.square_error_cost(scores_predict, scores_label)
                avg_loss = fluid.layers.mean(loss)
                if idx % 500 == 0:
                    print("epoch: {}, batch_id: {}, loss is: {}".format(epoch,
idx, avg_loss.numpy())))

                # 损失函数下降，并清除梯度
                avg_loss.backward()
                opt.minimize(avg_loss)
                model.clear_gradients()
            # 每个 epoch 保存一次模型
            fluid.save_dygraph(model.state_dict(), './checkpoint/epoch'+str(epoch))
```

代码清单 15-38　模型训练

```
# 启动训练
with dygraph.guard():
    use_poster, use_mov_title, use_mov_cat, use_age_job = False, True, True, True
    model = Model('Recommend', use_poster, use_mov_title, use_mov_cat, use_
age_job)
    train(model)
```

输出如下：

```
##Total dataset instances:  1000209
##MovieLens dataset information:
usr num: 6040
movies num: 3883
```

```
epoch: 0, batch_id: 0, loss is: [10.873174]
epoch: 0, batch_id: 500, loss is: [0.9738145]
epoch: 0, batch_id: 1000, loss is: [0.7016272]
epoch: 0, batch_id: 1500, loss is: [1.0097994]
epoch: 0, batch_id: 2000, loss is: [0.8981987]
epoch: 0, batch_id: 2500, loss is: [0.8226846]
epoch: 0, batch_id: 3000, loss is: [0.7943625]
epoch: 0, batch_id: 3500, loss is: [0.88057446]
epoch: 1, batch_id: 0, loss is: [0.8270193]
epoch: 1, batch_id: 500, loss is: [0.711991]
epoch: 1, batch_id: 1000, loss is: [0.97378314]
epoch: 1, batch_id: 1500, loss is: [0.8741553]
epoch: 1, batch_id: 2000, loss is: [0.873245]
epoch: 1, batch_id: 2500, loss is: [0.8631375]
epoch: 1, batch_id: 3000, loss is: [0.88147044]
epoch: 1, batch_id: 3500, loss is: [0.9457144]
epoch: 2, batch_id: 0, loss is: [0.7810389]
epoch: 2, batch_id: 500, loss is: [0.9161325]
epoch: 2, batch_id: 1000, loss is: [0.85070896]
epoch: 2, batch_id: 1500, loss is: [0.83222216]
epoch: 2, batch_id: 2000, loss is: [0.82739747]
epoch: 2, batch_id: 2500, loss is: [0.7739769]
epoch: 2, batch_id: 3000, loss is: [0.7288972]
epoch: 2, batch_id: 3500, loss is: [0.71740997]
epoch: 3, batch_id: 0, loss is: [0.7740326]
epoch: 3, batch_id: 500, loss is: [0.79047513]
epoch: 3, batch_id: 1000, loss is: [0.7714803]
epoch: 3, batch_id: 1500, loss is: [0.7388534]
epoch: 3, batch_id: 2000, loss is: [0.8264959]
epoch: 3, batch_id: 2500, loss is: [0.65038306]
epoch: 3, batch_id: 3000, loss is: [0.9168469]
epoch: 3, batch_id: 3500, loss is: [0.8613069]
epoch: 4, batch_id: 0, loss is: [0.7578842]
epoch: 4, batch_id: 500, loss is: [0.89679146]
epoch: 4, batch_id: 1000, loss is: [0.674494]
epoch: 4, batch_id: 1500, loss is: [0.7206632]
epoch: 4, batch_id: 2000, loss is: [0.7801018]
epoch: 4, batch_id: 2500, loss is: [0.8618671]
epoch: 4, batch_id: 3000, loss is: [0.8478118]
epoch: 4, batch_id: 3500, loss is: [1.0286447]
epoch: 5, batch_id: 0, loss is: [0.7023648]
epoch: 5, batch_id: 500, loss is: [0.8227848]
epoch: 5, batch_id: 1000, loss is: [0.88415223]
epoch: 5, batch_id: 1500, loss is: [0.78416216]
epoch: 5, batch_id: 2000, loss is: [0.7939043]
epoch: 5, batch_id: 2500, loss is: [0.7428185]
epoch: 5, batch_id: 3000, loss is: [0.745026]
epoch: 5, batch_id: 3500, loss is: [0.76115835]
epoch: 6, batch_id: 0, loss is: [0.83740556]
epoch: 6, batch_id: 500, loss is: [0.816216]
epoch: 6, batch_id: 1000, loss is: [0.8149048]
epoch: 6, batch_id: 1500, loss is: [0.8676525]
epoch: 6, batch_id: 2000, loss is: [0.88345516]
epoch: 6, batch_id: 2500, loss is: [0.7371645]
```

```
epoch: 6, batch_id: 3000, loss is: [0.7923065]
epoch: 6, batch_id: 3500, loss is: [1.0073752]
epoch: 7, batch_id: 0, loss is: [0.8476094]
epoch: 7, batch_id: 500, loss is: [1.0047569]
epoch: 7, batch_id: 1000, loss is: [0.80412626]
epoch: 7, batch_id: 1500, loss is: [0.939283]
epoch: 7, batch_id: 2000, loss is: [0.6579713]
epoch: 7, batch_id: 2500, loss is: [0.7478874]
epoch: 7, batch_id: 3000, loss is: [0.78322697]
epoch: 7, batch_id: 3500, loss is: [0.8548964]
epoch: 8, batch_id: 0, loss is: [0.8920554]
epoch: 8, batch_id: 500, loss is: [0.69566244]
epoch: 8, batch_id: 1000, loss is: [0.94016606]
epoch: 8, batch_id: 1500, loss is: [0.7755744]
epoch: 8, batch_id: 2000, loss is: [0.8520398]
epoch: 8, batch_id: 2500, loss is: [0.77818584]
epoch: 8, batch_id: 3000, loss is: [0.78463334]
epoch: 8, batch_id: 3500, loss is: [0.8538652]
epoch: 9, batch_id: 0, loss is: [0.9502439]
epoch: 9, batch_id: 500, loss is: [0.8200456]
epoch: 9, batch_id: 1000, loss is: [0.8938134]
epoch: 9, batch_id: 1500, loss is: [0.8098132]
epoch: 9, batch_id: 2000, loss is: [0.87928975]
epoch: 9, batch_id: 2500, loss is: [0.7887068]
epoch: 9, batch_id: 3000, loss is: [0.93909657]
epoch: 9, batch_id: 3500, loss is: [0.69399315]
```

从训练结果来看，loss 之所以保持在 0.9 左右就难以下降是因为使用均方差 loss 作为损失函数。

不过不用担心，这里只是通过训练神经网络提取特征向量，loss 只要收敛即可。

对训练的模型在验证集上做评估，除了训练所使用的 loss 之外，还有两个选择。

1）评分预测精度 ACC（Accuracy）：将预测的 float 数字转成整数，计算和真实评分的匹配度。评分误差在 0.5 分以内的算正确，否则算错误。

2）评分预测误差 MAE（Mean Absolute Error）：计算和真实评分之间的平均绝对误差。

下面是使用训练集评估这两个指标的代码实现，如代码清单 15-39、代码清单 15-40 所示。

代码清单 15-39　定义模型评估函数

```
def evaluation(model, params_file_path):
    use_gpu = False
    place = fluid.CUDAPlace(0) if use_gpu else fluid.CPUPlace()

    with fluid.dygraph.guard(place):

        model_state_dict, _ = fluid.load_dygraph(params_file_path)
        model.load_dict(model_state_dict)
        model.eval()

        acc_set = []
        avg_loss_set = []
```

```
for idx, data in enumerate(model.valid_loader()):
    usr, mov, score_label = data
    usr_v = [dygraph.to_variable(var) for var in usr]
    mov_v = [dygraph.to_variable(var) for var in mov]

    _, _, scores_predict = model(usr_v, mov_v)

    pred_scores = scores_predict.numpy()

    avg_loss_set.append(np.mean(np.abs(pred_scores - score_label)))

    diff = np.abs(pred_scores - score_label)
    diff[diff>0.5] = 1
    acc = 1 - np.mean(diff)
    acc_set.append(acc)
return np.mean(acc_set), np.mean(avg_loss_set)
```

代码清单 15-40 模型评估

```
param_path = "./checkpoint/epoch"
for i in range(10):
    acc, mae = evaluation(model, param_path+str(i))
    print("ACC:", acc, "MAE:", mae)
```

输出如下：

```
ACC: 0.2805188926366659 MAE: 0.7952824
ACC: 0.2852882689390427 MAE: 0.7941532
ACC: 0.2824734888015649 MAE: 0.79572767
ACC: 0.2776615373599224 MAE: 0.80148673
ACC: 0.2799660603205363 MAE: 0.8010404
ACC: 0.2806148324257288 MAE: 0.8026996
ACC: 0.2807383934656779 MAE: 0.80340725
ACC: 0.2749944688417973 MAE: 0.80362296
ACC: 0.280727839240661 MAE: 0.80528593
ACC: 0.2924909143111645 MAE: 0.79743403
```

上述结果采用了 ACC 和 MAE 指标测试在验证集上的评分预测的准确性，其中 ACC 值越大越好，MAE 值越小越好。

可以看到 ACC 和 MAE 的值不是很理想，ACC 偏低，而 MAE 偏高。考虑到之前设计的神经网络是为了完成推荐任务而不是评分任务，在这里总结得到以下两点：

1）只针对预测评分任务来说，目前设计的神经网络结构和损失函数是不合理的，导致评分预测不理想；

2）从损失函数的收敛可以知道网络的训练是有效的。评分预测的好坏不能反映推荐结果的好坏。

到这里已经完成了推荐算法的前三步，包括数据的准备、神经网络的设计、神经网络的训练，还需要完成剩余的两个步骤：提取用户、电影数据的特征并保存到本地，以及利用保存的特征计算相似度矩阵，利用相似度完成推荐。

下面将利用训练的神经网络提取数据的特征，完成电影推荐，并观察推荐结果是否令人满意。

15.4.4　保存特征

训练完模型后可以得到每个用户、电影对应的特征向量，接下来将这些特征向量保存到本地，这样在推荐时，就不需要使用神经网络重新提取特征，节省时间成本。

保存特征的流程如下：

❑ 加载预训练好的模型参数；

❑ 输入数据集的数据，提取整个数据集的用户特征和电影特征。注意数据输入到模型前，要先转成内置 variable 类型并保证尺寸正确；

❑ 分别得到用户特征向量和电影特征向量，以使用 pickle 库保存字典形式的特征向量。

使用用户 ID 和电影 ID 为索引，以字典格式存储数据，可以通过用户或者电影的 ID 索引到用户特征和电影特征。

下面代码清单 15-41 中使用了一个 pickle 库。pickle 库为 Python 提供了一个简单的持久化功能，可以很容易地将 Python 对象保存到本地，但缺点是，保存的文件对人来说可读性很差。

代码清单 15-41　保存特征

```
from PIL import Image
# 加载第三方库 Pickle, 用来保存 Python 数据到本地
import pickle
# 定义特征保存函数
def get_usr_mov_features(model, params_file_path, poster_path):
    use_gpu = False
    place = fluid.CUDAPlace(0) if use_gpu else fluid.CPUPlace()
    usr_pkl = {}
    mov_pkl = {}

    # 定义将 list 中每个元素转成 variable 的函数
    def list2variable(inputs, shape):
        inputs = np.reshape(np.array(inputs).astype(np.int64), shape)
        return fluid.dygraph.to_variable(inputs)

    with fluid.dygraph.guard(place):
        # 加载模型参数到模型中, 设置为验证模式 eval ()
        model_state_dict, _ = fluid.load_dygraph(params_file_path)
        model.load_dict(model_state_dict)
        model.eval()
        # 获得整个数据集的数据
        dataset = model.Dataset.dataset

        for i in range(len(dataset)):
            # 获得用户数据、电影数据、评分数据
            # 本案例只转换所有在样本中出现过的 user 和 movie, 实际中可以使用业务系统中的全量数据
            usr_info, mov_info, score = dataset[i]['usr_info'], dataset[i]
['mov_info'],dataset[i]['scores']
            usrid = str(usr_info['usr_id'])
```

```
            movid = str(mov_info['mov_id'])

            # 获得用户数据, 计算得到用户特征, 保存在 usr_pkl 字典中
            if usrid not in usr_pkl.keys():
                usr_id_v = list2variable(usr_info['usr_id'], [1])
                usr_age_v = list2variable(usr_info['age'], [1])
                usr_gender_v = list2variable(usr_info['gender'], [1])
                usr_job_v = list2variable(usr_info['job'], [1])

                usr_in = [usr_id_v, usr_gender_v, usr_age_v, usr_job_v]
                usr_feat = model.get_usr_feat(usr_in)

                usr_pkl[usrid] = usr_feat.numpy()

            # 获得电影数据, 计算得到电影特征, 保存在 mov_pkl 字典中
            if movid not in mov_pkl.keys():
                mov_id_v = list2variable(mov_info['mov_id'], [1])
                mov_tit_v = list2variable(mov_info['title'], [1, 1, 15])
                mov_cat_v = list2variable(mov_info['category'], [1, 6])

                mov_in = [mov_id_v, mov_cat_v, mov_tit_v, None]
                mov_feat = model.get_mov_feat(mov_in)

                mov_pkl[movid] = mov_feat.numpy()

    print(len(mov_pkl.keys()))
    # 保存特征到本地
    pickle.dump(usr_pkl, open('./usr_feat.pkl', 'wb'))
    pickle.dump(mov_pkl, open('./mov_feat.pkl', 'wb'))
    print("usr / mov features saved!!!")


param_path = "./checkpoint/epoch7"
poster_path = "./work/ml-1m/posters/"
get_usr_mov_features(model, param_path, poster_path)
```

输出如下:
```
3706
usr / mov features saved!!!
```
训练并保存好模型后就可以开始实践电影推荐了,推荐方式可以有多种,比如:

1)根据一部电影推荐其相似的电影;

2)根据用户的喜好,推荐其可能喜欢的电影;

3)向指定用户推荐与其喜好相似的其他用户喜欢的电影。

下面我们使用第二种推荐方式进行模型测试。

15.4.5 模型测试

前面章节已经完成了神经网络的设计,并将用户对电影的喜好(评分高低)作为训练指标完成训练。神经网络有两个输入:用户数据和电影数据。通过神经网络提取用户特征和电影特征,并计算特征之间的相似度。相似度的大小和用户对该电影的评分存在对应关系,

即如果用户对这个电影感兴趣，那么对这个电影的评分也是偏高的，最终神经网络输出的相似度就更大一些。完成训练后就可以开始向用户推荐电影了。

根据用户喜好推荐电影是通过计算用户特征和电影特征之间的相似性，并排序选取相似度最大的结果来推荐，流程如图 15-14 所示。

图 15-14 电影推荐流程

从计算相似度到完成推荐的过程主要包括以下几个步骤：

1）读取保存的特征，根据一个给定的用户 ID、电影 ID，索引到对应的特征向量；

2）通过计算用户特征和其他电影特征向量的相似度，构建相似度矩阵；

3）对这些相似度排序后，选取相似度最大的几个特征向量，找到对应的电影 ID，即得到推荐清单；

4）加入随机选择因素，从相似度最大的 top_k 结果中随机选取 pick_num 个推荐结果，其中 pick_num 必须小于 top_k。

1. 索引特征向量

上一节已经训练好模型，并保存了电影特征，因此可以不用计算，直接读取特征。特征以字典的形式保存，字典的键值是用户或者电影的 ID，字典的元素是该用户或电影的特征向量。

下面实现根据指定的用户 ID 和电影 ID，索引到对应的特征向量。首先解压缩：

```
! unzip -o save_feat.zip
```

执行后输出如下结果：

```
Archive:  save_feat.zip
  inflating: mov_feat.pkl
  inflating: usr_feat.pkl
  inflating: usr_mov_score.pkl
```

然后加载特征向量：

```
import pickle
import numpy as np

mov_feat_dir = 'mov_feat.pkl'
usr_feat_dir = 'usr_feat.pkl'

usr_feats = pickle.load(open(usr_feat_dir, 'rb'))
mov_feats = pickle.load(open(mov_feat_dir, 'rb'))
```

```python
usr_id = 2
usr_feat = usr_feats[str(usr_id)]

mov_id = 1
# 通过电影 ID 索引到电影特征
mov_feat = mov_feats[str(mov_id)]

# 电影特征的路径
movie_data_path = "./work/ml-1m/movies.dat"
mov_info = {}
# 打开电影数据文件,根据电影 ID 索引到电影信息
with open(movie_data_path, 'r', encoding="ISO-8859-1") as f:
    data = f.readlines()
    for item in data:
        item = item.strip().split("::")
        mov_info[str(item[0])] = item

usr_file = "./work/ml-1m/users.dat"
usr_info = {}
# 打开文件,读取所有行到 data 中
with open(usr_file, 'r') as f:
    data = f.readlines()
    for item in data:
        item = item.strip().split("::")
        usr_info[str(item[0])] = item

print(" 当前的用户是: ")
print("usr_id:", usr_id, usr_info[str(usr_id)])
print(" 对应的特征是: ", usr_feats[str(usr_id)])

print("\n 当前电影是: ")
print("mov_id:", mov_id, mov_info[str(mov_id)])
print(" 对应的特征是: ")
print(mov_feat)
```

输出结果如下所示:

```
当前的用户是:
usr_id: 2 ['2', 'M', '56', '16', '70072']
对应的特征是: [[ 0.82099235   0.8586694    0.73383933 -0.81170774   0.5422718
0.85146594
   0.49067816 -0.7309375  -0.97378874 -0.67336637   0.9884427    0.8318493
  -0.9480754  -0.571769    0.9993293  -0.0471548  -0.6981635  -0.9628869
   0.98516     0.86791056 -0.97822887  0.23203073   0.99360627   0.8336366
   0.92634815 -0.9960826   0.35231304 -0.87815917   0.9900387  -0.659817
  -0.9447336   0.6504668   0.8883456  -0.89861405   0.1369281    0.9296496
  -0.98565185 -0.7689331  -0.80501044   0.6599651  -0.9685637    0.8973525
   0.9465236   0.4054804  -0.96875757   0.11594704   0.9801789    0.9902853
  -0.19490258 -0.99616784 -0.99921834   0.84868973   0.51719064 -0.9705402
  -0.8649955   0.9150717  -0.85734487 -0.39090145 -0.84230226   0.8593513
   0.99892277  0.9065558   0.603077   -0.62137085   0.98878056   0.49329233
  -0.11620265 -0.8319852  -0.6307086   0.91288877 -0.8456422    0.99110353
   0.53621733  0.9741869   0.9785265  -0.9995414   0.33125934 -0.99941105
   0.9650687  -0.981728    0.07540476 -0.74948466   0.7744711  -0.34338668
  -0.17170744 -0.9645686  -0.96613854  0.45812282   0.9752644    0.3175273
   0.97649574  0.6033954  -0.86334246  0.39382228   0.61591476   0.9849057
```

```
 0.998013      0.7146917   -0.5445561    0.7478155    0.6177172   -0.43331394
 0.85753995   -0.9291761    0.98042506   -0.8003144   -0.99088365  -0.9060779
 0.14875911   -0.01912932  -0.82145566    0.01547901   0.99063903   0.9710014
 0.82078373    0.8022434   -0.53574383   -0.9970726    0.7888814    0.8660845
-0.63057286    0.9648644    0.39337084   -0.8208713    0.5860115   -0.51856136
-0.9445387    -0.95369506  -0.98849434    0.9858573    0.8045606    0.18623284
 0.11442823    0.82477343  -0.5708887     0.98786914  -0.01048034  -0.79426265
-0.6100498    -0.93075305  -0.8586834     0.7880095   -0.9997859   -0.4297683
-0.73904514   -0.48578563  -0.4529496    -0.25328565   0.9718598   -0.96588296
-0.77071095    0.92033553  -0.9301468    -0.7047243   -0.93612236   0.43840522
 0.18400794   -0.8784731    0.47797686    0.9796208    0.9363464   -0.8606323
 0.27585763    0.9793921    0.37258607    0.9798181    0.5148756    0.72021705
 0.97918224    0.98044795  -0.8711549    -0.1153243    0.986909     0.9298343
 0.90898716   -0.45026916   0.47400376   -0.36635742   0.00134162  -0.1442509
 0.8707001     0.87846506  -0.81204206    0.06981176  -0.9593224    0.06882026
-0.9758865    -0.613907     0.796953      0.87958086   0.91078436  -0.8778844
 0.9894927     0.7921248    0.60711       0.49491045   0.98101234  -0.6462424
-0.9818155     0.98503566]]
```

当前电影是：
mov_id: 1 ['1', 'Toy Story (1995)', "Animation|Children's|Comedy"]
对应的特征是：

```
[[ 1.            0.9947282    0.9892409    -0.9941792    0.99997437   0.9997521
   0.9999917   -1.           -0.99999523  -0.84260464   0.9999413    0.99876475
  -0.266118    -0.99902344    0.9999995     0.95428187  -0.9970653   -0.9999995
   0.9999946    0.99999905   -0.99951863    0.9943044    0.9998966    0.9999745
   0.943457    -0.9999986    -0.9997796    -0.99999744   0.9999999   -0.9992247
  -0.999997     0.99992853    0.92203563   -1.          -0.99999225   0.99999905
   0.99722177  -0.84295887   -0.9983118     0.99998695  -0.21320122   0.59474015
  -0.9899699    0.9999981    -0.99973947    0.99843425   0.9999999    1.
   0.9988879   -0.9999248    -1.            0.9997734    0.91359574  -0.999491
  -0.9999998    0.9999938     0.8546393    -0.9999976   -0.9905312    0.979307
   0.9999999    0.9999803     0.99999785    0.72708005   1.            0.9989355
  -0.985589    -0.99999034   -0.9999975     0.99999803   0.23939787   0.99999464
   0.9984661    0.9999361     0.9999162    -1.          -0.999941    -0.91940695
   0.999986    -0.9995833    -0.9999731    -0.9985327    0.9930674   -0.9995358
  -0.982016    -1.           -0.99503046    0.999852     0.995791    -0.99999833
   0.9999802    0.9999941    -0.99419737   -0.9999982    0.8342857    0.9999994
   1.            0.9999509     0.9988639     0.99997085   0.9999828   -0.9989129
   0.2643517   -0.9917274     0.9865461    -0.93254465  -0.9996232    0.99734116
   0.8531439    0.99999493    0.5327173     0.99714303   0.9997224    0.99994314
  -0.24769738  -0.77171403   -0.90261286   -0.9999951    0.99996483   0.99946994
  -0.82388145   0.9809252     0.99490094   -0.9996327    0.97382116   0.9999257
  -0.9994338   -1.           -0.9999977     0.99921125   0.9999033    -0.21286221
  -0.9961758    0.9931871     0.08871581   -0.8442687   -0.99303746   -0.9992437
  -0.99097323  -0.99985826   -0.99999976    0.99882007  -0.9999998    -0.9977317
  -0.99901265  -0.999963     -0.97089905   -0.69714606   0.9999999    -0.99999976
  -0.9999977    0.9195584    -0.99244237    0.9996049   -0.9999854    -0.99999803
  -0.99999976  -0.99994326    1.            1.            0.9972403    -0.99994105
   0.939083     0.9945683     0.9999851     0.99585736   0.96195674    1.
   0.8908052    0.9996129    -0.9642052    -0.98566216   0.9999988     0.9924623
   0.998006    -0.9700131     0.97430927   -0.99999094   -0.70255435  -0.9981952
   1.            0.9982232    -0.9931884     0.99258333   -0.99999964   0.99202436
  -0.99999714  -0.98510253    0.9999074     0.18102032    0.9998867    -0.9974681
   0.99999404   0.8831661    -0.9999993    -0.99598014    0.99930006   -0.9999032
```

```
       -0.9999968    0.9992701 ]]
```

可见，以上代码可以索引到 usr_id = 2 的用户特征向量，以及 mov_id = 1 的电影特征
向量。

2. 计算用户和所有电影的相似度，构建相似度矩阵

以下代码均以向 userid = 2 的用户推荐电影为例。与训练一致，以余弦相似度作为相似
度衡量，如代码清单 15-42 所示。

代码清单 15-42　相似度计算

```python
import paddle.fluid as fluid
import paddle.fluid.dygraph as dygraph

# 根据用户 ID 获得该用户的特征
usr_ID = 2
# 读取保存的用户特征
usr_feat_dir = 'usr_feat.pkl'
usr_feats = pickle.load(open(usr_feat_dir, 'rb'))
# 根据用户 ID 索引到该用户的特征
usr_ID_feat = usr_feats[str(usr_ID)]

# 记录计算的相似度
cos_sims = []
# 记录下与用户特征计算相似的电影顺序

with dygraph.guard():
    # 索引电影特征，计算和输入用户 ID 的特征的相似度
    for idx, key in enumerate(mov_feats.keys()):
        mov_feat = mov_feats[key]
        usr_feat = dygraph.to_variable(usr_ID_feat)
        mov_feat = dygraph.to_variable(mov_feat)

        # 计算余弦相似度
        sim = fluid.layers.cos_sim(usr_feat, mov_feat)
        # 打印特征和相似度的形状
        if idx==0:
            print(" 电影特征形状: {}, 用户特征形状: {}, 相似度结果形状: {}, 相似度结果:
{}".format(mov_feat.shape, usr_feat.shape, sim.numpy().shape, sim.numpy()))
            # 从形状为（1，1）的相似度 sim 中获得相似度值 sim.numpy()[0][0]，并添加到相似度列
表 cos_sims 中
            cos_sims.append(sim.numpy()[0][0])
```

输出如下：

电影特征形状: [1, 200], 用户特征形状: [1, 200], 相似度结果形状: (1, 1), 相似度结果:
[[0.7520796]]

3. 对相似度排序，选出最大相似度

使用 np.argsort() 函数完成从小到大的排序，注意返回值是原列表位置下标的数组。因
为 cos_sims 和 mov_feats.keys() 的顺序一致，所以均可以用 index 数组的内容索引，获取相
似度最大的相似度值和对应电影。

处理流程是先计算相似度列表 cos_sims，将其排序后返回对应的下标列表 index，最后从 cos_sims 和 mov_info 中取出相似度值和对应的电影信息，如代码清单 15-43 所示。

代码清单 15-43　按照相似度推荐电影

```
# 3. 对相似度排序，获得最大相似度在 cos_sims 中的位置
index = np.argsort(cos_sims)
# 打印相似度最大的前 topk 个位置
topk = 5
print("相似度最大的前{}个索引是{}\n对应的相似度是：{}\n".format(topk, index[-
topk:], [cos_sims[k] for k in index[-topk:]]))

for i in index[-topk:]:
    print("对应的电影分别是：movie:{}".format(mov_info[list(mov_feats.keys())[i]]))
```

输出如下：

```
相似度最大的前 5 个索引是 [2919 2533 2232 2031   38]
对应的相似度是：[0.8498355, 0.8506622, 0.8523511, 0.8589665, 0.8604083]

对应的电影分别是：movie:['2075', 'Mephisto (1981)', 'Drama|War']
对应的电影分别是：movie:['3853', 'Tic Code, The (1998)', 'Drama']
对应的电影分别是：movie:['1260', 'M (1931)', 'Crime|Film-Noir|Thriller']
对应的电影分别是：movie:['3134', 'Grand Illusion (Grande illusion, La) (1937)',
'Drama|War']
对应的电影分别是：movie:['2762', 'Sixth Sense, The (1999)', 'Thriller']
```

由结果可以看出，向用户推荐的电影多是 Drama、War、Thriller 类型。

4. 推荐时加入随机选择因素

为了确保推荐的多样性，维持用户阅读推荐内容的"新鲜感"，每次推荐的结果需要有所差别，可以随机抽取 top_k 结果中的一部分，作为给用户的推荐。比如从相似度排序中获取 10 个结果，每次随机抽取 6 个结果推荐给用户。

使用 np.random.choice 函数实现随机从 top K 中选择一个未被选的电影，不断选择直到选择列表 res 长度达到 pick_num 为止，其中 pick_num 必须小于 top_k，如代码清单 15-44 所示。读者可以反复运行本段代码，观测推荐结果是否不同。

代码清单 15-44　加入随机选择的电影推荐

```
top_k, pick_num = 10, 6

# 3. 对相似度排序，获得最大相似度在 cos_sims 中的位置
index = np.argsort(cos_sims)[-top_k:]

print("当前的用户是：")
# usr_id, usr_info 是前面定义、读取的用户 ID、用户信息
print("usr_id:", usr_id, usr_info[str(usr_id)])
print("推荐可能喜欢的电影是：")
res = []

# 加入随机选择因素，确保每次推荐的结果稍有差别
while len(res) < pick_num:
```

```
    val = np.random.choice(len(index), 1)[0]
    idx = index[val]
    mov_id = list(mov_feats.keys())[idx]
    if mov_id not in res:
        res.append(mov_id)

for id in res:
    print("mov_id:", id, mov_info[str(id)])
```

输出如下：

```
当前的用户是:
usr_id: 2 ['2', 'M', '56', '16', '70072']
推荐可能喜欢的电影是:
mov_id: 3468 ['3468', 'Hustler, The (1961)', 'Drama']
mov_id: 3089 ['3089', 'Bicycle Thief, The (Ladri di biciclette) (1948)', 'Drama']
mov_id: 3730 ['3730', 'Conversation, The (1974)', 'Drama|Mystery']
mov_id: 3134 ['3134', 'Grand Illusion (Grande illusion, La) (1937)', 'Drama|War']
mov_id: 3853 ['3853', 'Tic Code, The (1998)', 'Drama']
mov_id: 1263 ['1263', 'Deer Hunter, The (1978)', 'Drama|War']
```

最后，将根据用户 ID 推荐电影的实现封装成一个函数，方便直接调用，其函数实现如代码清单 15-45、代码清单 15-46 所示。

代码清单 15-45　电影推荐函数

```
# 定义根据用户兴趣推荐电影
def recommend_mov_for_usr(usr_id, top_k, pick_num, usr_feat_dir, mov_feat_
dir, mov_info_path):
    assert pick_num <= top_k
    # 读取电影和用户的特征
    usr_feats = pickle.load(open(usr_feat_dir, 'rb'))
    mov_feats = pickle.load(open(mov_feat_dir, 'rb'))
    usr_feat = usr_feats[str(usr_id)]

    cos_sims = []

    with dygraph.guard():
        # 索引电影特征，计算和输入用户 ID 的特征的相似度
        for idx, key in enumerate(mov_feats.keys()):
            mov_feat = mov_feats[key]
            usr_feat = dygraph.to_variable(usr_feat)
            mov_feat = dygraph.to_variable(mov_feat)
            sim = fluid.layers.cos_sim(usr_feat, mov_feat)
            cos_sims.append(sim.numpy()[0][0])
    # 对相似度排序
    index = np.argsort(cos_sims)[-top_k:]

    mov_info = {}
    # 读取电影文件里的数据，根据电影 ID 索引到电影信息
    with open(mov_info_path, 'r', encoding="ISO-8859-1") as f:
        data = f.readlines()
        for item in data:
            item = item.strip().split("::")
            mov_info[str(item[0])] = item
```

```
print(" 当前的用户是: ")
print("usr_id:", usr_id)
print(" 推荐可能喜欢的电影是: ")
res = []

# 加入随机选择因素，确保每次推荐的都不一样
while len(res) < pick_num:
    val = np.random.choice(len(index), 1)[0]
    idx = index[val]
    mov_id = list(mov_feats.keys())[idx]
    if mov_id not in res:
        res.append(mov_id)

for id in res:
    print("mov_id:", id, mov_info[str(id)])
```

代码清单 15-46　调用电影推荐函数进行推荐

```
movie_data_path = "./work/ml-1m/movies.dat"
top_k, pick_num = 10, 6
usr_id = 2
recommend_mov_for_usr(usr_id, top_k, pick_num, 'usr_feat.pkl', 'mov_feat.
pkl', movie_data_path)
```

输出如下：

```
当前的用户是:
usr_id: 2
推荐可能喜欢的电影是:
mov_id: 2075 ['2075', 'Mephisto (1981)', 'Drama|War']
mov_id: 3134 ['3134', 'Grand Illusion (Grande illusion, La) (1937)', 'Drama|War']
mov_id: 2762 ['2762', 'Sixth Sense, The (1999)', 'Thriller']
mov_id: 1272 ['1272', 'Patton (1970)', 'Drama|War']
mov_id: 3089 ['3089', 'Bicycle Thief, The (Ladri di biciclette) (1948)', 'Drama']
mov_id: 3730 ['3730', 'Conversation, The (1974)', 'Drama|Mystery']
```

从上面的推荐结果来看，向 ID 为 2 的用户推荐的电影多是 Drama、War 类型。可以通过用户的 ID 从已知的评分数据中找到其评分最高的电影，观察这些电影与推荐结果的区别。

下面用代码来实现这一过程。对于给定用户 ID，输出其评分最高的 topk 个电影信息，然后通过对比用户评分最高的电影和当前推荐的电影结果，观察推荐是否有效，如代码清单 15-47 所示。

代码清单 15-47　向用户推荐电影

```
# 给定一个用户 ID, 找到评分最高的 topk 个电影

usr_a = 2
topk = 10

#########################################
## 获得 ID 为 usr_a 的用户评分过的电影及对应评分 ##
#########################################
```

```
rating_path = "./work/ml-1m/ratings.dat"
# 打开文件, ratings_data
with open(rating_path, 'r') as f:
    ratings_data = f.readlines()

usr_rating_info = {}
for item in ratings_data:
    item = item.strip().split("::")
    # 处理每行数据，分别得到用户 ID, 电影 ID, 和评分
    usr_id,movie_id,score = item[0],item[1],item[2]
    if usr_id == str(usr_a):
        usr_rating_info[movie_id] = float(score)

# 获得评分过的电影 ID
movie_ids = list(usr_rating_info.keys())
print("ID 为 {} 的用户, 评分过的电影数量是: ".format(usr_a), len(movie_ids))

####################################
## 选出 ID 为 usr_a 评分最高的前 topk 个电影 ##
####################################
ratings_topk = sorted(usr_rating_info.items(), key=lambda item:item[1])[-topk:]

movie_info_path = "./work/ml-1m/movies.dat"
# 打开文件, 编码方式选择 ISO-8859-1, 读取所有数据到 data 中
with open(movie_info_path, 'r', encoding="ISO-8859-1") as f:
    data = f.readlines()

movie_info = {}
for item in data:
    item = item.strip().split("::")
    # 获得电影的 ID 信息
    v_id = item[0]
    movie_info[v_id] = item

for k, score in ratings_topk:
    print(" 电影 ID: {}, 评分是: {}, 电影信息: {}".format(k, score, movie_info[k]))
```

输出如下：

```
ID 为 2 的用户, 评分过的电影数量是:  129
电影 ID: 380, 评分是: 5.0, 电影信息: ['380', 'True Lies (1994)',
'Action|Adventure| Comedy|Romance']
电影 ID: 2501, 评分是: 5.0, 电影信息: ['2501', 'October Sky (1999)', 'Drama']
电影 ID: 920, 评分是: 5.0, 电影信息: ['920', 'Gone with the Wind (1939)',
'Drama|Romance|War']
电影 ID: 2002, 评分是: 5.0, 电影信息: ['2002', 'Lethal Weapon 3 (1992)',
'Action|Comedy|Crime|Drama']
电影 ID: 1962, 评分是: 5.0, 电影信息: ['1962', 'Driving Miss Daisy (1989)',
'Drama']
电影 ID: 1784, 评分是: 5.0, 电影信息: ['1784', 'As Good As It Gets (1997)',
'Comedy|Drama']
电影 ID: 318, 评分是: 5.0, 电影信息: ['318', 'Shawshank Redemption, The (1994)',
'Drama']
电影 ID: 356, 评分是: 5.0, 电影信息: ['356', 'Forrest Gump (1994)',
'Comedy|Romance|War']
电影 ID: 1246, 评分是: 5.0, 电影信息: ['1246', 'Dead Poets Society (1989)',
```

```
'Drama']
电影 ID: 1247，评分是：5.0，电影信息：['1247', 'Graduate, The (1967)',
'Drama|Romance']
```

通过上述代码可以发现，Drama 类型的电影是用户喜欢的类型，可见推荐结果和用户喜欢的电影类型是匹配的。但是推荐结果仍有一些不足的地方，这些可以通过改进神经网络模型等来进一步调优。

15.5　本章小结

推荐系统几乎涵盖了电商系统、社交网络、广告推荐、搜索引擎等领域的方方面面，而在图像处理、自然语言处理等领域已经发挥重要作用的深度学习技术，也必将会在推荐系统领域大放异彩。本章介绍了传统的推荐方法和典型的深度神经网络推荐模型，并以电影推荐为例，使用飞桨训练了一个个性化的推荐神经网络模型，代码文件可以在 GitHub 的飞桨主页中找到。

本章的参考代码见 https://github.com/PaddleToturial-v2/DeepLearningAndPaddleTutorial-v2 下 lesson15 子目录。

推荐阅读